Springer

啮齿类动物
肿瘤国际分类
小 鼠

International
Classification
of Rodent Tumors
The Mouse

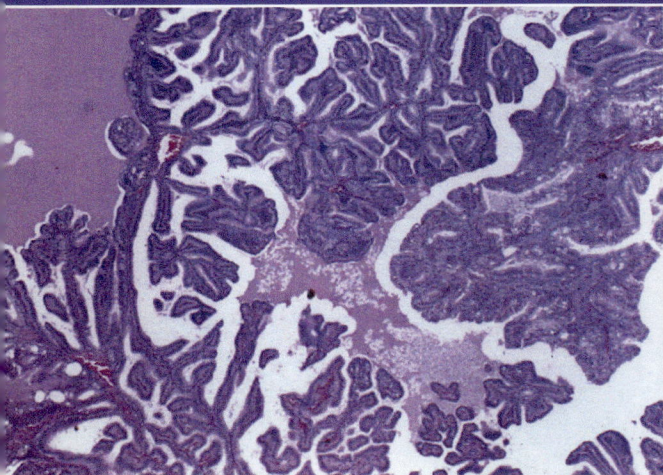

主编

〔德〕乌尔里希·莫尔
(Ulrich Mohr)

主译

孔庆喜　吕建军
王和枚　刘克剑　宁钧宇

WHO
International Agency
for Research
on Cancer

北京科学技术出版社

First published in English under the title
International Classification of Rodent Tumors, The Mouse
edited by Ulrich Mohr, edition: 1
Copyright © Springer-Verlag Berlin Heidelberg, 2001
This edition has been translated and published under licence from
Springer-Verlag GmbH, DE, part of Springer Nature.
Springer-Verlag GmbH, DE, part of Springer Nature takes no responsibility and shall not be made
liable for the accuracy of the translation.

著作权合同登记号　图字：01-2024-1563

图书在版编目（CIP）数据

啮齿类动物肿瘤国际分类 . 小鼠 /（德）乌尔里希・莫尔
(Ulrich Mohr) 主编；孔庆喜等主译 . -- 北京：北京科学技术
出版社 , 2025. -- ISBN 978-7-5714-4435-8

Ⅰ . S857.4

中国国家版本馆 CIP 数据核字第 2025R56M34 号

责任编辑：于庆兰

责任校对：贾　荣

图文制作：北京永诚天地艺术设计有限公司

责任印制：吕　越

出 版 人：曾庆宇

出版发行：北京科学技术出版社

社　　址：北京西直门南大街 16 号

邮政编码：100035

电　　话：0086-10-66135495（总编室）
　　　　　0086-10-66113227（发行部）

网　　址：www.bkydw.cn

印　　刷：北京中献拓方科技发展有限公司

开　　本：787 mm × 1092 mm　1/16

字　　数：740 千字

印　　张：31.5

版　　次：2025 年 5 月第 1 版

印　　次：2025 年 5 月第 1 次印刷

ISBN 978-7-5714-4435-8

定　　价：380.00 元

主　译

孔庆喜　青岛清原作物科学集团有限公司
吕建军　湖北天勤鑫圣生物科技有限公司
王和枚　康龙化成（北京）生物技术有限公司
刘克剑　石家庄以岭药业股份有限公司
宁钧宇　北京市疾病预防控制中心

副　主　译

陆姮磊　中国科学院上海药物研究所
尹纪业　军事科学院军事医学研究院
杜　牧　昭衍（苏州）新药研究中心有限公司
陈　珂　成都华西海圻医药科技有限公司
万美铄　康龙化成（北京）生物技术有限公司
张　婷　康龙化成（北京）生物技术有限公司

主　审

任　进　中国科学院上海药物研究所
大平东子　上海益诺思生物技术股份有限公司
胡春燕　成都华西海圻医药科技有限公司
杨秀英　北京赛赋医药研究院有限公司
张泽安　上海中医药大学

译者（排名不分先后）

万美铄　康龙化成（北京）生物技术有限公司

张　婷　康龙化成（北京）生物技术有限公司

王鹏丽　康龙化成（北京）生物技术有限公司

卢　静　康龙化成（北京）生物技术有限公司

张百惠　康龙化成（北京）生物技术有限公司

田　旭　康龙化成（北京）生物技术有限公司

郭文钧　康龙化成（北京）生物技术有限公司

李子荷　康龙化成（北京）生物技术有限公司

许　可　康龙化成（北京）生物技术有限公司

马祎迪　康龙化成（北京）生物技术有限公司

邢　俏　康龙化成（北京）生物技术有限公司

李　杰　康龙化成（北京）生物技术有限公司

王飞鸿　康龙化成（北京）生物技术有限公司

樊　堃　康龙化成（北京）生物技术有限公司

孔庆喜　青岛清原作物科学集团有限公司

张　云　青岛清原作物科学集团有限公司

陈　微　苏州西山中科药物研究开发有限公司

刘克剑　石家庄以岭药业股份有限公司

陈　珂　成都华西海圻医药科技有限公司

邱　爽　成都华西海圻医药科技有限公司

王浩安　成都华西海圻医药科技有限公司

王　莉　成都华西海圻医药科技有限公司

崔　伟　成都华西海圻医药科技有限公司

何　杨　成都华西海圻医药科技有限公司

张亚群　益诺思生物技术南通有限公司

侯敏博　上海益诺思生物技术股份有限公司

崔甜甜　上海益诺思生物技术有限公司

钱　庄　益诺思生物技术南通有限公司

吕建军　湖北天勤鑫圣生物科技有限公司

李言川　湖北天勤鑫圣生物科技有限公司

李一昊　湖北天勤鑫圣生物科技有限公司

项　玉　湖北天勤鑫圣生物科技有限公司

陈果果　湖北天勤鑫圣生物科技有限公司

陈　勇　湖北天勤鑫圣生物科技有限公司

李佳霖　湖北天勤鑫圣生物科技有限公司

崔艳君　湖北天勤生物科技集团股份有限公司武汉分公司

张连珊　上海泰楚生物技术有限公司

闫振龙　有济（天津）医药科技有限公司

王和枚　康龙化成（北京）生物技术有限公司

齐　伟　苏州方达新药开发有限公司

徐　静　苏州方达新药开发有限公司

宋向荣　广东省职业病防治院

何亚男　北京昭衍新药研究中心股份有限公司

肖　凯　湖南普瑞玛药物研究中心有限公司

高晓新　北京市药品检验研究院

宁钧宇　北京市疾病预防控制中心

马梦歌　北京市疾病预防控制中心

周颖颖　北京市疾病预防控制中心

吴国峰　沈阳沈化院测试技术有限公司

陆姮磊　中国科学院上海药物研究所

谭荣荣　中国科学院上海药物研究所

崔子月　中国科学院上海药物研究所

黄洛伊　中国科学院上海药物研究所

王书扬　中国科学院上海药物研究所

朱怀森　安领生物医药（苏州）有限公司

罗传真　安领生物医药（深圳）有限公司

修晓宇　中国科学院上海药物研究所

杜　牧　昭衍（苏州）新药研究中心有限公司

郭　慧　昭衍（苏州）新药研究中心有限公司

郭宏年　昭衍（苏州）新药研究中心有限公司

郭召绪　苏州瑞博生物技术股份有限公司

尹纪业　军事科学院军事医学研究院

田永章　军事科学院军事医学研究院

刘　笑　军事科学院军事医学研究院

宋妃灵　军事科学院军事医学研究院

郭　缙　中美冠科生物技术（太仓）有限公司

尹智孚　北京腾宇桐瑞科贸有限公司

王智琴　辽宁千一测试评价科技发展有限公司
王劲欧　辽宁千一测试评价科技发展有限公司
方琪尧　江苏鼎泰药物研究（集团）股份有限公司
孙洪赞　中国医科大学附属盛京医院
张　超　上海交通大学医学院

编者名单

U. Mohr (Germany) P. Greaves (England) C.C. Capen (USA)

J.E Hardisty (USA) D.L. Dungworth (USA) Y. Hayashi (Japan)

N. Ito (Japan) P.H. Long (USA) G. Krinke (Switzerland)

贡献者

Ackerman, Larry J., Dr.
Pharmakon Research International Inc., PO Box 2365,
Andrews, NC 28901, USA

Anver, Miriam R., Dr.
Pathology/Histopathology Laboratories, SAl C/N CI -FCRD C,
Frederick, MD 21702, USA

Bader, Rainer, Dr.
Boehringer Ingelheim Pharma KG, Abteilung fUr Experimentelle
Pathologie und Toxikologie, Birkendorferstrasse 65,
88397 Biberach, Germany

Betton, Graham R.S., Dr.
AstraZeneca, Mereside, Alderley Park, Macclesfield,
Cheshire SKI0 4TG, UK

Boothe, Arliss, Dr.
International Research and Development Corporation,
500 North Main Street, Mattawan, MI 49071, USA

Brown, Roger, Dr.
Glaxo Wellcome Inc., Five Moore Drive,
Research Triangle Park, NC 27709, USA

Bruner, Richard, Dr.
Pathology Associates IntI., 6717 Centre Park Drive,
West Chester, OH 45069, USA

Bube, Axel, Dr.
Aventis Pharma Deutschland GmbH, Department of Toxicology/Pathology,
Mainzer Landstrasse 500,65795 Hattersheim, Germany

Capen, Charles c., Dr.
Department of Veterinary Biosciences, Ohio State University,
1925 Coffey Road, Columbus, OH 43210, USA

Carlton, William W., Dr.
Department of Veterinary Pathobiology, School of Veterinary Medicine,
Purdue University, West Lafayette, IN 47907, USA

Cary, Maurice, Dr.
Novartis Pharma AG, Toxicology, 4002 Basel, Switzerland

Cattley, Russel C., Dr.
Amgen Inc., One Amgen Center Drive, Thousand Oaks, CA 91320, USA

Courtney, Cynthia, Dr.
Parke-Davis Pharmaceutical Research, Division of Warner-Lambert,
2800 Plymouth Road, Ann Arbor, MI 48105-2403, USA

Creasey, Diane, Dr.
Huntingdon Life Sciences Inc., PO Box 2360, Mettlers Road,
East Millstone, NJ 08875, USA

Davis, Barbara, Dr.
NIEHS MD-B3-06, PO Box 12233, Research Triangle Park, NC 27709, USA

Deschl, Ulrich, Dr.
Bayer AG, Pharma Forschungszentrum, Institut fur Toxikologische
Pathologie, Aprather Weg, 42096 Wuppertal, Germany

Dungworth, Donald L., Dr.
6260 Cape George Road, Port Townsend, WA 98368, USA

Durchfeld-Meyer, Beate, Dr.
Aventis Pharma Deutschland GmbH, Department of Toxicology/Pathology,
Mainzer Landstrasse 500,65795 Hattersheim, Germany

Elwell, Michael, Dr.
Pfizer Inc., Central Research, Eastern Point Road, Groton, CT 06340, USA

Enomoto, Makoto, Dr.
Biosafety Research Center, Foods, Drugs and Pesticides,
582-2 Arahama Shioshinden, Fukude, Iwats, Shizuoka 437-12, Japan

Ernst, Heinrich, Dr.
Fraunhofer Institute of Toxicology and Aerosol Research,
Nikolai-Fuchs-Strasse 1,30625 Hannover, Germany

Ettlin, Robert A., Dr.
Novartis Pharma AG, WKL-125.1513, 4002 Basel, Switzerland

Eustis, Scot L., Dr.
SmithKline Beecham Pharmaceuticals, 709 Swedeland Road, PO Box 1539,
King of Prussia, PA 19406, USA

Everitt, Jeffrey, Dr.
Chemical Industries Institute of Toxicology, 6 Davis Drive,
Research Triangle Park, NC 27709, USA

Fix, Andrew S., Dr.
Procter and Gamble Co., Miami Valley Laboratories,
Cincinnati, OH 45253, USA

Foley, George L., Dr.
Pfizer Inc., Central Research, Eastern Point Road, Groton, CT 06340, USA

Frith, Charles H., Dr.
Toxicology Pathology Associates, 14201 Clarborne Court,
Little Rock, AR 72211, USA

Garman, Robert H., Dr.
Consultants in Veterinary Pathology, PO Box 68, Murrysville, PA 15668, USA

George, Catherine, Dr.
Pfizer Centre de Recherche, Pathology Department, B.P. 159,
37401 Amboise Cedex, France

Germann, Paul-Georg, Dr.
Novartis Pharma AG, Pathology, 4002 Basel, Switzerland

Glaister, John, Dr.
Hazleton Laboratories, Otley Road,
Harrogate, North Yorkshire, HG3 1PY, UK

Gopinath, Chirukandath, Dr.
Huntingdon Research Centre, PO Box 2, Huntingdon, Cambs PE17 5DP, UK

Greaves, Peter, Dr.
MRC Toxicology Unit, Hodgkin Building, University of Leicester,
Lancaster Road, Leicester LEI 9HN, UK

Hailey, James R., Dr.
103 Norham Drive, Cary, NC 27513, USA

Halm, Sabine, Dr.
Knoll AG, Institut flir Toxikologie, Knollstrasse 2,
67061 Ludwigshafen/Rhein, Germany

Harada, Takanori, Dr.
Mitsukaido Laboratories, Institute of Environmental Toxicology,
4321 Uchimoriya-cho, Mitsukaido-shi, Ibaraki 303-0043, Japan

Hard, Gordon C., Dr.
American Health Foundation, 1 Dana Road, Valhalla, NY 10595, USA

Hardisty, Jerry E, Dr.
Experimental Pathology Laboratories Inc., PO Box 12766,
Research Triangle Park, NC 27709, USA

Harkema, Jack R., Dr.
212 Food Safety and Toxicology Building, Michigan State University,
East Lansing, MI 48824, USA

Harleman, J. Hans, Dr.
Novartis Pharma AG, Toxicology, 4002 Basel, Switzerland
Hartig, Franz, Dr.
Kastellweg 13a, 68526 Ladenburg, Germany

Hayashi, Yuzo, Dr.
National Institute of Health Sciences, 1-18-1 Kamiyoga, Setagaya-Ku,
Tokyo 158, Japan

Heinrichs, Martin, Dr.
Aventis pharma Deutschland GmbH, Department of Toxicology/Pathology,
Mainzer Landstrasse 500, 65795 Hattersheim, Germany

Holland, J. Michael, Dr.
34111 Callita Drive, Dana Point, CA 92629, USA

Inoue, Tohru, Dr.
Pathology/School of Medicine, Yokohama City University, 3-9 Fukuura,
Kanazawa-ku, Yokohama 236, Japan

Isaacs, Kevin R., Dr.
Toxicological Path Consultant, 14 Rossett Park Road,
Harrogate, North Yorks, HG2 9NP, UK

Jacobs, Maren, Dr.
Merck KGaA, Toxikologie, Postfach 4119,64271 Darmstadt, Germany

Jortner, Bernard S., Dr.
Laboratories for Neurotoxicity Studies, Virginia Tech,
College of Veterinary Medicine, Blacksburg, VA 24061, USA

Kanno, Jun, Dr.
Department of Pathology, Tokyo Medical and Dental University,
Yushima 1-5-45 Bunkyo-ku, Tokyo 113, Japan

Karbe, Eberhard, Dr.
Langendorfer Strasse 17,42489 Wtilfrath, Germany

Kaufmann, Wolfgang, Dr.
BASF Aktiengesellschaft, Department of Product Safety, Regulations,
Toxicology and Ecology, Z 470,67056 Ludwigshafen/Rhein, Germany

Kittel, Birgit, Dr.
BASF Aktiengesellschaft, Department of Product Safety, Regulations,
Toxicology and Ecology, Z 470, 67056 Ludwigshafen/Rhein, Germany

Konishi, Yoichi, Dr.
Department of Oncological Pathology, Cancer Center, Nara Medical
College, 840 Shijo-cho, Kashihara, Nara 634, Japan

Krieg, Kurt, Dr.
Geisenheimer Strasse 90, 60529 Frankfurt, Germany
(*formerly* Hoechst AG, Frankfurt)

Krinke, Georg, Dr.
Novartis Crop Protection AG, WST-453.E.24, 4332 Stein, Switzerland

Kulwich, Barbara, Dr.
RW Johnson Pharmaceutical Research, Drug Safety Evaluation,
Welsh and McKean Roads, Spring House, PA 19477, USA

Ktittler, Karin, Dr.
BASF Aktiengesellschaft, Department of Product Safety, Regulations,
Toxicology and Ecology, Z 470,67056 Ludwigshafen/Rhein, Germany

Landes, Christian, Dr.
Novartis Crop Protection AG, WST-453.E.24, 4332 Stein, Switzerland

Leblanc, Bernard, Dr.
Pfizer Inc., Central Research, Eastern Point Road, Groton, CT 06340, USA

Leininger, Joel R., Dr.
3M Pharmaceuticals, 3M Center, Building 270-3S-05,
St. Paul, MN 55144-1000, USA

LeNet, Jean-Loic, Dr.
Pfizer Centre de Recherche, Pathology Department, BP 159,
37401 Amboise Cedex, France

Lenz, Barbara, Dr.
Hoffmann-LaRoche AG, Toxikologie, Bau 73,401, Grenzacherstrasse 124,
4002 Basel, Switzerland

Lewis, David, Dr.
Huntingdon Research Centre, Woolley Road,
Alconbury, Huntingdon, Cambs PE18 6ES, UK

Long, Philip H., Dr.
Pathology Associates Int'!, 6217 Centre Park Drive,
West Chester, OH 45069-3866, USA

Longeart, Loic, Dr.
Pfizer Centre de Recherche, Pathology Department, BP 159,
37401 Amboise Cedex, France

Maekawa, Akihiko, Dr.
Department of Pathology, Sasaki Institute, 2-2 Kanda-Surugadai,
Chiyoda-ku, Tokyo 101-0062, Japan

Marsman, Daniel S., Dr.
Procter and Gamble Co., C1N19 SWTC, 11530 Reed Hartman Highway,
Cincinnati, OH 45241, USA

McConnell, Robert E, Dr.
Consultant Pathology Services, 19255 Wildwood West Drive,
Penn Valley, CA 95946, USA

Mesfin, G. M., Dr.
Pharmacia and Upjohn Inc., 301 Henrietta Street,
Kalamazoo, MI 49007, USA

Miller, Rodney A., Dr.
Battelle Pacific Nothwest Laboratories, Box 999, Battelle Blvd,
Richland, WA 99352, USA

Mitsumori, K., Dr.
National Institute of Health Sciences, Kamiyoga 1-18-1, Setagaya -ku,
Tokyo 158, Japan

Mohr, Ulrich, Dr.
Hannover Medical School, Institute of Experimental Pathology,
Carl Neuberg-Strasse 1,30625 Hannover, Germany

Morgan, Kevin T., Dr.
Glaxo Wellcome, Main T, 1128, Research Triangle Park, NC 27709, USA

Mori, Hideki, Dr.
Department of Pathology, Gifu University School of Medicine,
Tsukasa-cho 40, Gifu 500, Japan

Nolte, Thomas, Dr.
ASTA Medica AG, Institut fUr Toxikologie, Kantstrasse 2,
33790 Halle, Germany

Parish, William E., Dr.
Unilever Research, Colworth House, Sharnbrook, Bedford, MK44 1LQ, UK

Paulson, Ivar, Dr.
AstraZeneca, Safety Assessment, Pathology Department,
15185 Soedertaelje, Sweden

Puschner, Hubert, Dr.
Boehringer Ingelheim Pharma KG, Abteilung fur Experimentelle
Pathologie und Toxikologie, Birkendorferstrasse 65, 88397 Biberach, Germany

Rehm, Sabine, Dr.
SmithKline Beecham Pharmaceuticals, 709 Swedeland Road, PO Box 1539,
King of Prussia, PA 19406, USA

Reiland, Sven, Dr.
AstraZeneca, Safety Assessment, Pathology Department,
15185 Soedertaelje, Sweden

Render, James, Dr.
Pfizer Inc., Central Research, Eastern Point Road, Groton, CT 06340, USA

Reznik (†), Gerd, Dr.
Formerly: Byk Gulden Pharmazeutika, Institut fur Pathologie
und Toxikologie, Friedrich-Ebert-Damm 101,22047 Hamburg, Germany

Rinke, Matthias, Dr.
Bayer AG, Pharma Forschungszentrum, Institut fur Toxikologische
Pathologie, Aprather Weg, 42096 Wuppertal, Germany

Rittinghausen, Susanne, Dr.
Fraunhofer Institute of Toxicology and Aerosol Research,
Nikolai-Fuchs-Strasse 1,30625 Hannover, Germany

Robinson, Mervyn, Dr.
Central Toxicology Laboratory, Alderely Park,
Macclesfield, Cheshire, SKlO 4TJ, UK

Sander, Erich, Dr.
Bayer AG, Pharma Forschungszentrum, Institut fur Toxikologische
Pathologie, Aprather Weg, 42096 Wuppertal, Germany

Sandusky Jr., George, Dr.
Lilly Research Laboratories, PO Box 708, Greenfield, IN 46140, USA

Schwartz, Lester, Dr.
SmithKline Beecham Pharmaceuticals, 709 Swedeland Road, PO Box 1539,
King of Prussia, PA 19406, USA

Seely, John C., Dr.
Experimental Pathology Laboratories Inc., 615 Davis Drive, Suite 500,
Durham, NC 27713, USA

Shirai, Tomoyuki, Dr.
1st Department of Pathology, Nagoya City University Medical School,
1 Kawasumi Mizuho-cho Mizuho-ku, Nagoya 467, Japan

Short, Brian G., Dr.
Allergan Inc., 2525 Dupont Drive, Irvine, CA 92623, USA

Slayter, Michael V., Dr.
Dupont Merck Pharmaceutical Co., PO Box 30 Elkton Road,
Stine Haskell Research Center, Building 320, Newark, DE 19714, USA

Stromberg, Paul c., Dr.
Department of Veterinary Biosciences, Ohio State University,
1925 Coffey Road, Columbus, OH 43210, USA

Tsuda, H., Dr.
Chemotherapy Division, National Cancer Center Research Institute,
1-1 Tsukiji, S-chome Chuo-ku, Tokyo 104, Japan

Tuch, Klaus, Dr.
Byk Gulden Pharmazeutika, Institut fur Pathologie und Toxikologie,
Friedrich-Ebert-Damm 101,22047 Hamburg, Germany

Tucker, Mary, Dr.
AstraZeneca, Safety of Medicines Group, Mereside, Alderley Park,
Macclesfield, Cheshire, SKI0 4TG, UK

Turusov, V. S., Dr.
Laboratory of Carcinogenic Substances, Cancer Research Center,
Kashirskoye Sh. 24,115478 Moscow, Russia

Wadsworth, Peter F., Dr.
AstraZeneca, Mereside, Alderley Park,
Macclesfield, Cheshire SKI0 4TG, UK

Ward, Jerrold M., Dr.
NCI Veterinary/Tumor Pathology Section, National Cancer Institute,
NCI-FCRDC Fairview 201, Frederick, MD 21701-1201, USA

Weisse (†), Ingo, Dr.
Formerly: Boehringer Ingelheim KG, Experimentelle Pathologie
und Toxikologie, Postfach 200, 55216 Ingelheim/Rhein, Germany

Whiteley, Laurence 0., Dr.
Procter and Gamble Co., Miami Valley Labs, PO Box 398707,
Cincinnati, OH 45253, USA

Wright, Jayne A., Dr.
Underhill Housen Limited, Woolhope Cockshoot,
Putley, HR8 2QR Ledbury, Hertfordshire, UK

前 言

本书中采用的小鼠肿瘤标准化命名法延续了 WHO/IARC 在出版《啮齿类动物肿瘤国际分类，第一部分，大鼠》(*International Classification of Rodent Tumors，Part I，The Rat*) 时发起的系列方法。与前几卷一样，本书旨在为小鼠肿瘤和癌前病变提供诊断标准和标准化的、被广泛接受的命名法。书中使用的分类反映了国际病理学家小组和在器官系统委员会工作的众多国家科学协会的共识。这一分类的主要目的是协调和改进小鼠肿瘤发生研究中的肿瘤诊断，因为啮齿类动物的生物试验仍然是预测人类各种致癌风险（包括药物、污染物和食品添加剂）暴露的主要研究工具。该分类为建立当代数据库提供了一个国际公认的统一标准，这些数据库对于准确解释实验性致癌研究中的诱发病变是十分必要的。标准化的命名法和诊断标准也有助于识别生物医学研究中更加广泛使用的转基因和基因敲除小鼠的肿瘤及相关增生性病变。

国际癌症研究机构很高兴能够出版啮齿类动物肿瘤国际分类的第二部分（本书）。我们相信，本书的出版将有助于减少以往在小鼠肿瘤组织病理学诊断中出现在病理学家之间的令人困惑的诊断差异问题。

Ulrich Mohr 博士
德国汉诺威医学院实验病理学研究所所长
Paul Kleihues 博士
世界卫生组织国际癌症研究机构主任

引 言

历史

    对在实验大鼠和实验小鼠中观察到的病变实现命名和诊断标准化是毒理病理学领域的科学家的一个长期目标。20世纪80年代末，美国毒理病理学会（Society of Toxicologic Pathologists, STP）和欧洲工业毒理学动物数据登记处（Registry of Industrial Toxicology Animal-data, RITA）数据库组分别发起了相关措施并出版了国际公认的出版物［SSNDC出版的《毒理病理学指南》（*Guides for Toxicologic Pathology*）和WHO/IARC出版的《啮齿类动物肿瘤国际分类，第一部分，大鼠》］。

    1994年，国际毒理病理学命名和诊断标准协调STPs/ILSI联合委员会（the Joint STPs/ILSI Committee on International Harmonization of Nomenclature and Diagnostic Criteria in Toxicologic Pathology）成立，该委员会的目标是协调国际活动，标准化小鼠肿瘤和其他增生性病变的诊断，并协调已发表的大鼠增生性病变命名法。委员会成员由来自欧洲RITA数据库组、STP、英国毒理病理学会（British Society of Toxicologic Pathologists，BSTP）、日本毒理病理学会（Japanese Society of Toxicologic Pathologists，JSTP）和德语毒理病理学会（German-speaking Society of Toxicologic Pathology，GTP）的代表组成。指导委员会主要通过STP（美国）和RITA数据库组（欧洲）建立了器官系统委员会，以制定小鼠肿瘤和其他病变命名及诊断标准。为了获得全球范围内的评价与认可，我们根据美国STP制定的程序（海报和平台演示）审查了数版手稿草案，并将该手稿交由RITA数据库组以及日本和英国毒理病理学会的代表进行审查。这本专著是上述所有努力的成果。

介绍

    本书的肿瘤分类包括肿瘤和根据器官系统划分的小鼠组织潜在的肿瘤前病变。大多数病变有图示，但也有少数情况未能获得令人满意的图像。

每一章都由若干一定格式的"数据表"组成。每一份数据表都代表了某一特定病变的基本信息。此外，每个数据表都以标准形式展现，并以一个带有标题的新页面开始。每个标题由病变名称（首选术语）和在括号中的表示病变的生物学行为特征的代码组成，代码如下：

（ *H* ）增生性和癌前病变（hyperplastic and pre-neoplastic lesion）；

（ *B* ）良性肿瘤（benign tumor）；

（ *M* ）恶性肿瘤（malignant tumor）；

（ *S* ）全身性肿瘤（systemic tumor）。

如果为特定的病变定义了修饰语，它们将在病变名称下面以不同字体书写。节标题为病变发生的器官或组织。如果同样的标准被用于几个部位的病变，所有这些器官部位都被列举在这里。

在标题、"同义词"和"鉴别诊断"中使用的所有英文病变名称均将病理倾向（如增生、肿瘤、腺瘤等）放在首位，其次是描述亚部位、生长形态、细胞类型等的英文术语，并用逗号分隔。这种单词的排序构成了英文首选术语的结构。使用这种术语有助于对具有相同生物学行为特征的病变进行识别和分组，特别是在使用电子病理数据系统时。在文字描述和图片中，单词的顺序通常改为更常见的"口语化"形式；因此，如果首选术语为"腺瘤，细支气管肺泡"，则这种病变在文中会被称为"细支气管肺泡腺瘤"。"诊断特征"仅以简明的形式列出指定病变的主要组织病理学特征。在某些病例中，修饰语被包含在更精确的亚分类中，以定义特定的生长形态（如乳头状、实性、囊性等）或根据细胞类型对病变进行细分（如嗜铬细胞瘤型、小细胞型等）。修饰语在小标题下。病变的图片在病理学著作中是必不可少的，本书中大多数病变配有至少一张显微图片。这些图片是从自发性或诱导性病变中选取的。

"鉴别诊断"部分使用了尽可能简短的文字描述，只包括用于区分病变的主要诊断标准。

正文中参考文献仅标注数字，具体文献请参考每章末尾部分。参考文献只包括最近发表的和重要的文献。

致谢

编委会全体成员感谢以下同事，他们为本书补充提供了图片材料，并在书稿准备、插图方面提供了帮助。

L. Anderson 博士，美国国家癌症研究所（NCI）；G. Boorman 博士，美国国家毒理学计划（NTP）；A. Bube 博士，德国安内特制药有限公司；C. Dawe 博士，美国哈佛医学院；L. Elcock 博士，美国拜耳公司；M.

Enomoto 博士，日本生物安全研究中心；H. Ernst 博士，德国弗劳恩霍夫毒理学与气溶胶研究所；S.R. Frame 博士，美国杜邦公司；K. Heider 博士，瑞士诺华公司；H. Iwata 博士，日本生物安全研究中心；M.P. Jokinen 博士，美国 NTP 档案（国际病理协会）；A. Luz 博士，德国环境与健康研究中心（GSF）；D. Morton 博士，美国孟山都公司；Y. Nomura 博士，日本生物安全研究中心；A. Nyska 博士，美国国家环境健康科学研究所（NIEHS）；S. Rittinghausen 博士，德国弗劳恩霍夫毒理学与气溶胶研究所；B. Stuart 博士，美国拜耳公司；S. Yamamoto 博士，日本生物安全研究中心。

特别感谢工程师 Gerd Morawietz（德国弗劳恩霍夫毒理学与气溶胶研究所）为本书编写建立了适用于电子数据处理、校稿和进行技术性编辑的术语表。

目 录

第一章　体被系统

R. Bruner [1], K. Küttler [2,3], R. Bader [3], W. Kaufmann [3], A. Boothe
M. Enomoto, J.M. Holland, W.E. Parish

---

[1] 主席；[2] 共同主席；[3] 初稿。

鳞状细胞增生（*H*）
Hyperplasia, Squamous Cell（*H*）

同义词：hyperplasia, epidermal。

组织发生

表皮细胞。

诊断特征

- 生长形态多样，可能是规则的，也可能是不规则的，甚至呈乳头状。
- 表皮非角化层宽度增加。
- 存在角化过度。
- 表皮细胞数量增加，尤其是棘细胞层细胞。
- 常见表皮嵴形成。

鉴别诊断

鳞状细胞乳头状瘤（*Papilloma, Squamous Cell*）

生长形态呈外生性。

鳞状细胞癌（*Carcinoma, Squamous Cell*）

存在侵袭性生长或核分裂象较多且呈不典型性，且存在核异型性，以及无明显的细胞间桥。

备注

鳞状细胞增生主要见于皮肤受到慢性、炎性刺激时。

参考文献

参见 1、20 和 21。

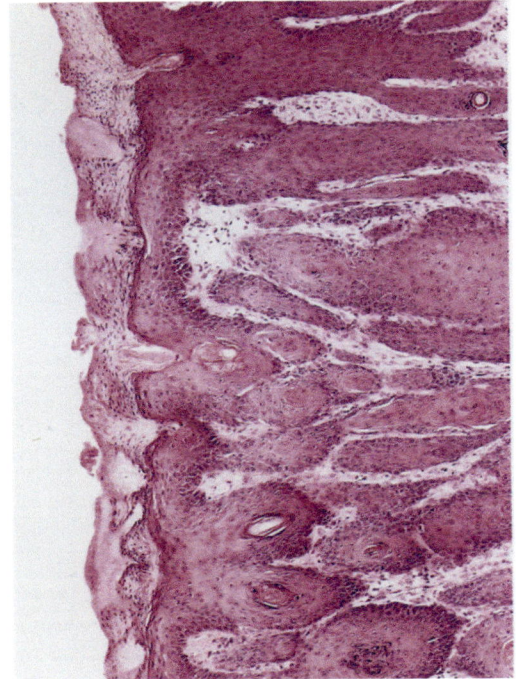

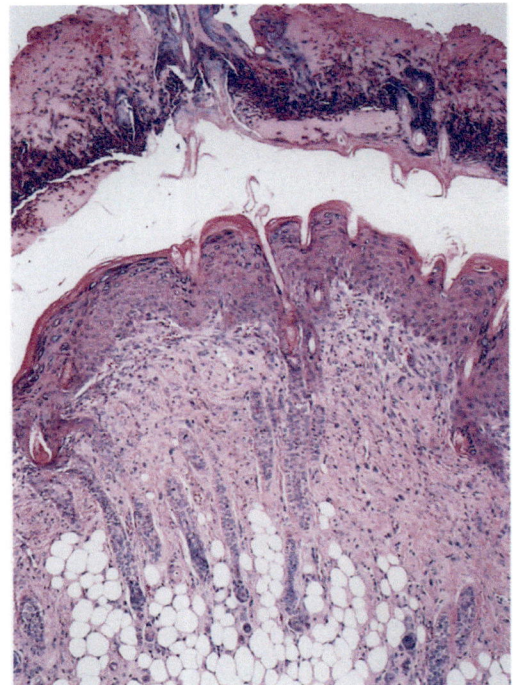

图 1-1（右上图） 皮肤鳞状细胞增生，B6C3F1 小鼠。H&E 染色

图 1-2（右下图） 皮肤鳞状细胞增生，p53 野生型小鼠，雄性，107 周龄。H&E 染色

鳞状细胞乳头状瘤（B）
Papilloma, Squamous Cell（B）
带蒂，扁平

组织发生

表皮细胞。

诊断特征

- 基底细胞界限清楚。
- 生长形态为外生性或乳头状。
- 血管化间质外衬有含小角化灶的棘上皮。
- 可能存在角化过度旺盛和部分角化不全。
- 单个细胞可能存在过早角化的角化不良。
- 细胞可能呈深染。
- 细胞可能呈梭状或柱状，作为乳头状上皮的基底部分。
- 核分裂象罕见。

带蒂

基部存在一个狭窄的蒂。

扁平（"无蒂乳头状瘤"）

- 未见明显的蒂。
- 覆盖较大区域的皮肤。
- 基质与下方真皮间界限不清。
- 肿瘤上皮和相邻增生的表皮之间存在连续、均匀的过渡。
- 增生的皮脂腺可被包绕。

鉴别诊断

角化棘皮瘤（Keratoacanthoma）

存在单个或多个杯状空腔；充满呈同心圆排列的角蛋白物质。

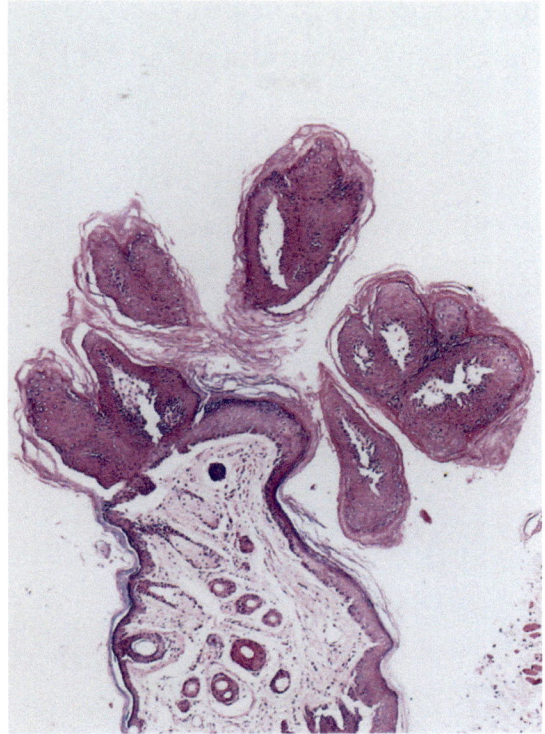

图 1-3 皮肤鳞状细胞乳头状瘤，p53 纯合小鼠，雌性，37 周龄。H&E 染色

鳞状细胞癌（Carcinoma, Squamous Cell）

存在侵袭性生长；核分裂象较多且呈不典型性；存在核异型性；无明显的细胞间桥。

纤维瘤（Fibroma）（纤维乳头状瘤，fibro-papilloma）

结缔组织呈外生性生长，覆盖有规则排列的上皮。

参考文献

参见 1、4、8、10、14、18 和 21。

3

鳞状细胞癌（M）
Carcinoma, Squamous Cell（M）
角化型，假腺样结构，非角化型

同义词：carcinoma, epidermoid。

组织发生

　　表皮鳞状细胞。

诊断特征

- 可能存在溃疡。
- 细胞呈不同程度的鳞状细胞分化。
- 存在核异型性。
- 细胞核的大小和着色程度不同。
- 细胞间桥缺失。
- 核分裂象较多。
- 存在不典型的、怪异的核分裂象。
- 真皮和横纹肌受到鳞状细胞巢（或索）的侵袭。
- 基底层被侵入性生长穿透。

角化型

- 细胞呈索状或旋涡状排列，伴随有中央角化，常类似层状角化珠。
- 存在角化不良。
- 存在角化不全。
- 角化可能减少。
- 细胞芽和细胞巢中的细胞可能类似没有任何角化迹象的基底细胞。
- 核异型性从轻微到严重不等。

假腺样结构

- 棘层松解可能导致出现管状或肺泡状假腺样结构。
- 假腺样结构的管腔内被棘层松解细胞脱屑充满。
- 许多细胞呈部分或完全角化。
- 管腔内排列 1 层或数层上皮细胞。

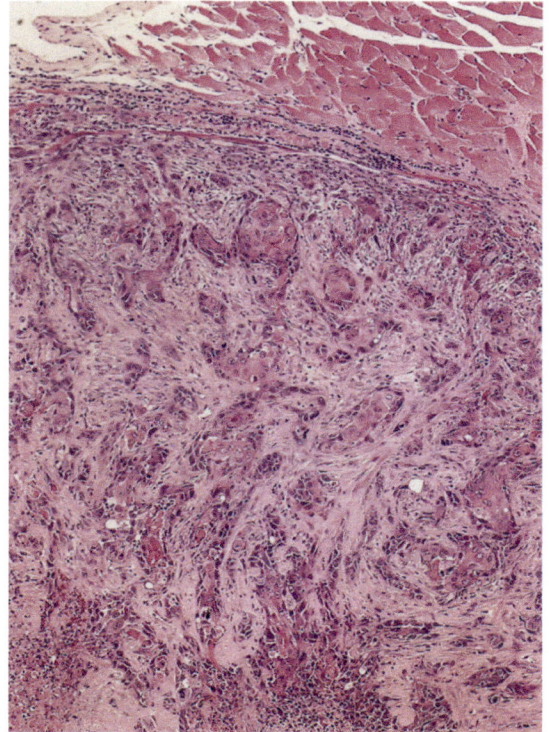

图 1-4　皮肤鳞状细胞癌，B6C3F1 小鼠，雌性，105 周龄。H&E 染色（由 Shinji Yamamoto 博士提供）

非角化型

- 几乎不存在角化。
- 存在细胞异型性。
- 细胞可能呈梭形。
- 细胞核表现出严重的异型性。
- 存在巨核、碎裂核或多核的情况。
- 核分裂象较多。
- 存在不典型的、怪异的核分裂象。

鉴别诊断

鳞状细胞乳头状瘤（*Papilloma, Squamous Cell*）

基底细胞界限清楚，不存在侵袭性生长。

角化棘皮瘤（*Keratoacanthoma*）

界限清楚，不存在不规则向下生长的情况。

乳腺恶性腺棘皮瘤（*Adenoacanthoma, Malignant, Mammary Gland*）

腺体和鳞状细胞分化均存在。

基底细胞癌（*Carcinoma, Basal Cell*）

构成细胞巢和细胞索的细胞类似表皮基底细胞，界限非常清楚。

参考文献

参见 1、4、8、10、13、15、18、21、24 和 27。

良性基底细胞瘤（B）
Tumor, Basal Cell, Benign（B）

组织发生

表皮和表皮附属器的基底细胞。

诊断特征

- 边界分明。
- 界限清楚。
- 细胞均匀一致，成片和成束。
- 细胞紧密排列。
- 向增生的表皮基底层的转化通常是连续的。
- 可能存在角化、皮脂腺细胞或有毛囊形成。
- 存在皮脂腺细胞分化或毛囊形成的区域罕见。
- 细胞类似表皮及其附属器的基底细胞。

- 细胞呈深染、轻微嗜碱性。
- 细胞质稀少。
- 细胞核呈圆形或卵圆形。
- 核分裂象罕见。

鉴别诊断

基底细胞癌（Carcinoma, Basal Cell）

存在侵袭或界限不清的情况，细胞形态学和生长形态有异质性，核分裂象较多。

参考文献

参见 3、7、12、16 和 21。

基底细胞癌（*M*）
Carcinoma, Basal Cell（*M*）

组织发生

表皮和表皮附属器的基底细胞。

诊断特征

- 界限较为清楚。
- 异质性的细胞，成片和成束。
- 周边细胞排列呈栅栏样。
- 细胞排列紧密。
- 可能转化为鳞状细胞、毛囊或皮脂腺成分。
- 存在皮脂腺细胞分化或毛囊形成的区域罕见。
- 细胞类似表皮或其附属器的基底细胞。
- 细胞呈深染，体积相对较小呈且轻微嗜碱性。
- 细胞质稀少。
- 细胞核呈深蓝色。
- 核分裂象较多。
- 存在广泛的局部侵袭。
- 无转移。

鉴别诊断

良性基底细胞瘤（*Tumor, Basal Cell, Benign*）
无侵袭性，界限清楚，细胞类型均一且核分裂象罕见。

良性毛囊瘤（*Tumor, Hair Follicle, Benign*）
最主要的生长形态是形成毛囊，细胞质呈嗜酸性。

皮脂腺细胞癌（*Carcinoma, Sebaceous Cell*）
最主要的生长形态是腺样。

参考文献

参见 3、7、12 和 21。

皮脂腺细胞增生（H）
Hyperplasia, Sebaceous Cell（H）

组织发生

皮脂腺细胞。

诊断特征

• 保持正常的皮脂腺结构。

鉴别诊断

皮脂腺细胞腺瘤（*Adenoma, Sebaceous Cell*）

未保持正常的皮脂腺结构，存在大量未成熟的生发性基底细胞样细胞，生长形态可能为外生性。

备注

文献中没有对小鼠"皮脂腺细胞增生"的特别描述。因此，文献中提及的大鼠标准同样适用于小鼠。

参考文献

参见 1 和 21。

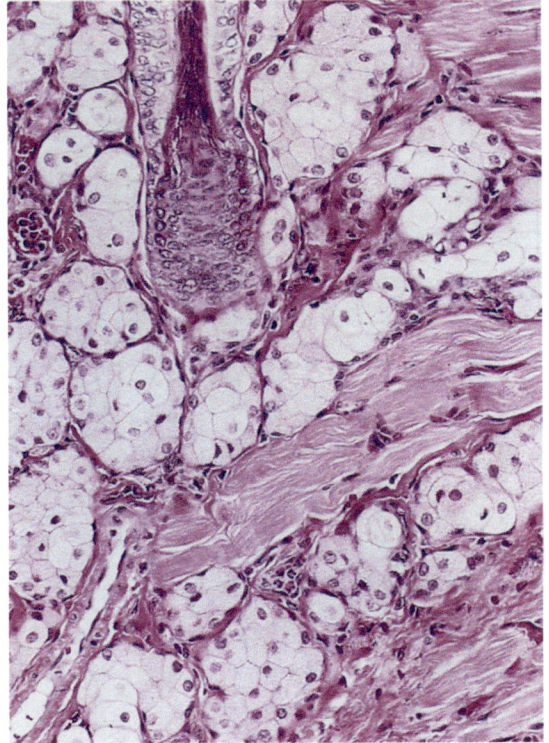

图 1-5　皮肤皮脂腺增生，CD-1 小鼠。H&E 染色

皮脂腺细胞腺瘤（B）
Adenoma, Sebaceous Cell（B）

组织发生

皮脂腺细胞。

诊断特征

- 未保持正常的皮脂腺结构。
- 保持有腺体的腺泡 – 小叶形态。
- 内生性生长表现为小而扁平的表皮下结节。
- 外生性生长表现为突出的乳头状瘤样结节。
- 腺泡中心存在处于各个成熟阶段的细胞。
- 在瘤体边缘，存在大量的未成熟的生发性基底细胞样细胞。
- 细胞体积小。
- 细胞质丰富，呈泡沫样，透明。
- 细胞核部分固缩。
- 未成熟的生发性基底细胞样细胞可能在一些有核分裂象的腺泡或小叶中占主导。
- 可能存在核分裂象。

鉴别诊断

皮脂腺细胞增生（*Hyperplasia, Sebaceous Cell*）

保持有正常的皮脂腺结构，细胞为成熟的腺体细胞，只存在少数未成熟的生发性细胞。

皮脂腺细胞癌（*Carcinoma, Sebaceous Cell*）

发生侵袭性生长或转移，细胞呈低分化。可见细胞和细胞核的异型性。

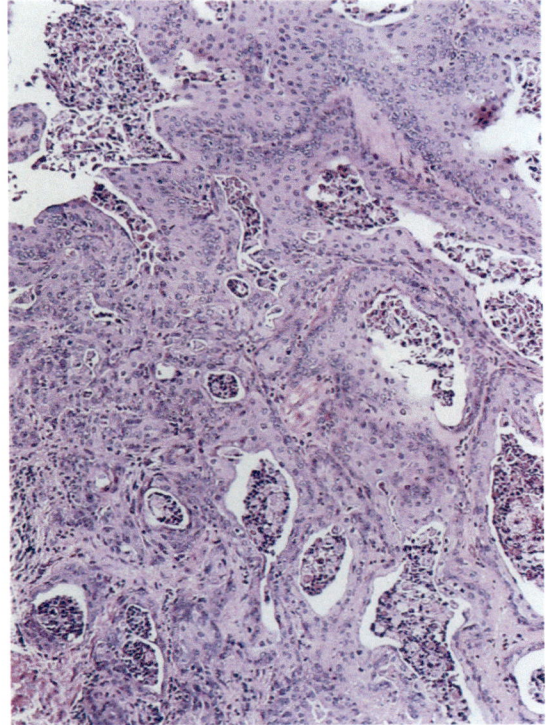

图 1-6 皮肤皮脂腺腺瘤，v-Ha-ras 小鼠，雌性，69 周龄。H&E 染色

良性基底细胞瘤（*Tumor, Basal Cell, Benign*）

生长形态为非腺样，有皮脂腺细胞分化的区域罕见。

参考文献

参见 3、7、16 和 21。

9

皮脂腺细胞癌（*M*）
Carcinoma, Sebaceous Cell（*M*）

组织发生

皮脂腺细胞。

诊断特征

- 正常的皮脂腺结构发生扭曲。
- 保持有腺体的腺泡 – 小叶形态。
- 细胞呈低分化，不规则，形态和大小不一，但可能局部呈高分化。
- 通常核异型性严重。
- 可见鳞状细胞分化。
- 细胞质内脂质空泡的大小差异性大。
- 可见侵袭性生长。
- 可能存在转移。

鉴别诊断

皮脂腺细胞腺瘤（*Adenoma, Sebaceous Cell*）

无侵袭性生长或转移，细胞呈高分化，未见核异型性。

基底细胞癌（*Carcinoma, Basal Cell*）

有皮脂腺细胞分化的区域罕见。

参考文献

参见 3、7、16 和 21。

角化棘皮瘤（B）
Keratoacanthoma（B）

组织发生

通常认为起源于毛囊的毛囊上皮。

诊断特征

- 界限清楚。
- 可见单个或者多个杯状囊腔。
- 囊腔内充满层状、呈同心圆排列的或均质的角蛋白物质。
- 囊腔内排列着多层高分化的或棘皮症样的鳞状上皮，具有形成发育不全毛囊的明显特征。
- 常缺乏颗粒层。
- 可见具有中心角化的旋涡，常类似层状的角化珠。
- 中心区可能融合形成一个充满角蛋白的中心腔。
- 核质比低。
- 可见核分裂象。

鉴别诊断

囊肿（*Cysts*）

伴有上皮细胞增生的皮肤囊肿，包括表皮、真皮、毛囊囊肿，其上皮为规则的鳞状上皮。

良性毛囊瘤（*Tumor, Hair Follicle, Benign*）

在毛囊瘤型中，有成熟的毛囊形成和毛囊透明颗粒；在毛母质瘤型中，囊肿内充满了毛囊形成不同阶段的代表性物质。

鳞状细胞乳头状瘤（*Papilloma, Squamous Cell*）

外生性生长。

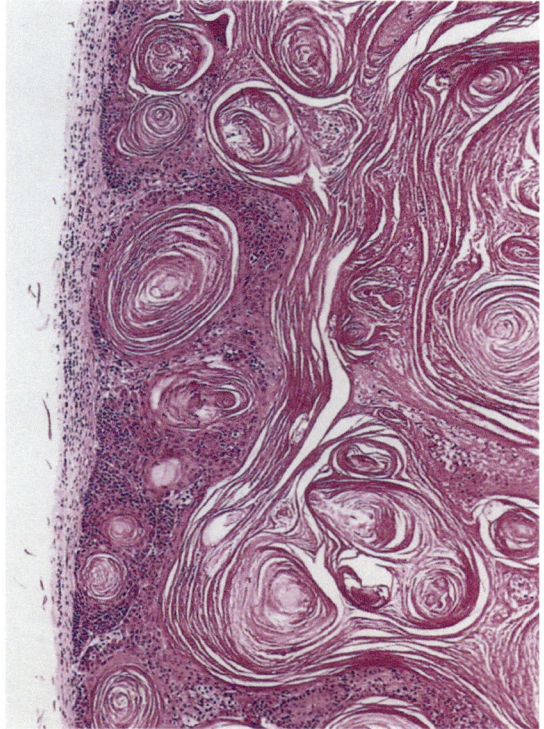

图 1-7 皮肤角化棘皮瘤。H&E 染色

鳞状细胞癌（*Carcinoma, Squamous Cell*）

不规则地向下侵袭，穿透基底膜，可见核异型性。

备注

有透明角质颗粒的角化棘皮瘤与毛囊瘤之间有细微差别。与在大鼠中的不同，在小鼠中诱发的角化棘皮瘤倾向于有消退趋势。

参考文献

参见 1、4、8、11、18、21 和 23。

11

良性毛囊瘤（B）
Tumor, Hair Follicle, Benign（B）
毛囊瘤型，
毛母质瘤型，毛发上皮瘤型；
外毛根鞘瘤型，NOS（未特定分类）

组织发生
毛囊皮脂腺单位。

诊断特征
- 界限清楚。
- 可见不同阶段的毛发形成。
- 可见单个或多个囊肿。
- 可见毛囊不同分化阶段的典型细胞结构。

毛囊瘤型
- 可见正常毛发周期的生长期的所有成分。
- 可见囊肿与大量成熟的毛干。

毛母质瘤型
- 可见正常毛发周期的生长期的所有成分。
- 可见囊肿与大量影细胞。

毛发上皮瘤型
- 无毛囊漏斗部、成熟的毛干或影细胞。
- 骤然角化。

外毛根鞘瘤型
- 仅见基底细胞、毛母质细胞和外根鞘细胞，最后一种细胞呈空泡化且含有糖原。

鉴别诊断
囊肿（Cysts）
任何种类的皮肤的、表皮的、皮样、毛囊的囊肿，都伴有上皮增生的囊肿，都排列有规则的鳞状上皮。

良性基底细胞瘤（Tumor, Basal Cell, Benign）
仅偶见局灶性毛囊分化。

角化棘皮瘤（Keratoacanthoma）
皮肤表面凹陷的囊腔内主要充满角蛋白物质且可能仅有残留的毛囊。

基底细胞癌（Carcinoma, Basal Cell）
未见成熟毛囊分化。

参考文献
参见 3、7、16 和 21。

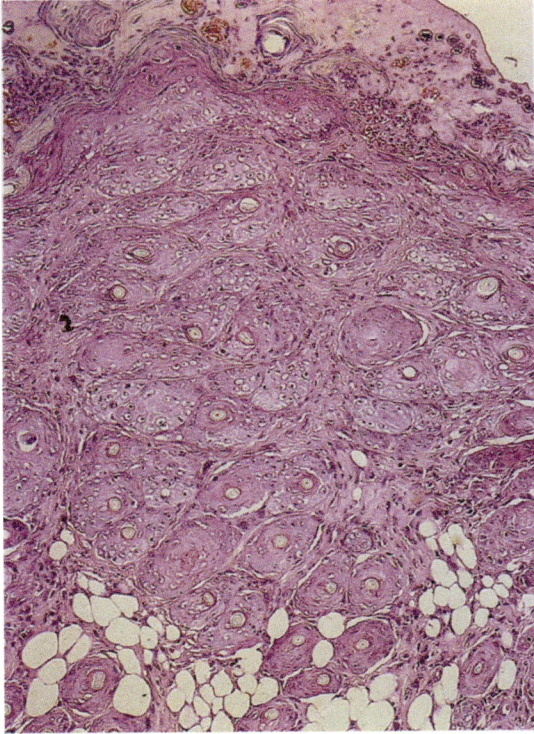

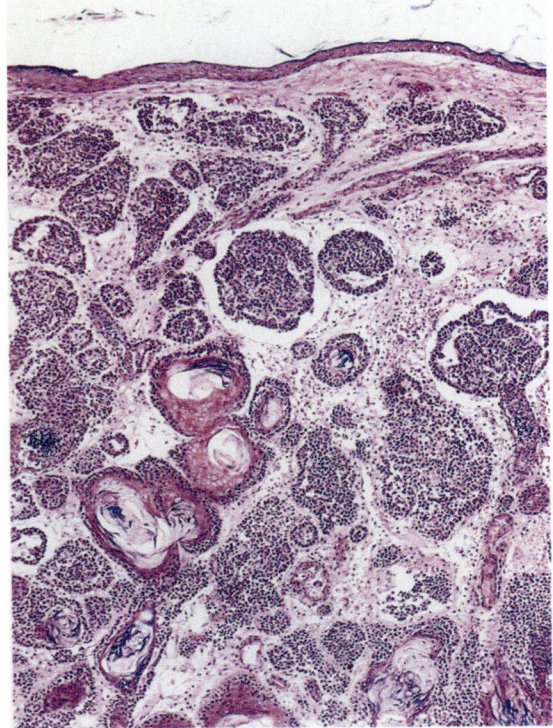

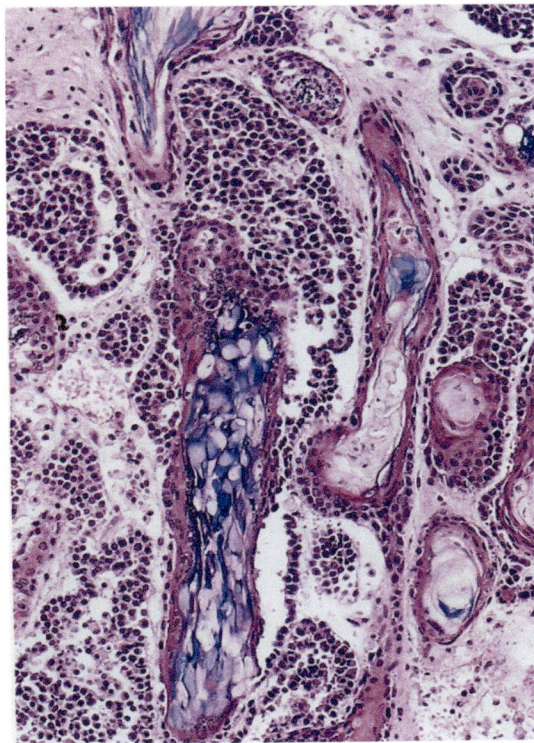

图 1-8（左上） 皮肤，良性毛囊瘤，毛发上皮瘤型。
H&E 染色

图 1-9（右上） 皮肤，良性毛囊瘤，毛发上皮瘤型 /
毛囊瘤型，CD-1 小鼠。H&E 染色

图 1-10（左下） 皮肤，良性毛囊瘤，毛发上皮瘤型 /
毛囊瘤型，CD-1 小鼠。H&E 染色

恶性黑色素瘤（*M*）
Melanoma, Malignant（*M*）

同义词：melanosarcoma, melanocytic tumor。

组织发生
神经外胚层起源。

诊断特征
- 存在真皮黑素细胞致密聚集。
- 细胞质内有深棕色色素颗粒。
- 存在细胞多形性。
- 细胞类型包括梭形细胞、上皮样细胞或间变的细胞。
- 梭形细胞病变是最常见的一种。
- 可能存在皮肤肌肉的侵袭性生长和穿透。

鉴别诊断
基底细胞癌（*Carcinoma, Basal Cell*）
栅栏样细胞位于边缘，细胞质内未见色素。

备注
虽然黑色素瘤是实验室小鼠极其罕见的偶发性肿瘤，但也有一些关于诱发性恶性黑色素瘤和色素性病变的报道。

参考文献
参见 1、4、17、21 和 22。

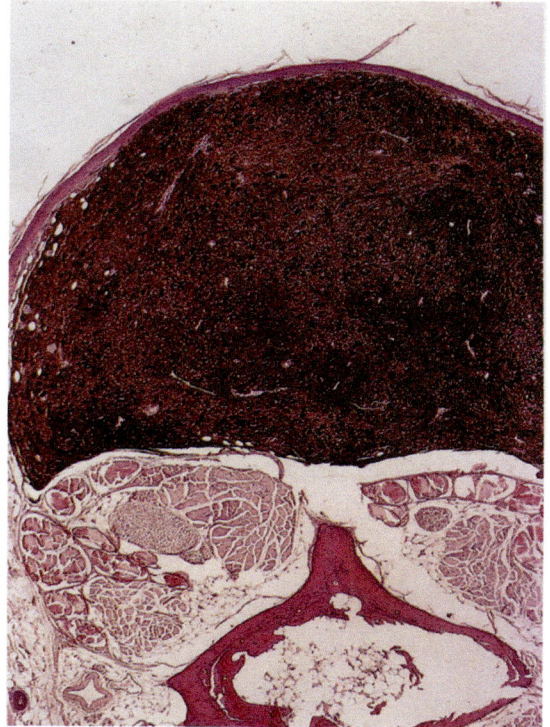

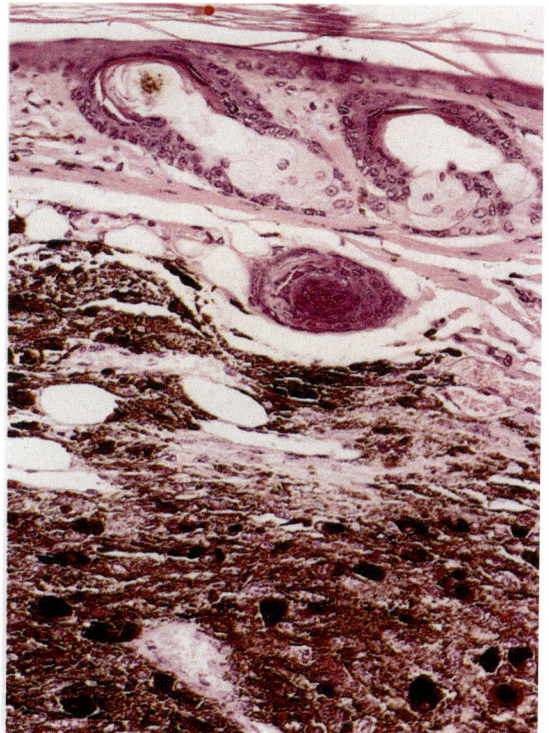

图 1-11（右上） 皮肤恶性黑色素瘤，CBA / S 小鼠。H&E 染色

图 1-12（右下） 皮肤恶性黑色素瘤，CBA / S 小鼠。H&E 染色

增生（*H*）
Hyperplasia（*H*）

组织发生

乳腺上皮。

诊断特征

- 维持正常的小叶结构。
- 存在腺泡或导管上皮。
- 腺泡上皮细胞为单层排列。
- 可能存在囊性扩张。
- 无多形性。
- 腺泡内排列的细胞为立方形。
- 导管内的细胞从柱状到扁平不等。

弥漫性:

- 乳腺脂肪垫完全由腺体填充。
- 管腔内充满嗜酸性物质，是有分泌活性的表现。

局灶性:

- 单灶或多灶。
- 腺体组织小岛嵌于脂肪间质中。
- 腺泡和导管可能因嗜酸性物质而扩张，是有分泌活性的表现。

鉴别诊断

腺瘤（*Adenoma*）

与相邻组织界限清楚且不能维持正常的腺体结构。

参考文献

参见 2、5、6、7、9、10、16、19、25、26 和 28。

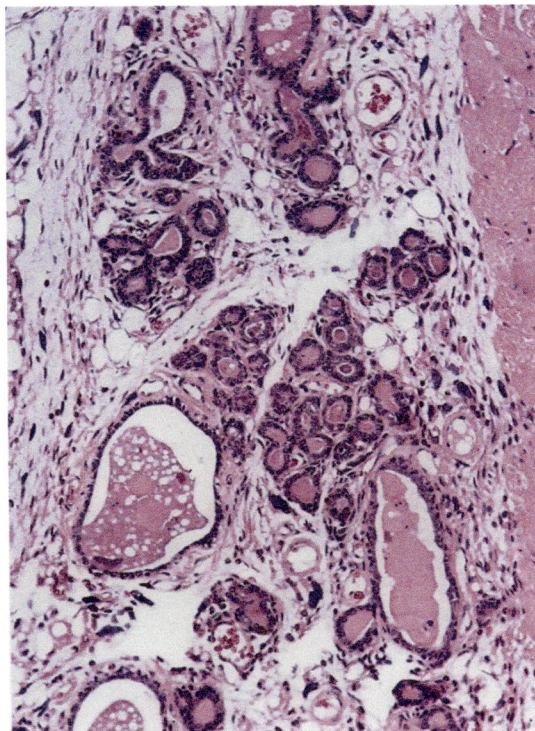

图 1-13　乳腺中度增生。H&E 染色

腺瘤（*B*）
Adenoma（*B*）

组织发生

乳腺上皮。

诊断特征

- 界限清楚。
- 不能维持正常的小叶结构。
- 小而实性的腺泡结构，大小均一、排列紧密。
- 腺泡结构排列着单层上皮。
- 结缔组织稀疏。
- 细胞呈高分化。
- 腺泡结构上排列的细胞为立方形。
- 细胞内可有分泌空泡。
- 可见核分裂象。

鉴别诊断

增生（Hyperplasia）
小叶结构维持。

纤维腺瘤（Fibroadenoma）
大量的结缔组织包围着增生的乳腺组织。

腺癌（Adenocarcinoma）
可见侵袭邻近组织或转移，存在细胞多形性，核分裂象众多，单一病灶内可能存在不同的细胞生长形态。

参考文献

参见 2、5、6、7、9、10、16、19、25、26 和 28。

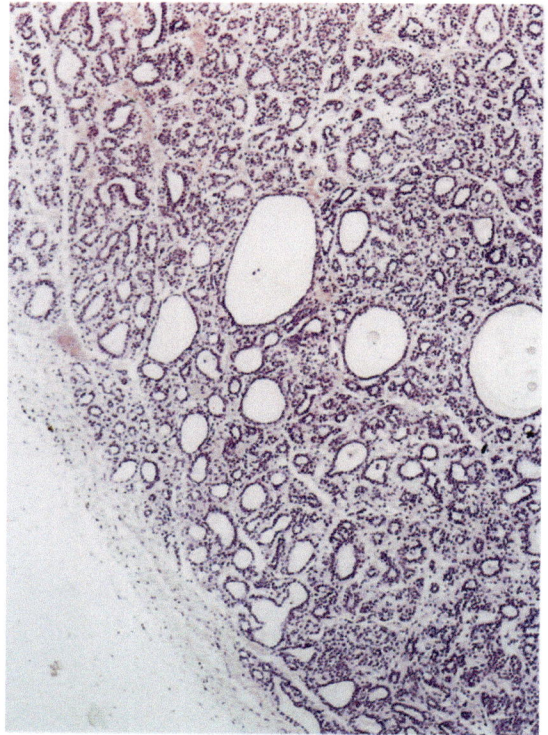

图 1-14　乳腺腺瘤，B6C3F1 小鼠。H&E 染色

16

腺癌（*M*）
Adenocarcinoma（*M*）

组织发生

乳腺上皮。

诊断特征

- 不能维持正常的小叶结构。
- 生长形态差异性大，可呈管状、乳头状、囊性、实性、粉刺状、未分化型。
- 单一病灶内可存在不同生长形态。
- 囊腔内可见乳头状突起以及实性索状、片状、巢状或管状结构，无腺体分化迹象。
- 腺泡区域常伴有充满血液或其他液体的囊肿，表现出分泌活性。
- 鳞状细胞覆盖区域不超过病灶的 25%。
- 间质的量不等。
- 腺体结构可嵌入类似肌上皮的疏松黏液瘤样间质中。
- 可见坏死和出血。
- 存在细胞多形性。
- 核分裂象众多。
- 有邻近组织、肌肉和皮肤浸润或转移。

鉴别诊断

恶性腺棘皮瘤（*Adenoacanthoma, Malignant*）

鳞状细胞覆盖区域占病灶的 25% 以上。

腺瘤（*Adenoma*）

界限清楚，细胞呈高分化，核分裂象不是很多，腺泡在大小和形态上一致。

参考文献

参见 2、5、6、7、9、10、16、19、25、26 和 28。

图 1-15～1-18　见第 18 页。

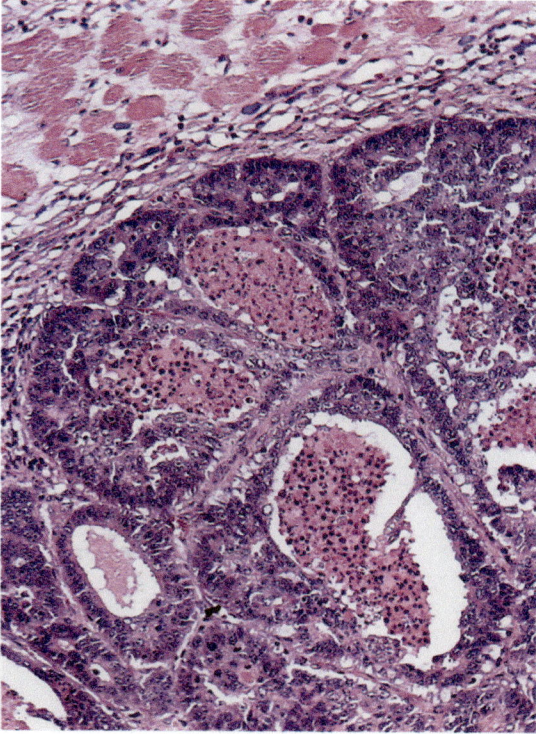
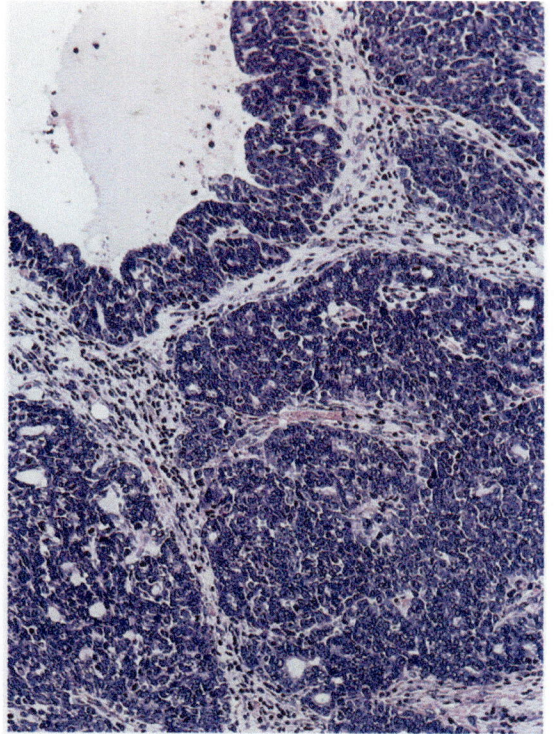
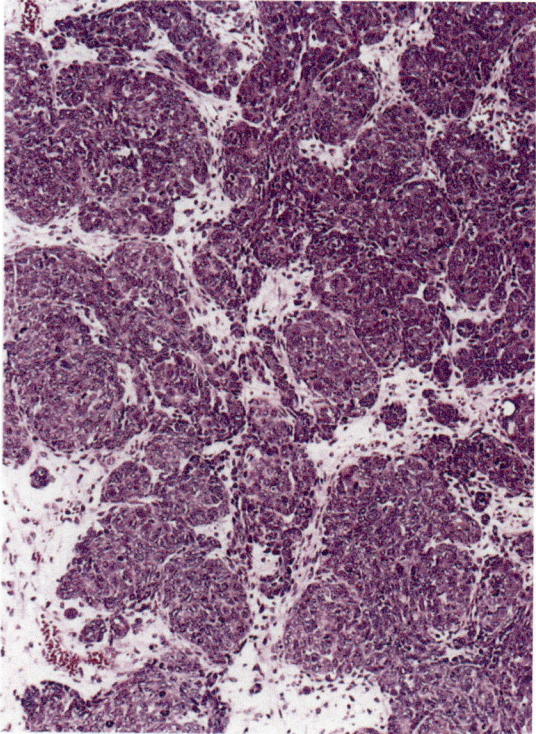
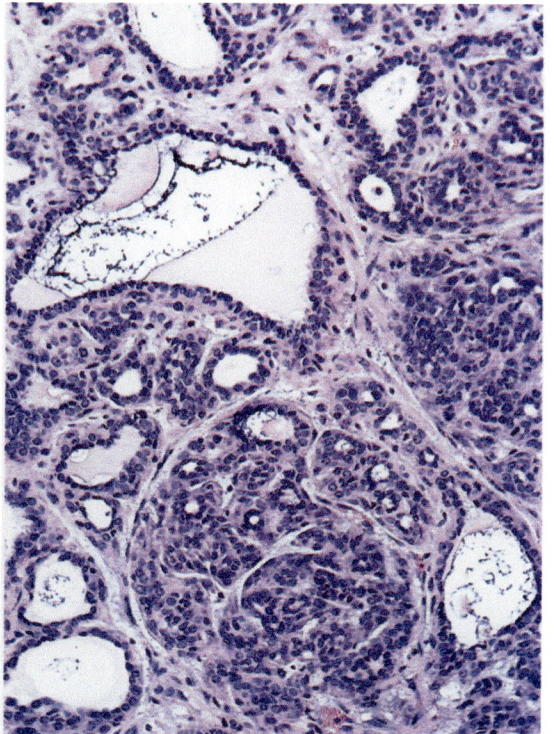

纤维腺瘤（B）
Fibroadenoma（B）

组织发生

乳腺上皮和结缔组织。

诊断特征

- 界限清楚。
- 可能存在纤维性包膜。
- 在明显的、相当致密的纤维间质内可见离散的腺泡或导管。
- 包绕腺体结构的结缔组织的量不等，也可能不明显。
- 腺体结构的腔内可能充满嗜酸性物质，表现出分泌活性。
- 核分裂象罕见。

鉴别诊断

腺瘤（Adenoma）

未见间质结缔组织数量增多。

纤维瘤（Fibroma）

未见上皮成分。

参考文献

参见 2、5、6、7、9、10、16、19、25、26 和 28。

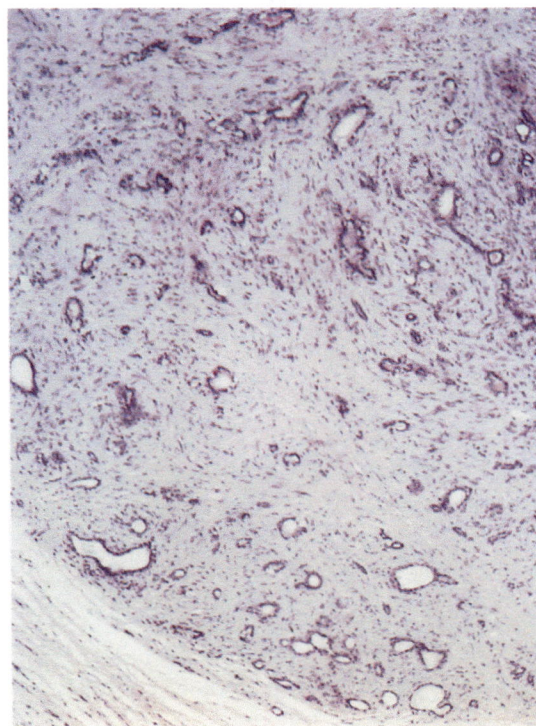

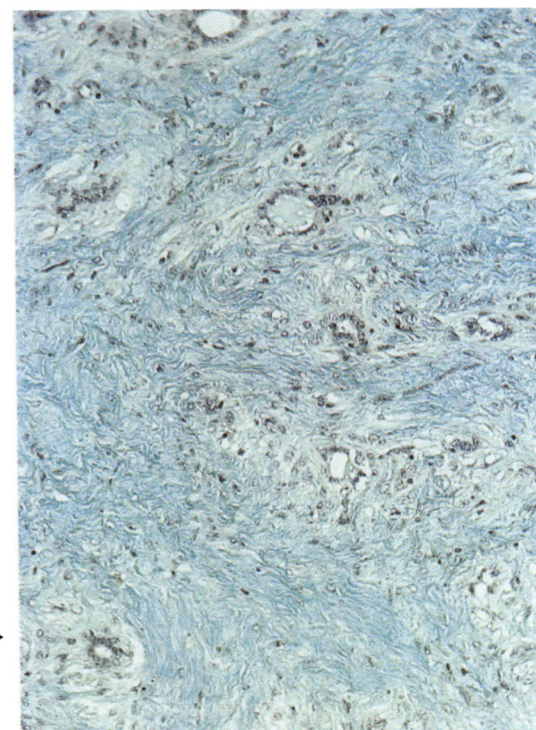

◀ **图 1-15**（左上）乳腺腺癌。H&E 染色
图 1-16（右上）乳腺腺癌，B6C3F1 小鼠。H&E 染色
图 1-17（左下）乳腺腺癌，B6C3F1 小鼠。H&E 染色
图 1-18（右下）乳腺腺癌，B6C3F1 小鼠。H&E 染色
图 1-19（右上）乳腺纤维腺瘤，B6C3F1 小鼠。H&E 染色
图 1-20（右下）乳腺纤维腺瘤，B6C3F1 小鼠。Elastica Masson Goldner 染色

恶性腺棘皮瘤（*M*）
Adenoacanthoma, Malignant（*M*）

组织发生

乳腺上皮。

诊断特征

- 可能界限清楚。
- 腺样和鳞状分化。
- 腺状与鳞状细胞形态以不同的比例存在。
- 鳞状细胞区域呈高分化。
- 鳞状细胞区域占病变面积 25% 以上。
- 可存在由圆形或多角形的上皮细胞向扁平的鳞状细胞逐渐过渡的区域。
- 鳞状细胞表现为细胞质内有角蛋白以及角化珠形成。
- 转移表现为鳞状或腺样组织。

鉴别诊断

腺癌（Adenocarcinoma）

可能存在鳞状细胞区域，但不超过病变面积的 25%。

皮肤鳞状细胞癌［Carcinoma, Squamous Cell（Skin）］

仅存在鳞状分化，未见腺状分化。

参考文献

参见 2、5、6、7、9、10、16、19、25、26 和 28。

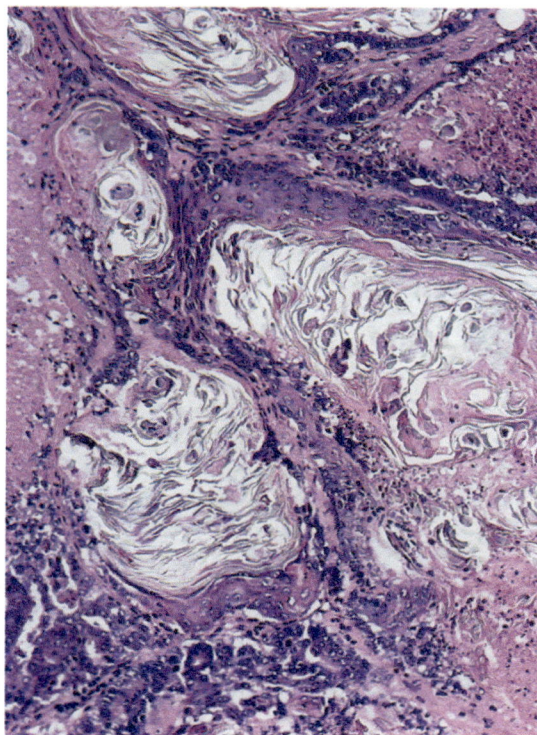

图 1-21　乳腺腺棘皮瘤。H&E 染色

参考文献

1. Bader R, Gembardt C, Kaufmann W, Kuettler K, Mann PC, van Zwieten MJ, Zurcher C (1993) 5. Integumentary system. In: Mohr U, Capen CC, Dungworth DL, Griesemer RA, Ito N, Turusov VS (eds) International classification of rodent tumours, Part I: The rat. IARC Scientific Publications No. 122, Lyon, pp 1-21

2. Benirschke K, Garner FM, Jones TC (1978) Pathology of laboratory animals, vol II. Springer, Berlin

3. Bogovski P (1979) Tumours of the skin. In: Turusov VS (ed) Pathology of tumours in laboratory animals. vol II. Tumours of the mouse. IARC Scientific Publications No. 23, Lyon, pp 1-41

4. Bogovski P (1994) Tumours of the skin. In: Turusov VS, Mohr U (eds) Pathology of tumours in laboratory animals, vol 2. Tumours of the mouse, 2nd edn. IARC Scientific Publications No. Ⅲ, Lyon, pp 1-45

5. Dunn TB (1959) In: Homburger F (ed) Physiopathology of cancer. 2nd edn. Hoeber, New York, pp 38-84

6. Ebbenhorst Tengbergen WJ (1970) Morphological classification of mammary tumours in the mouse. Pathol Eur 5: 260-272

7. Faccini JM, Abbott DP, Paulus GJJ (1990) Mouse histopathology. A glossary for use in toxicity and carcinogenicity studies. Elsevier, Amsterdam

8. Faccini JM, Abbott DP, Paulus GJJ (1990) Mouse histopathology. A glossary for use in toxicity and carcinogenicity studies. 1. Integumentary System. Elsevier, Amsterdam, pp 1-17

9. Faulkin LJ, Mitchell DJ, Young LJ, Morris DW, Malone RW, Cardiff RD, Gardner MB (1984) Hyperplastic and neoplastic changes in the mammary glands of feral mice free of endogenous mouse mammary tumor virus provirus. J Natl Cancer Inst 73: 971-982

10. Frith CH, Ward JM (1988) Color atlas of neoplastic and non-neoplastic lesions in aging mice. Elsevier, Amsterdam

11. Ghadially FN (1961) The role of hair follicles in the origin and evolution of some cutaneous neoplasms of man and experimental animals. Cancer 14: 1801-1816

12. Hasegawa R, Miyakawa Y, Sato H (1989) Basal cell tumor, skin, mouse. In: Jones TC, Mohr U, Hunt RD (eds) Monographs on pathology of laboratory animals. Integument and mammary glands. Springer, Berlin Heidelberg New York Tokyo, pp 52-55

13. Hasegawa R, Miyakawa Y, Sato H (1989) Squamous cell carcinoma, skin, mouse. In: Jones TC, Mohr U, Hunt RD (eds) Monographs on pathology of laboratory animals. Integument and mammary glands. Springer, Berlin Heidelberg New York Tokyo, pp 31-38

14. Hasegawa R, Sato H, Miyakawa Y (1989) Squamous cell papilloma, skin, mouse. In: Jones TC, Mohr U, Hunt RD (eds) Monographs on pathology of laboratory animals. Integument and mammary glands. Springer, Berlin Heidelberg New York Tokyo, pp 19-24

15. Hirose M (1989) Squamous cell carcinoma, skin, rat. In: Jones TC, Mohr U, Hunt RD (eds) Monographs on pathology of laboratory animals. Integument and mammary glands. Springer, Berlin Heidelberg New York Tokyo, pp 25-30

16. Jones TC, Mohr U, Hunt RD (1989) Monographs on pathology of laboratory animals. Integument and mammary glands. Springer, Berlin Heidelberg New York Tokyo

17. Kanno J (1989) Melanocytic tumors, skin, mouse. In: Jones TC, Mohr U, Hunt RD (eds) Monographs on pathology of laboratory animals. Integument and mammary glands. Springer, Berlin Heidelberg New York Tokyo, pp 63-70

18. Maita K, Hirano M, Harada T, Mitsumori K, Yoshida A, Takahashi K, Nakashima N, Kitazawa T, Enomoto A, Inui K, Shirasu Y (1988) Mortality, major cause of moribundity, and spontaneous tumors in CD-1 mice. Toxicol Pathol 16: 340-349

19. Medina D (1976) Mammary gland as a morphological end point in carcinogenesis studies. J Toxicol Environ Health 1: 551-560

20. Muller GH, Kirk RW, Scott DW (1983) Small animal dermatology. W.E. Saunders, Philadelphia London Toronto, pp 56-58

21. Peckham JC, Heider K (1999) Skin and subcutis. In: Maronpot RR, Boorman GA, Gaul BW (eds) Pathology of the mouse. Reference and atlas. Cache River Press, Vienna, pp 555-612

22. Ramon y Cajal S, Suster S, Halaban R, Filvaroff E, Dotto GP (1991) Induction of different morphologic features of malignant melanoma and pigmented lesions after transformation of murine melanocytes with bFGF-cDNA and H-ras, myc, neu, and E1a oncogenes. Am J Pathol 138: 349-358

23. Ramselaar CG, Ruitenberg EJ, Kruizinga W (1980) Regression of induced keratoacanthomas in anagen (hair growth phase) skin grafts in mice. Cancer Res 40: 1668-1673

24. Rehm S, Ward JM, Devor DE (1989) Squamous cell carcinoma arising in induced papilloma, skin, mouse. In: Jones TC, Mohr U, Hunt RD (eds) Monographs on pathology of laboratory animals. Integument and mammary glands. Springer, Berlin Heidelberg New York Tokyo, pp 38-42

25. Sass B, Dunn TB (1979) Classification of mouse mammary tumors in Dunn's miscellaneous group including recently reported types. J Natl Cancer Inst 62: 1287-1293

26. Seely JC, Boorman GA (1999) Mammary gland and specialized sebaceous glands (Zymbal, preputial, clitoral, anal). In: Maronpot RR, Boorman GA, Gaul BW (eds) Pathology of the mouse. Reference and atlas. Cache River Press, Vienna, pp 613-635

27. Squire RA, Goodman DG, Valerio MG, Fredrickson T, Strandberg JD, Levitt MH, Lingeman CH, Harshbarger JC, Dawe CJ (1978) Tumors. In: Benirschke K, Garner FM, Jones TC (eds) Pathology of laboratory animals, vol Ⅱ. Springer, Berlin Heidelberg New York Tokyo, pp 1051-1283

28. Turusov VS (1979) Pathology of tumours in laboratory animals, vol Ⅱ Tumours of the mouse. IARC Scientific Publications No. 23, Lyon

（王鹏丽、田旭、李子荷　译，
孔庆喜、宁钧宇、郭召绪　审校）

第二章　胃肠道

G.R. Betton[1,3], L.O. Whiteley[2], M.R. Anver , R. Brown
U. Deschl[3], M. Elwell, P.-G. Germann[3], F. Hartig , K. Küttler[3]
H. Mori , T. Nolte[3], H. Püschner[3], K. Tuch[3]

---

[1] 主席；[2] 共同主席；[3] 初稿。

鳞状细胞增生（*H*）
Hyperplasia, Squamous Cell（*H*）

组织发生

黏膜表面的鳞状上皮细胞。

诊断特征

- 分化好的鳞状细胞呈局灶性或多灶性增多，表现为基底细胞向鳞状细胞进一步成熟。
- 界限清楚。
- 可见单个或多个指状突起，均有单一的非分支状纤维血管化的结缔组织轴心。
- 可能存在角化过度。

鉴别诊断

鳞状细胞乳头状瘤（*Papilloma, Squamous Cell*）

突起具有单一的复合分支状纤维血管化的结缔组织轴心。

鳞状细胞癌（*Carcinoma, Squamous Cell*）
侵袭下方组织、基质或肌肉。
可见细胞多形性或角化不良。

参考文献

参见 16 和 17。

鳞状细胞乳头状瘤（*B*）
Papilloma, Squamous Cell（*B*）

组织发生

黏膜表面的鳞状上皮细胞。

诊断特征

- 病变可能是孤立的，也可能是多灶性的。
- 界限清楚。
- 可见单个或多个指状突起（具有一个复合分支状纤维血管化的结缔组织轴心）。
- 可见上皮细胞内陷，外观像细胞巢，但非真正的侵袭。
- 如有创伤或炎症，乳头状瘤细胞会向无序化排列发展。
- 上皮细胞呈高分化。
- 细胞常常增生或过度角化，但为正常的成熟上皮细胞。
- 上皮细胞未侵袭基质。

鉴别诊断

鳞状细胞增生（*Hyperplasia, Squamous Cell*）
突起具有单一、非分支状纤维血管化的结缔组织轴心。

鳞状细胞癌（*Carcinoma, Squamous Cell*）
真正侵袭下方组织、基质或肌肉。
存在细胞多形性或角化不良。
存在不规则的上皮细胞索、簇或巢。

参考文献

参见 16、17 和 19。

鳞状细胞癌（*M*）
Carcinoma, Squamous Cell（*M*）

组织发生
黏膜表面的鳞状上皮细胞。

诊断特征
- 不规则的上皮细胞索、簇和巢。
- 细胞呈多形性。
- 可能存在角化不良和角化珠。
- 可见下方结缔组织或间质侵袭。

鉴别诊断

鳞状细胞乳头状瘤（*Papilloma, Squamous Cell*）

没有真正侵袭下方组织。

没有角化珠的角化不良。

鳞状细胞增生（*Hyperplasia, Squamous Cell*）

不侵袭下方组织。

突起具有单一、非分支纤维血管化的结缔组织轴心。

牙瘤牙源性囊肿（*Odontoma, Odontogenic Cysts*）

牙上皮基部细胞呈栅栏状排列。

产生牙本质或牙釉质基质。

不产生角蛋白。

参考文献
参见 16、17 和 31。

腺瘤（B）
Adenoma（B）

组织发生

　　主要是唾液腺、舌和咽部小腺体的导管上皮和腺泡上皮。

诊断特征

- 界限清楚。
- 可见压迫邻近实质或结缔组织。
- 部分或完全被薄包膜包裹，但无明显结缔组织增生。
- 生长形态可能呈腺泡样或乳头状。
- 细胞体积很小，含有分泌颗粒。
- 当细胞质黏液存在时，细胞核呈深染，位于基底。
- 核分裂象罕见。

鉴别诊断

　　再生性增生（Regenerative Hyperplasia）
　　存在慢性炎症或纤维增生。
　　细胞质呈嗜碱性，伴有小灶性腺泡或导管增生。

　　腺癌（Adenocarcinoma）
　　存在细胞多形性和细胞质双嗜性。
　　核分裂象多见。
　　以旋涡状或梭形形态生长。

　　良性混合性肿瘤（Tumor, Mixed, Benign）
　　由两种类型的增生性组织构成，一种是肌上皮组织，另一种是腺泡上皮组织。

　　前部乳腺腺瘤［Adenomas of the Mammary Gland（Anterior Part）］
　　腺体结构不致密。
　　上皮染色特征不同。

备注

　　区分再生性增生和腺瘤可能非常困难。

参考文献

　　参见 8、10 和 13。

腺癌（*M*）
Adenocarcinoma（*M*）

组织发生

    舌和咽的大唾液腺和小唾液腺的导管上皮和腺泡上皮。

诊断特征

- 生长形态为实性、乳头状或混合性。
- 以旋涡状或梭形形态生长。
- 常见坏死。
- 细胞体积大，呈多形性、多角形，具有双嗜性细胞质。
- 核质比高。
- 细胞核呈大泡状，有多个核仁。
- 核分裂象多。
- 可侵袭周围组织。
- 可能存在肺转移。

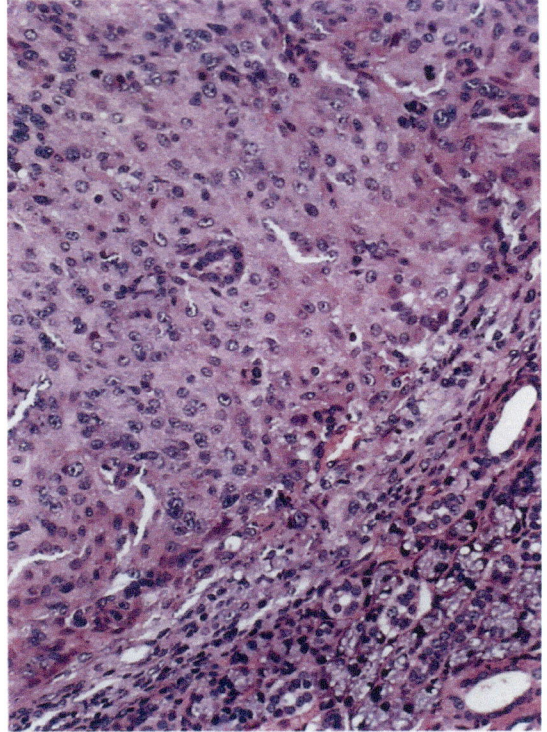

图 2-1　颌下腺实性腺癌。H&E染色

鉴别诊断

    再生性增生（*Regenerative Hyperplasia*）

    没有侵袭。

    存在慢性炎症或纤维增生。

    腺瘤（*Adenoma*）

    轻微细胞多形性。

    腺泡细胞呈高分化，有分泌颗粒。

    核分裂象罕见。

    乳腺腺癌（*Adenocarcinomas of the Mammary Gland*）

    可能存在细胞质染色差异和脂质空泡化。

参考文献

    参见 8 和 10。

恶性肌上皮瘤（M）
Myoepithelioma, Malignant（M）

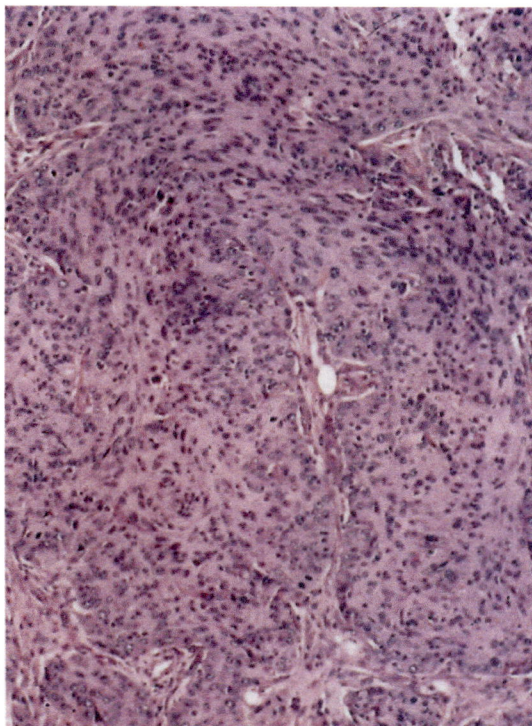

图 2-2 唾液腺肌上皮瘤。H&E 染色（由 M. Jokinen 博士提供，NTP 档案）

组织发生

唾液腺的肌上皮细胞。

诊断特征

- 无包膜的肿瘤，可能有实性组织呈舌形延伸至邻近结构中。
- 呈梭形或多形性形态，无腺泡或导管结构。
- 邻近血管的肿瘤细胞倾向于以上皮样排列成线状。
- 可能出现鳞状上皮外观，但无角化或癌珠形成。
- 由于退化，黏液样物质积聚在假性囊肿中。
- 细胞呈多形性，可类似上皮细胞、间充质细胞或梭形细胞。
- 存在多个坏死区。
- 侵袭周围组织；大的肿瘤可能转移到肺。
- 不存在淋巴细胞和浆细胞浸润（与多瘤病毒肿瘤不同）。

鉴别诊断

多形性肿瘤（*Pleomorphic Tumors*）

可以是单一的上皮型、纯间充质型或上皮/间充质混合型。

腺瘤（*Adenoma*）

可形成腺泡。

腺癌（*Adenocarcinoma*）

在分化更好的区域可形成腺泡。

备注

肌动蛋白和细胞角蛋白呈阳性。多瘤病毒诱导的唾液腺肿瘤可能是上皮型、间充质型或混合型。

参考文献

参见 5、8 和 11。

良性混合性肿瘤（B）
Tumor, Mixed, Benign（B）

同义词：tumor，composite，benign。

组织发生

唾液腺的腺上皮和肌上皮间充质成分。

诊断特征

- 同时存在纤维瘤和腺瘤的特征。
- 不存在细胞多形性。

鉴别诊断

恶性混合性肿瘤（*Tumor, Mixed, Malignant*）
存在肉瘤和癌的特征。
存在细胞多形性。

腺瘤（*Adenoma*）
缺乏肿瘤性间充质成分。

纤维瘤（*Fibroma*）
缺乏肿瘤性上皮成分。

备注

小鼠多瘤病毒导致的唾液腺肿瘤，包括上皮–间充质混合型。

参考文献

参见 8 和 10。

恶性混合性肿瘤（*M*）
Tumor, Mixed, Malignant（*M*）

同义词：tumor，composite，malignant。

组织发生

腺上皮和肌上皮间充质细胞。

诊断特征

- 存在细胞多形性。
- 存在肉瘤和癌的特征。

鉴别诊断

良性混合性肿瘤（*Tumor, Mixed, Benign*）
存在纤维瘤和腺瘤的特征。
不存在细胞多形性。
无局部侵袭。

未分化肉瘤（*Sarcoma, Undifferentiated*）
缺乏恶性上皮成分。

恶性神经鞘瘤（*Schwannoma, Malignant*）
缺乏恶性上皮成分。

参考文献

参见 8 和 10。

鳞状细胞增生（*H*）
Hyperplasia, Squamous Cell（*H*）

同义词：hyperkeratosis。

组织发生

起源于食管或前胃的复层鳞状上皮。

诊断特征

- 鳞状上皮呈局灶性或弥散性增厚，生发层卷曲，基底细胞增殖加重。
- 乳头状瘤样突起覆盖在卷曲的固有层上，但没有单一的纤维血管化的结缔组织轴心。
- 增生上皮可能表现出外生性或内生性生长。内生性生长的部分可能取代黏膜肌层并呈角化棘皮瘤样生长形态。
- 上皮细胞通常角化不全或角化过度。

鉴别诊断

反应性增生（*Reactive Hyperplasia*）

鳞状上皮增生是对糜烂、炎症或对水肿病灶周围溃疡或其他刺激因素的反应。

反应性增生上皮可能呈外生性或内生性生长。

鳞状细胞乳头状瘤（*Papilloma, Squamous Cell*）

外生性或内生性的单发或多发病变。

突起具有单一或复合的分支状纤维血管化的结缔组织轴心。

参考文献

参见 17。

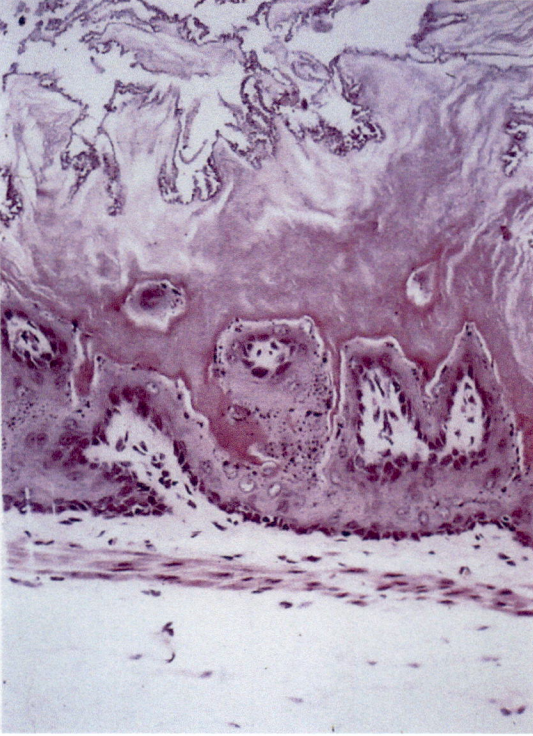

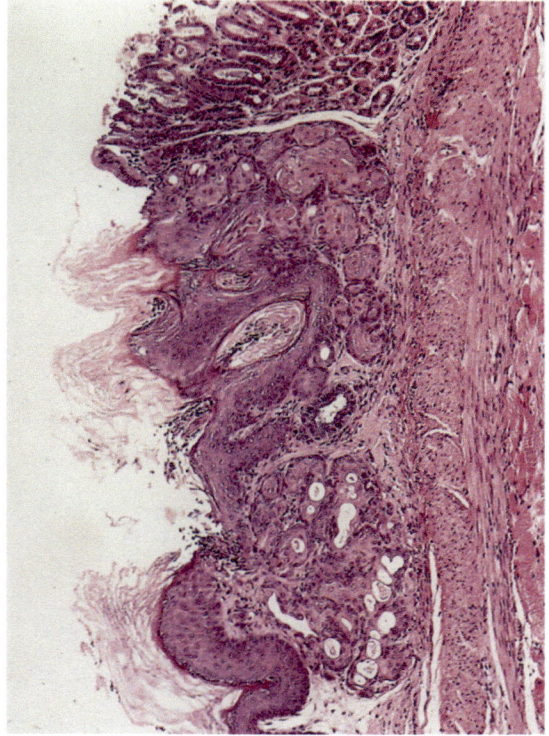

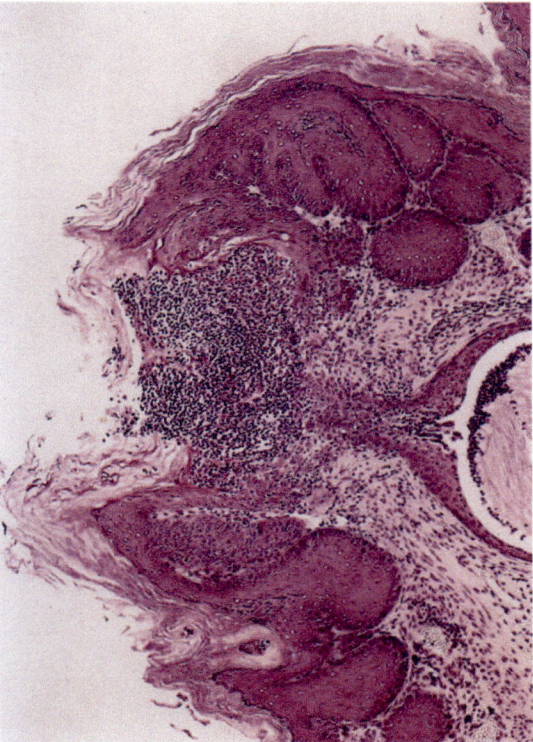

图 2-3（左上） 食管鳞状细胞增生伴生发层卷曲和角化过度。H&E 染色

图 2-4（右上） 前胃鳞状细胞增生。H&E 染色

图 2-5（左下） 前胃局灶性溃疡被反应性鳞状上皮增生包绕。H&E 染色

鳞状细胞乳头状瘤（B）
Papilloma, Squamous Cell（B）

组织发生

起源于食管或前胃的复层鳞状上皮。

诊断特征

- 可能单发或多发。
- 呈外生性或内生性生长。
- 外生性肿瘤具有单一的复合分支状纤维血管轴心。
- 上皮细胞通常过度角化并呈棘皮样，但表现为正常成熟外观。
- 核分裂象罕见。
- 局部炎症反应是常见特征之一。

鉴别诊断

鳞状细胞增生（Hyperplasia, Squamous Cell）没有单一蒂或复合分支。

鳞状细胞癌（Carcinoma, Squamous Cell）侵袭黏膜肌层。

发生于乳头状瘤中的癌内存在对纤维血管化的结缔组织蒂的侵袭。

参考文献

参见 16 和 17。

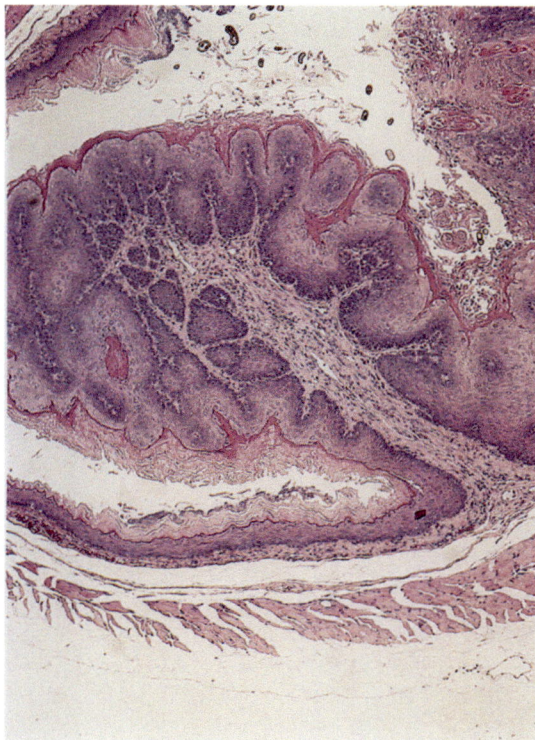

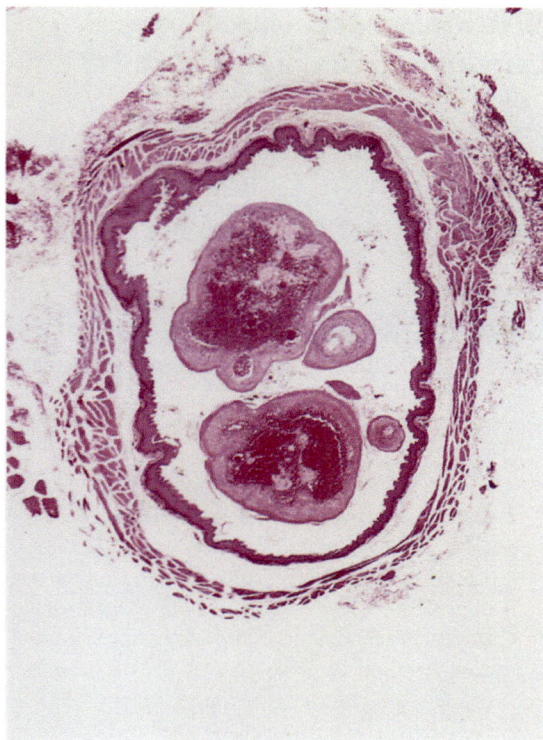

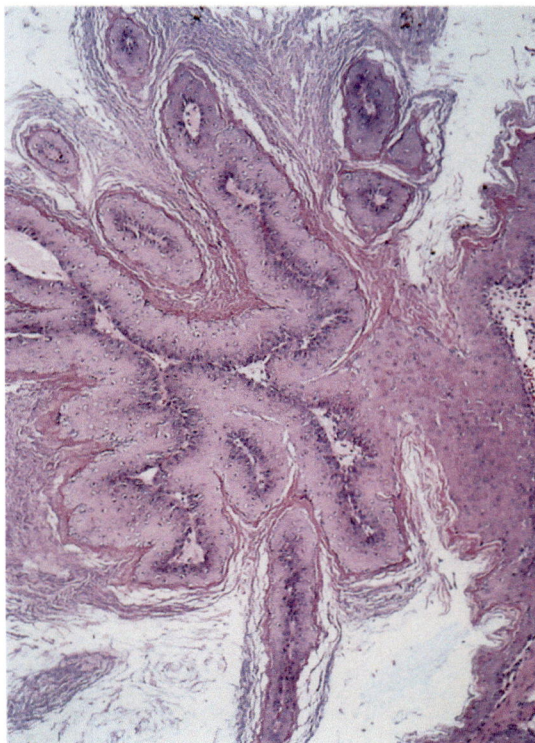

图 2-6（左上） 食管鳞状细胞乳头状瘤，B6C3F1 小鼠，雌性，95 周龄（由 Shinji Yamamoto 博士提供）。H&E 染色

图 2-7（右上） 食管鳞状细胞乳头状瘤，CD-1 小鼠（由 Barry Stuart 博士提供）。H&E 染色

图 2-8（左下） 前胃鳞状细胞乳头状瘤，V-Ha-ras 肿瘤小鼠，雌性，69 周龄。H&E 染色

鳞状细胞癌（*M*）
Carcinoma, Squamous Cell（*M*）

组织发生

起源于食管或前胃的复层鳞状上皮。

诊断特征

- 呈外生性或内生性生长。
- 外生性生长表现出部分或全部管腔闭塞。
- 内生性生长表现出侵袭食管壁，并可能表现为浅表溃疡。
- 发生于乳头状瘤中的癌的特征是侵袭纤维性蒂。
- 细胞核呈深染，增大并有明显的核仁。
- 存在不同程度的角化和角化珠形成。
- 核分裂象多见。
- 浅表的溃疡和炎症，或固有层或黏膜下层的纤维增生是其常见的特征。
- 侵袭性生长，胸段的食管癌可能穿透食管，直接扩散到肺。

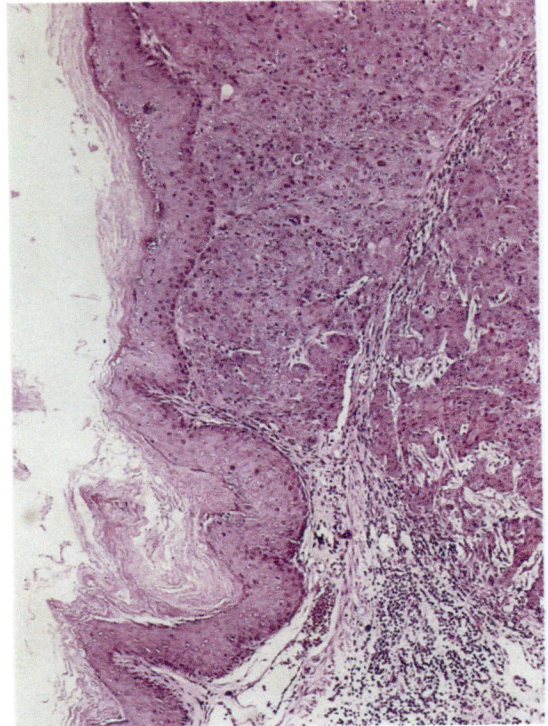

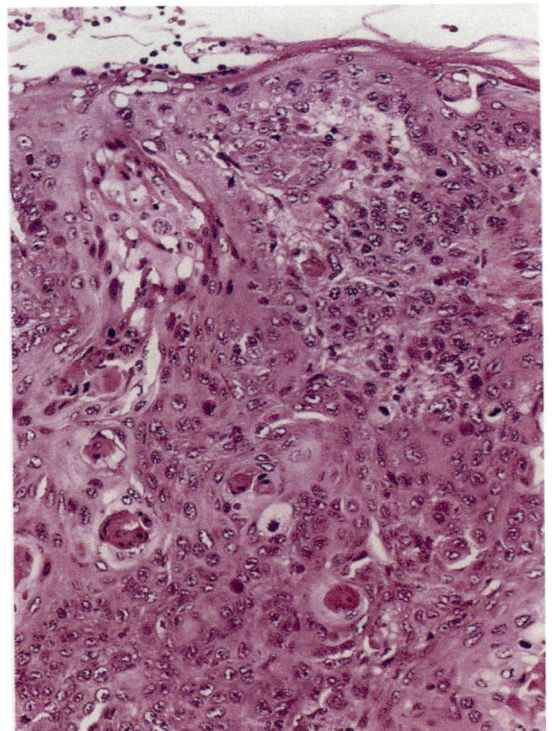

图 2-9（右上） 前胃鳞状细胞癌。H&E 染色
图 2-10（右下） 前胃鳞状细胞癌。H&E 染色

鉴别诊断

鳞状细胞增生（Hyperplasia, Squamous Cell）

尽管黏膜肌层可能存在移位，但无真正的侵袭性生长。

鳞状细胞乳头状瘤（Papilloma, Squamous Cell）

无侵袭性生长。

内生性肿瘤可能取代黏膜肌层。

除非发生溃疡，否则无炎症和纤维增生。

上皮囊肿（Epithelial Cyst）

黏膜下囊肿内衬薄的复层鳞状上皮。

很可能是先天性的，见于限制脊或邻近的腺胃黏膜。

溃疡（Ulceration）

由给药的针管导致的创伤性溃疡反应引起的鳞状上皮增生，可能伴有增生性上皮、炎症或纤维增生形成的上皮下沉积。

参考文献

参见 16、17、26 和 31。

胃底黏膜增生（*H*）
Hyperplasia, Fundic Mucosal（*H*）

同义词：hyperplasia，adenomatous；hyperplasia，gastric。

组织发生

起源于增生区，伴随胃小凹和泌酸腺分化增加。

诊断特征

- 无明显压迫。
- 腺体结构仍保留。
- 没有单一细胞类型占主导地位。
- 胃小凹变长，嗜碱性更强。
- 轻度可见由胃小凹和腺体长度增加导致的胃黏膜厚度增加。
- 中度还可见泌酸黏膜折叠，但保留分化形态。
- 重度可见对黏膜肌层局灶性穿透，可能因隐窝疝而发生，但未穿透基底膜。
- 黏膜下囊肿可能由向胃小凹分化的折叠上皮形成。
- 上皮细胞肥大。
- 细胞质嗜碱性加强。

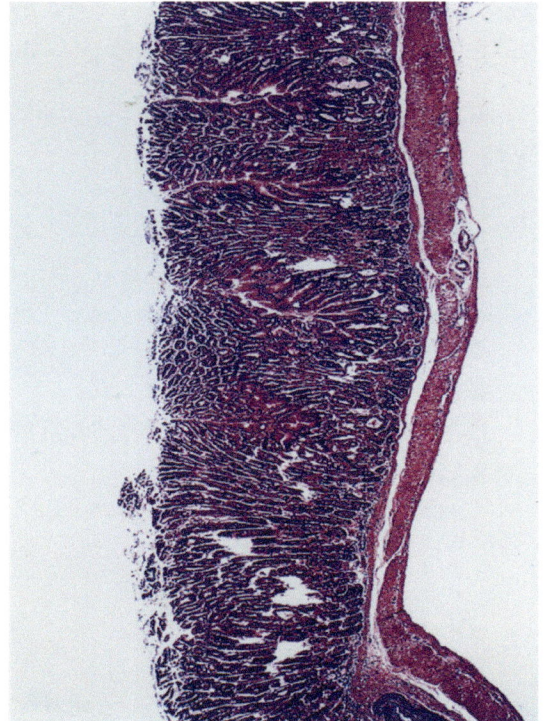

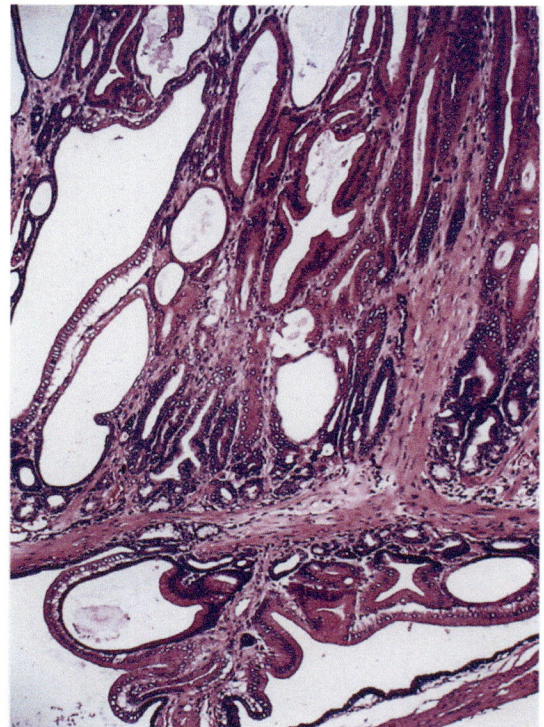

图 2-11（右上） 腺胃胃底黏膜增生（中度）伴有泌酸黏膜折叠。H&E 染色

图 2-12（右下） 腺胃胃底黏膜增生（重度）伴有黏膜下囊肿形成和内陷的胃小凹上皮。H&E 染色

- 细胞核数量增加。
- 细胞核增大并有明显的核仁。
- 胃小凹细胞内黏液含量减少。

鉴别诊断

腺瘤（Adenoma）

腺体形态非典型、扭曲。

腺体极性丧失。

压迫邻近组织。

腺癌（Adenocarcinoma）

明显穿透基底膜并侵袭黏膜肌层，呈腺样或实性索状。

失去细胞极性的一致性。

细胞表现出多形性，核分裂象显著增加。

腺体非典型增生（"发育不良"）[Glandular Atypia（"Dysplasia"）]

窦状腺隐窝呈孤立灶增生。

细胞嗜碱性增强。

有时存在细胞核多层化。

常伴有溃疡和再生性增生。

增生性胃炎（Hyperplastic Gastritis）

一般情况下很少有序分化。

广泛增生，也可透过黏膜肌层形成黏膜下囊肿。

备注

胃泌素是胃底黏膜的一种促激素。用引起高胃泌素血症的抗分泌化合物处理的小鼠经常发现胃底黏膜增生。可能伴发神经内分泌细胞增生和肿瘤。也被视为 I 品系小鼠和其他品系小鼠的自发性病变，受饮食或笼养影响。

参考文献

参见 3、12、24、25、29 和 30。

神经内分泌细胞增生（H）
Hyperplasia, Neuroendocrine Cell（H）

组织发生

起源于胃黏膜的神经内分泌细胞。肠嗜铬样（enterochromaffin-like，ECL）细胞是泌酸黏膜中主要的神经内分泌细胞。

诊断特征

- 出现在胃底黏膜中，孤立的呈淡染的嗜银细胞的数量增加（弥漫性增生）。
- 在弥漫性神经内分泌细胞增生区域内，可能形成神经内分泌细胞簇，充满胃腺，但仍在基底膜内（局灶性增生）。
- 可能表现为孤立的神经内分泌细胞浸润黏膜肌层。
- 特殊染色产生强烈的染色反应（嗜银、嗜铬粒蛋白A、神经元特异性烯醇化酶）。
- 腺体可能被局灶性神经内分泌细胞增生替代，范围不超过连续3个腺体。

鉴别诊断

良性神经内分泌细胞肿瘤（Tumor, Neuroendocrine Cell, Benign）

神经内分泌细胞填充超过3个连续的腺体。

恶性神经内分泌细胞肿瘤（Tumor, Neuroendocrine Cell, Malignant）

在固有层内呈结节样生长或侵袭黏膜肌层。

备注

经抗分泌药物处理后，在小鼠对高胃泌素血症的反应中，可见神经内分泌细胞增生和肿瘤。胃底黏膜增生通常也很明显。

参考文献

参见3。

良性神经内分泌细胞肿瘤（*B*）
Tumor, Neuroendocrine Cell, Benign（*B*）

组织发生

起源于胃黏膜的神经内分泌细胞。肠嗜铬样细胞是泌酸黏膜中主要的神经内分泌细胞。

诊断特征

- 神经内分泌细胞肿瘤出现在弥漫性或局灶性神经内分泌细胞增生区域内的胃底黏膜。
- 生长在黏膜内，呈结节样或 4 个及以上腺体形成的群，充满呈淡染的神经内分泌细胞。
- 没有穿透黏膜肌层的结节样侵袭。
- 特殊染色可能产生比非肿瘤性神经内分泌细胞更弱的染色反应（嗜银性、嗜铬粒蛋白A、神经元特异性烯醇化酶）。

鉴别诊断

神经内分泌细胞增生（弥散性，局灶性）
［*Hyperplasia, Neuroendocrine Cell（Diffuse, Focal）*］

神经内分泌细胞填充不超过 3 个连续的腺体。

可能存在孤立的神经内分泌细胞侵袭黏膜肌层。

恶性神经内分泌细胞肿瘤（Tumor, Neuro-endocrine Cell, Malignant）

神经内分泌细胞穿透黏膜肌层，呈结节样侵袭性生长；浆膜沉积或远处转移。

备注

经抗分泌药物处理后，在小鼠对高胃泌素血症的反应中，可见神经内分泌细胞增生和肿瘤。胃底黏膜增生通常也很明显。

参考文献

参见 24 和 30。

恶性神经内分泌细胞肿瘤（*M*）
Tumor, Neuroendocrine Cell, Malignant（*M*）

组织发生

起源于胃黏膜的神经内分泌细胞。肠嗜铬样细胞是泌酸黏膜中主要的神经内分泌细胞。

诊断特征

- 神经内分泌细胞肿瘤出现在弥漫性或局灶性神经内分泌细胞增生区域内的胃底黏膜。
- 由淡染或嗜酸性细胞形成的小结节在黏膜内生长，有时在黏膜下层出现较大的小结节。
- 可能存在穿透黏膜肌层的结节样侵袭。
- 可能存在区域淋巴结转移或肝转移。
- 与非肿瘤或良性神经内分泌细胞肿瘤相比，特殊染色可能产生较弱的染色反应（嗜银性、嗜铬粒蛋白 A、神经元特异性烯醇化酶）。
- 可能存在核分裂象。

鉴别诊断

神经内分泌细胞增生（弥散性，局灶性）
[*Hyperplasia, Neuroendocrine Cell（Diffuse, Focal）*]

神经内分泌细胞填充不超过 3 个连续的腺体。

可能存在孤立的神经内分泌细胞侵袭黏膜肌层。

良性神经内分泌细胞肿瘤（Tumor, Neuroendocrine Cell, Benign）

无穿透黏膜肌层的结节样侵袭。

未见核分裂象。

备注

经抗分泌药物处理后，在小鼠对高胃泌素血症的反应中，可见神经内分泌细胞增生和肿瘤。胃底黏膜增生通常也很明显。

参考文献

参见 24 和 30。

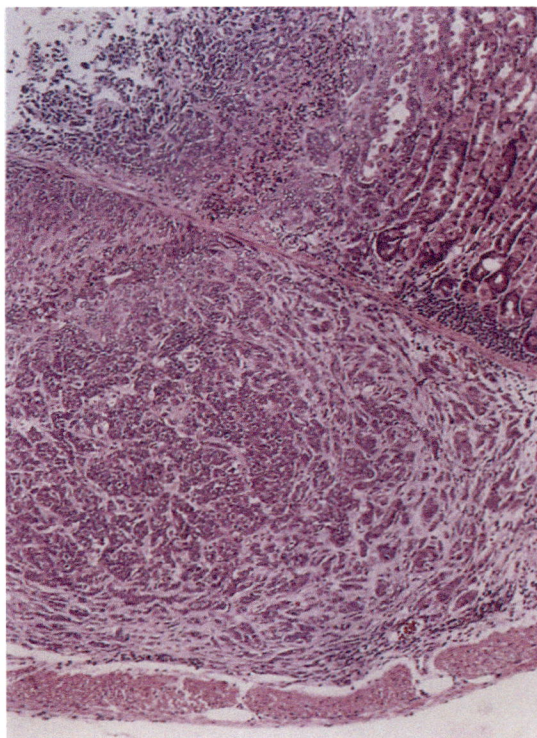

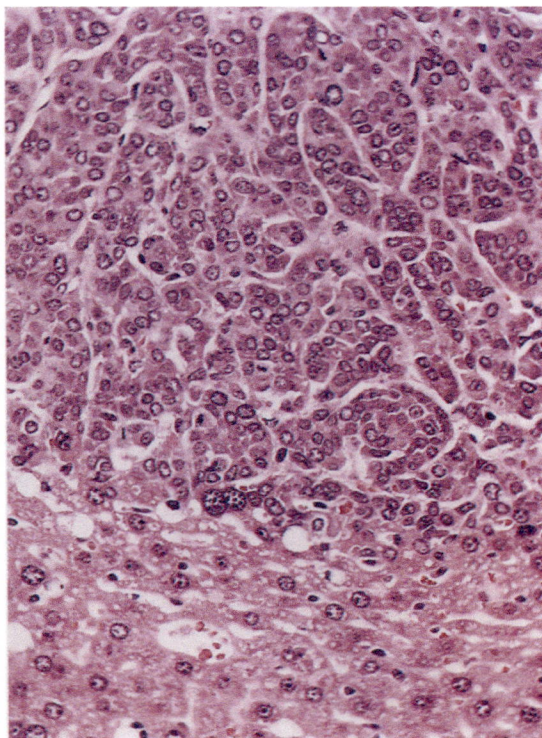

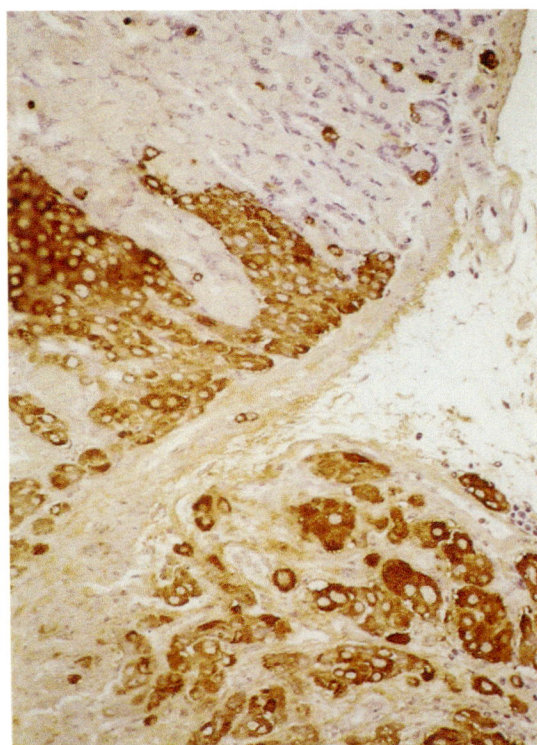

图2-13（左上） 腺胃的恶性神经内分泌细胞肿瘤，可见肠嗜铬样细胞的实性巢侵入固有层。H&E 染色

图2-14（右上） 胃恶性神经内分泌细胞肿瘤的肝转移。H&E 染色

图2-15（左下） 腺胃的恶性神经内分泌细胞肿瘤可见嗜铬粒蛋白 A 阳性细胞取代腺体并侵入黏膜下层。嗜铬粒蛋白 A 免疫组织化学染色

腺瘤（B）
Adenoma（B）

同义词：adenomatous polyp。

组织发生

起源于胃底或胃窦黏膜的外分泌细胞。

诊断特征

- 界限清楚，存在压迫。
- 腺体结构不典型或扭曲，腺体极性丧失。
- 存在分支状腺体或管状隐窝增生，或两者都有。
- 在胃窦黏膜的息肉样腺瘤中，可能保留腺体和隐窝结构。
- 一种细胞类型占主导地位。
- 可能存在隐窝疝对黏膜肌层的局灶性穿透，但基底膜始终未被穿透。
- 息肉样腺瘤可能有一个长的间质蒂，可能是分支状的。取决于基质的发育，息肉样腺瘤表现出许多不同的生长形态。
- 在无蒂腺瘤中，未观察到间质轴心。

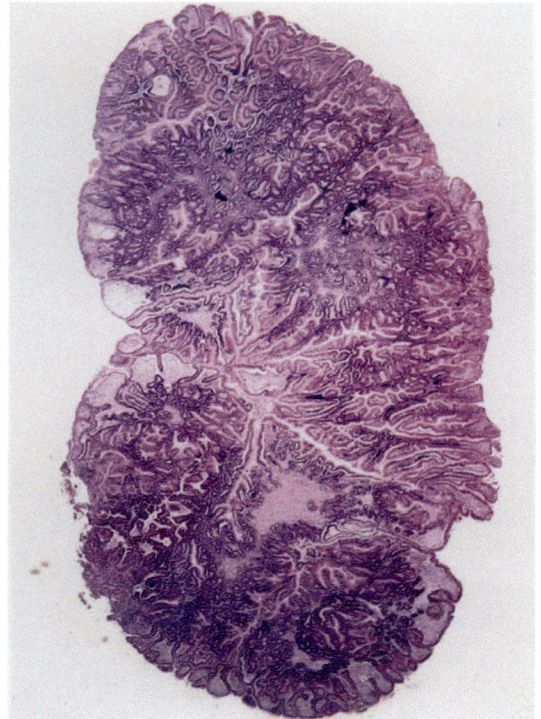

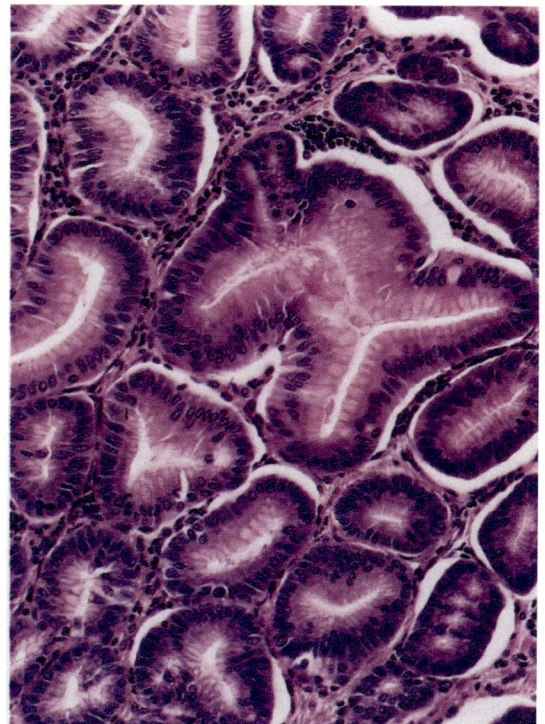

图 2-16（右上） 腺胃腺瘤，可见高分化的柱状上皮。H&E 染色

图 2-17（右下） 腺胃腺瘤，可见高分化的柱状上皮。H&E 染色

- 上皮细胞的核是单层的或有不同程度的多层排列。
- 细胞呈柱状，表现为嗜酸性或嗜碱性。
- 细胞核呈深染。
- 存在不同程度的细胞异型性，但极性保留。
- 核分裂象可能略有增加。

鉴别诊断

胃底黏膜增生（*Hyperplasia, Fundic Mucosal*）

腺体结构和极性保持。

无压迫。

反应性增生（*Hyperplasia, Reactive*）

核分裂象增加，细胞表现出嗜碱性。

腺上皮细胞的核可能存在轻微多层化。

腺癌（*Adenocarcinoma*）

侵袭息肉的纤维血管化的结缔组织轴心或明显穿透基底膜和穿透黏膜肌层侵入。

细胞极性丧失，有细胞多形性或核分裂象显著增加。

备注

应避免使用术语"腺瘤样息肉"，因为这种增生性病变的肿瘤性质暗含着不确定性。发生在幽门的息肉可能脱垂到十二指肠腔内。

参考文献

参见 33。

腺癌（*M*）
Adenocarcinoma（*M*）
印戒细胞型

组织发生

起源于胃底或胃窦黏膜的外分泌细胞。

诊断特征

- 主要见于胃窦。
- 明显穿透基底膜和侵袭黏膜肌层。
- 正常的腺体结构丧失。
- 可能呈外生性或内生性生长。
- 可能存在不同分化阶段的管状内生性或结节样生长。
- 也可能存在囊性或实性区域。
- 上皮中可能偶见神经内分泌细胞（NSE 呈阳性）。
- 可能存在明显的细胞多形性。
- 细胞极性可能丧失。
- 核分裂象显著增加。

印戒细胞型：

- 产生黏液的肿瘤细胞显示出细胞内黏液积聚的趋势，导致了细胞呈特征性的印戒细胞外观。
- 孤立的肿瘤细胞和小群细胞可能随机分布于固有的结缔组织链之间。
- 可见腺样或实性的肿瘤细胞群穿透基底膜和侵袭黏膜下层。
- 可见侵袭邻近器官和淋巴管或发生血行转移。

鉴别诊断

腺瘤（*Adenoma*）
未穿透基底膜和黏膜肌层。
细胞极性维持。

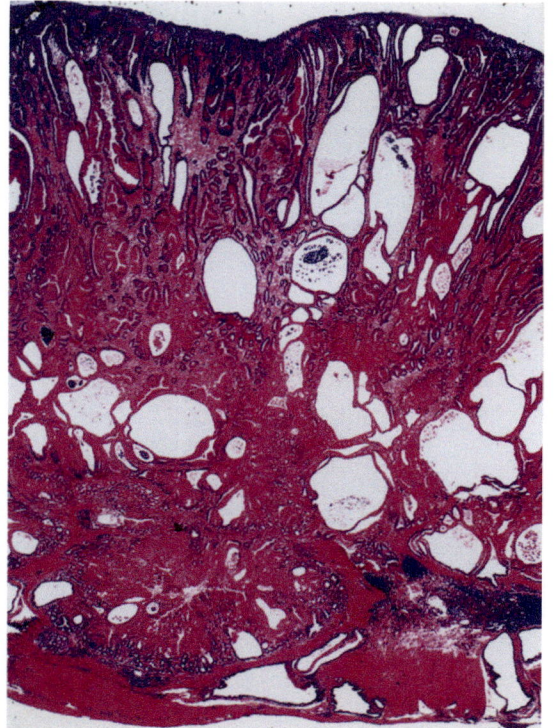

图 2-18 腺癌发生在胃底黏膜增生区域内腺胃的胃底黏膜。可见实性结节侵袭黏膜下层。H&E 染色

神经内分泌细胞增生或良性神经内分泌细胞肿瘤（*Hyperplasia, Neuroendocrine Cell* 或 *Tumor, Neuroendocrine Cell, Benign*）

所有细胞对神经内分泌细胞标志物呈阳性，即使存在假腺样结构。

腺体非典型增生（"发育不良"）[*Glandular Atypia*（*"Dysplasia"*）]

窦状腺的孤立隐窝可能显示增生、嗜碱性增强和细胞核不同程度多层化。这通常与溃疡有关，表示修复性增生。没有证据表明这是一种瘤前病变。

黏膜下腺体囊肿（*Submucosal Glandular Cyst*）

单发或多发腺体囊肿。

细胞分化好，呈低立方形外观。

可见胃小凹上皮可能向内折叠。

大多数情况下与腺体非典型增生的再生性增生有关。

备注

中度或重度黏膜增生或增生性胃炎后，增生区细胞可能被困在黏膜下层，并可以产生多发囊肿，被覆分化好的低立方形上皮。这些不被认为是肿瘤。腺癌可能从腺瘤发展而来，也可能直接从隐窝或黏膜非典型增生发展而来。即使在高度恶性的癌中，上皮也可能为单层的和高分化的，但其分化程度不如在再生性增生或黏膜下囊肿中的高。诱发性和自发性腺癌最常发生于胃窦部。一些有细胞毒性的胃癌致癌物可能因溃疡形成而引起这种变化，有时还与腺癌相混合。小鼠胃中未见肠化生。

参考文献

参见 16 和 17。

增生（H）
Hyperplasia（H）
非典型

组织发生

起源于肠黏膜的肠上皮细胞。

诊断特征

- 无压迫。
- 隐窝疝可局灶性穿透黏膜肌层，但始终未穿透基底膜。
- 有绒毛并保留腺体结构。
- 不以单一细胞类型为主。
- 杯状细胞的数量可能减少。
- 上皮细胞肥大。
- 细胞质嗜碱性增强。
- 核增大、数量增加、核仁明显。

非典型

- 有绒毛并保留腺体结构，但可能发生细胞核分层。
- 黏膜肌层可能存在局灶性穿透，但基底膜未穿透。
- 细胞质嗜碱性可能增强。
- 可能存在高核质比和明显的核仁。
- 可能存在细胞异型性和极性消失。

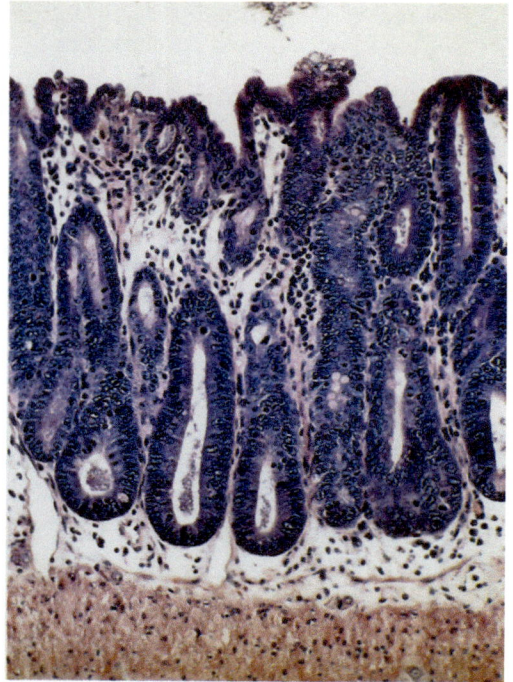

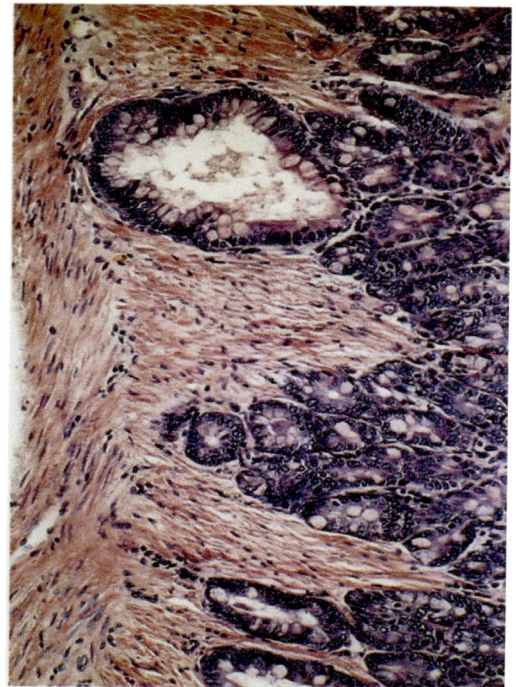

图 2-19（右上） 典型的十二指肠黏膜弥漫性增生伴嗜碱性增强。H&E 染色

图 2-20（右下） 空肠非典型增生，伴随结构丧失和细胞异型性。H&E 染色

鉴别诊断

腺瘤（Adenoma）

腺样结构扭曲且不典型。

压迫邻近组织。

腺癌（Adenocarcinoma）

可能穿透基底膜和侵袭黏膜肌层。

存在细胞多形性。

细胞极性可能丧失。

核分裂象显著增加。

备注

在用影响肠黏膜的化合物处理的小鼠中经常发现局灶性非典型增生。局灶性非典型增生的同义词有早期肿瘤性病变、非典型或异型增生的隐窝和异型增生灶。到目前为止，尚未见在未经处理的动物中报道过这些变化。结肠隐窝表现出局灶性异型性（"异常隐窝病灶"），可以使用亚甲基蓝进行整体结肠染色来证实。幽门螺杆菌感染后，免疫缺陷小鼠的盲肠、结肠和直肠内可见多灶性或弥漫性反应性增生。在感染了呈革兰阴性的弗氏柠檬酸杆菌的小鼠的远端结肠中观察到弥漫性反应性增生（传染性鼠结肠增生）。偶尔，横结肠、升结肠和盲肠会受到影响。在这些增生的情况下，表面上皮被无数的球杆菌覆盖。固有层可见弥漫性白细胞浸润。

参考文献

参见 1、2、6、14 和 15。

无绒毛状增生（H）
Hyperplasia, Avillous（H）

组织发生

同时起源于肠黏膜的所有上皮细胞，在许多情况下还起源于十二指肠腺。

诊断特征

- 局灶性病变。
- 管腔表面光滑，缺乏肠绒毛。
- 增生的隐窝可经常散布于增生的十二指肠腺之间。
- 混合型细胞通常填充黏膜。
- 隐窝上皮中的帕内特细胞数量减少。
- 杯状细胞的数量可能不变、减少或增加。
- 较大病灶中可能存在隐窝扩张。
- 与黏膜下水肿和炎症细胞浸润有关。

鉴别诊断

增生（Hyperplasia）

绒毛和腺体结构保持。

十二指肠腺增生和炎症细胞浸润均不明显。

腺瘤（Adenoma）

增生以一种类型细胞为主。

炎症细胞浸润不明显。

备注

术语"斑块"可作为绒毛增生的同义词。它指的是这种病变的大体外观：黏膜圆形突出到十二指肠腔，病灶呈圆形、边缘清晰、表面平坦、基部宽。此处避免使用术语"斑块"，因为它主要用于大体描述。13~20 月龄的雌性

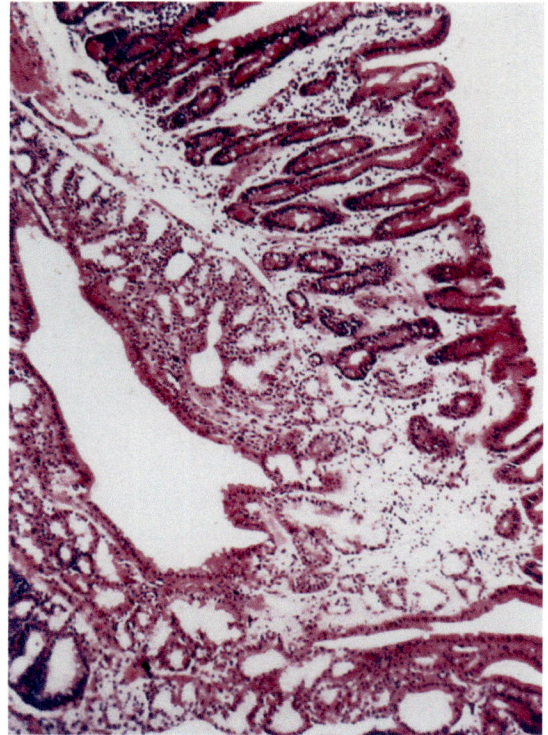

图 2-21　肝胰壶腹上方十二指肠绒毛状增生伴黏膜下腺体增生。H&E 染色

DBA 小鼠的无绒毛状增生发生率约为 86%，雄性 DBA 小鼠的为 30%。据报道，C57BL 雌、雄性小鼠的发生率都约为 20%。绒毛状增生本质上是反应性的：炎症细胞浸润，增生以多种细胞的同时增生所证实。

参考文献

参见 13、27 和 28。

非典型囊肿伴腺体增生（*H*）
Atypical Cysts with Glandular Hyperplasia（*H*）

同义词：colitis cystica profunda。

组织发生
直肠黏膜的腺上皮细胞。

诊断特征
- 肛门、直肠交界处的局灶性病变。
- 直肠肠腺在黏膜内嗜碱性增强。
- 邻近黏膜可能有溃疡。
- 增生性黏膜下腺囊肿，伴有杯状细胞和细胞外黏液分泌。
- 黏液囊肿内可能含有巨噬细胞并可能破裂。
- 不存在细胞异型性。
- 囊肿内衬柱状、立方形和杯状上皮细胞。
- 囊肿破裂与黏膜下水肿和炎症细胞浸润有关。

鉴别诊断
增生（*Hyperplasia*）
腺体结构保留，缺乏黏液成分，炎症细胞浸润和水肿不明显。

腺瘤（*Adenoma*）
增生以一种类型细胞为主。
炎症细胞浸润不明显。

腺癌（*Adenocarcinoma*）
以一种细胞类型为主。
黏液型通常是印戒而不是杯状细胞形态。
存在细胞多形性或异型性。
呈侵袭性生长形态或有转移。

备注
通常见于肛门、直肠交界处，并伴随直肠脱垂或炎症。

腺瘤（B）
Adenoma（B）

组织发生

起源于肠黏膜的肠上皮细胞。

诊断特征

- 存在压迫。
- 腺体结构扭曲。
- 存在分支状绒毛或管状隐窝增生。
- 息肉样腺瘤具有长的间质蒂，部分呈分支状。
- 可见许多不同的生长形态和间质形态。
- 在无蒂腺瘤中未观察到间质轴心。
- 可能存在鳞状上皮化生和局灶性矿化。
- 以一种细胞类型为主，杯状细胞数量减少。
- 上皮细胞的核是单层的或有不同程度的分层。
- 细胞呈柱状、嗜碱性。
- 可能存在细胞异型性。
- 细胞核呈深染，可能是多形性的，极性丧失。
- 核分裂象略有增加。
- 可能存在黏膜肌层局灶性穿透和隐窝疝，但基底膜完整。

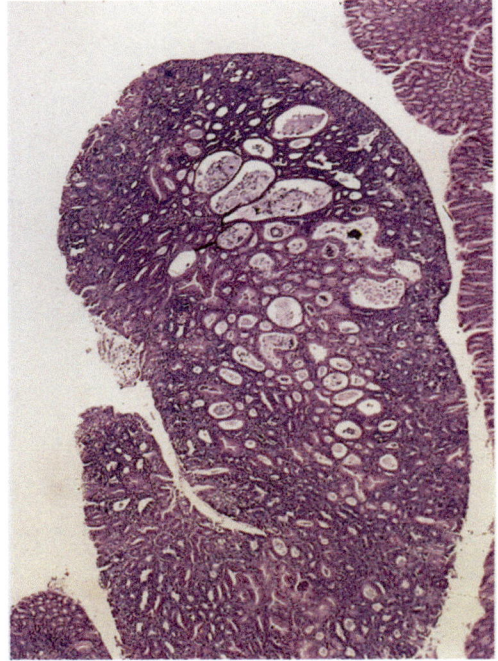

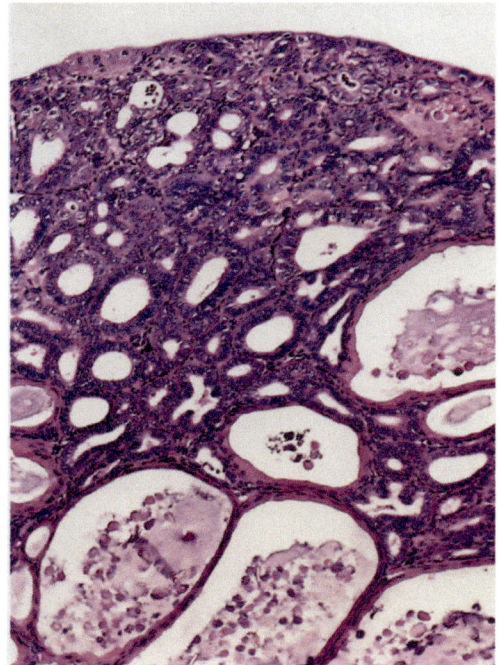

图 2-22（右上） 大肠腺瘤。H&E 染色
图 2-23（右下） 大肠腺瘤。H&E 染色

鉴别诊断

增生（Hyperplasia）

腺体结构保留。

无压迫。

腺癌（Adenocarcinoma）

穿透基底膜和侵袭黏膜肌层，并且存在细胞多形性。

细胞的极性表现不同。

核分裂象显著增加。

备注

由于这种增生性病变的肿瘤性特点暗含不确定性，避免使用"息肉"这一术语。良性肿瘤可能发展成异型增生灶并演变为恶性肿瘤。自发性肠腺瘤的发生率因肠段而异。据报道，腺瘤在十二指肠和空肠前段的发生率高达51%；在其他肠段的发生率低于5%。然而，检查频率高度依赖对肠道的大体检查方式，例如，随机取材法、黏膜表面肉眼检查、透照法和瑞士卷技术。

参考文献

参见 4、6、9、20、21 和 28。

腺癌（*M*）
Adenocarcinoma（*M*）
印戒细胞型，脐状病变

组织发生

　　起源于肠黏膜的肠上皮细胞。

诊断特征

- 丧失正常的腺体结构 。
- 呈管状内生性或结节样生长，并具有不同分化阶段。
- 也可能存在囊性和实性区域。
- 细胞通常是多层的。
- 可能存在纤维化和淋巴细胞浸润灶。
- 不存在鳞状上皮化生和局灶性矿化。
- 细胞呈柱状或多角形，呈嗜碱性。
- 细胞核是多形性的，可能表现出极性丧失。
- 产生黏液的细胞可能散布于吸收细胞之间。
- 黏液可能存在于细胞外或储存于细胞内。
- 核分裂象显著增加。
- 穿透基底膜并侵袭固有层或黏膜肌层。
- 可能侵袭黏膜下层、蒂或邻近器官。
- 可能存在淋巴源性转移。

印戒细胞型

- 产生黏液的细胞显示出黏液在细胞内积聚的趋势，导致了细胞的特征性外观。

- 高度局部侵袭性生长；因此单个肿瘤细胞和细胞小群随机分散在固有的结缔组织带之间。

脐状病变

- 中央凹陷明显，边缘隆起。
- 凹陷的成纤维性或纤维性中心被恶性上皮细胞从边缘浸润。

鉴别诊断

腺瘤（Adenoma）

　　未明显穿透基底膜或黏膜肌层。

　　在息肉样病变中，未见通过破坏基底膜侵袭蒂。

　　可能存在鳞状化生和局灶性矿化。

　　可能存在细胞异型性。

增生（Hyperplasia）

　　腺体结构保留。

　　未明显穿透基底膜。

图 2-24（左上） 腺癌，脐状病变，肿瘤性腺体侵袭 ▶
黏膜下层。H&E 染色
图 2-25（右上） 高度恶性的腺癌，印戒细胞型，侵袭外肌层并伴有促纤维增生反应。 H&E 染色
图 2-26（左下） 十二指肠腺癌。H&E 染色
图 2-27（右下） 十二指肠腺癌。H&E 染色

十二指肠，空肠，回肠，小肠，NOS（未特定分类）；盲肠，结肠，直肠，大肠，NOS（未特定分类）

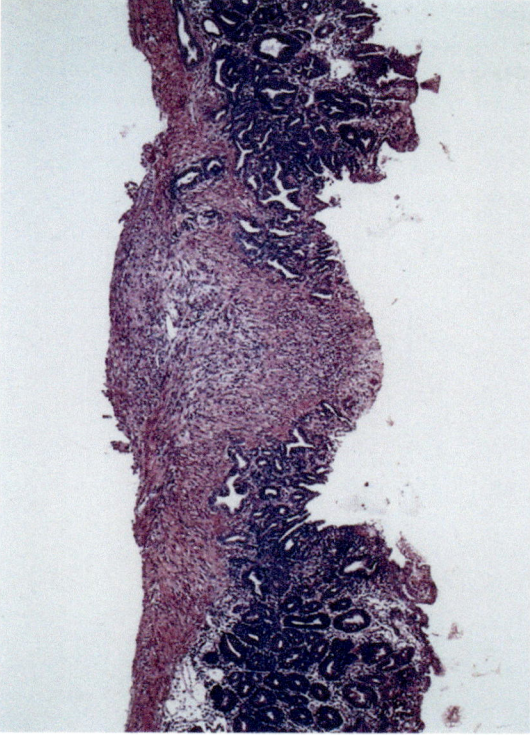
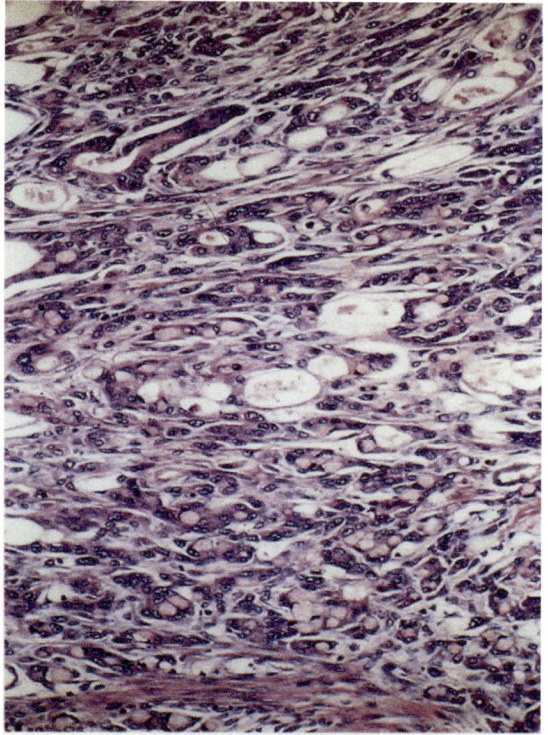
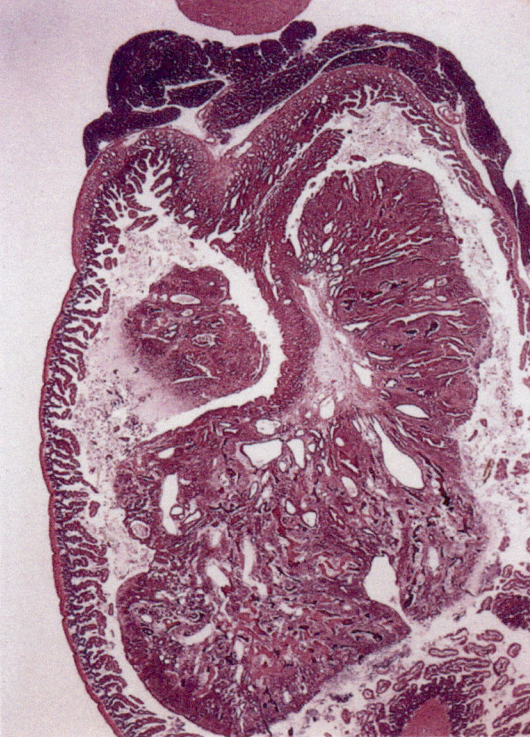
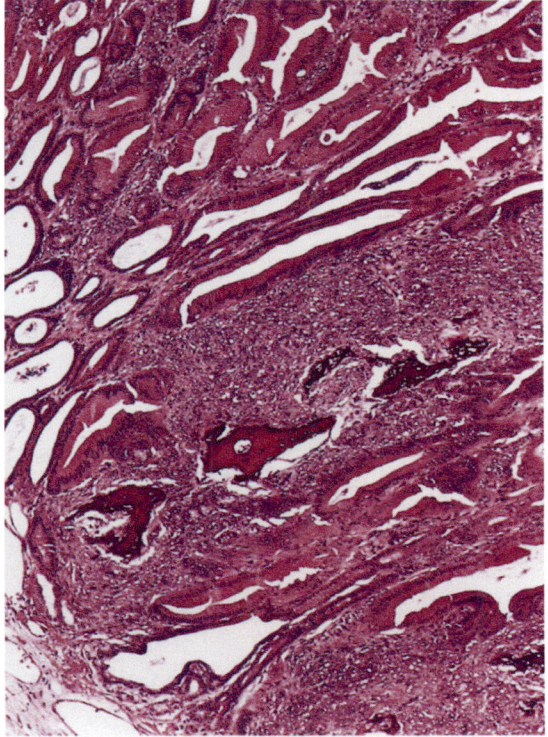

备注

即使在高度恶性的癌中，上皮也可能是单层的和高分化的。腺癌可以从腺瘤发展而来，也可以直接从非典型隐窝或增生发展而来。在非典型隐窝或增生的病变中，黏膜肌层穿透通常是多发的，并且未穿透基底膜。与人类相比，小鼠的自发性腺癌好发于小肠，尤其是空肠和回肠，而不是大肠。现有的报道表明，自发性病变的形态与诱导性病变的形态没有明显差异，除了其偏向发生在远端结肠并具有高侵袭性和低转移趋势。

参考文献

参见 7、18、20、21、22、23、27、32 和 34。

参考文献

1. Barthold SW (1985) Citrobacter freundii infection, colon, mouse. In: Jones TC, Mohr U, Hunt RD (eds) Monographs on pathology of lab ora tory animals. Digestive system. Springer, Berlin Heidelberg New York Tokyo, pp 337-340

2. Barthold SW, Coleman GL, Bhatt PN, Osbaldiston GW, Jonas AM (1976) The etiology of transmissible murine colonic hyperplasia. Lab Anim Sci 26: 889-894

3. Betton GR, Dormer CS, Wells T, Pert P, Price CA, Buckley P (1988) Gastric ECL-cell hyperplasia and carcinoids in rodents following chronic administration of H2-antagonists SK&F 93479 and oxmetidine and omeprazole. Toxicol Pathol16: 288-298

4. Bomhard E (1993) Frequency of spontaneous tumours in NMRI mice in 21-month studies. Exp Toxicol Pathol45: 269-289

5. Burger GT, Frith CH, Townsend JW (1985) Myoepithelioma, salivary glands, mouse. In: Jones TC, Mohr U, Hunt RD (eds) Monographs on pathology of laboratory animals. Digestive system. Springer, Berlin Heidelberg New York Tokyo, pp 185-189

6. Chang WW (1984) Histogenesis of colon cancer in experimental animals. Scand J Gastroenterol 104:27-43

7. Chang WW, Mak KM, MacDonald PD (1979) Cell population kinetics of 1,2-dimethylhydrazine-induced colonic neoplasms and their adjacent colonic mucosa in the mouse. Virchows Arch B 30: 349-361

8. Dawe CJ (1979) Tumours of the salivary and lacrymal glands, nasal fossa and maxillary sinuses. In: Turusov VS (ed) Pathology of tumours in laboratory animals, vol II. Tumours of the mouse. IARC Scientific Publications No. 23, Lyon, pp 91-134

9. Faccini JM, Abbott DP, Paulus GJJ (1990) Intestines. Mouse histopathology. A glossary for use in toxicity and carcinogenicity studies. Elsevier, Amsterdam, pp 105-115

10. Frith CH, Heath JE (1985) Adenoma, adenocarcinoma, salivary gland, mouse. In: Jones TC, Mohr U, Hunt RD (eds) Monographs on pathology of laboratory animals. Digestive system. Springer, Berlin Heidelberg New York Tokyo, pp 190-192

11. Frith CH, Ward JM (1988) Color atlas of neoplastic and non-neoplastic lesions in aging mice. Elsevier, Amsterdam, pp 7-8

12. Greaves P, Boiziau JL (1984) Altered patterns of mucin secretion in gastric hyperplasia in mice. Vet Pathol21: 224-228

13. Hare WV, Stewart HL (1956) Chronic gastritis of the glandular stomach, adenomatous polyps of the duodenum, and calcareous pericarditis in strain DBA mice. J Natl Cancer Inst 16: 889-911

14. James JT, Shamsuddin AM, Trump BF (1983) Comparative study of the morphologic, histochemical, and proliferative changes induced in the large intestine of ICR/Ha and C57BLlHa mice by 1,2-dimethylhydrazine. J Natl Cancer Inst 71: 955-964

15. Kubota Y, Funaki J, Tanaka M, Sasaki H (1989) Electron microscopic histochemistry of lectin binding sites in 1,2-dimethylhydrazine-induced colon cancer in mice. J Clin Electron Microsc 22: 415-434

16. Leininger JR, Jokinen MP (1994) Tumours of the oral cavity, pharynx, oesophagus and stomach. In: TurusovVS, Mohr U (eds) Pathology of tumours in laboratory animals, vol 2. Tumours of the mouse, 2nd edn. IARC Scientific Publications No. 111,Lyon,pp 167-193

17. Leininger JR, Jokinen MP, Dangler CA, Whiteley LO (1999) Oral cavity, esophagus, and stomach. In: Maronpot RR, Boorman GA, Gaul BW (eds) Pathology of the mouse. Reference and atlas. Cache River Press, Vienna, pp 29-48

18. Lorenz E, Stewart HL (1940) Intestinal carcinoma and other lesions in mice following oral administration of 1,2,5,6-dibenzanthracene and 20-methylcholanthrene. J Natl Cancer Inst 1: 17

19. Maita K, Hirano M, Harada T, Mitsumori K, Yoshida A, Takahashi K, Nakashima N, Kitazawa T, Enomoto A, Inui K, Shirasu Y (1988) Mortality, major cause of moribundity, and spontaneous tumors in CD-1 mice. Toxicol Pathol16: 340-349

20. Mizutani T, Yamamoto T, Ozaki A, Oowada T, Mitsuoka T (1984) Spontaneous polyposis in the small intestine of germ-free and conventionalized BALB/c mice. Cancer Lett 25: 19-23

21. Nakamura S, Kino I (1985) Morphogenesis of experimental colonic neoplasms induced by dimethyl hydrazine. In: Pfeiffer CJ (ed) Animal models for intestinal disease. CRC Press, Boca Raton, pp 99-122

22. Nyska A, Waner T, Paster Z, Bracha P, Gordon EB, Klein B (1990) Induction of gastrointestinal tumors in mice fed the fungicide folpet: possible mechanisms. Jpn J Cancer Res 81: 545-549

23. Oomen LC, van der Valk MA, Emmelot P (1984) Stem cell carcinoma in the small intestine of mice treated transplacentallywith N-ethyl-N-nitrosourea: some

quantitative and histological aspects. Cancer Lett 25: 71-79

24. Poynter D, Selway SAM, Papworth SA, Riches SR (1986) Changes in the gastric mucosa of the mouse associated with long lasting unsurmountable histamine H2 blockade. Gut 27: 1338-1346

25. Rehm S, Sommer R, Deerberg F (1987) Spontaneous nonneoplastic gastric lesions in female Han:NMRI mice, and influence of food restriction throughout life. Vet Pathol24: 216-225

26. Reuber MD (1979) Neoplasms of the forestomach in mice ingesting dihydrosafrole. Digestion 19:42-47

27. Rowlatt C, Franks LM, Sheriff MU, Chesterman FC (1969) Naturally occurring tumors and other lesions of the digestive tract in untreated C57BL mice. J Natl Cancer Inst 43: 1353-1364

28. Seronde J (1970) Focal avillous hyperplasia of the mouse duodenum. J Pathol 100: 245-248

29. Stewart HL, Andervont HB (1938) Pathologic observations on the adenomatous lesion of the stomach of mice of strain 1. Arch Pathol 26: 1009-1022

30. Streett CS, Robertson JL, Crissman JW (1988) Morphologic stomach findings in rats and mice treated with the H2 receptor antagonists, ICI 125,211 and ICI 162,846. Toxicol Pathol 16: 299-304

31. Tamano S, Hagiwara A, Shibata MA, Kurata Y, Fukushima S, Ito N (1988) Spontaneous tumors in aging (C57BLl6 N x C3HIHeN)FI (B6C3F1) mice. Toxicol Pathol16: 321-326

32. Toth B, Malick L, Shimizu H (1976) Production of intestinal and other tumors by 1,2-dimethylhydrazine dihydrochloride in mice. 1. A light and transmission electron microscopic study of colonic neoplasms. Am J Pathol 84: 69-86

33. Tucker MJ, Kalinowski AE, Orton TC (1996) Carcinogenicity of cyproterone acetate in the mouse. Carcinogenesis 17: 1473-1476

34. Wadsworth PF, Jackson DG (1991) Epithelial tumours of the gastro-intestinal tract in C57BLlI0 J mice. Toxicol Pathol19: 623

（刘克剑　译，
万美铄、李杰、樊堃　审校）

第三章　肝、胆囊和胰腺外分泌部

U. Deschl[2,3], R. C. Cattley[1], T. Harada[2], K. Küttler[3], J. R. Hailey, F. Hartig[3]
B. Leblanc[3], D. S. Marsman, T. Shirai

---

[1] 主席；[2] 共同主席；[3] 初稿。

细胞变异灶（H）
Focus of Cellular Alteration（H）

嗜碱性，嗜酸性，嗜碱性/嗜酸性混合性，透明细胞性

同义词：hyperplastic focus，enzyme altered focus。

组织发生

　　肝细胞。

诊断特征

- 通过染色差异、肝细胞大小和结构外观特点与周围实质进行区分。
- 病灶大小可能从小于一个肝小叶至涉及多个肝小叶不等。
- 肝结构未见明显破坏。
- 病灶内的肝窦可能受挤压，因此难以识别典型的肝板实质。
- 病灶内的肝板部分或完全与周围的肝实质相连。
- 对相邻实质形成压迫的可能较小。
- 细胞的大小和细胞质的染色差异取决于病灶的类型。
- 修饰语的选择取决于主要的细胞类型。

嗜碱性

- 由比正常肝细胞更大或更小的细胞组成，通常是更小的细胞。
- 由于多核糖体或粗面内质网的存在，细胞质呈现明显的嗜碱性。
- 可能存在血管假性侵入。
- 肝细胞内偶见嗜酸性胞质包涵物。

嗜酸性

- 肝细胞体积通常增大，但也可与正常肝细胞大小相同或看起来比正常肝细胞更小。
- 细胞质呈明显的嗜酸性，具有颗粒状或毛玻璃样外观。
- 嗜酸性可能是滑面内质网或线粒体增多所致。

嗜碱性/嗜酸性混合性

- 病灶由不同类型细胞组成。
- 为呈嗜酸性/透明细胞性和嗜碱性染色的肝细胞混合灶。

透明细胞性

- 由具有透明细胞质的细胞组成。
- 细胞核通常小而致密、明显，且位于中央，有时可见体积增大。
- 细胞质内储存有过量的糖原。

鉴别诊断

　　肝细胞再生性增生（Hyperplasia, Hepato-cellular, Regenerative）

　　肝细胞染色无改变，但细胞质可能呈轻微的嗜碱性。存在既往发生或正在进行的肝损伤的证据。

　　肝细胞腺瘤（Adenoma, Hepatocellular）

　　压迫邻近肝组织，肝板常垂直地或倾斜地影响周围的实质。肝小叶正常结构不能维持，导致生长形态不规则。

　　肝细胞癌（Carcinoma, Hepatocellular）

　　存在明显的小梁状、腺样或低分化的生长形态。肝小叶和肝板的正常结构不能维持。可能存在细胞异型性和侵袭性生长。

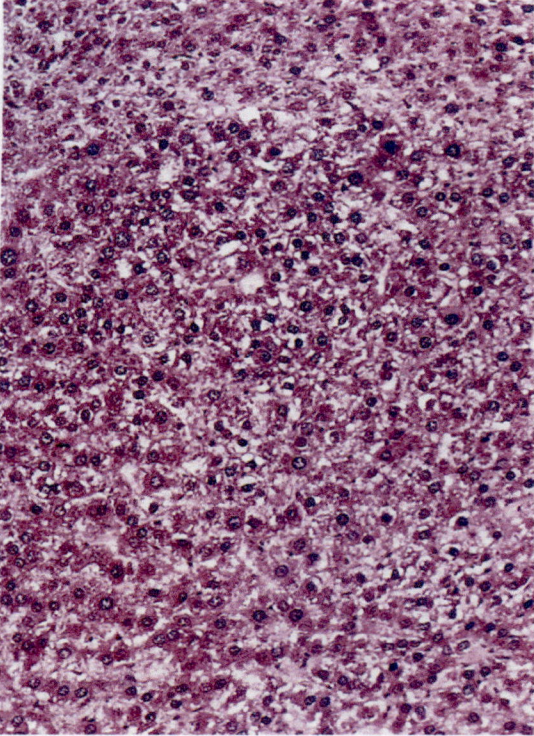

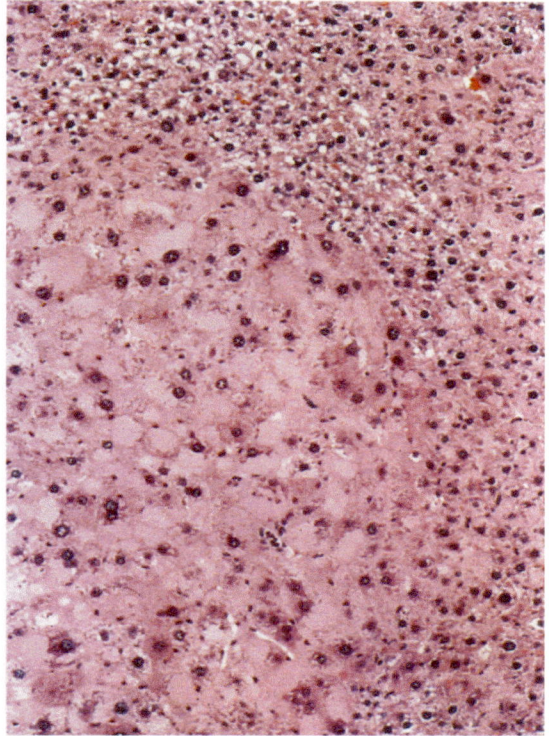

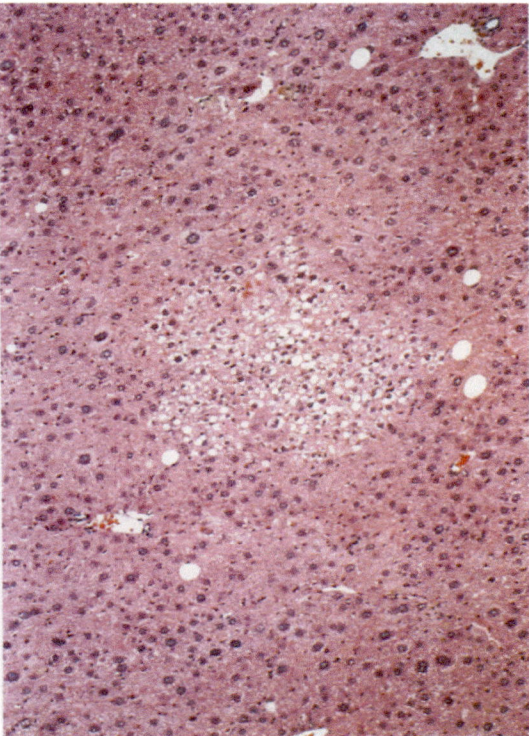

图 3-1（左上） 肝，嗜碱性细胞变异灶。H&E 染色

图 3-2（右上） 肝，嗜酸性细胞变异灶。可见增大的嗜酸性肝细胞，轻度压迫。雄性 B6C3F1 小鼠，18 月龄。H&E 染色

图 3-3（左下） 肝，透明细胞性细胞变异灶。可见透明的细胞质和小而致密的细胞核。雄性 B6C3F1 小鼠，18 月龄。H&E 染色

备注

根据文献报道，小鼠的细胞变异灶与大鼠的相似，但不太常见。

细胞变异灶对肝静脉的影响不应被理解为恶性的指征。

脂肪变的区域不应被视为细胞变异灶。

嗜碱性或嗜酸性细胞变异灶内存在一些空泡化的或透明的细胞时，不应分类为混合性细胞变异灶。

嗜碱性细胞变异灶可存在高度的染色差异，有时可能具有双嗜性的表现。

参考文献

参见 1、10、11、13、14、15、16、19、21、26、29、33、37、38、39、40、41 和 42。

肝细胞再生性增生（H）
Hyper-plasia, Hepatocellular, Regen-erative（H）

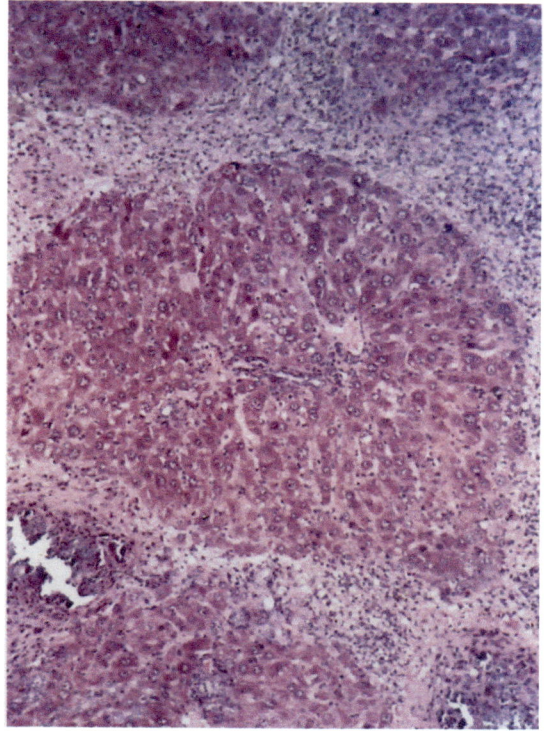

图 3-4 肝，肝细胞再生性增生。可见明显的炎症反应。肝板结构依然存在，但结构变形。雌性 NMRI 小鼠，18 月龄。H&E 染色

同义词：hyperplasia，hepatocellular；hyperplasia，regenerative。

组织发生
肝细胞。

诊断特征
- 病变直径可达几毫米。
- 通常呈多灶性发生。
- 存在既往发生或正在进行的肝细胞损伤的证据，如急性或慢性炎症、坏死、纤维化、萎缩、实质塌陷、淤血或肿瘤侵袭。
- 可能存在纤维性包裹。
- 通常存在胆管和卵圆细胞增生。
- 肝板结构存在，但肝小叶结构可能变形。
- 可见门管区三联管和中央静脉。
- 肝细胞似乎未见改变，但可能存在细胞质呈轻微嗜碱性和（或）明显的核仁。

鉴别诊断
细胞变异灶（*Focus of Cellular Alteration*）

存在染色差异。虽然细胞变异灶可能发生于受损的肝，但一般与肝损伤无关。肝板与周围肝实质融合无明显界限。没有或仅有轻微压迫。

肝细胞腺瘤（*Adenoma, Hepatocellular*）

通常没有肝损伤的证据。肝小叶结构消失，呈不规则生长形态。肝板常垂直地或倾斜地影响周围的实质。

肝细胞癌（*Carcinoma, Hepatocellular*）

存在明显的小梁状、腺样或低分化的生长形态。肝小叶和肝板无法保持正常的结构。可能存在侵袭性生长和细胞异型性。

参考文献
参见 12、16 和 26。

肝细胞腺瘤（*B*）
Adenoma, Hepatocellular（*B*）

同义词：hepatoma，benign；liver cell tumor，benign；hepatic adenoma，benign；tumor，liver cell，benign；nodule，type A。

组织发生
肝细胞。

诊断特征
- 与周围实质界限清楚。
- 病变可能肉眼可见。
- 明显压迫邻近实质，尤其是在肿瘤体积大时。
- 病变可从肝表面隆起。
- 肝小叶正常结构消失，呈不规则生长形态。
- 门管区三联管大部分缺失，但可能存在内陷的三联管。
- 细胞大小一致；呈高分化，排列紧密，细胞核正常。
- 细胞可能更大或更小，或者大小正常。
- 细胞质呈嗜酸性、嗜碱性，透明或空泡化，类似细胞变异灶中的细胞。
- 肝板规则，由 1~2 层细胞组成。
- 病变肝板常垂直压迫周围正常肝板。
- 可能存在血管假性侵入。
- 通常不存在坏死性病变。
- 核分裂象罕见。
- 肝细胞内偶见嗜酸性细胞质包涵物。

鉴别诊断
肝细胞癌（*Carcinoma, Hepatocellular*）

存在明显的小梁状、腺样或低分化的实性生长。肝板由多层不规则的细胞组成。可能存在侵袭性生长和细胞异型性。

肝细胞再生性增生（*Hyperplasia, Hepatocellular, Regenerative*）

存在既往发生或正在进行的肝细胞损伤的证据。小叶结构依然存在，但有变形。

细胞变异灶（*Focus of Cellular Alteration*）

无压迫或仅有轻微压迫。肝板与周围实质融合无明显界限。小叶结构仍保持。

参考文献
参见 7、11、12、14、16、25、26、30、38、40、41 和 42。

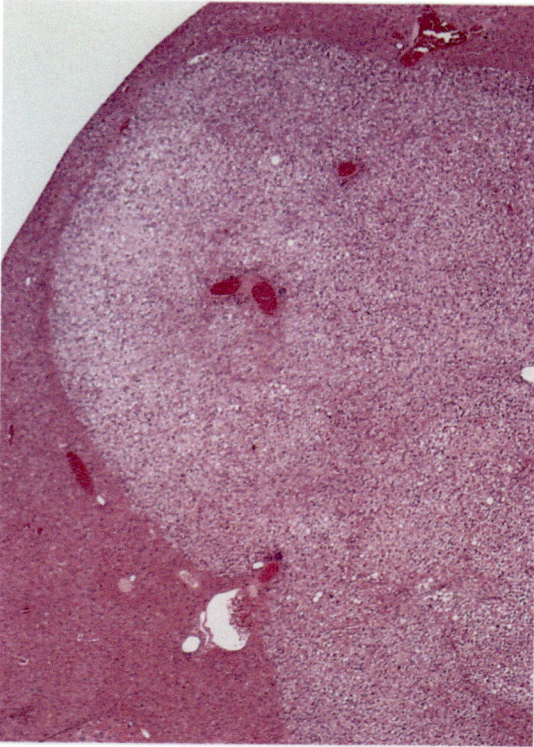

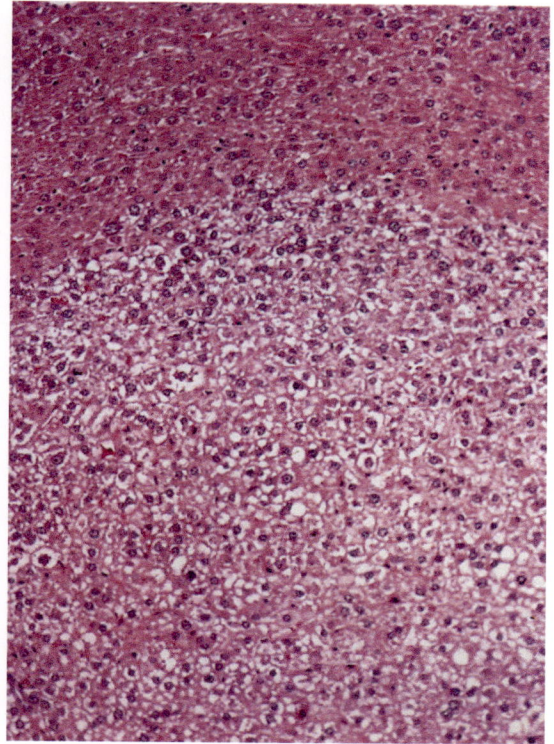

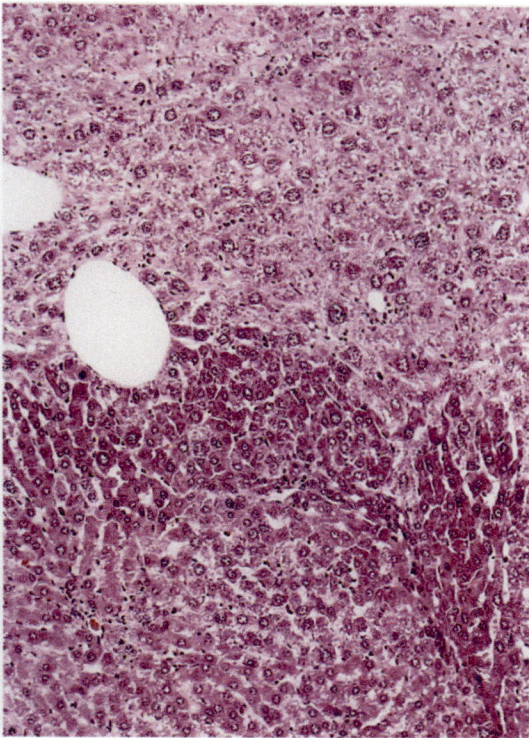

图 3-5（左上） 肝，肝细胞腺瘤。H&E 染色
图 3-6（右上） 肝，肝细胞腺瘤。H&E 染色
图 3-7（左下） 肝，肝细胞腺瘤。H&E 染色

肝细胞癌（*M*）
Carcinoma, Hepatocellular（*M*）
小梁状，实性，腺样

同义词：hepatoma，malignant；carcinoma，trabecular；nodule，type B。

组织发生

肝细胞。

诊断特征

- 可能肉眼可见。
- 生长形态为小梁状、实性或腺样。
- 界限清楚，甚至低分化癌也是如此。
- 可能因细胞侵入到周围组织而界限不清。
- 不能保持正常的小叶结构。
- 细胞可从高分化到低分化不等。
- 细胞多形性可能很明显，包括含有空泡化细胞质的大细胞。
- 低分化肿瘤中可能存在重度细胞异型性。
- 核分裂象可能很多。
- 可出现大小不等的囊肿以及出血区域和坏死区域。
- 肝细胞内可见嗜酸性细胞质包涵物。

小梁状

- 生长形态为明显的小梁状。
- 小梁由多层细胞组成。
- 由数层细胞构成的厚小梁可与仅由 1 层细胞构成的小型肝板共存。
- 小梁结构保存良好的肿瘤可类似肝细胞腺瘤。既往的肝窦扩张、进行性肝窦扩张可破坏正常的小梁结构或导致假腺样结构或乳头状结构形成。

实性

- 细胞和细胞核具有明显的多形性。
- 核大而呈深染的大细胞甚至巨细胞常见，有时与比正常肝细胞小的肿瘤细胞共存。

腺样

- 1 层肿瘤细胞围绕管腔结构。
- 衬覆的细胞通常由呈强嗜碱性的立方形细胞组成。

鉴别诊断

肝细胞腺瘤（*Adenoma, Hepatocellular*）

无明显的小梁状、腺样或低分化生长形态的证据。细胞均一，呈高分化。无侵袭表现。

肝细胞再生性增生（*Hyperplasia, Hepatocellular, Regenerative*）

存在既往发生或正在进行的肝细胞损伤的证据。小叶结构依然存在但有变形。

图 3-8（左上） 肝，肝细胞癌。H&E 染色
图 3-9（右上） 肝，肝细胞癌。H&E 染色
图 3-10（左下） 肝，肝细胞癌。H&E 染色
图 3-11（右下） 肝，肝细胞癌。H&E 染色

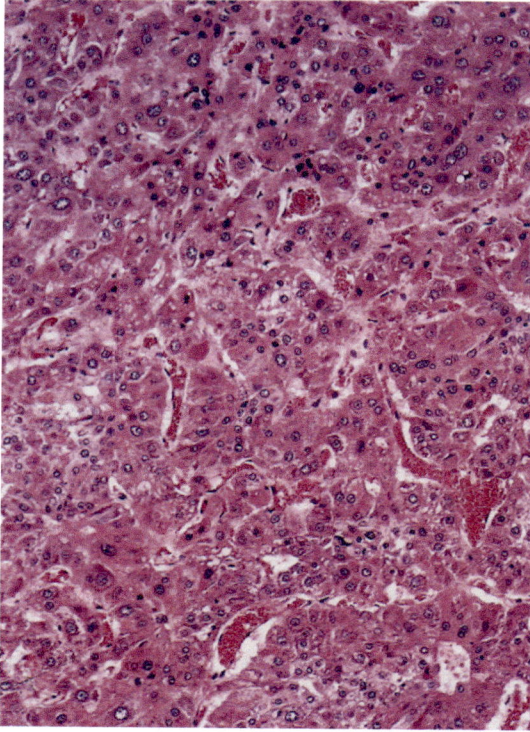
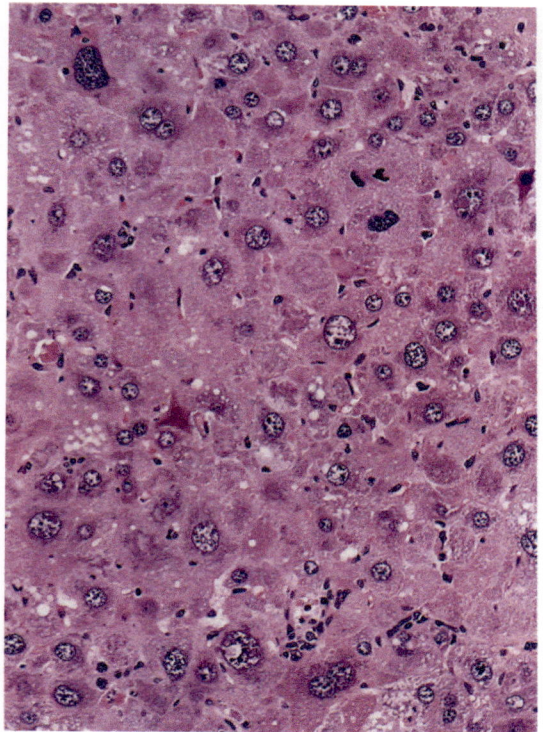
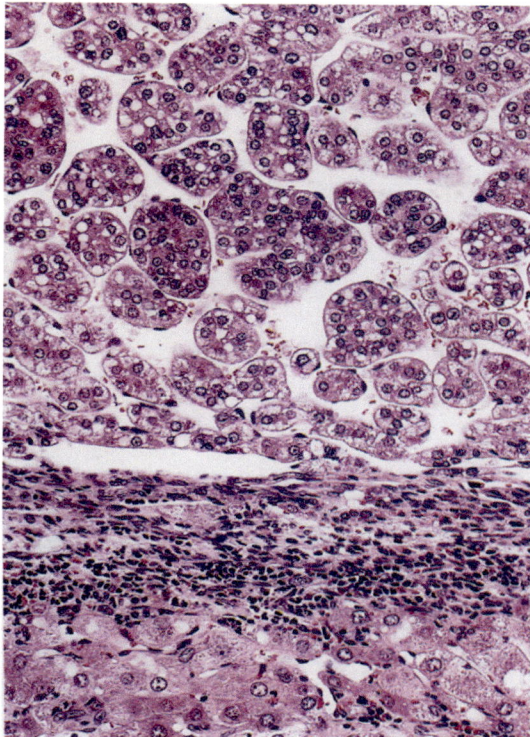
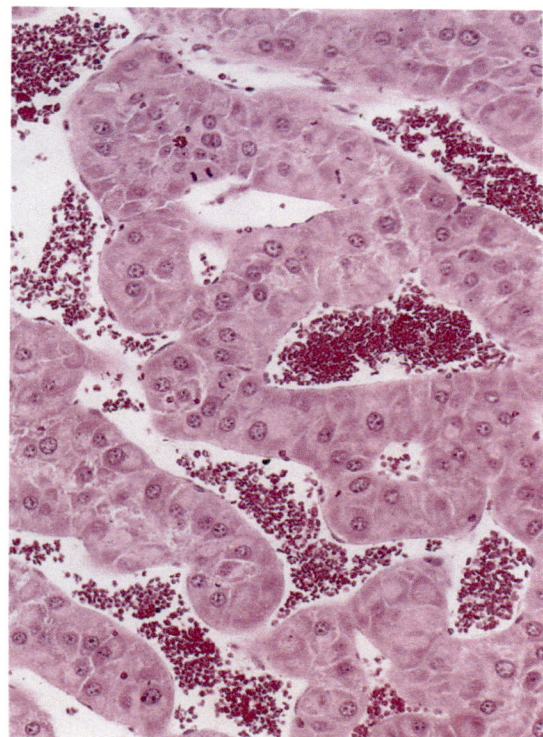

细胞变异灶（Focus of Cellular Alteration）

没有明显的小梁、腺样或低分化生长形态。肝板与周围实质融合，无明显界限。小叶结构仍保持。

胆管癌（Cholangiocarcinoma）

有黏液生成。

备注

小梁状肝细胞癌是最常见的。肝细胞癌似乎经常发生于已存在的腺瘤中，一些研究者将这些病变视为肝细胞腺瘤中的癌灶，但这些病变应诊断为肝细胞癌。这些"癌灶"表现出与上述癌相同的形态学外观，并提示由腺瘤向癌进展。出血区域应引起注意，该区域的内皮细胞增生可能导致病变被误诊为血管肿瘤。

参考文献

参见 7、11、12、16、23、25、26、31、36、38 和 43。

肝细胞胆管细胞腺瘤（*B*）
Adenoma, Hepatocholangiocellular (*B*)

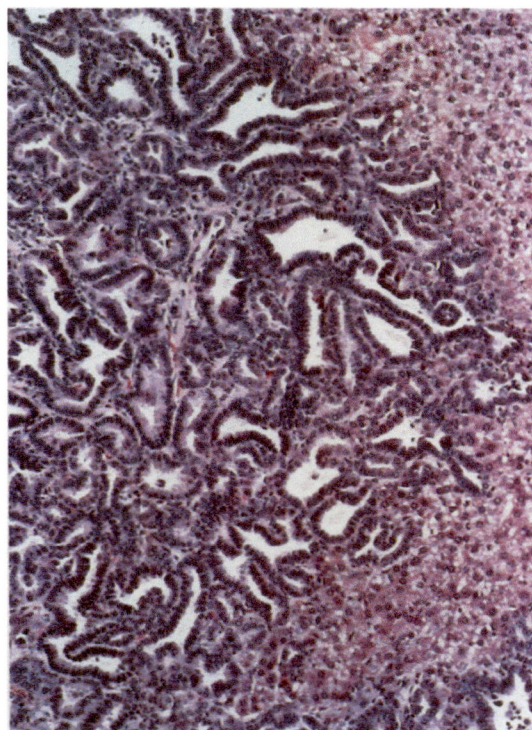

图 3-12 肝，肝细胞胆管细胞腺瘤。可见肿瘤性肝细胞和衬覆分化良好的肿瘤性胆管上皮细胞的胆管。雄性 B6C3F1 小鼠，18 月龄。H&E 染色

组织发生

未知。

诊断特征

- 具有肝细胞腺瘤和胆管瘤的特征。
- 同时存在由肿瘤性肝细胞索组成的区域与由类似胆管上皮的肿瘤性上皮衬覆的胆管组成的区域。
- 核分裂象罕见。
- 间质成分可能不存在。
- 与周围实质相比，肝细胞染色可能有一些改变（呈嗜酸性、嗜碱性或为透明细胞）。
- 没有或仅有轻微的胆管上皮的分层和异型性。

鉴别诊断

肝细胞腺瘤或胆管瘤（*Adenoma, Hepato-cellular or Cholangioma*）

由肿瘤性肝细胞或胆管上皮组成，但二者并不同时存在。

肝细胞胆管细胞癌（Carcinoma, Hepatocholangiocellular）

肝细胞呈实性或小梁状生长排列。存在分层和异型性的胆管上皮成分。

备注

罕见的自发性病变。

参考文献

参见 12 和 16。

肝细胞胆管细胞癌（M）
Carcinoma, Hepatocholangiocell-ular（M）

组织发生

未知。

诊断特征

- 具有肝细胞癌和胆管癌的特征。
- 肝细胞成分可呈实性、柱状索、巢状、胆管样排列。
- 胆管成分可能表现为分层、囊肿形成和细胞异型性。
- 可出现出血和坏死区域。
- 核分裂象众多。
- 偶见由肝细胞和胆管上皮细胞两种细胞衬覆的胆管。

鉴别诊断

肝细胞癌或胆管癌（*Carcinoma, Hepatocellular or Cholangiocarcinoma*）

由恶性肝细胞或胆管上皮细胞组成。

肝细胞胆管细胞腺瘤（*Adenoma, Hepatocholangiocellular*）

肝细胞成分表现出典型的索样排列。没有或轻微仅有胆管上皮分层和异型性。

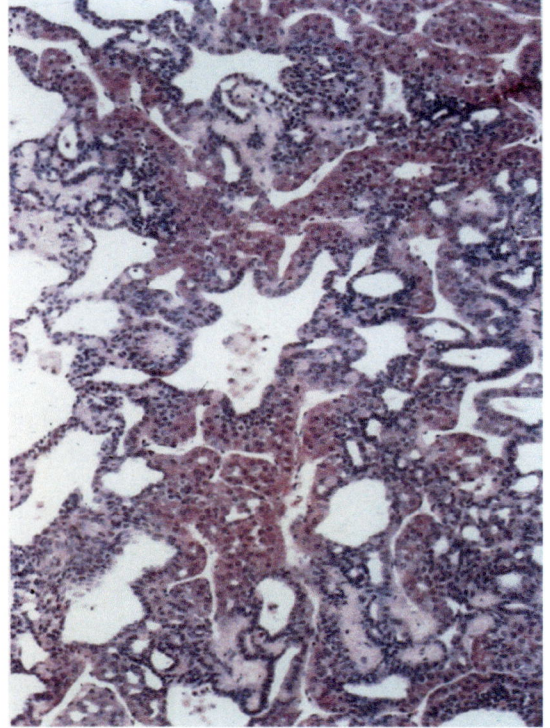

图 3-13 肝，肝细胞胆管细胞癌。可见肿瘤性肝细胞小梁和衬覆肿瘤性胆管上皮细胞和肝细胞的不规则胆管。雄性 B6C3F1 小鼠，18 月龄。H&E 染色

备注

罕见的自发性病变。

参考文献

参见 11 和 16。

肝母细胞瘤（*M*）
Hepatoblastoma（*M*）

同义词：tumor，mixed，poorly differentiated 。

组织发生

未知；有研究者认为是肝母细胞、肿瘤性肝细胞、卵圆细胞和胆管上皮细胞。

诊断特征

- 边界清楚的小结节。
- 可能存在具有可变结构的明显的包裹。
- 器官样结构含有充满血液的血管腔。
- 管腔被几层肿瘤细胞包绕。
- 细胞呈放射状或同心圆状排列，形成菊形团、小梁状或假腺样结构。
- 菊形团中心有时含有双嗜性物质或衬覆内皮的小血管。
- 细胞体积小，呈强嗜碱性，细长。有时可呈不同程度嗜酸性，细胞核更小、更圆、深染程度较低。
- 可见大量的核分裂象。
- 可见大量出血、色素沉着、纤维化或坏死的区域。

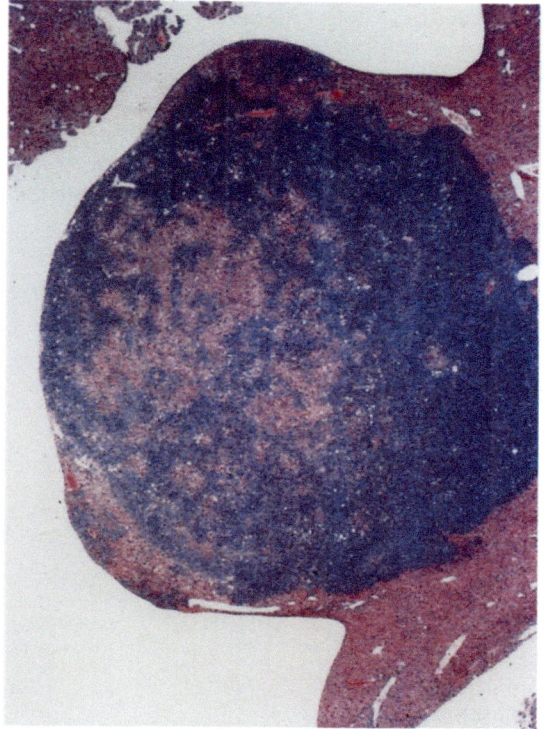

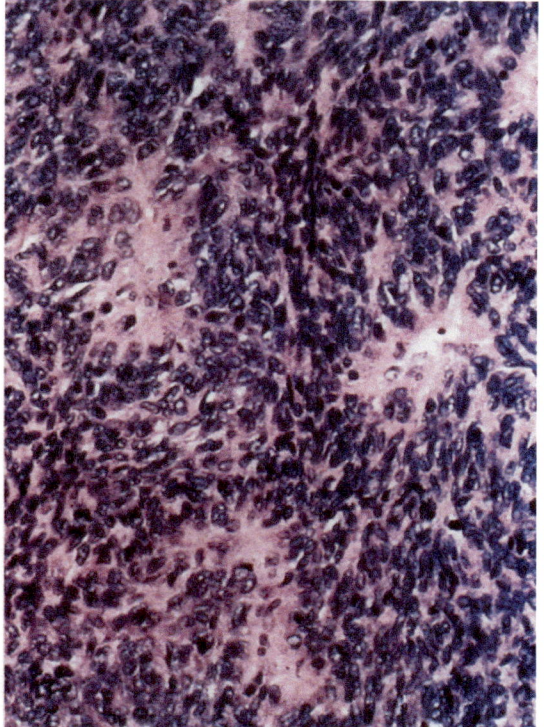

图 3-14（右上） 肝，肝母细胞瘤。可见呈明显的嗜碱性，细胞数量增多。雄性 B6C3F1 小鼠，18 月龄。H&E 染色

图 3-15（右下） 肝，肝母细胞瘤。可见小的呈深染的细胞，排列成小梁状和菊形团。雄性 B6C3F1 小鼠，18 月龄。H&E 染色

- 可能存在类骨质、骨、鳞状分化和髓外造血灶。

鉴别诊断

胆管癌（低分化） [*Cholangiocarcinoma (Poorly Differentiated)*]

存在能产生黏液的腺样结构。通常表现为广泛性纤维化，但不表现为类骨质或骨形成。

未特定分类肉瘤（*Sarcoma, NOS*）

只有间叶结构存在。

肝细胞癌（*Carcinoma, Hepatocellular*）

只有稀疏的间叶结构。肝细胞分化明显。

备注

肝母细胞瘤通常见于肝细胞肿瘤内或邻近肝细胞肿瘤。在这些情况下，有些人倾向于仅诊断为肝母细胞瘤而不是给出两种诊断（肝母细胞瘤和肝细胞肿瘤）。如果不采用单一诊断为肝母细胞瘤这种首选做法，则需要由病理学家决定其他诊断。

参考文献

参见 3、16、27、28、34 和 35。

胆管增生（*H*）
Hyperplasia, Bile Duct（*H*）

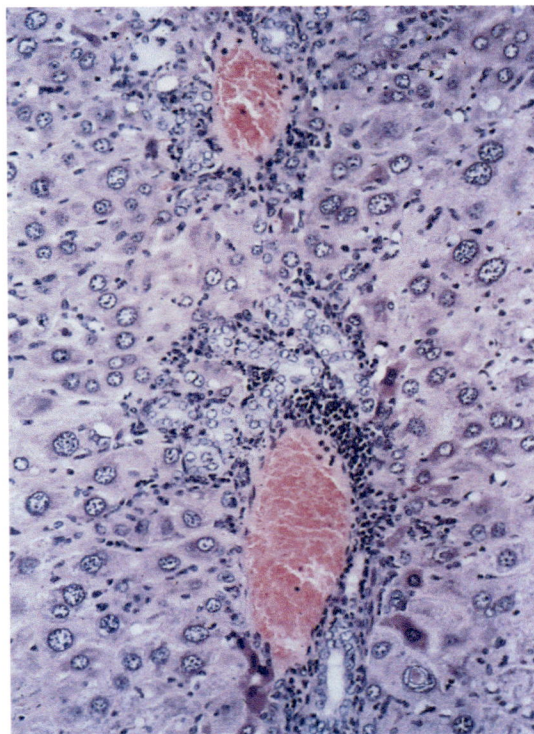

图 3-16 肝，胆管增生。门管区出现大量胆管，伴有胆管周围细胞浸润。雌性 NMRI 小鼠，18 月龄。H&E 染色

组织发生

胆管上皮。

诊断特征

- 肉眼不可见。
- 在门管区出现几个小胆管。
- 胆管上皮通常分化好。
- 可能伴有胆管周围纤维化、胆管周围细胞浸润，以及肝损伤和修复的证据。

鉴别诊断

胆管瘤（*Cholangioma*）

存在明显的界限；与门管区无明显关联。病变通常为单发性。

胆管癌（*Cholangiocarcinoma*）

可见局部侵袭邻近肝实质。细胞具有多形性。

卵圆细胞增生（*Hyperplasia, Oval Cell*）

由细胞质稀少的小细胞组成，任何导管样结构都是不成熟的。

备注

通常伴有肝损伤、修复以及胆流梗阻的证据。

参考文献

参见 16 和 22。

胆管瘤（*B*）
Cholangioma（*B*）

组织发生

胆管上皮。

诊断特征

- 病变界限清楚。
- 可见压迫邻近肝实质。
- 胆管结构衬覆单层高分化的上皮细胞。
- 多发性病变罕见。
- 与门管区无明显关联。
- 细胞均一，通常呈高分化。

鉴别诊断

胆管增生（*Hyperplasia, Bile Duct*）

多灶性分布。无明显的界限或压迫。

胆管癌（*Cholangiocarcinoma*）

可能存在局部侵袭、细胞多形性、黏液生成、纤维化和坏死。

备注

罕见病变。

参考文献

参见 11、16 和 22。

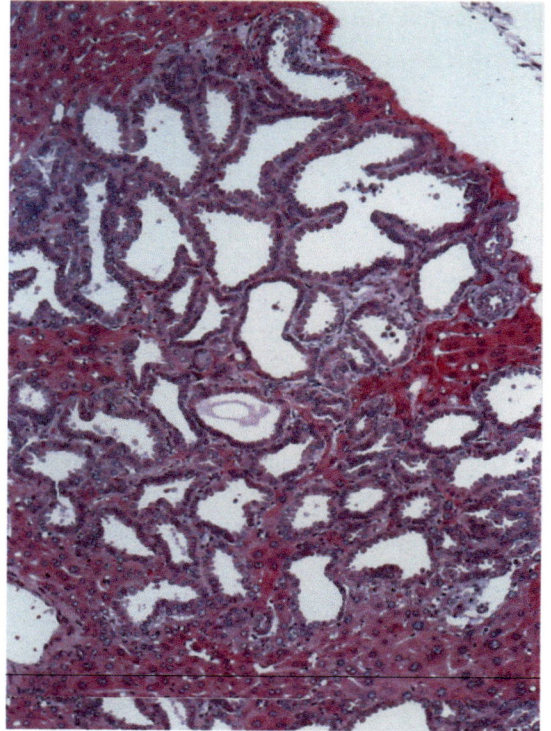

图 3-17 肝，胆管瘤。可见单层高分化的立方形上皮细胞衬覆的管状结构。雄性 B6C3FI 小鼠，82 周龄。H&E 染色

胆管癌（*M*）
Cholangiocarcinoma（*M*）

组织发生

胆管上皮。

诊断特征

- 肉眼可见。
- 存在邻近肝组织局部侵袭。
- 生长形态为腺样、乳头状或实性。
- 细胞为多形性上皮细胞，细胞核明显，细胞质呈嗜碱性。
- 通常有黏液生成，可能位于细胞内或细胞外。
- 可能存在坏死以及纤维结缔组织区域。
- 核分裂象可能较多。

鉴别诊断

胆管瘤（*Cholangioma*）

无局部侵袭、硬化或纤维化，细胞均一且呈高分化。

肝细胞癌（*Carcinoma, Hepatocellular*）

由恶性肝细胞组成。通常没有黏液生成。

胆管纤维症（*Cholangiofibrosis*）

不典型胆管细胞呈强嗜碱性，位于明显的纤维间质中。

备注

胆管纤维症是一种非常罕见且有争议的病变，该病变在小鼠中比在大鼠中更少见，

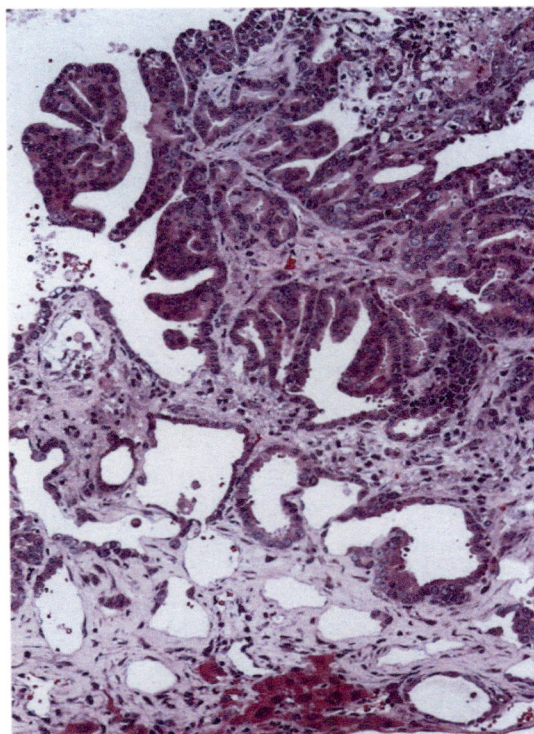

图 3-18 肝，胆管癌。可见由不典型上皮细胞衬覆的不规则胆管结构。雌性 CD-1 小鼠，72 周龄。H&E 染色

仅由 Kimbrough 和 Linder 报道过 1 例，给予 Aroclor 1254（2，2′，3，3′，4- 五氯联苯）后发生。

参考文献

参见 11、16、20 和 22。

良性贮脂细胞瘤（B）
Tumor, Ito Cell, Benign（B）

组织发生

存储脂肪的窦周细胞，即所谓的贮脂细胞。

诊断特征

• 单中心或多中心没有包膜的肿块。
• 肿瘤细胞呈局灶性或弥漫性聚集。
• 可能呈片状、簇状或沿肝细胞索生长。
• 细胞大小和形状各不相同并呈空泡化。
• 细胞质内出现多个大小不同的脂滴。
• 细胞核呈卵圆形或圆形，被细胞质内脂滴挤压，呈凹陷样。
• 常可见邻近肝组织萎缩。
• 可见中等程度的胶原基质。
• 无包膜。

鉴别诊断

脂肪肉瘤（*Liposarcoma*）

可能存在各种类型的脂肪细胞、泡沫细胞、巨细胞、黏液性细胞或成纤维细胞样细胞。

备注

贮脂细胞瘤非常罕见。因此，这些肿瘤的组织发生和生物学行为还没有得到很好的证实。

参考文献

参见 5、6 和 32。

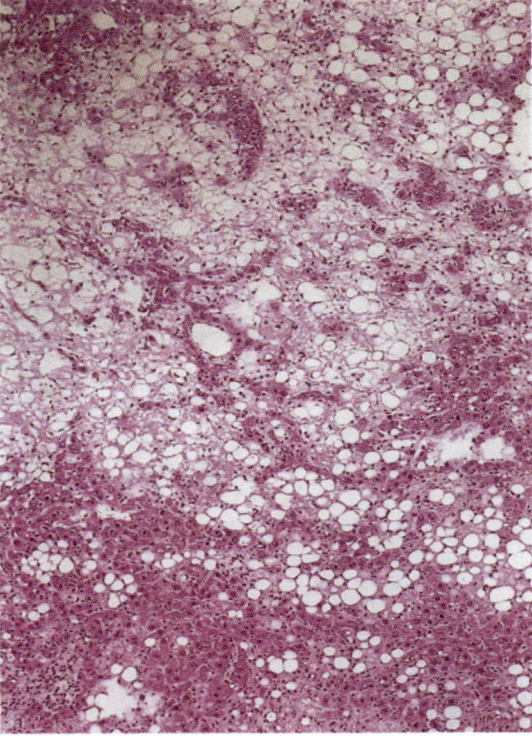

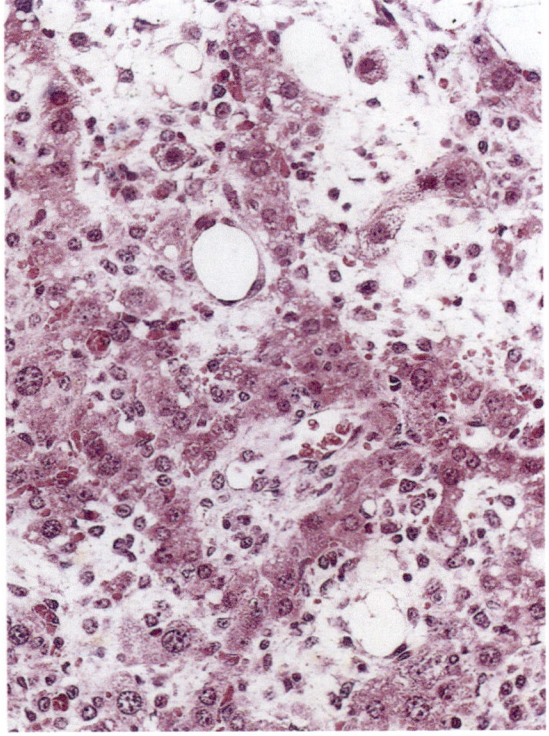

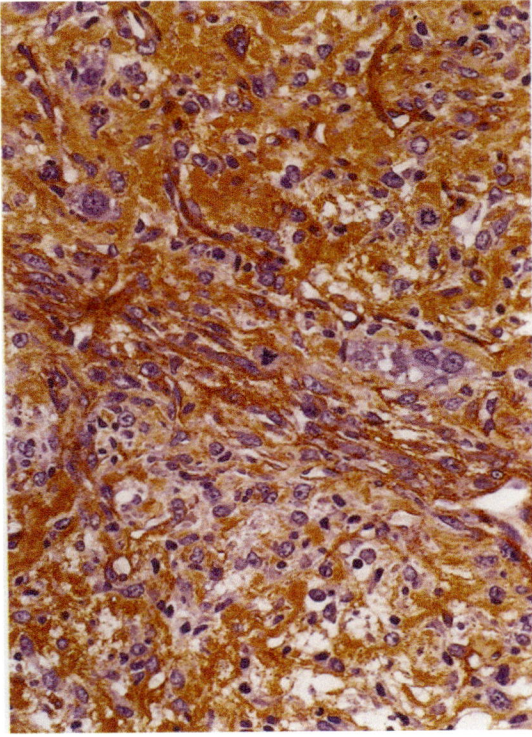

图 3-19（左上） 肝，贮脂细胞瘤。H&E 染色
图 3-20（右上） 肝，贮脂细胞瘤。H&E 染色
图 3-21（左下） 肝，贮脂细胞瘤。层粘连蛋白染色

卵圆细胞增生（H）
Hyperplasia, Oval Cell（H）

组织发生

尚未明确，可能发生于终末胆小管上皮细胞。

诊断特征

- 卵圆细胞在肝细胞索之间聚集，通常主要分布于门管区周围。
- 细胞核呈卵圆形和异染性，细胞质稀少。
- 可能形成不完整的胆管样结构。
- 细胞体积小。

鉴别诊断

胆管增生（Hyperplasia, Bile Duct）

分布于门管区周围，轻微沿肝细胞索延伸。细胞呈典型的上皮细胞外观（立方形至柱状），形成界限清楚的胆管。

备注

常与严重的肝细胞损伤、由肝螺杆菌引起的慢性活动性肝炎和各种肝致癌物处理相关。此外，卵圆细胞增生与肝细胞肿瘤的高发生率相关，并可能在肝癌发生中发挥重要作用。一些研究者支持卵圆细胞可能参与肝细胞癌和胆管细胞癌系列肿瘤发生这一观点。

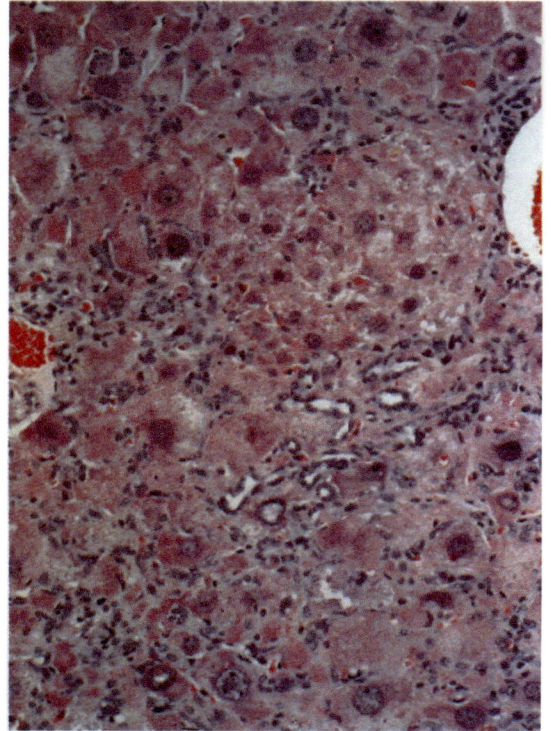

图 3-22 肝，卵圆细胞增生。肝细胞索之间可见卵圆细胞聚集，伴有不完整的胆管样结构形成。雄性 B6C3F1 小鼠。H&E 染色

参考文献

参见 8、9、11、16、18、44 和 45。

腺泡细胞腺瘤（*B*）
Adenoma, Acinar Cell（*B*）

组织发生

腺泡细胞。

诊断特征

- 经常压迫邻近组织。
- 可发生包裹。
- 结构随体积增大而改变。
- 细胞通常呈高分化。
- 表现为不同程度的有丝分裂指数和核多形性。

鉴别诊断

*腺泡细胞增生（Hyperplasia, Acinar Cell）*无包裹或明显的界限。

*腺泡细胞腺癌（Adenocarcinoma, Acinar Cell）*局部侵袭或转移。

参考文献

参见 2、4 和 24。

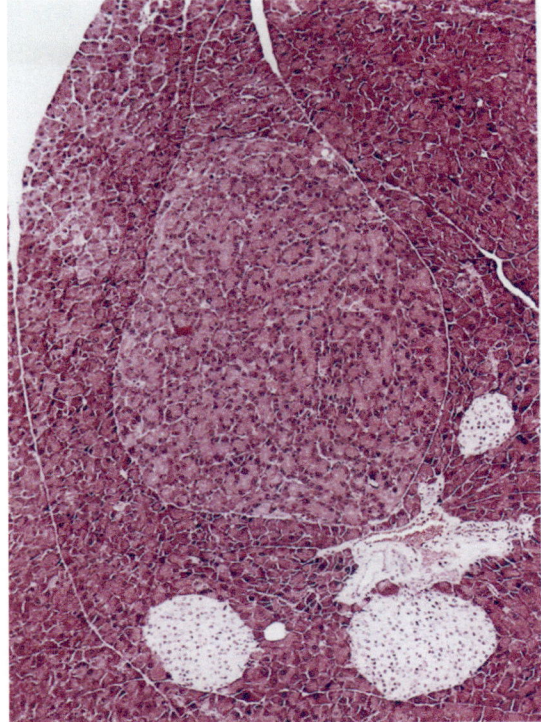

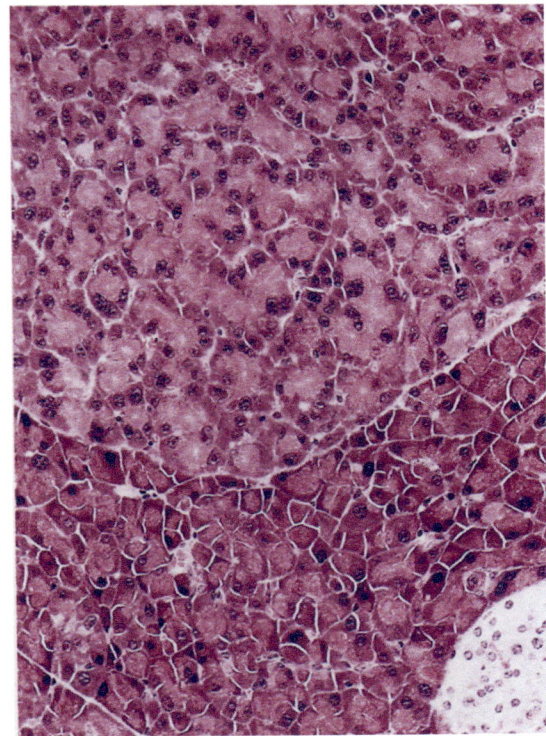

图 3-25（右上） 胰腺腺泡细胞腺瘤。H&E 染色
图 3-26（右下） 胰腺腺泡细胞腺瘤。H&E 染色

腺泡细胞腺癌（*M*）
Adenocarcinoma, Acinar Cell（*M*）

组织发生

腺泡细胞。

诊断特征

- 局部侵袭或远处转移。
- 呈腺样、小梁状或实性生长形态。
- 失去腺泡结构。
- 细胞多形性和间变。

鉴别诊断

腺泡细胞腺瘤（*Adenoma, Acinar Cell*）
无局部侵袭或转移。

备注

可能伴有硬癌反应。小鼠胰腺腺泡中的鳞状细胞癌迄今仅在实验诱发的病变中被描述，与其他组织中描述的鳞状细胞癌具有相同的组织学特征。

参考文献

参见 2、4 和 24。

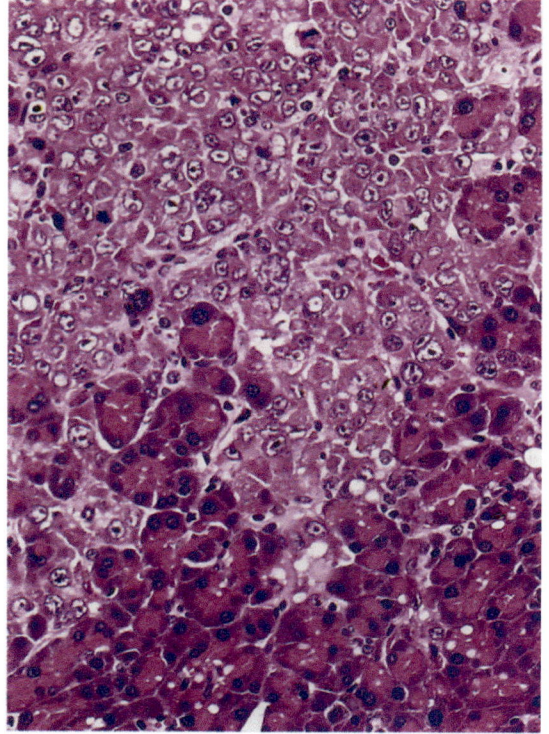

图 3-27 胰腺腺泡细胞腺癌。H&E 染色

参考文献

1. Bannasch P, Mayer D, Venske G (1979) Pdinatale Induktion von hepatocellularen Glykogenspeicherarealen und Tumoren bei Mausen durch Athylnitrosoharnstoff. Virchows Arch B 30: 143-160

2. Boorman GA, Sills RC (1999) Exocrine and endocrine pancreas. In: Maronpot RR, Boorman GA, Gaul BW (eds) Pathology of the mouse. Reference and atlas. Cache River Press, Vienna, pp 185-205

3. Diwan BA, Ward JM, Rice JM (1989) Promotion of malignant 'embryonal' liver tumors by phenobarbital: increased incidence and shortened latency of hepatoblastomas in (DBA/2 x C57BL/6)F1 mice initiated with N-nitrosodiethylamine. Carcinogenesis 10: 1345-1348

4. Dixon D, Maronpot RR (1994) Tumours of the pancreas. Pathology of tumours in laboratory animals, vol 2. Tumours of the mouse, 2nd edn. IARC Scientific Publications No. Ill, Lyon, pp 281-303

5. Dixon D, Yoshitomi K, Boorman GA, Maronpot RR (1994) "Lipomatous" lesions of unknown cellular origin in the liver of B6C3F1 mice. Vet Pathol31: 173-182

6. Enanz H (1985) Proliferation of Ito cells (fatstoring cells) in acute carbon tetrachloride liver injury. A light and electron microscopic autoradiographic study. Acta Pathol J pn 35: 1301-1308

7. Evans JG, Collins MA, Lake BG, Butler WH (1992) The histology and development of hepatic nodules and carcinoma in C3H/He and C57BL/6 mice following chronic phenobarbitone administration. Toxicol Pathol 20: 585-594

8. Factor VM, Radaeva SA (1993) Oval cells-hepatocytes relationships in Dipin-induced hepatocarcinogenesis in mice. Exp Toxicol Pathol 45: 239-244

9. Factor VM, Radaeva SA, Thorgeirsson SS (1994) Origin and fate of oval cells in dipin-induced hepatocarcinogenesis in the mouse. Am J Pathol 145:409-422

10. Frith CH, Dooley K (1976) Hepatic cytologic and neoplastic changes in mice given benzidine dihydrochloride. J Natl Cancer Inst 56: 679-682

11. Frith CH, Ward JM (1979) A morphologic classification of proliferative and neoplastic hepatic lesions in mice. J Environ Pathol Toxicol 3: 329-351

12. Frith CH, Wiley L (1982) Spontaneous hepatocellular neoplasms and hepatic hemangiosarcomas in several strains of mice. Lab Anim Sci 32: 157-162

13. Frith CH, Baetcke KP, Nelson q, Schieferstein G (1980) Sequential morphogenesis of liver tumors in mice given benzidine dihydrochloride. Eur J Cancer 16: 1205-1216

14. Frith CH, Ward JM, TurusovVS (1994) Tumours of the liver. Pathology of tumours in laboratory animals, vol 2. Tumours of the mouse, 2nd edn. IARC Scientific Publications No. Ill, Lyon, pp 223-248

15. Hanigan MH, Winkler ML, Drinkwater NR (1993) Induction of three histochemically distinct populations of hepatic foci in C57BL/6J mice. Carcinogenesis 14: 1035-1040

16. Harada T, Maronpot RR, Enomoto A, Tamano S, Ward JM (1996) Changes in the liver and gallbladder. In Mohr U, Dungworth DL, Capen CC, Carlton WW, Sundberg JP, Ward JM (eds) Pathobiology of the aging mouse, vol. 2. ILSI Press, Washigton DC, pp 207-241

17. Harada T, Enomoto A, Boorman GA, Maronpot RR (1999) Liver and gallbladder. In: Maronpot RR, Boorman GA, Gaul BW (eds) Pathology of the mouse. Reference and atlas. Cache River Press, Vienna, pp 119-183

18. Hoover KL (1985) Oval cell hyperplasia, liver, mouse, rat. In Jones TC, Mohr U, Hunt RD (eds) Digestive system. ILSI Monograph, ILSI Press, Washington DC, pp 125-127

19. Kakizoe S, Goldfarb S, Pugh TD (1989) Focal impairment of growth in hepatocellular neoplasms of C57BL/6 mice: a possible explanation for the strain's resistance to hepatocarcinogenesis. Cancer Res 49: 3985-3989

20. Kimbrough RD, Linder RE (1974) Induction of adenofibrosis and hepatomas of the liver in BALB-cJ mice by polychlorinated biphenyls (Aroclor 1254). J Natl Cancer Inst 53: 547-552

21. Koen H, Pugh TD, Goldfarb S (1983) Hepatocarcinogenesis in the mouse. Combined morphologic- stereologic studies. Am J Pathol 112: 89-100

22. Lewis DJ (1984) Spontaneous lesions of the mouse biliary tract. J Comp Pathol 94: 263-271

23. Lipsky MM, Tanner DC, Hinton DE, Trump BF (1984) Reversibility, persistence, and progression of safrole-induced mouse liver lesions following cessation of exposure. In: Popp JA (ed) Mouse liver neoplasia. Current perspectives. Hemisphere Publishing, Washington DC, pp 161-177

24. Longnecker DS (1986) Experimental models of exocrine pancreatic tumours. In: Go VLW, Gardener JD, Brooks FP, Lebenthal E, Diamagno EP, Scheele GA (eds) The exocrine pancreas: biology, pathobiology

and diseases. Raven Press, New York, pp 443-458

25. Malarkey DE, Devereux TR, Dinse GE, Mann PC, Maronpot RR (1995) Hepatocarcinogenicity of chlordane in B6C3Fl and B6D2Fl male mice: evidence for regression in B6C3Fl mice and carcinogenesis independent of ras proto-oncogene activation. Carcinogenesis 16: 2617-2625

26. Maronpot RR, Haseman JK, Boorman GA, Eustis SL, Rao GN, Huff JE (1987) Liver lesions in B6C3Fl mice: the National Toxicology Program, experience and position. Arch Toxicol Suppl 10: 10-26

27. Nonoyama T, Fullerton F, Reznik G, Bucci TJ, Ward JM (1988) Mouse hepatoblastomas: a histologic, ultrastructural, and immunohistochemical study. Vet Pathol25: 286-296

28. Nonoyama T, Reznik G, Bucci TJ, Fullerton F (1986) Hepatoblastoma with squamous differentiation in a B6C3Fl mouse. Vet Pathol23: 619-622

29. Standeven AM, Wolf DC, Goldsworthy TL (1994) Interactive effects of unleaded gasoline and estrogen on liver tumor promotion in female B6C3Fl mice. Cancer Res 54: 1198-1204

30. Stinson SF, Hoover KL, Ward JM (1981) Quantitation of differences between spontaneous and induced liver tumors in mice with an automated image analyzer. Cancer Lett 14: 143-150

31. Thorpe E, Walker AIT (1973) The toxicology of dieldrin (HEOD). II. Comparative long-term oral toxicity studies in mice with dieldrin, DDT, phenobarbitone, beta-BHC and gamma-HBC. Food Cosmet Toxicol11: 433-442

32. Tillmann T, Kamino K, Dasenbrock C, Germann PG, Kohler M, Morawietz G, Campo E, Cardesa A, Tomatis L, Mohr U (1999) Ito cell tumor: immunohistochemical investigations of a rare lesion in the liver of mice. Toxicol Pathol 27: 364-369

33. Tsuji S, Ogawa K, Takasaka H, Sonoda T, Mori M (1988) Clonal origin of gamma-glutamyl transpeptidase- positive hepatic lesions induced by initiation-promotion in ornithine carbamoyltransferase mosaic mice. Jpn J Cancer Res 79: 148-151

34. Turusov VS, Day NE, Tomatis L, Gati E, Charles RT (1973a) Tumors in CF-1 mice exposed for six consecutive generations to DDT. J Nat! Cancer Inst 51: 983-997

35. Turusov VS, Deringer MK, Dunn TB, Stewart HL (1973b) Malignant mouse-liver tumors resembling human hepatoblastomas. J Nat! Cancer Inst51: 1689-1695

36. Vesselinovitch SD, Mihailovich N, Rao KVN (1978) Morphology and metastatic nature of induced hepatic nodular lesions in C57BL x C3H Fl mice. Cancer Res 38: 2003-2010

37. Ward JM (1980) Morphology of hepatocellular neoplasms in B6C3Fl mice. Cancer Lett 9: 319-325

38. Ward JM (1984a) Morphology of potential preneoplastic hepatocyte lesions and liver tumors in mice and a comparison with other species. In: Popp JA (ed) Mouse liver neoplasia, current perspectives. Hemisphere, Washington, pp 1-26

39. Ward JM (1984b) Pathology of toxic, preneoplastic, and neoplastic lesions. In: Douglas JF (ed) Carcinogenesis and mutagenesis testing, Humana Press, Clifton NJ, pp 97-130

40. Ward JM, Rice JM, Creasia D, Lynch P, Riggs C (1983) Dissimilar patterns of promotion by di(2-ethylhexyl) phthalate and phenobarbital of hepatocellular neoplasia initiated by diethylnitrosamine in B6C3Fl mice. Carcinogenesis 4: 1021-1029

41. Ward JM, Diwan BA, Ohshima M, Hu H, Schuller HM, Rice JM (1986) Tumor-initiating and promoting activities of di(2-ethylhexyl) phthalate in vivo and in vitro. Environ Health Perspect 65: 279-291

42. Ward JM, Lynch P, Riggs C (1988) Rapid development of hepatocellular neoplasms in aging male C3H/ HeNCr mice given phenobarbital. Cancer Lett 39: 9-18

43. Ward JM, Diwan BA, Lubet RA, Henneman JR, Devor DE (1990) Liver tumor promoters and other mouse liver carcinogens. In: Stevenson D, McClain M, Popp J, Slaga T, Ward J, Pitot H (eds) Mouse liver carcinogenesis: mechanisms and species comparisons Alan R. Liss, New York, pp 85-108

44. Ward JM, Anver MR, Haines DC, Benveniste RE (1994) Chronic active hepatitis in mice caused by Helicobacter hepaticus. Am J Pathol 145: 959-968

45. Ward JM, Fox JG, Anver MR, Haines DC, George CV, Collins MJ Jr, Gorelick PL, Nagashima K, Gonda MA, Gilden RV, et al. (1994) Chronic active hepatitis and associated liver tumors in mice caused by a persistent bacterial infection with a novel Helicobacter species. J Nat! Cancer Inst 86: 1222-1227

46. Yoshitomi K,Alison RH, Boorman GA (1986) Adenoma and adenocarcinoma of the gallbladder in aged laboratory mice. Vet Pathol23: 523-527

47. Yoshitomi K, Boorman GA (1994) Tumours of the gallbladder. Pathology of tumours in laboratory animals, vol 2. Tumours of the mouse, 2nd edn. IARC Scientific Publications No. 111, Lyon, 271-279

（万美铄、卢静、张百惠、郭文钧　译，

孔庆喜、吕建军、张连珊、尹智孚　审校）

第四章　呼吸系统和间皮

D.L. Dungworth [1], S. Rittinghausen [2,3], L. Schwartz[2], J.R. Harkema
Y. Hayashi , B. Kittel , D. Lewis , R.A. Miller , U. Mohr , K.T. Morgan
S. Rehm , M.V. Slayter

---

[1] 主席；[2] 共同主席；[3] 初稿。

上皮增生（*H*）
Hyperplasia, Epithelial（*H*）

鳞状细胞，移行（无纤毛立方/柱状）上皮细胞，黏液（杯状）细胞，嗅上皮细胞，基细胞，伴细胞异型性（异型增生），混合性

组织发生

呼吸上皮，移行上皮，嗅上皮、鳞状上皮或上皮下腺上皮。

诊断特征

- 基细胞、黏液细胞、无纤毛立方/柱状细胞、鳞状细胞或嗅上皮细胞数量增多，引起上皮增厚。
- 上皮增生可导致上皮表面呈波浪状、皱纹状。
- 由于非纤毛细胞数量增加，纤毛细胞可能排列拥挤或不明显。
- 细胞层排列常不规则。
- 常伴变性和炎症。
- 鼻中隔、上颌鼻甲骨、鼻鼻甲骨和筛鼻甲骨处上皮下腺细胞的数量偶尔增加。
- 上皮增生可包括伴细胞异型性增生、多形性基细胞增生或未分化细胞的增生，但不伴下方基底层破坏。

鳞状细胞

- 病变发生于鼻前庭或腹鼻道的鳞状上皮。
- 局灶性细胞数量增多，上皮细胞层可达5层或以上。
- 分化模式正常。
- 有丝分裂偶见。
- 增生的鳞状细胞的核大，核仁明显，细胞质丰富。

移行（无纤毛立方/柱状）上皮细胞

- 无纤毛立方/柱状上皮细胞增生形成3层或更多层细胞。

黏液（杯状）细胞

- 黏液细胞增生时，表面上皮内的黏液细胞可形成上皮内腺体。
- 黏液细胞较高，顶端有黏液颗粒，核位于基底部。

嗅上皮细胞

- 嗅上皮增生常以嗅觉细胞和（或）基细胞数量增加为特征。

基细胞

- 基细胞层的密度和厚度增大。

伴细胞异型性（异型增生）

- 上皮增厚，结构紊乱。
- 存在基细胞和未分化细胞增生。
- 未分化的多角形细胞具有异型性和多形性，在呼吸上皮中表现为有不同数量纤毛的细胞和分泌性柱状细胞，或在嗅上皮中表现为有不同数量的支持细胞和感觉细胞。
- 异型性细胞、多形性基细胞或未分化细胞的增生可向下延伸至下层腺体的导管内，在固有层形成结节状细胞簇。

混合性

- 可见多种类型的细胞增生。

鉴别诊断

腺瘤（Adenoma）

腺瘤的主要特征是膨胀性结节，偶可突入鼻腔或鼻旁窦腔。内生性生长时常伴细胞异型性。上皮下腺的腺瘤可压迫邻近结构。

鳞状细胞乳头状瘤（Papilloma, Squamous Cell）

鳞状细胞乳头状瘤的特征是鳞状细胞呈外生性生长，可混有立方细胞或黏液细胞，被覆于血管化的结缔组织蒂上。

腺癌或癌，腺鳞癌，神经上皮（Adenocarcinoma or Carcinoma, Adenosquamous or Carcinoma, Neuroepithelial）

伴有细胞异型性的上皮增生可发展为腺癌、腺鳞癌或神经上皮癌（取决于病变部位和主要受累的细胞）。恶性肿瘤的诊断基于以下一项或多项特征：整体体积、上皮极性（消失）、异型性（程度高）和有丝分裂指数，以及侵袭行为。

备注

上皮增生通常是一种可逆性改变。增生区域内可发生鳞状上皮化生。不应将具有细胞异型性的上皮增生区域与上皮急性损伤后的再生性反应相混淆。

侧鼻道内移行上皮增生常是由吸入刺激物所致。

嗜酸性小滴（细胞质内嗜酸性蛋白样物质蓄积）可为所有类型上皮增生的显著特征，也可见于非增生性细胞群，通常认为是一种退行性改变（含蛋白样物质的内质网扩张）。

在鼻前庭中的位置不同的上皮，其厚度略有差异。因此，与对照组进行仔细比较对于鉴别轻度鳞状细胞增生很重要。

参考文献

参见 6、7、17、24、30、41、47、48、62、63 和 71。

图 4-1~4-9 见第 90~92 页。

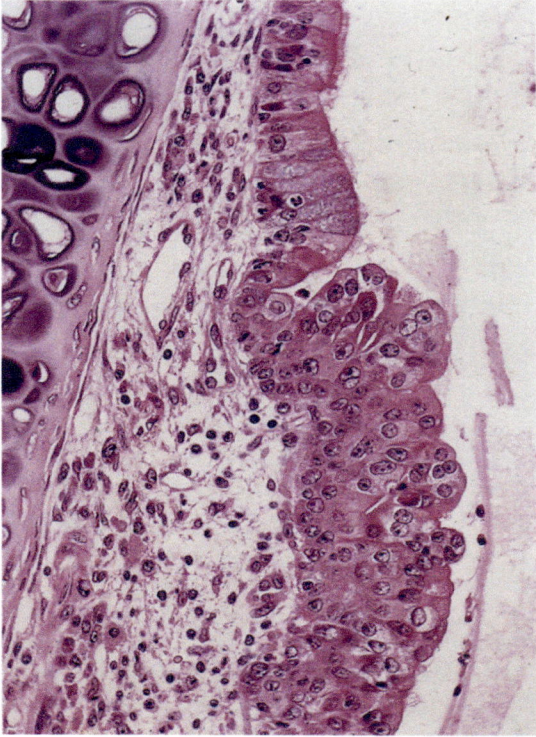

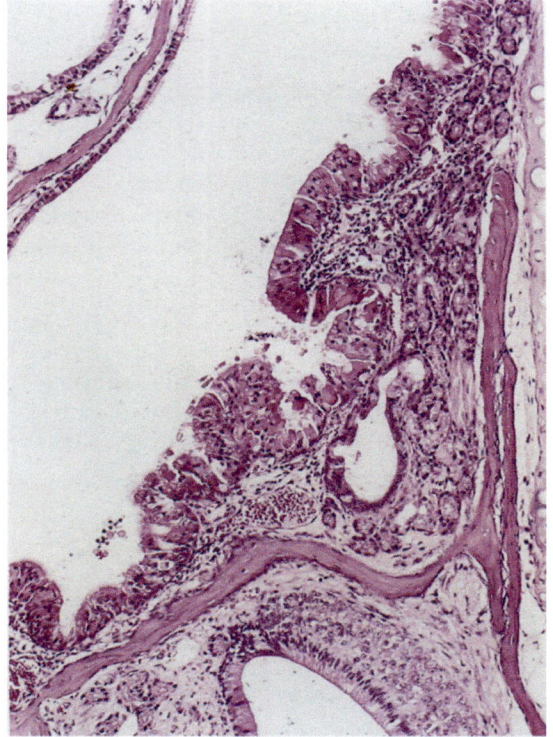

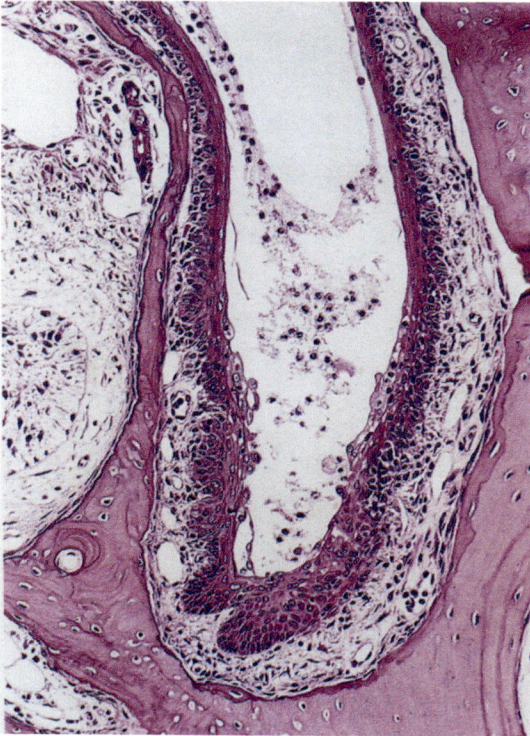

图 4-1（左上） 鼻腔上皮增生，呈多层结构。Swiss 小鼠，雌性，处理后，70 周龄。H&E 染色

图 4-2（右上） 鼻腔上皮乳头状增生。C57BL 小鼠，雌性，处理后，66 周龄。H&E 染色

图 4-3（左下） 鼻腔鳞状细胞上皮增生。Swiss 小鼠，雌性，处理后，62 周龄。H&E 染色

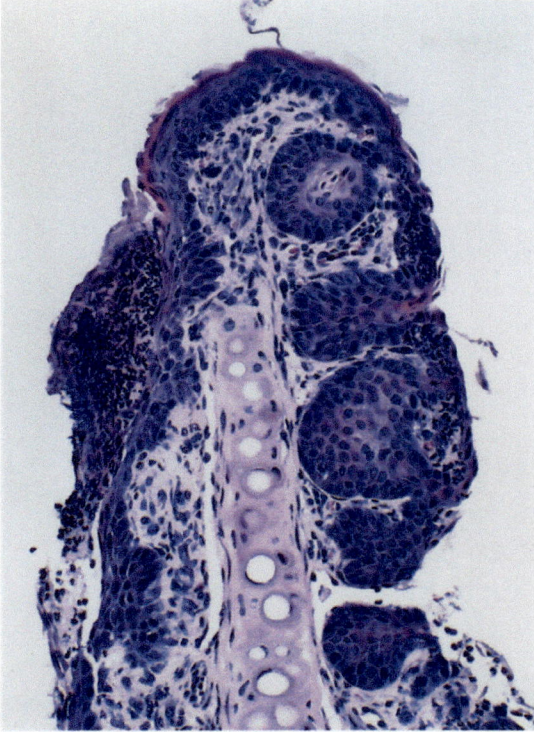

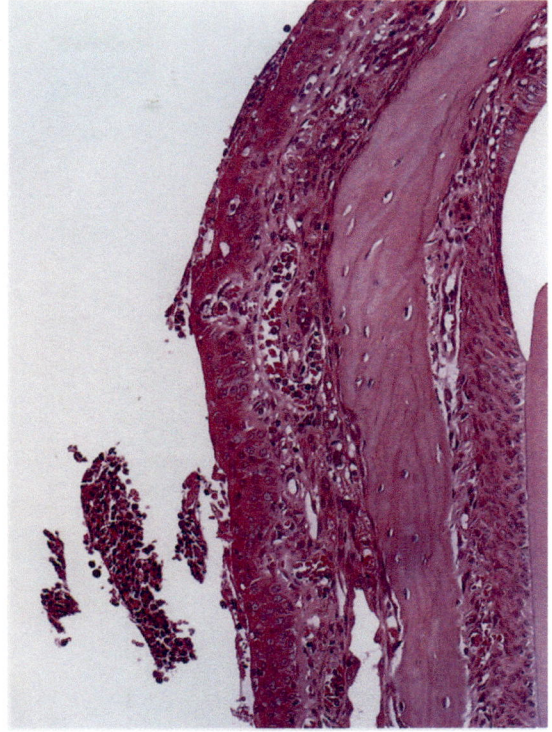

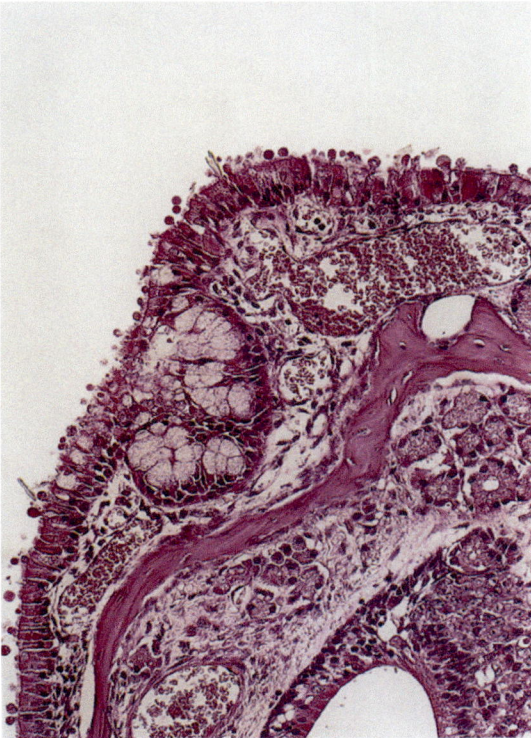

图 4-4（左上） 鼻腔背侧鼻甲鳞状细胞上皮增生。
B6C3F1 小鼠。H&E 染色

图 4-5（右上） 鼻腔移行上皮（无纤毛立方形 / 柱
状）细胞上皮增生。NMRI 小鼠，雌性，处理后，46
周龄。H&E 染色

图 4-6（左下） 鼻腔黏液（杯状）细胞上皮增生。
C57BL 小鼠，雌性，处理后，66 周龄。H&E 染色

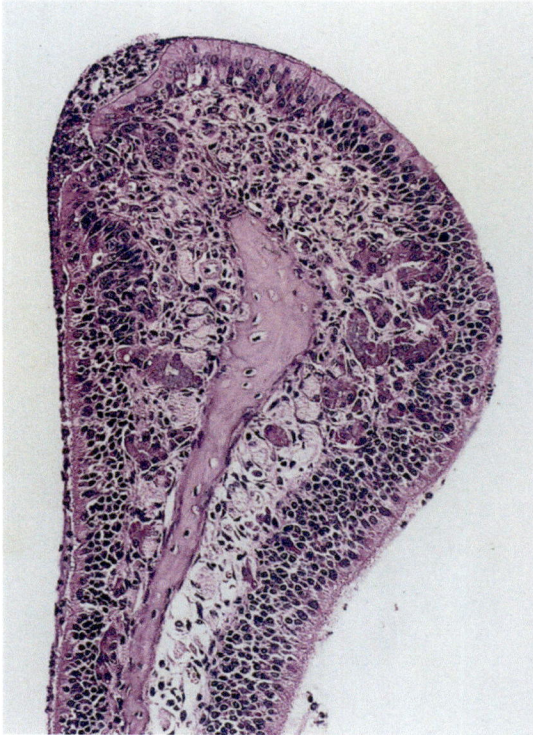

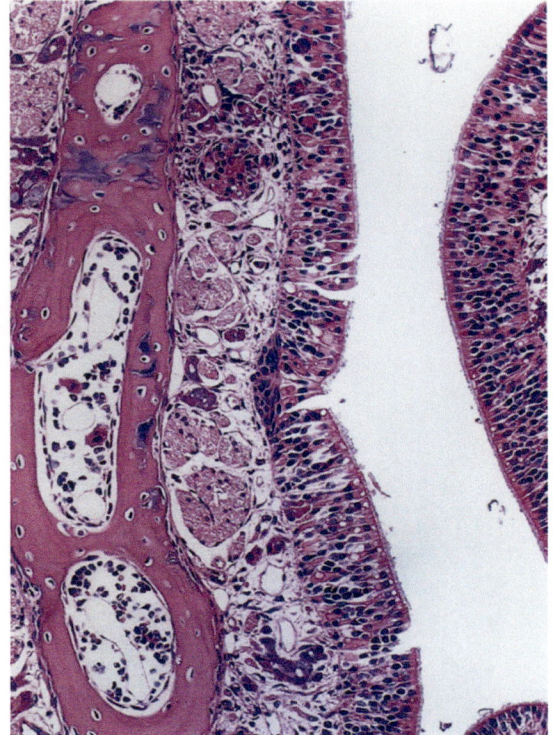

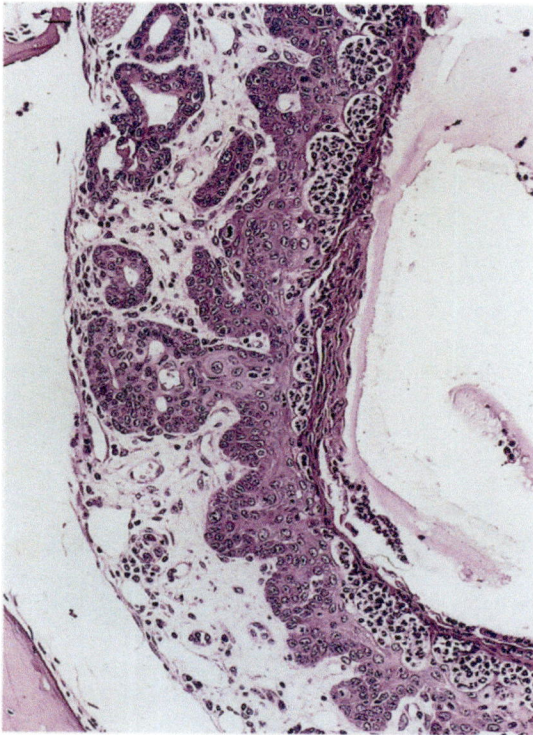

图 4-7（左上） 鼻腔嗅上皮细胞的上皮增生。Swiss 小鼠，雌性，处理后，70 周龄。H&E 染色

图 4-8（右上） 鼻腔基细胞的上皮增生。Swiss 小鼠，雌性，处理后，68 周龄。H&E 染色

图 4-9（左下） 鼻腔鲍曼腺导管的上皮增生。C57BL/6NCr 小鼠，雌性，处理后，44 周龄。H&E 染色

鳞状上皮化生（*H*）
Metaplasia, Squamous Cell（*H*）

组织发生

在移行上皮、呼吸上皮或嗅上皮发生的化生，也可发生在鼻泪管和固有层的腺体导管。

诊断特征

- 特征为移行上皮、呼吸上皮、嗅上皮或导管上皮被鳞状上皮取代。
- 多层的复层上皮细胞，伴较浅表的细胞扁平化。
- 上皮细胞紧密排列或个体较大，纤毛完全缺失。
- 较深层的细胞的核多为圆形至卵圆形，核仁明显；较浅表的细胞的核更为扁平。
- 有时有轻微的核多形性和细胞异型性。
- 表层细胞可能仅含有透明角质颗粒，或可能过度角化。
- 表层细胞常脱落。

鉴别诊断

鳞状细胞乳头状瘤（*Papilloma, Squamous Cell*）

鳞状细胞乳头状瘤的特征是有高于上皮表面的乳头状或丝状突出，或可延伸至黏膜下腺体导管腔内。有纤细的血管间充质基质和明显增厚的上皮。

鳞状细胞癌（*Carcinoma, Squamous Cell*）

鳞状细胞癌的特点是基底膜被破坏、细胞

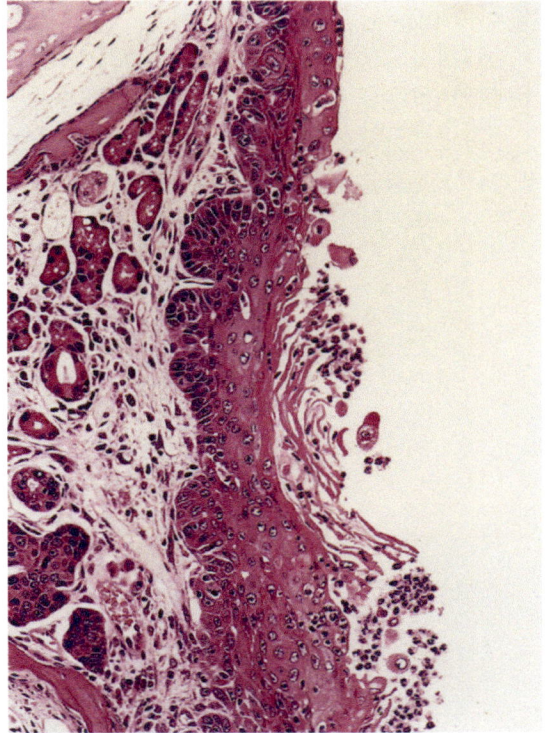

图 4-10　与鼻腔化脓性炎症相关的角化性鳞状上皮化生。Swiss 小鼠，雌性，处理后，70 周龄。H&E 染色

具有异型性和排列紊乱，有丝分裂常见。出现如侵袭性生长和（或）转移等进一步恶性表现。

上皮再生（*Epithelial Regeneration*）

上皮再生常继发于急性损伤。细胞厚度为 1~2 层，细胞嗜碱性增强，核轻微增大，但不像鳞状上皮化生所具有（复层）扁平细胞水平方向分层。

备注

鳞状上皮化生有时与慢性炎症有关或在再生过程中发生。

可正常分化类型的鳞状上皮化生在某些实验条件下是可逆的（取决于吸入刺激物的性质和暴露的时间），但在其他情况下可能最终导致鳞状细胞乳头状瘤或鳞状细胞癌。

参考文献

参见 6、17、24、30、41、47、62、71 和78。

呼吸上皮化生（*H*）
Metaplasia, Respiratory Epithelial（*H*）

组织发生

嗅上皮细胞和（或）固有层中腺体的细胞。

诊断特征

- 嗅上皮的呼吸上皮化生最常见于背中鼻道。
- 该病变也可发生于黏膜下腺体。
- 以感觉和支持性神经上皮细胞的丧失为特征，可伴有局灶性萎缩和变性。
- 呼吸上皮化生常见于呼吸上皮下方的黏膜下腺体。
- 取而代之的是单层柱状上皮，有或无纤毛，类似呼吸上皮。
- 在嗅上皮的呼吸上皮化生区域，黏膜下腺体常被呼吸上皮取代。

鉴别诊断

准确的解剖学定位及与对照组比较很有必要，可明确受检部位是否在正常情况下被覆着嗅上皮。

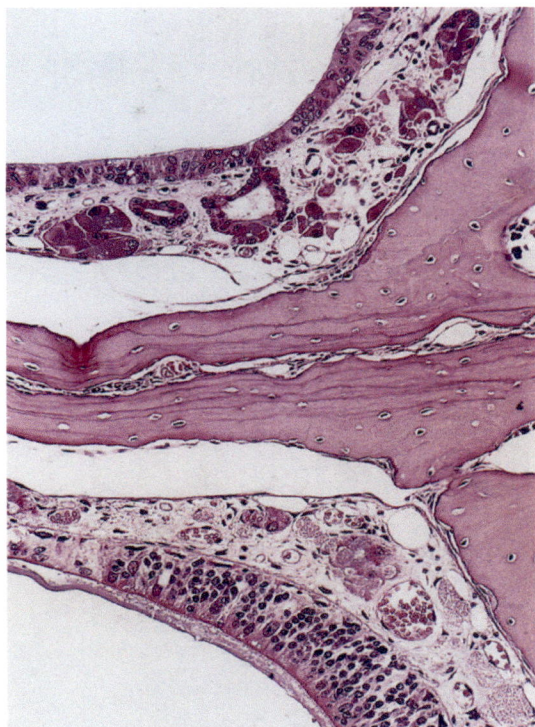

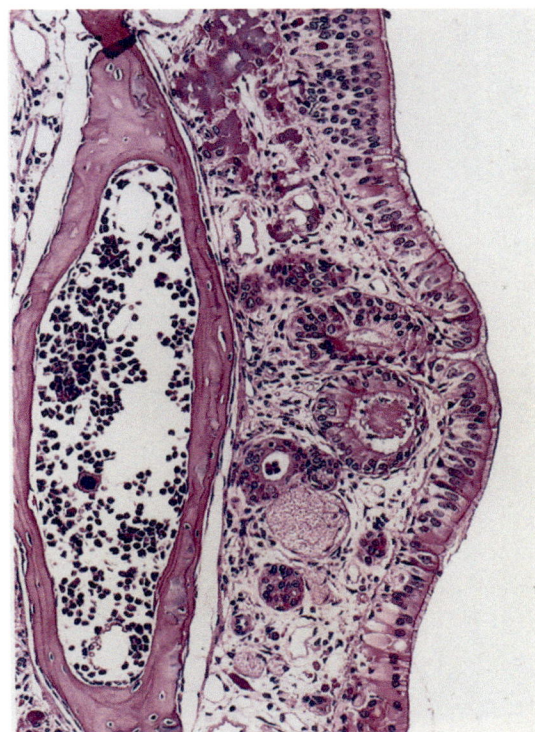

图 4-11（右上） 鼻腔嗅上皮发生的呼吸上皮化生。与对侧鼻腔正常的嗅上皮对比。NMRI 小鼠，雌性。H&E 染色
图 4-12（右下） 鼻腔黏膜下腺体发生的呼吸上皮化生。Swiss 小鼠，雌性，处理后，68 周龄。H&E 染色

备注

该改变偶见于老龄小鼠的自发性病变或对刺激物的反应。自发性病变倾向于一侧病变重于另一侧病变，并伴有鲍曼腺轻度扩张，可含有中性粒细胞和（或）嗜酸性颗粒状碎片。目前尚未有证据表明呼吸上皮化生为瘤前病变。

通常嗅上皮在背鼻道前部的延伸随年龄增长而变化，并可能与动物品系相关。

参考文献

参见 6、17、47、48 和 49。

腺瘤（B）
Adenoma（B）

组织发生

移行上皮、呼吸上皮或腺上皮细胞。

诊断特征

- 常出现在鼻腔的最前部，起源于鼻鼻甲骨或上颌鼻甲骨或前鼻腔侧壁的黏膜。
- 特征为膨胀性生长，偶见突入鼻腔或鼻旁窦腔，但也可呈内生性生长。
- 呼吸上皮内生性腺瘤或黏膜下腺腺瘤可引起压迫。
- 细胞排列成囊性腺样结构或片状，有时可见由死亡细胞脱落导致的假腺泡结构。
- 囊肿内可含有 PAS 阳性物质、脱落的上皮细胞和炎症细胞。
- 分泌活性主要表现为黏液产生。
- 无纤毛肿瘤细胞呈立方形至矮柱状。
- 细胞质呈嗜碱性，核位于中央。

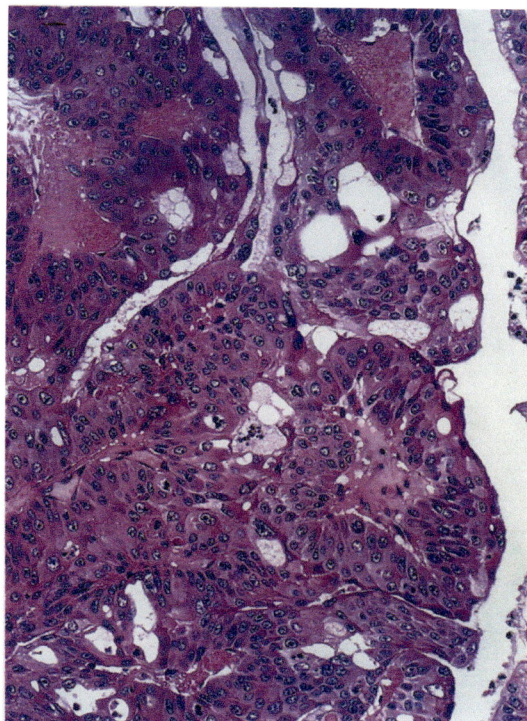

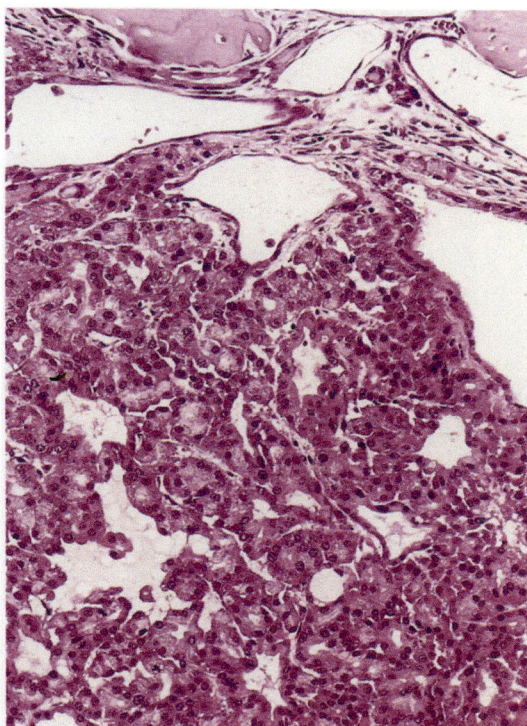

图 4-13（右上） 鼻腔腺瘤（移行上皮型）。Swiss 小鼠，雌性，处理后，35 周龄。H&E 染色

图 4-14（右下） 鼻腔腺瘤（高倍视野）。p53 杂合小鼠，雄性，未处理，129 周龄。H&E 染色

- 偶见局灶性鳞状上皮化生区域。
- 上皮细胞可含嗜酸性小滴。

鉴别诊断

上皮增生（*Hyperplasia, Epithelial*）

无外生性生长，无结节性病变，对邻近组织无压迫。

鳞状细胞乳头状瘤（*Papilloma, Squamous Cell*）

主要是鳞状细胞增生。外生性鳞状细胞乳头状瘤多呈乳头状或丝状生长。具有血管化的结缔组织蒂。

腺癌（*Adenocarcinoma*）

具有恶性指征，如细胞和（或）核具有异型性、有丝分裂常见、侵袭性生长和（或）转移。

备注

外生性生长的腺瘤有时被称为息肉样腺瘤或绒毛样腺瘤。肿瘤发生的位置常决定了腺瘤的类型（移行上皮型或呼吸上皮型）。移行上皮型最常见于鼻腔前（近）部的侧鼻道。在很多病例中，光镜下很难确定肿瘤细胞是来源于移行上皮、呼吸上皮还是黏膜下腺上皮。腺体来源的腺瘤的超微结构，与正常黏膜下腺的一样，腺泡周围可见肌上皮细胞和大的顶端分泌颗粒。

腺瘤可能起源于固有层的腺上皮，尽管尚无报道。

嗜酸性小滴（细胞质内嗜酸性蛋白样物质积聚）可能是腺瘤的显著特征，通常认为是一种退行性改变（含蛋白样物质的内质网扩张）。

参考文献

参见 6、7、17、40、46、62 和 63。

鳞状细胞乳头状瘤（B）
Papilloma, Squamous Cell（B）

组织发生

来源于移行上皮、呼吸上皮或嗅上皮，或来源于鼻前庭鳞状上皮。

诊断特征

- 常为大小一致、排列规则的鳞状细胞构成的外生性肿块，具有乳头状或丝状结构。
- 上皮细胞被覆于血管化的结缔组织蒂上。
- 基底膜完整。
- 偶见生长于黏膜表面下（"反向性"或"内生性"乳头状瘤）。
- 病变被覆鳞状表面上皮细胞，细胞仅含有透明角质颗粒或呈高度角化。

鉴别诊断

上皮（鳞状细胞）增生或鳞状上皮化生 [*Hyperplasia, Epithelial（Squamous Cell）or Metaplasia, Squamous Cell*]

病变通常为多灶性和对称性生长。无或极少呈外生性生长，不形成乳头状突起。无结缔组织的血管化蒂。

腺瘤（Adenoma）
无或有较小的鳞状细胞区域。

鳞状细胞癌（Carcinoma, Squamous Cell）
基底膜被破坏，细胞具有异型性、排列紊乱，有丝分裂常见。具有更多的恶性指征，如侵袭性生长和（或）转移。

备注

有时可见少量移行上皮细胞和呼吸上皮细胞。

参考文献

参见 6、7、17、62 和 63。

腺癌（*M*）
Adenocarcinoma（*M*）

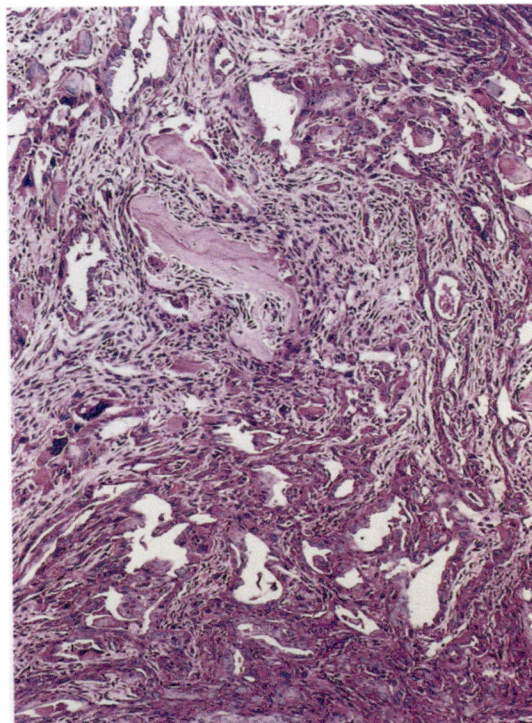

组织发生

  移行上皮、呼吸上皮、腺上皮或嗅部鲍曼腺。

诊断特征

- 发生于前鼻腔（起源于上皮下腺体）、后鼻腔（常起源于筛鼻甲骨的黏膜），或为腺瘤发生的恶变。
- 实性、假腺样、乳头状或管状结构。
- 管腔内可充满黏液物质。
- 大的立方形至柱状或间变性的细胞。
- 上皮极性消失。
- 可表现为仅穿透基底膜或侵袭周围骨、筛板和（或）脑嗅叶。
- 可发生大脑侵袭，局部淋巴结和（或）肺转移。
- 可见鳞状细胞分化区域。
- 高分化腺癌具有明显的腺样或囊性结构，并由较规则的分泌细胞排列而成。

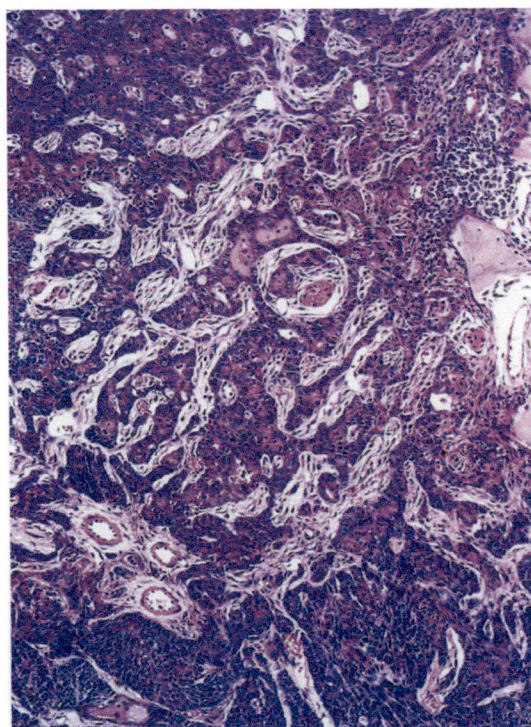

图 4-15（右上） 鼻腔低分化腺癌伴巨大肿瘤细胞。C57BL/6NCr 小鼠，雌性，处理后，46 周龄。H&E 染色

图 4-16（右下） 鼻腔鲍曼腺腺癌。C57BL/6NCr 小鼠，雌性，处理后，44 周龄。H&E 染色

- 低分化腺癌中可见间变细胞团、腺体结构不明显、细胞核高度多形性，并常见异常的核分裂象。

鉴别诊断

腺瘤（*Adenoma*）

缺乏穿透基底膜、侵袭性生长和转移等恶性指征。腺体结构如存在，则通常为圆形，由分化良好的高柱状细胞排列而成，核位于基底部，不表现出明显的细胞异型性。

腺鳞癌（*Carcinoma, Adenosquamous*）

腺鳞癌中的肿瘤性鳞状细胞部分显示出恶性指征：有丝分裂多见，细胞和（或）核具有异型性，和（或）侵袭周围组织、淋巴管和（或）血管。腺癌内化生的鳞状细胞部分表现出较为良性的特征，肿瘤性特征不明显。

神经上皮癌（*Carcinoma, Neuroepithelial*）

神经源性结构，通过丛状细胞间原纤维（神经原纤维）或玫瑰花环样结构可鉴别。

备注

肿瘤发生的位置通常决定了腺癌的类型（移行上皮型或呼吸上皮型）。移行上皮型最常见于鼻腔前（近）部的侧鼻道。有时低分化腺癌和神经上皮癌之间的鉴别只能通过电镜分析完成。当神经源性成分不明显时，应优先考虑诊断为腺癌而非神经上皮癌。

参考文献

参见 6、8、17、21、40、62、63 和 72。

腺鳞癌（*M*）
Carcinoma, Adenosquamous（*M*）

组织发生

呼吸上皮细胞、黏膜下腺的导管细胞或嗅上皮的基底细胞和支持细胞，以及这些上皮细胞化生的区域。

诊断特征

- 肿瘤部分由恶性鳞状细胞组成。
- 其他部分显示为恶性的腺体成分。
- 肿瘤的鳞状细胞成分中可见典型的角蛋白珠形成。
- 肿瘤内可含有未分化的上皮细胞。
- 存在恶性的迹象，如有丝分裂多见，细胞和（或）核具有异型性，和（或）侵袭周围组织、淋巴管、血管，和（或）转移。

鉴别诊断

鳞状细胞乳头状瘤（*Papilloma, Squamous Cell*）

此类型肿瘤可由鳞状细胞和黏液分泌细胞（黏液表皮样类型）混合组成，但缺乏恶性指征，如明显的细胞异型性、穿透基底膜、侵袭性生长和（或）转移。鳞状细胞乳头状瘤以鳞状细胞成分为主。

腺癌（*Adenocarcinoma*）

腺癌内出现鳞状上皮化生的区域时，鉴别可能困难。伴有鳞状上皮化生的腺癌，其内肿瘤性腺体部分占比大，而鳞状细胞部分占比小且更可能具有正常细胞（良性）的特征。

鳞状细胞癌（*Carcinoma, Squamous Cell*）

有时肿瘤包含被包裹的呼吸或黏膜下腺上皮。腺体成分由外观正常的非肿瘤性上皮细胞组成，这些细胞内陷于肿瘤性鳞状细胞巢并被包围。

参考文献

参见 6、17 和 63。

鳞状细胞癌（*M*）
Carcinoma, Squamous Cell（*M*）

组织发生

可起源于移行上皮、呼吸上皮或嗅上皮细胞、黏膜下腺的上皮细胞的鳞状分化，或者鼻前庭的鳞状上皮。

诊断特征

- 最常见于前鼻腔，多发生于侧壁、鼻中隔、鼻鼻甲骨和上颌鼻甲骨以及筛鼻甲骨。
- 由实性的、常呈分支状的细胞索或细胞团组成，细胞具有不同程度间变。
- 细胞形状和大小不规则，如体积大且呈多边形或复层扁平。
- 由于角蛋白含量高，细胞质呈嗜酸性、颗粒状至透明样。细胞仅含有透明角质颗粒或形成角蛋白珠。
- 存在恶性指征，如有丝分裂多见、细胞和（或）核具有异型性，和（或）侵袭周围组织。
- 高分化鳞状细胞癌主要由细胞间桥明显、正常角化、核异型性小、有丝分裂指数低的细胞组成。
- 低分化鳞状细胞癌有细胞间桥少、异常角化（角化不良）、细胞核和细胞质具有异型性，核分裂象异常的特征，以梭形细胞为主。

鉴别诊断

鳞状上皮化生、上皮（鳞状细胞）增生、鳞状细胞乳头状瘤［*Metaplasia, Squamous Cell*；*Hyperplasia, Epithelial（Squamous Cell）*；*Papilloma, Squamous Cell*］

缺乏恶性特征，如穿透基底膜，侵袭周围组织、淋巴管、血管和支气管，以及转移。细胞和组织结构的异型性小。

腺鳞癌（Carcinoma, Adenosquamous）

区分腺鳞癌和伴有黏膜下腺内陷的鳞状细胞癌是很困难的。后者的腺体部分由外观正常的非肿瘤性上皮细胞组成，而腺鳞癌的肿瘤性腺体部分则显示出恶性指征，例如，有丝分裂多见，细胞和（或）核具有异型性，侵袭周围组织、淋巴管和（或）血管。

备注

低分化肿瘤可能需要通过超微结构（张力丝）和（或）免疫组织化学染色（角蛋白）来确定细胞起源。低分化非角化鳞状细胞癌可能被误诊为低分化腺癌。

参考文献

参见 6、7、17、38、62、63 和 71。

图 4-17~4-19 见第 104 页

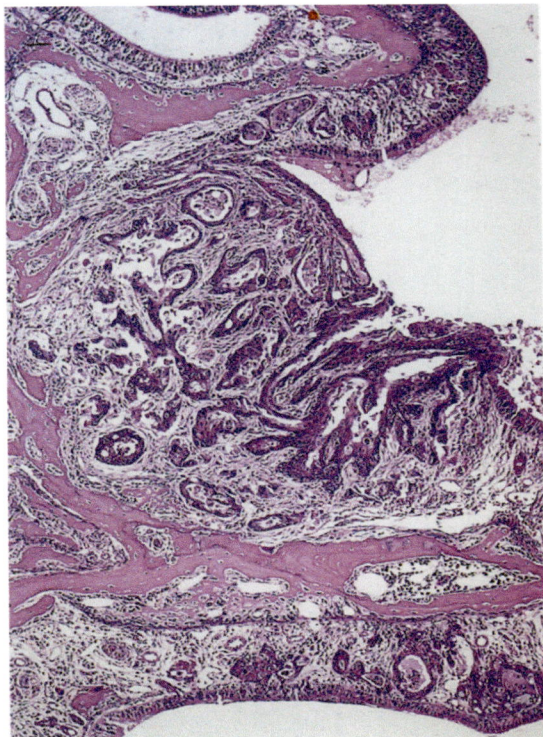

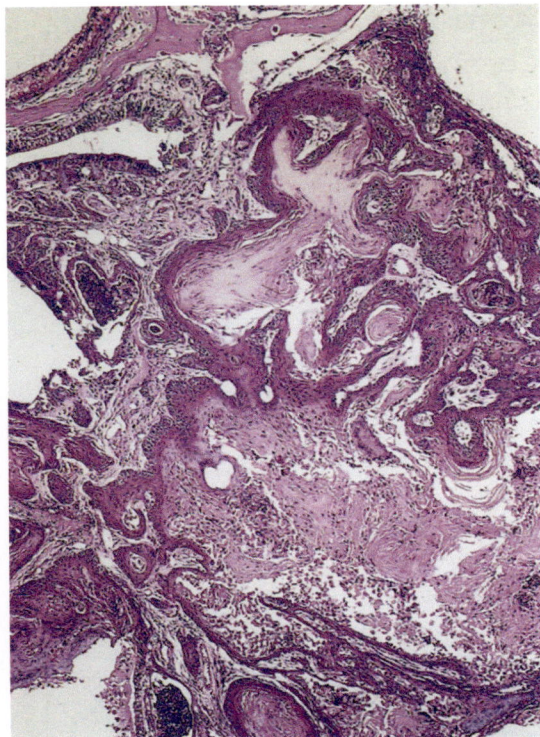

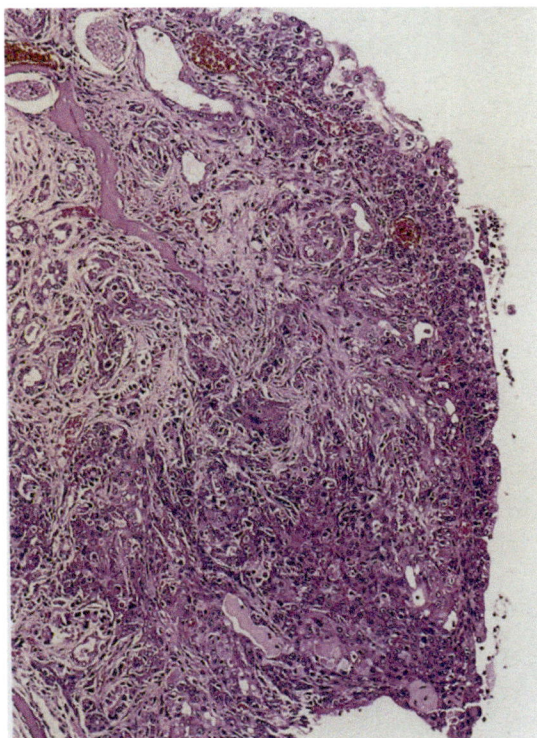

图 4-17（左上） 鼻腔鳞状细胞癌，Swiss 小鼠，雌性，处理后，62 周龄。H&E 染色

图 4-18（右上） 鼻腔鳞状细胞癌。C57BL/6NCr 小鼠，雌性，处理后，43 周龄。H&E 染色

图 4-19（左下） 鼻腔鳞状细胞癌，V-Ha-ras 转基因小鼠，雄性，未处理，38 周龄。H&E 染色

神经上皮癌（M）
Carcinoma, Neuroepithelial（M）

同义词：neuroepithelioma，olfactory；neuroblastoma，olfactory；esthesioneuroblastoma。

组织发生

嗅上皮（支持细胞、基底细胞、未成熟的感觉细胞，可能还有鲍曼腺的导管细胞）。

诊断特征

- 起源于覆盖小部分背侧鼻中隔前部和大部分后鼻腔的嗅上皮。
- 常通过纤维血管间隔将成片的肿瘤细胞分隔成若干小叶；可见玫瑰花环和假菊形团结构。
- 小的圆形或柱状细胞界限不清，细胞质呈淡染。
- 圆形至卵圆形细胞核位于基底部，未表现出明显的细胞异型性。
- 核染色质明显且界限分明。
- 真玫瑰花环结构（Flexner-Wintersteiner rosette）：肿瘤细胞围绕以明显的细胞膜为界限的中央管腔，以此形成类腺体结构。
- 假菊形团结构（Homer-Wright rosette）：肿瘤细胞排列成圆形，围绕着小的中央管腔，管腔内充满无定形的或缠结的原纤维物质。
- 丛状的细胞间原纤维。
- 可能存在间变性细胞区域。

鉴别诊断

腺癌（Adenocarcinoma）

无玫瑰花环结构或丛状细胞间原纤维。神经上皮癌中，形成玫瑰花环结构的细胞的核与其周围组成肿瘤剩余部分的大小一致的细胞团混在一起（细胞膜不明显）是鉴别神经上皮癌中的真玫瑰花环结构和腺癌腺泡腔的重要特征。

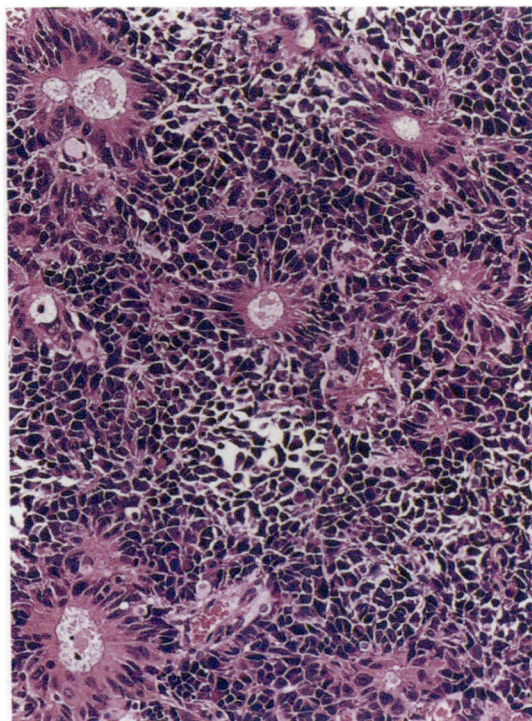

图 4-20　鼻腔神经上皮癌。C57BL/6NCr 小鼠，雌性，处理后，45 周龄。H&E 染色

备注

常侵袭筛骨和脑。"玫瑰花环"结构的数量和形态差异很大。关于嗅上皮来源的肿瘤是否更适合归类为神经上皮癌或嗅神经母细胞瘤，根据现有资料尚不能确定。此处使用常规的术语——神经上皮癌，是因为考虑此肿瘤起源于感觉细胞或支持细胞，而嗅神经母细胞瘤提示只来源于神经源性成分。显然有必要开发新方法来鉴别神经源性神经上皮肿瘤（神经母细胞瘤、感觉神经母细胞瘤）与非神经源性细胞类型的肿瘤，尤其是支持细胞及其前体细胞。

当玫瑰花环结构（真或假）或丛状的细胞间原纤维均不明显时，诊断为腺癌比诊断为神经上皮癌更合适。神经上皮癌超微结构分析中应可见一些明显的嗅上皮特征，如嗅泡、纤毛和微管。

虽然鲍曼腺与鼻上皮其他成分之间的组织发生关系尚未明确，但工作组认为它们的起源都是非神经源性的。因此，起源于鲍曼腺的癌应与鼻腔腺癌归为一类。

到目前为止，大多数病例对抗中间丝抗体的免疫组织化学反应均为阴性。

参考文献

参见 6、17、18、21、26、54 和 63。

上皮增生（H）
Hyperplasia, Epithelial（H）

黏液（杯状）细胞，神经内分泌细胞，呼吸上皮细胞，鳞状细胞，伴细胞异型性（异型增生）

组织发生

呼吸上皮、黏膜下腺体，喉上皮的鳞状细胞、细支气管的神经内分泌细胞。

诊断特征

黏液（杯状）细胞

- 单层或类假复层黏液细胞替代呼吸上皮。

神经内分泌细胞

- 均一的小细胞群突入细支气管腔。细胞质少，核染色质呈点彩状。
- 明确神经内分泌细胞需要用特定标志物进行免疫染色。对于小鼠，最好的标志物似乎是蛋白质基因产物 9.5（PGP）、降钙素、降钙素基因相关肽（CGRP）和毒蜥皮肽（helodermin）。

呼吸上皮细胞

- 弥漫性或局灶性上皮细胞增多，可能形成管腔内突入物。
- 当以单纯的纤维结缔组织为中心的上皮小叶突入气管腔时，即发生乳头状增生。

鳞状细胞（仅喉）

- 喉上皮的鳞状细胞层局灶性或弥漫性增加，可角质化。
- 无或极少呈外生性生长。
- 部分区域细胞的核仁突出、细胞质丰富。
- 可见轻度核异型性和多形性。
- 杓状软骨内侧可能是好发部位。

伴细胞异型性（异型增生）

- 排列的细胞或其核的大小、形状不一。
- 核嗜碱性增强。
- 核内陷增加。
- 双核或多核细胞。

鉴别诊断

乳头状瘤（Papilloma）

以乳头状结构扩张性 / 压迫性生长为特征。

腺癌（Adenocarcinoma）

细胞异型性增加、基底膜破坏和（或）其他恶性指征，如侵袭和（或）破坏邻近组织。

鳞状上皮化生（Metaplasia, Squamous Cell）

常由表层角化的、规则的鳞状上皮替代呼吸上皮。

鳞状细胞癌（Carcinoma, Squamous Cell）

生长模式通常包括具有中心角化的细胞团、无明显角化的细胞团和有明显细胞间桥的细胞团，具有鳞状细胞癌常见的细胞学和行为学特征。

备注

支气管和细支气管均被纳入此处作为解剖部位，是因为啮齿类动物肺导气部的命名存在差异，即根据上皮类型或软骨的存在 / 缺失进行分类。

转基因小鼠中呼吸上皮乳头状增生常伴随乳头状瘤，或可通过多次给予 N- 亚硝基二乙胺或气管内给予致癌物诱导。轻度伸入气道腔的神经内分泌细胞小簇是正常的组织学特征，须与较大的增生性病变相区分。在喉和气管的神经内分泌细胞中，未证实有 5- 羟色胺，而在肺中可以看到含有 5- 羟色胺的细胞。

上皮内黏液细胞增生可能与感染性病原体引起的亚急性和慢性炎症有关，或为局部暴露于致癌性或非致癌性刺激物所致。

　　主要在全身给予亚硝胺或气管内滴注致癌物后，可观察到上皮增生伴细胞异型性。细胞异型性也是肿瘤的一个常见特征，可以在无增生的情况下出现。

　　气管、支气管和细支气管的分泌细胞内也可见嗜酸性小滴（嗜酸性细胞质内蛋白沉积物），这是一种类似鼻腔上皮发生的退行性改变（扩张的内质网含有蛋白样物质）。嗜酸性小滴不是异型增生造成的改变，可能是对组织刺激的反应，并随年龄增长而增加。

　　可以对增生进一步分类，尤其是在针对特定细胞类型（如 Clara 细胞）的靶向药物的实验研究中，但对于常规毒性病理学而言并非必要。

参考文献

　　参见 24、35、37、41、51、55 和 71。

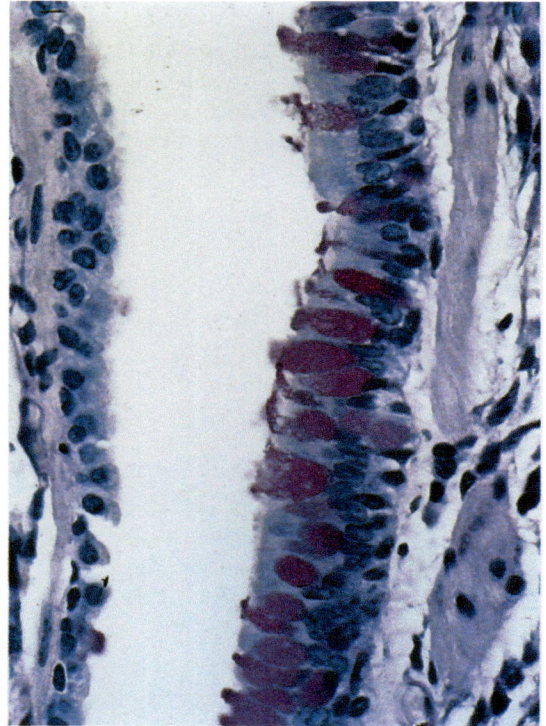

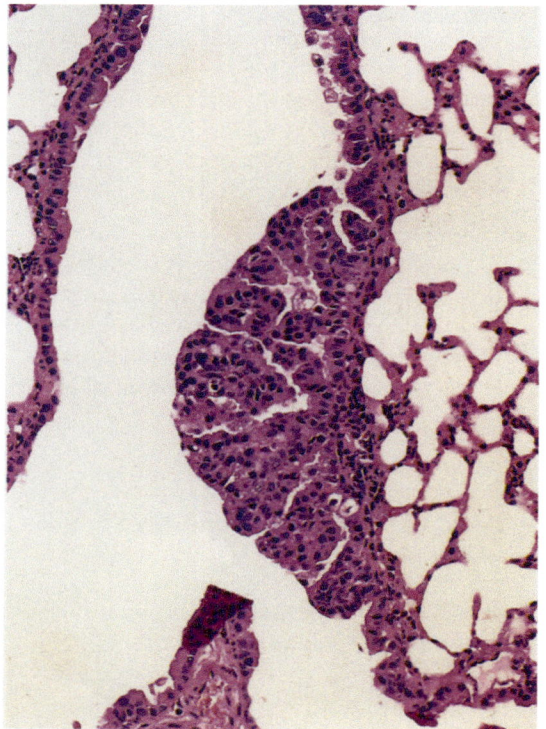

图 4-21（右上） 细支气管上皮增生，黏液（杯状细胞）细胞。PAS

图 4-22（右下） 细支气管上皮乳头状增生。NMRI 小鼠，雄性，未处理，105 周龄。H&E 染色

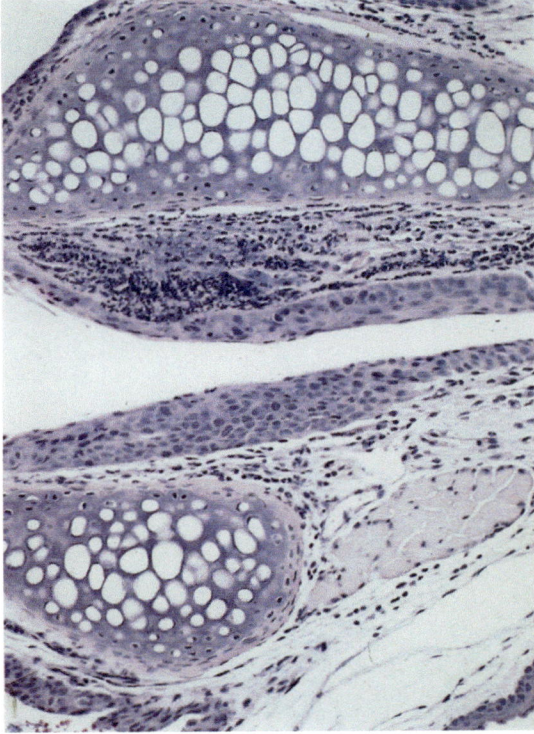

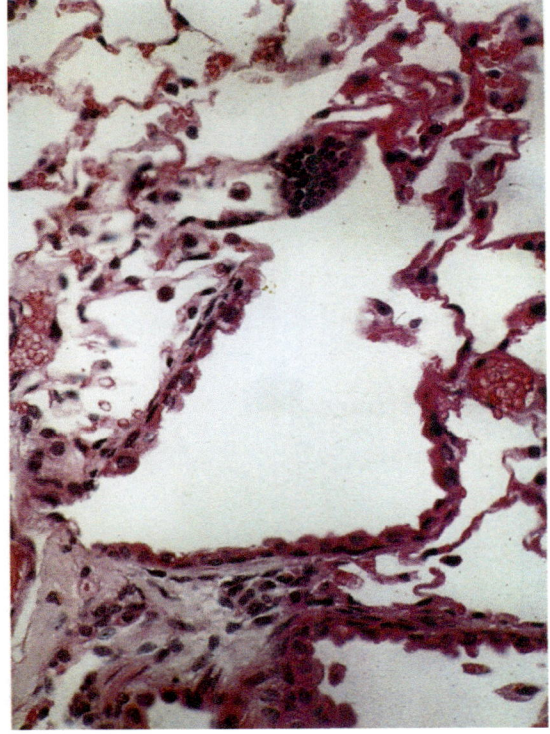

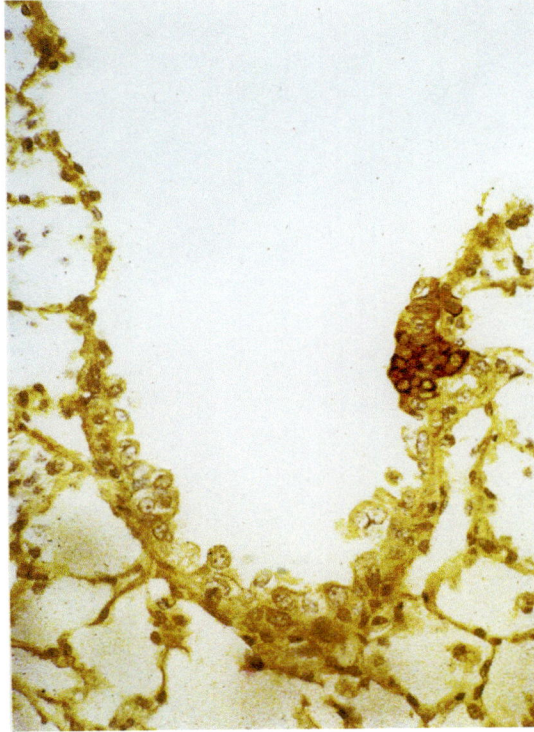

图 4-23（左上） 处理后小鼠的喉杓状软骨部位鳞状细胞增生。此外可见炎症细胞浸润。H&E 染色（图片由 National Toxicology Program 的 Gary Boorman 博士提供）

图 4-24（右上） 处理后小鼠细支气管的神经内分泌细胞灶（高倍视野）。根据小鼠的品系和实验条件，认为是神经上皮小体正常大小的上限或为轻度神经内分泌细胞增生。H&E 染色

图 4-25（左下） 小鼠细支气管神经内分泌细胞灶（高倍视野）。嗜铬粒蛋白免疫染色呈阳性

鳞状上皮化生（*H*）
Metaplasia, Squamous Cell（*H*）

组织发生

呼吸上皮，黏膜下腺体。

诊断特征

- 呼吸上皮被正常的局灶性或弥漫性鳞状上皮替代。
- 表面细胞可过度角化和脱落、非角化或含透明角质蛋白颗粒。
- 细胞间桥明显。
- 常伴有假复层／复层上皮增生。

鉴别诊断

乳头状瘤（*Papilloma*）

突出于呼吸上皮表面或伸入黏膜下腺体管腔。纤细的血管间叶基质外被覆明显增生、变厚的上皮。

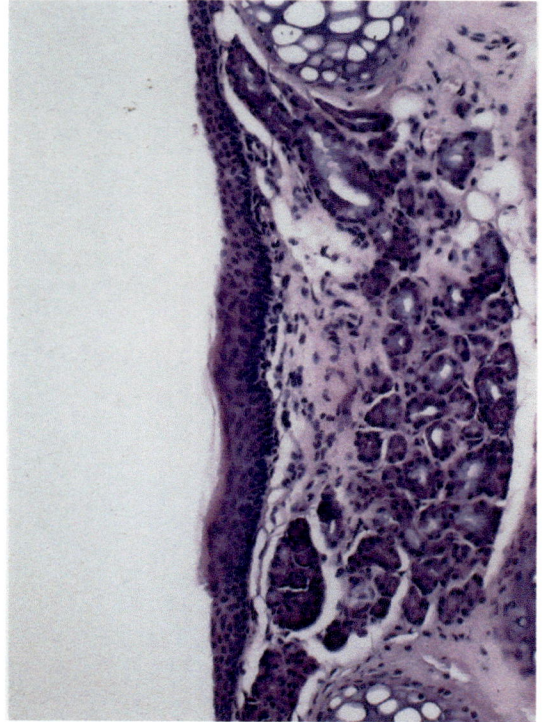

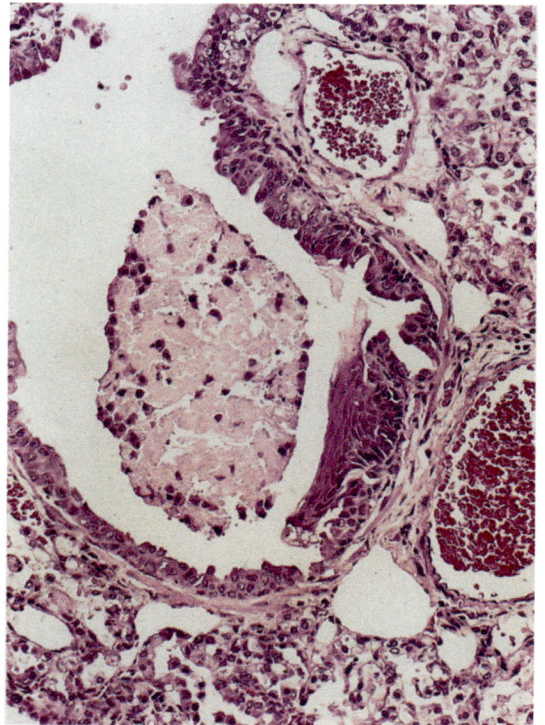

图 4-26（右上） 喉会厌基底部鳞状上皮化生。处理后小鼠，雌性。H&E 染色（图片由 National Toxicology Program 的 Gary Boorman 博士提供）

图 4-27（右下） 细支气管鳞状上皮化生。NMRI 小鼠，雌性，处理后，45 周龄。H&E 染色

鳞状细胞癌（*Carcinoma, Squamous Cell*）

以更显著的细胞异型性和组织破坏为特征。侵袭基底膜及邻近组织结构。

备注

大鼠与小鼠喉部最易发生鳞状上皮化生的部位位于会厌基底部和喉囊，化生部位的上皮下有一小簇黏膜下腺体。准确的切面和精准的解剖学定位是正确评估是否存在鳞状上皮化生的必要条件。

参考文献

参见 17、20、24、35、40、41 和 71。

乳头状瘤（B）
Papilloma（B）

组织发生

呼吸上皮或发生鳞状上皮化生的呼吸上皮。

诊断特征

- 气管因分支乳头状结构的生长而扩张或受挤压变形，分支乳头状结构的中央为结缔组织蒂，外围被覆立方/呼吸上皮细胞。
- 在合适的切面上可见肿瘤起源于气管上皮。
- 在某些实验研究中，常伴发乳头状增生。
- 如果乳头状瘤起源于终末细支气管，可扩张性生长至肺泡实质内。
- 无明显侵袭邻近结构的迹象。
- 分支状结缔组织蒂通常被覆不同比例的立方形或柱状呼吸上皮细胞，但偶尔被覆鳞状细胞。

鉴别诊断

上皮增生或鳞状上皮化生（*Hyperplasia, Epithelial or Metaplasia, Squamous Cell*）

缺乏中央结缔组织蒂或缺乏因分支状生长导致的管腔扩张/变形。

腺癌（*Adenocarcinoma*）

特征为细胞多形性增强及侵袭邻近的肺结构。

鳞状细胞癌（*Carcinoma, Squamous Cell*）

基底膜结构被破坏。可见细胞异型性，细胞极性消失，核分裂象较多见。存在进一步的恶性指征，如侵袭性生长和（或）转移。

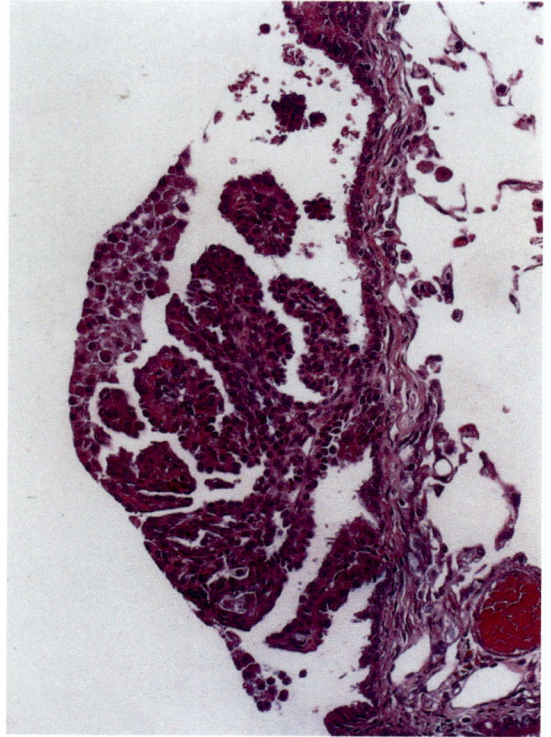

图 4-28　细支气管乳头状瘤。NMRI 小鼠，雌性，处理后，42 周龄。H&E 染色

肺细支气管肺泡（乳头状）腺瘤或细支气管肺泡癌［*Adenoma, Bronchiolo-Alveolar*（*Papillary*）*or Carcinoma, Bronchiolo-Alveolar of the Lung*］

肿瘤起源于肺泡实质。腺瘤能够以乳头状生长的方式从肺泡管向终末细支气管延伸。癌则更具侵袭性和破坏性。

备注

鉴别小细支气管起源的乳头状瘤和乳头状细支气管肺泡腺瘤不太可能（或没有必要）。除非有明确的证据表明肿瘤起源于气管上皮，否则应将其归为细支气管肺泡类型。

本文提供细支气管乳头状瘤的诊断，是因为在一些研究中可检测到源于小气管上皮的乳头状瘤，由此可以与自发于小鼠肺部的常见类型的细支气管肺泡肿瘤相区分。

应注意的是需与炎性息肉鉴别诊断，但炎性息肉在小鼠中还未见报道，可发生于有硫酸钴气溶胶暴露史的大鼠的喉部。

参考文献

参见 11、12、17、42、61 和 67。

腺癌（M）
Adenocarcinoma（M）

组织发生

呼吸上皮。

诊断特征

- 需要有肿瘤起源于传导气管的确切证据。
- 表现出侵袭基底膜或邻近肺结构的迹象。
- 可见黏液细胞分化灶。
- 早期呈乳头状生长，中央结缔组织的蒂被覆立方形至柱状或多形性上皮细胞。
- 可见不规则的管状/腺样结构。
- 具有恶性的细胞学特征，以及可能存在侵袭间质和（或）破坏气管壁的迹象。

鉴别诊断

乳头状瘤（*Papilloma*）

特征为相当均一的立方形细胞，无组织侵袭迹象。

鳞状细胞癌（*Carcinoma, Squamous Cell*）

生长形态通常包含中央角化的细胞簇；在缺乏明显角化的情况下，可见清晰的细胞间桥。

备注

文献报道了一些此类肿瘤的案例，如可见于转基因小鼠或化合物诱发产生。

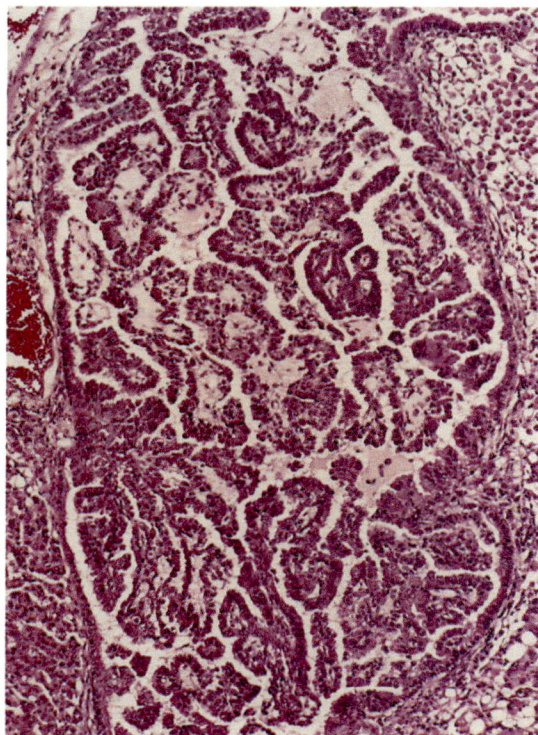

图 4-29 支气管乳头状腺癌。处理后小鼠。H&E 染色

参考文献

参见 13、17、42 和 61。

鳞状细胞癌（M）
Carcinoma, Squamous Cell（M）

组织发生

发生鳞状上皮化生的呼吸上皮。

诊断特征

- 生长形态呈细胞簇或不规则结构，伴中心角化（角化珠）；或无明显角化但形成清晰的细胞间桥。常见细胞碎片和坏死以及炎症细胞尤其是中性粒细胞。
- 鳞状细胞癌常见的细胞学特征，即异型增生至间变。
- 细胞常呈明显多形性，包括形成非常大的细胞（巨细胞），最大直径可达 60 μm 或以上。
- 穿透基底膜并侵袭邻近组织。

鉴别诊断

鳞状上皮化生（Metaplasia, Squamous Cell）

未见或仅有轻微外生性生长。不形成乳头状突起。规律、有序的角化过程伴少量或无异型增生和异型性。无血管化的结缔组织间质蒂。

乳头状瘤（Papilloma）

基底膜完整。缺乏恶性特征（如常见有丝分裂、细胞异型性，侵袭周围组织、淋巴管、血管以及支气管）。呈外生性生长。

腺癌（Adenocarcinoma）

由被覆立方形或多形性细胞的乳头状条索组成，通常不表现出鳞状上皮化生。

肺腺鳞癌（Carcinoma, Adenosquamous of the Lung）

肿瘤由恶性鳞状细胞和非鳞状细胞的腺体成分构成。

转移灶（Metastases）

来自其他原发器官的鳞状细胞癌转移灶，多见于血管周围并呈多灶性分布。

备注

有关实验诱发的小鼠气管的鳞状细胞癌的报道很少，且自发性气管鳞状细胞癌似乎也未见报道。

参考文献

参见 11、17、25、61 和 71。

细支气管肺泡增生（H）
Hyperplasia, Bronchiolo-Alveolar（H）
肺泡型，细支气管型（细支气管化）

同义词：hyperplasia, bronchiolar/alveolar；hyperplasia, type Ⅱ cell。

组织发生

Ⅱ型肺泡细胞和（或）细支气管分泌细胞。

诊断特征

- 单灶或多灶，节段性（锥形）多细胞性灶。
- 缺乏明显凸出的或球形的边界。
- 仍可见细支气管肺泡的初始结构。
- 细胞数量增多，以上皮细胞为主。
- 上皮细胞通常呈单层。
- 根据病变发生的位置（见备注），常分为以下类型。

肺泡型

- 通常（或大部分）为圆形至卵圆形或立方形肥大的Ⅱ型肺泡细胞，细胞质丰富且呈嗜酸性，肺泡壁轮廓明显。嗜碱性增强与立方形细胞有关。
- 细胞质可见空泡。
- 细胞呈单层，连续排列于整个增生区域。
- 如果位于胸膜下，则肺泡细胞数量增多的区域为单个或多个，呈圆形或锥形，周围边界不清。
- 向外周延伸生长，与终末气管关联。
- 形成实性细胞簇和乳头状突起，标志着向肿瘤转变。
- 可伴有肺泡内巨噬细胞聚集。

细支气管型（细支气管化）

- 肺泡壁被覆立方形至高柱状细胞，或可见向细支气管细胞分化的多形性细胞，如形成纤毛或类似克拉拉细胞，或出现黏液性颗粒或嗜酸性小滴。
- 可伴有鳞状细胞化生。
- 正常固有的Ⅱ型肺泡细胞和Ⅰ型肺泡细胞夹杂其间。
- 细胞形成单细胞层或表现为假复层的局灶性细胞丛。
- 增生区域以终末细支气管为中心，但在某些切面可能观察不到细支气管化的病灶与终末细支气管之间的连接。
- 随着肺泡细胞的增生，周围边界不清。
- 细胞异型性增强、肺泡连续被覆单层或复层细胞，以及基底膜受侵袭，标志着肿瘤形成。

鉴别诊断

细支气管肺泡腺瘤（Adenoma, Bronchiolo-Alveolar）

为细胞更致密的圆形结节。肺泡和肺泡管内形成实性至乳头状肿瘤，故肺泡正常结构模糊不清。

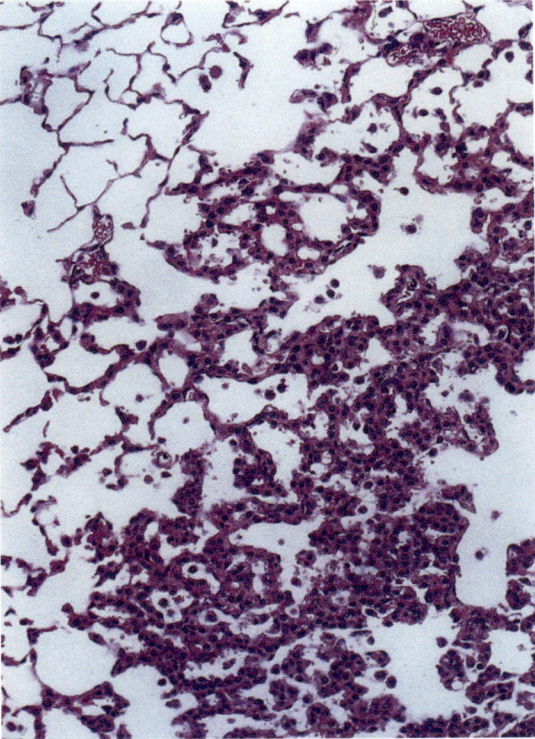

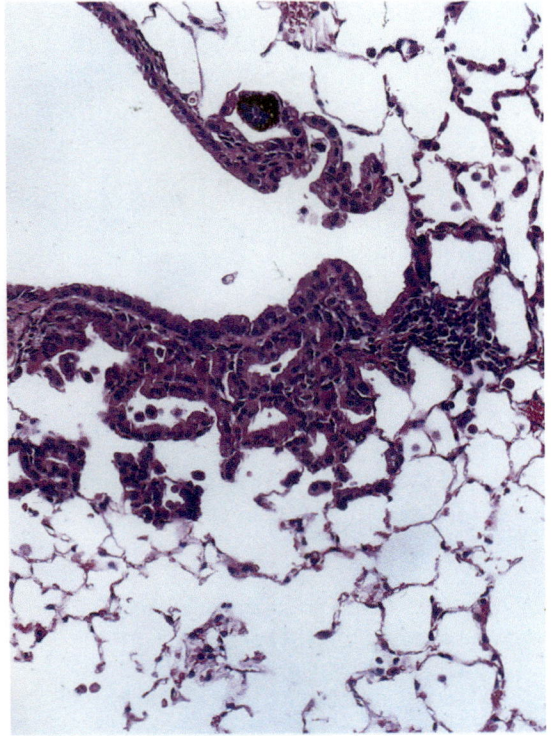

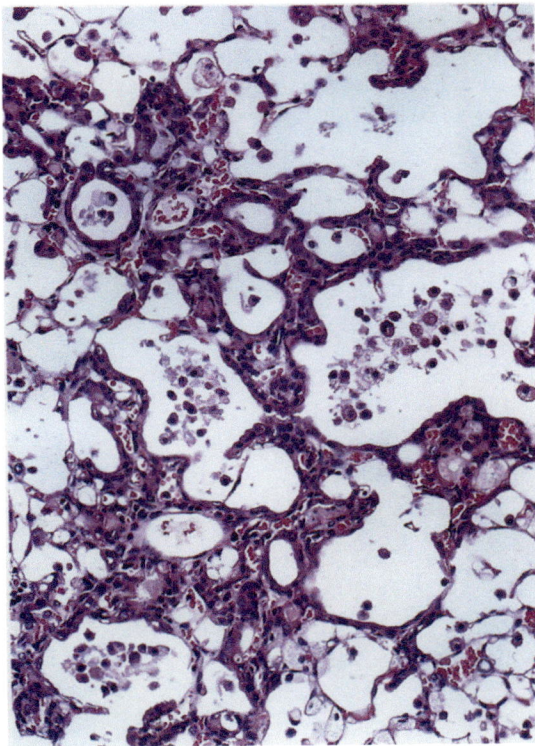

图 4-30（左上） 肺，肺泡型细支气管肺泡增生。
NMRI 小鼠，雌性，处理后，38 周龄。H&E 染色

图 4-31（右上） 肺，细支气管型细支气管肺泡增生
（细支气管化）。NMRI 小鼠，雌性，处理后，45 周
龄。H&E 染色

图 4-32（左下） 肺，混合性细支气管肺泡增生。
NMRI 小鼠，雌性，处理后，45 周龄。H&E 染色

细支气管肺泡癌（Carcinoma, Bronchiolo-Alveolar）

细胞异型性增强，侵袭和破坏邻近肺组织。

黏液（杯状）细胞化生［Metaplasia, Mucous（Goblet）Cell］

主要由黏液细胞组成。

鳞状上皮化生（Metaplasia, Squamous Cell）

主要由鳞状细胞组成。

腺泡癌（Carcinoma, Acinar）

具有腺体结构，侵袭基底膜。

备注

细支气管肺泡增生通常是指终末细支气管远端的肺泡管和肺泡上皮增生。

肺泡管和肺泡被覆细支气管上皮型细胞的现象，通常被称作细支气管化。这种现象最常见于暴露于气媒性刺激物或气管内给药的小鼠，或为仙台病毒感染晚期的后遗症。原有细支气管上皮向远端生长及Ⅱ型肺泡细胞的化生（转分化）在增生发生中的相对作用尚不明确，可能依据病因不同而有所差异。

细支气管化和Ⅱ型肺泡细胞增生在对照组小鼠的肺中区分较为明显。而在小鼠慢性肺炎中，更像混合性细支气管肺泡增生。

在交界性病例中，对细支气管肺泡增生与细支气管肺泡腺瘤的鉴别诊断较为困难或不可能实现。一些指导原则，如将占据3个或3个以上连续的肺泡腔作为腺瘤的诊断依据，这类诊断标准较为武断，且在肺的实际诊断应用中不如在实体脏器中那么容易。

应用常规的光学显微镜技术可能并不总能分辨出细支气管细胞（尤其是克拉拉细胞）和Ⅱ型肺泡细胞。目前，克拉拉细胞的最佳免疫组化标记物是16-kDa蛋白（CC16），而Ⅱ型肺泡细胞的则为表面活性蛋白A或C。尽管克拉拉细胞也能呈表面活性蛋白A阳性，但表面活性蛋白A已作为了Ⅱ型肺泡细胞的标记物。若细胞对表面活性蛋白A呈阳性反应、对CC16呈阴性反应，则有充分的证据推断它们起源于Ⅱ型肺泡细胞。

嗜酸性小滴（胞浆内嗜酸性蛋白样物质蓄积）是所有类型增生的显著特征，也可见于非增生性的细胞群中，通常被认为是一种退行性改变（扩张的包含蛋白样物质的内质网）。

参考文献

参见3、4、17、19、20、22、32、45、50、51、55、57、59、61、69、73、80和82。

黏液（杯状）细胞化生（*H*）
Metaplasia, Mucous (Goblet) Cell (*H*)

组织发生

发生黏液细胞化生的克拉拉细胞和（或）II型肺泡上皮细胞。

诊断特征

- 含有黏液的空腔，其外周主要被覆单层成熟的黏液细胞。
- 有丝分裂活性很低。
- PAS/阿辛蓝染色能很好地辨别黏液细胞和黏液。
- 通常伴有慢性炎症和纤维化的特征。
- 可见似细支气管肺泡增生的其他上皮成分的增生。
- 取决于伴发的炎症和纤维化的程度，可见保留不同程度的正常背景性细支气管肺泡结构。

鉴别诊断

细支气管肺泡增生（Hyperplasia, Bronchiolo-Alveolar）

黏液细胞和腔内黏液缺失或仅有极少量（见备注）。

细支气管肺泡腺瘤（Adenoma, Bronchiolo-Alveolar）

为细胞密度更高的圆形结节。肺泡和肺泡管内形成乳头状至实性瘤体，导致正常肺泡结构模糊不清。肿瘤组织内炎性成分不明显或不存在。

腺泡癌（Carcinoma, Acinar）

具有腺体结构，侵袭基底膜。

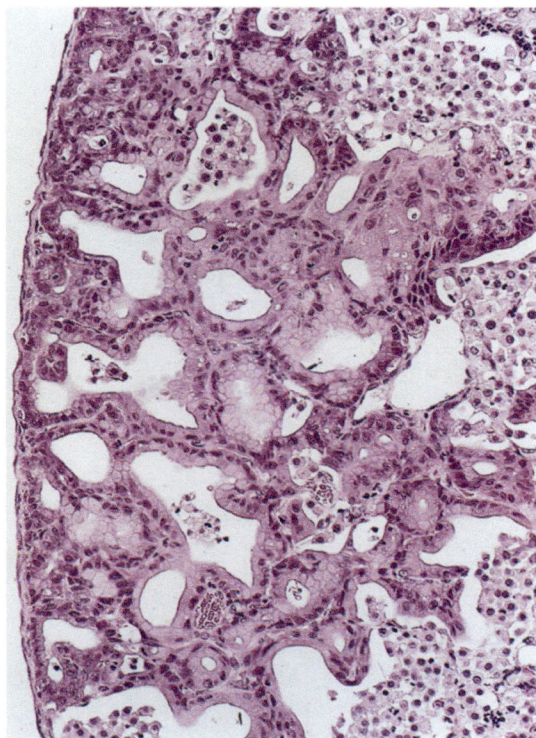

图 4-33　肺边缘黏液细胞化生。NMRI 小鼠，雌性，处理后，41 周龄。H&E 染色

备注

黏液细胞化生，通常发生在长期暴露于气媒性刺激物的动物的肺，因此常伴有细支气管肺泡增生灶。

小灶性的黏液细胞化生偶发于未处理的小鼠。小鼠若暴露于硫酸钴气溶胶，则在中等大小气管分叉处可见过度的黏液细胞化生，这是一种罕见病变。

黏液细胞化生可伴有鳞状上皮化生。

参考文献

参见 17。

鳞状上皮化生（H）
Metaplasia, Squamous Cell（H）

组织发生

发生鳞状上皮化生的克拉拉细胞和（或）Ⅱ型肺泡细胞。

诊断特征

- 肺泡上皮被只含透明角质颗粒或高度角化的鳞状细胞取代。
- 常见多灶性。
- 角化区域内可见基底细胞有序发展为角化的表面上皮。
- 罕见轻微的核多形性和细胞异型性，偶见核分裂象。
- 常与克拉拉细胞、黏液细胞和（或）纤毛细胞有关。

鉴别诊断

鳞状细胞癌（*Carcinoma, Squamous Cell*）

肺的正常结构遭破坏。多为单发结节。可见恶性特征，如细胞和（或）核异型性、有丝分裂多见、侵袭性生长和（或）发生转移。

细支气管肺泡增生（*Hyperplasia, Bronchiolo-Alveolar*）

伴随程度不明显的鳞状化生。

备注

在描述细支气管肺泡损伤区域被覆细胞群

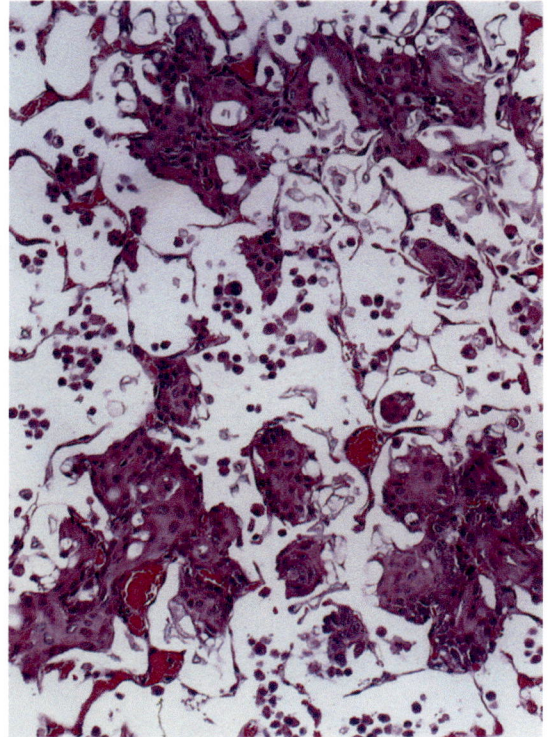

图 4-34　NMRI 小鼠肺鳞状上皮化生。NMRI 小鼠，雌性，处理后，45 周龄。H&E 染色

所发生改变时，应用"增生""化生"和"转分化"这些术语。这里的"化生"一词是指鳞状细胞或黏液细胞这些成熟的细胞类型出现了正常情况下不该存在这些细胞的终末细支气管和肺泡管的交界处。

参考文献

参见 17、20、23、59 和 61。

细支气管肺泡腺瘤（*B*）
Adenoma, Bronchiolo-Alveolar（*B*）
实性，乳头状，混合性

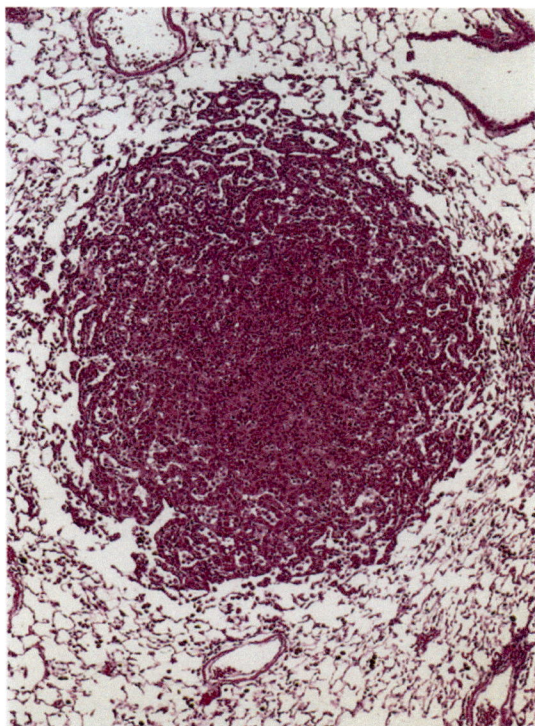

同义词：adenoma，type II cell。

组织发生

通常认为，具有 II 型肺泡细胞特征的实性肿瘤，为良性 II 型肺泡细胞肿瘤。而乳头状肿瘤被认为是分化不太高的向恶性表型转化的 II 型肺泡细胞肿瘤，或是克拉拉细胞来源的肿瘤。

诊断特征

- 常位于肺边缘，通常体积较小（直径为 3~4 mm 或更小）。

实性

- 圆形至卵圆形的增生细胞占据肺泡腔。通常这些实性区域周围的肺泡被覆增生的 II 型肺泡细胞，即肿瘤和正常实质之间可能没有明显的界限。
- 细胞通常富含嗜酸性细胞质，可呈颗粒样或空泡化。细胞核通常为圆形至卵圆形。
- 核分裂象罕见或无。
- 可从肺泡管延伸至细支气管内。
- 常压迫周围组织。

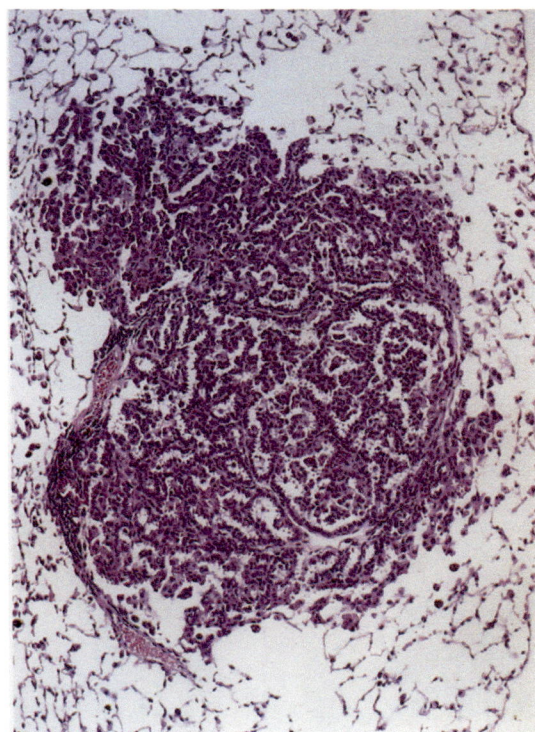

图 4-35（右上） 肺实性细支气管肺泡腺瘤。NMRI 小鼠，雌性，处理后，45 周龄。H&E 染色
图 4-36（右下） 肺乳头状细支气管肺泡腺瘤。NMRI 小鼠，雌性，处理后，44 周龄。H&E 染色

乳头状

- 主要由被覆强嗜碱性立方形至柱状细胞的纤细乳头状结构组成。
- 排列规则（细胞外观上无扭曲变形和局灶性差异）。
- 在适宜的组织切片方向，可见肿瘤表现出明显的管状轮廓，即立方形细胞围成细长的管腔。
- 乳头状结构与周围肺泡实质的界限明显。
- 可伴发周围肺泡增生。
- 肿瘤细胞之间的间隙内可见体积大、有时呈泡沫状的巨噬细胞。
- 有丝分裂率通常低，细胞多形性程度低，对邻近组织无侵袭和破坏。

混合性

- 乳头状与实性的结构共存于同一肿瘤中。

鉴别诊断

细支气管肺泡增生（肺泡型）[Hyperplasia, Bronchiolo-Alveolar（Alveola）]

肺泡壁主要由单层连续增生的 II 型肺泡细胞组成。相邻的肺泡腔未被致密充填的细胞或乳头状小叶结构占据，对周围组织无压迫。

细支气管乳头状瘤（Bronchiole-Papilloma）

形态学上与肺实质发生的乳头状细支气管肺泡腺瘤相同，只有当有明确证据表明肿瘤发生于细支气管上皮时才能诊断为细支气管乳头状瘤。

细支气管肺泡癌（Carcinoma, Bronchiolo-Alveolar）

细胞的多形性和（或）异型性和（或）核分裂象增多；肺实质变形，可伴有局部侵袭 / 转移。

备注

明确区分细支气管肺泡增生与细支气管肺泡腺瘤，或明确区分细支气管肺泡腺瘤与细支气管肺泡癌都十分困难，因此诊断有时可能存在主观性。

目前尚无关于小鼠肺恶性实性癌的报道。

浸泡固定的肺组织中出现挤压是一种人为假象，若向气管内灌注固定液使肺组织接近正常体积，则挤压不明显。嗜酸性小滴是细支气管肺泡腺瘤的一个显著特征。

参考文献

参见 1、2、3、5、13、14、15、17、22、27、28、29、31、39、42、43、45、52、53、56、57、58、60、61、65、66、69、74、75、76、77、79、80 和 82。

细支气管肺泡癌（*M*）
Carcinoma, Bronchiolo-Alveolar（*M*）

同义词：adenocarcinoma，pulmonary。

组织发生

细支气管肺泡癌可起源于Ⅱ型肺泡细胞或克拉拉细胞。依据实验设计和（或）致癌物的不同，可在单只小鼠中诱发特定的或不同类型的肿瘤。

诊断特征

- 不规则结节状生长、肿瘤界限较清晰至不清晰（直径通常为 3~4 mm 或以上），可占据整个肺叶。
- 由被覆立方形至柱状或多形性细胞的乳头状结缔组织构成，细胞质中可含有糖原和（或）中性脂肪。
- 肿瘤部分区域的细胞质嗜碱性和异型性增强，表明分化程度较低的肿瘤细胞向局部扩张。
- 常伴有巨噬细胞大量浸润肿瘤和邻近的肺泡。
- 恶性肿瘤指征如破坏实质，侵袭细支气管壁、间质和（或）胸膜，和（或）通过淋巴管、气管扩散，和（或）远处转移。
- 体积大的肿瘤可表现为坏死、胆固醇裂隙、纤维化（尤其在胸膜下），以及细支气管闭塞性纤维化。
- 恶性肿瘤晚期和侵袭的后期（如至胸膜）通常伴有梭形细胞、圆形不典型细胞、硬化改变、有丝分裂率增加、出血和坏死。

鉴别诊断

细支气管肺泡腺瘤（*Adenoma, Bronchiolo-Alveolar*）

未见向肺血管或肺外实质的侵袭性生长，无转移。无或仅有轻微的细胞多形性或异型性。

腺泡癌（*Carcinoma, Acinar*）

肿瘤细胞基于先前的肺泡壁形成明显的腺样/腺泡样结构。由无明显特征的立方形至柱状或多形性细胞组成，更为常见的是与纤毛细胞或黏液细胞混合存在。大部分或整个肿瘤倾向于单一细胞类型分化，如黏液腺癌。

腺鳞癌或鳞状细胞癌（*Carcinoma, Adenosquamous or Carcinoma, Squamous Cell*）

肿瘤中可见恶性鳞状细胞区域或完全由特征性的鳞状细胞癌组成。

恶性间皮瘤（*Mesothelioma, Malignant*）

很难将胸膜扩散的乳头状细支气管肺泡癌与上皮样类型的恶性间皮瘤相区分。细支气管肺泡癌的转移（至胸膜等）常具有较强的间变性，可能被误诊为间叶型恶性间皮瘤。

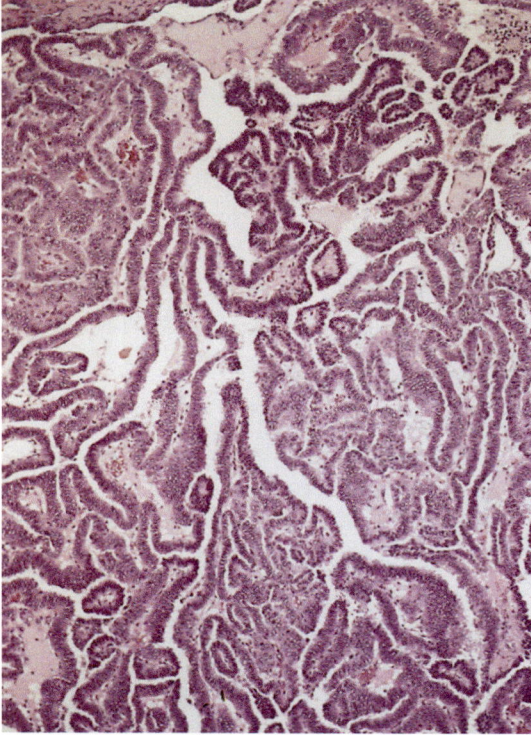

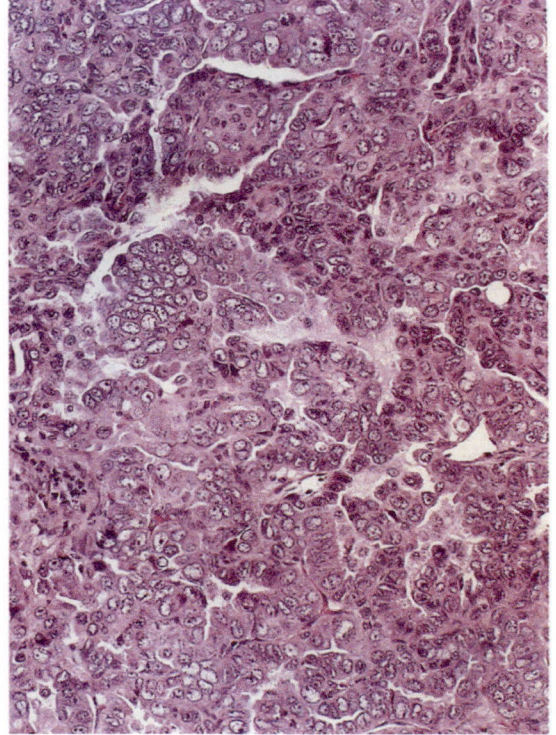

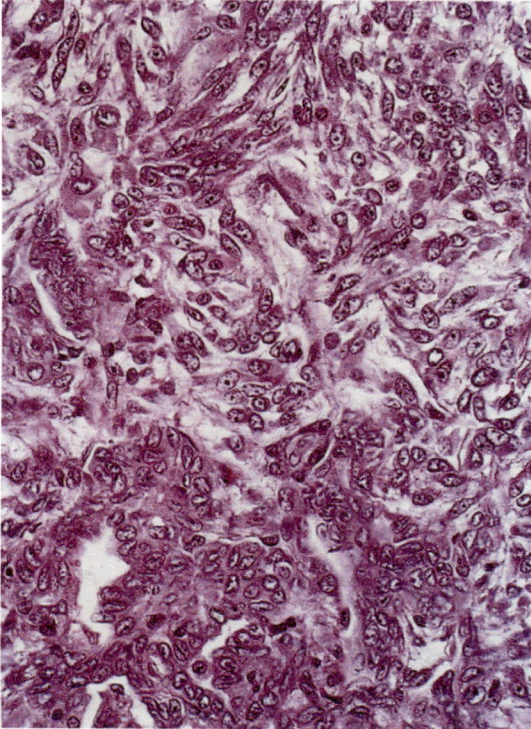

图 4-37（左上） 肺高分化肺细支气管肺泡癌呈乳头状生长。NMRI 小鼠，雌性，处理后，88 周龄。H&E 染色

图 4-38（右上） 肺乳头状细支气管肺泡癌中多核肿瘤巨细胞区域。NMRI 小鼠，雌性，处理后，88 周龄。H&E 染色

图 4-39（左下） 肺细支气管肺泡癌高倍镜下示意图，可见梭形细胞区域。H&E 染色

备注

　　自发和（或）诱发的乳头状类型癌在所有癌中最为常见。在组织发生上，一些研究者认为大多数乳头状细支气管肺泡肿瘤为分化程度不高的 II 型肺泡细胞肿瘤向其恶性表型发展，然而，少数研究者认为乳头状肿瘤起源于克拉拉细胞。

参考文献

　　参见 2、3，13、14、15、17、22、27、28、29、31、39、42、43、44、45、56、57、58、60、61、65、66、69、74、75、76、79、80和 81。

腺泡癌（*M*）
Carcinoma, Acinar（*M*）

组织发生

腺泡癌被认为起源于细支气管上皮细胞（克拉拉细胞）。

诊断特征

- 广泛的膨胀性生长，边缘不规则，或形成更加局限的结节。
- 肿瘤细胞基于先前的肺泡壁形成明显的腺体样／腺泡样结构。
- 由无明显特征的立方形至柱状或多形性细胞组成，更常见与纤毛细胞或黏液细胞混合存在。
- 大部分或整个肿瘤倾向于单一细胞类型分化，如黏液腺癌。
- 细胞中可见不同程度的嗜酸性小滴。
- 无明显的鳞状上皮化生。
- 肿瘤可见明显的恶性指征，如穿透基底膜和组织破坏。

鉴别诊断

细支气管肺泡癌（*Carcinoma, Bronchiolo-Alveolar*）

大多形形成乳头状结构，呈明显的结节状生长。由立方形至柱状细胞组成，缺乏纤毛细胞、黏液细胞或鳞状细胞。

腺鳞癌或鳞状细胞癌（*Carcinoma, Adenosquamous or Carcinoma, Squamous Cell*）

肿瘤部分（腺鳞癌）或全部（鳞状细胞癌）由恶性鳞状细胞组成。

备注

自发的腺泡癌极为罕见。气管内滴注甲基胆蒽或经皮肤给予 N- 亚硝基二（2- 氯乙基）脲（卡莫司汀）[N-nitrosobis-（2-chloroethyl）urea] 可诱发腺泡癌。后者在自发性肺肿瘤发生率低的小鼠品系中不会诱发实性／乳头状肿瘤。

就组织发生而言，腺泡癌被认为是直接起源于气管或来自肺泡壁的克拉拉细胞。一些研究者认为其来自从细支气管迁移到肺实质的克拉拉细胞，也有学者认为其来自 II 型肺泡细胞的化生。

嗜酸性小滴（细胞质内嗜酸性蛋白样物质蓄积）可能是与腺泡癌有关的一个显著特征。其也可见于非肿瘤性和增生性细胞中，通常被认为是一种退行性改变。

参考文献

参见 59、65 和 66。

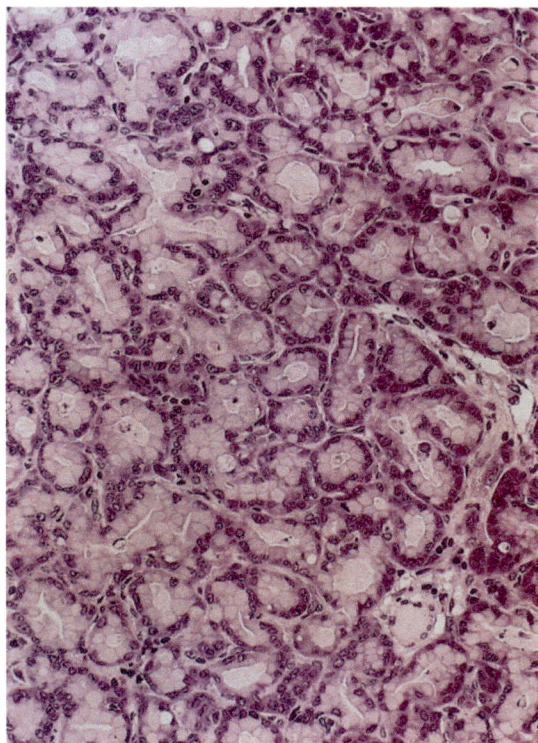

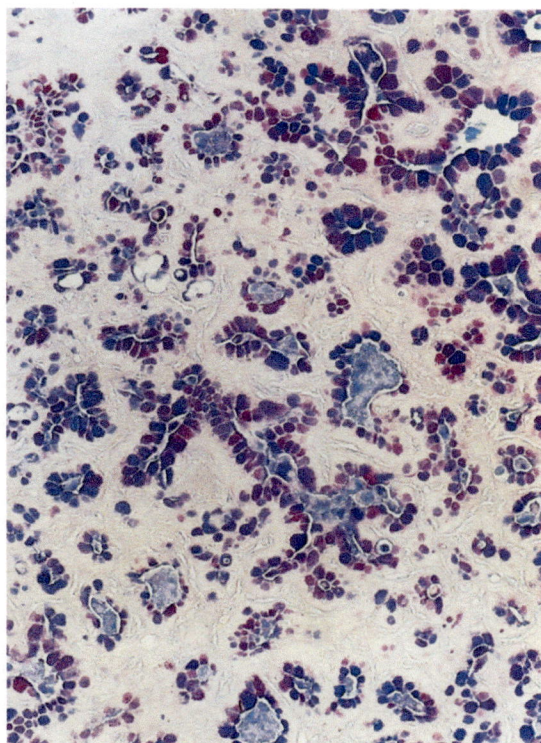

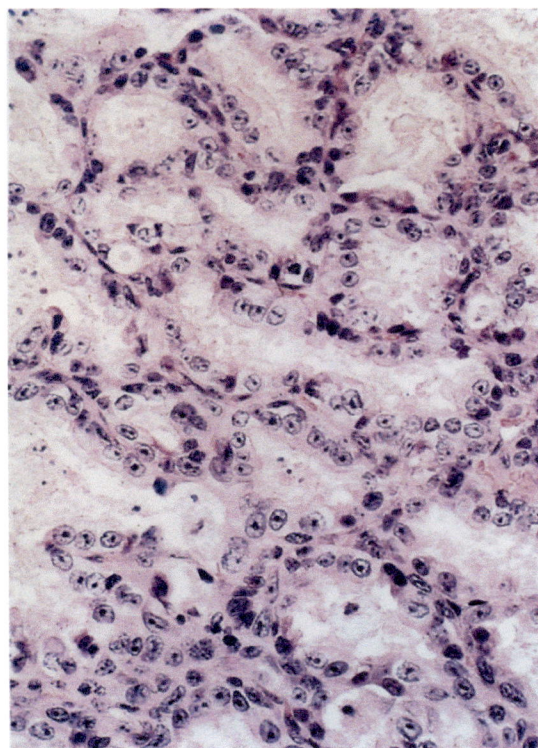

图 4-40（左上） 雌性小鼠肺腺泡癌。H&E 染色
图 4-41（右上） 腺泡癌的高倍镜视野。PAS 染色
图 4-42（左下） 腺泡癌的高倍镜视野显示纤毛细胞增生。H&E 染色

腺鳞癌（M）
Carcinoma, Adenosquamous（M）

同义词：carcinoma，mucoepidermoid。

组织发生

腺鳞癌被认为起源于腺泡癌或可能起源于细支气管肺泡癌，可克隆转化为恶性鳞状细胞表型。

诊断特征

- 呈结节状，或呈广泛膨胀性生长、边缘不规则。
- 包含腺癌和恶性鳞状细胞成分。
- 鳞状细胞可显示角化，形成中央角化珠，或出现角化细胞脱落导致的腺泡扩张。
- 鳞状细胞分化也可通过具有明显细胞间桥而缺乏角化的多角形细胞形成来识别。细胞明显增大、细胞核不典型性。
- 肿瘤常表现出明显的恶性指征，如穿透基底膜和组织破坏。

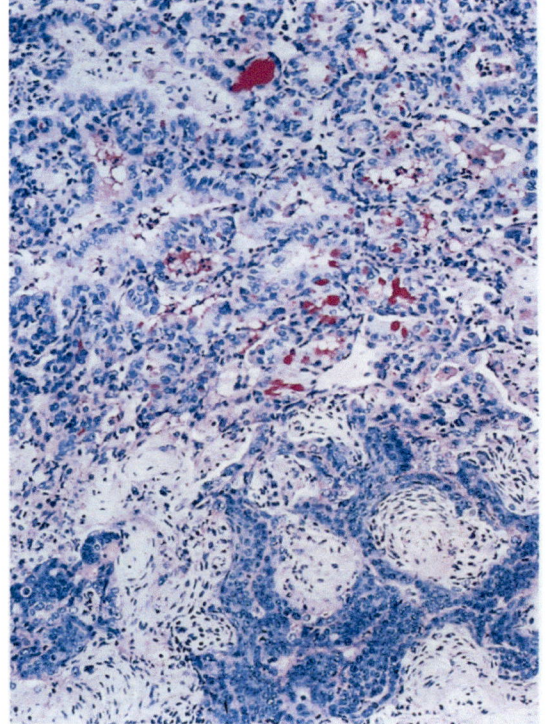

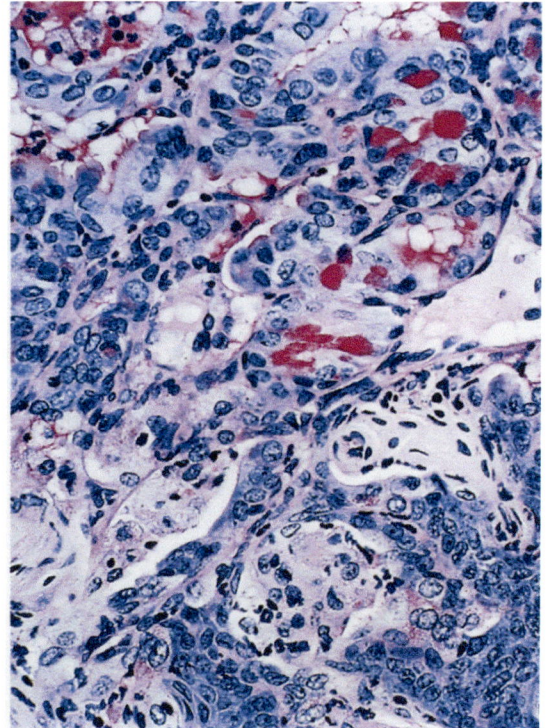

图 4-43（右上） 肺腺鳞癌低倍镜视野。PAS 染色
图 4-44（右下） 肺腺鳞癌高倍镜视野。PAS 染色

鉴别诊断

细支气管肺泡癌或腺泡癌（*Carcinoma, Bronchiolo-Alveolar or Carcinoma, Acinar*）

伴有鳞状上皮化生的细支气管肺泡癌或腺泡癌大部分为肿瘤性腺样结构，小部分为较规则的、外观良性的鳞状细胞结构。

鳞状细胞癌（*Carcinoma, Squamous Cell*）

肿瘤几乎完全由恶性鳞状细胞组成，可能存在由增生的细支气管或Ⅱ型肺泡细胞围成的空隙。

备注

腺鳞癌最常见的来源是由腺泡癌或细支气管肺泡癌中的鳞状细胞转化，而在乳头状肿瘤中不常见。

参考文献

参见 13、17、59、61、65 和 66。

鳞状细胞癌（*M*）
Carcinoma, Squamous Cell（*M*）
非角化型，角化型

组织发生

　　肺泡上皮细胞和（或）克拉拉细胞的鳞状上皮化生。

诊断特征

- 生长形态为细胞簇或不规则细胞巢伴中央角化（角化珠），或无明显角化，但形成明显的细胞间桥。
- 常见细胞碎片、坏死以及炎性细胞，尤其是中性粒细胞。
- 细胞具有恶性的细胞学特征（异型性、结构紊乱、有丝分裂率增加）。角化型肿瘤的局部侵袭较非角化型的更常见。
- 细胞常呈明显多形性，可形成直径达 60 μm 或更大的超大细胞（"巨细胞"）。
- 可侵袭邻近的肺实质、胸膜、血管和（或）支气管。

非角化型

- 缺乏明显的角化，但细胞特征性地表现出明显的细胞间桥。
- 细胞常为多形性，体积小、细胞质少，类似上呼吸道的基底细胞，或细胞体积大、细胞质丰富、呈嗜酸性。

角化型

- 角蛋白含量从少量到丰富不等。

鉴别诊断

鳞状上皮化生（*Metaplasia, Squamous Cell*）
保持正常的肺结构。病灶小，偏向多灶性、细胞异型性程度低。

腺鳞癌（*Carcinoma, Adenosquamous*）
肿瘤由鳞状和非鳞状、腺样成分组成，二者均表现出恶性迹象。

细支气管肺泡癌或腺泡癌（*Carcinoma, Bronchiolo-Alveolar or Carcinoma, Acinar*）
由被覆立方形或多形性细胞的乳头状带或腺泡结构组成，未见鳞状上皮化生或鳞状上皮化生不明显。

备注

　　自发性鳞状细胞癌在小鼠肺中极为罕见，在大鼠中可见鳞状细胞良性增生（角化囊肿和角化囊性上皮瘤），而在小鼠中尚未有此类报道。

参考文献

　　参见 13、17、20、36、55、59、61、65、66 和 68。

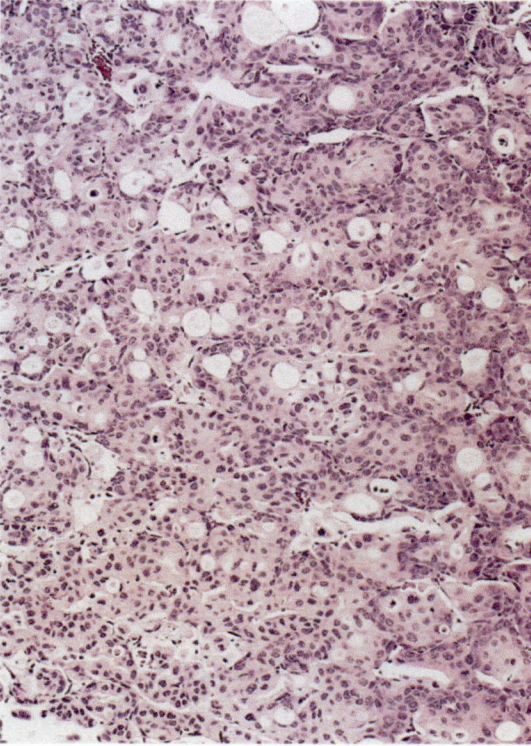

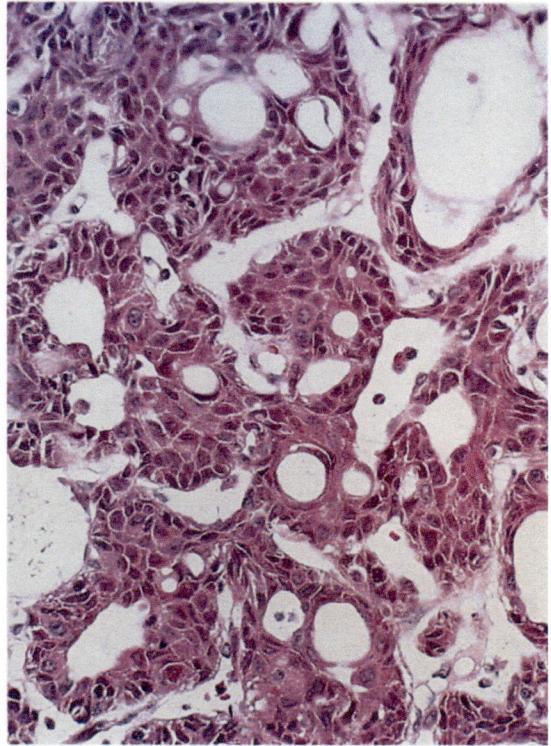

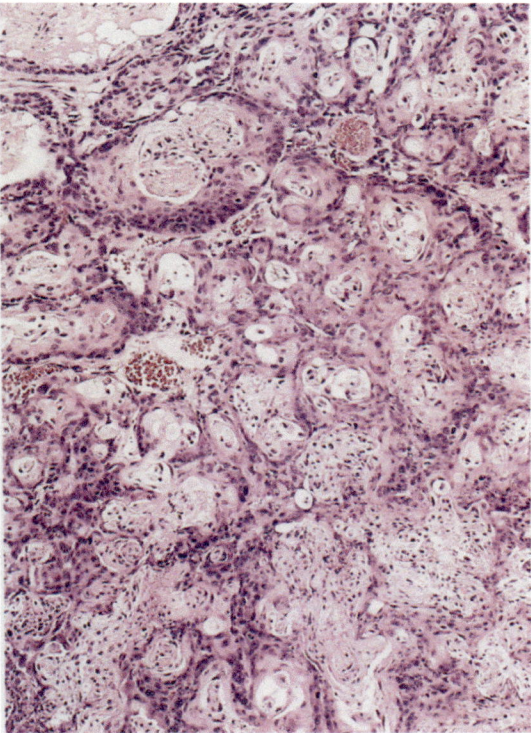

图 4-45（左上） 肺非角化型鳞状细胞癌。NMRI 小鼠，雌性，处理后，45 周龄。H&E 染色

图 4-46（右上） 肺非角化型鳞状细胞癌高倍视野。H&E 染色

图 4-47（左下） 肺角化型鳞状细胞癌。H&E 染色

间皮增生（H）
Hyperplasia, Mesothelial（H）

组织发生

体腔内衬的间皮细胞。

诊断特征

- 局灶或弥漫区域内大的立方状上皮样细胞呈多层排列，支持性间质较少，未突入体腔。
- 细胞具有较丰富的嗜碱性细胞质，核大而明显，呈强嗜碱性。
- 表面可见裂隙状内褶。

鉴别诊断

恶性间皮瘤（上皮样）［*Mesothelioma, Malignant（Epithelioid）*］

间皮瘤由发生于基质的明显的乳头状和管状增生物组成。乳头状结构中可见血管结缔组织轴心。细胞多形性、侵袭局部组织和血管与更加明显的恶性特征相关。

参考文献

参见 9、10、16、20、33、34、64 和 70。

恶性间皮瘤（M）
Mesothelioma, Malignant（M）
上皮样型，间叶型，混合性

组织发生

体腔内衬的间皮细胞。

诊断特征

上皮样型

- 病变常由乳头状和（或）管状结构组成，类似腺癌，但也可见实性形态区域。
- 有时可见对下层组织的局部侵袭，少见转移。
- 实性区域由上皮样细胞组成，细胞质呈空泡化至泡沫样，细胞核大。

间叶型

- 肉瘤样成分可为纤维肉瘤样、软骨肉瘤样或骨肉瘤样。
- 纤维肉瘤样类型多样：一种是由被粗胶原纤维分隔开的均一梭形细胞束组成；另一种是由呈嗜碱性的大梭形细胞束组成，细胞质呈空泡化、细胞核大。

混合性

- 在混合性中，上皮成分和间叶成分均存在。

鉴别诊断

间皮增生（Hyperplasia, Mesothelial）
增生的间皮细胞无间质，未突入体腔。

细支气管肺泡癌（Carcinoma, Bronchiolo-Alveolar）
上皮样型恶性间皮瘤与扩散至胸膜的乳头状细支气管肺泡癌难以区分。细支气管肺泡癌的转移（至胸膜等）常具有很强的间变性，容易被误诊为间叶型恶性间皮瘤。

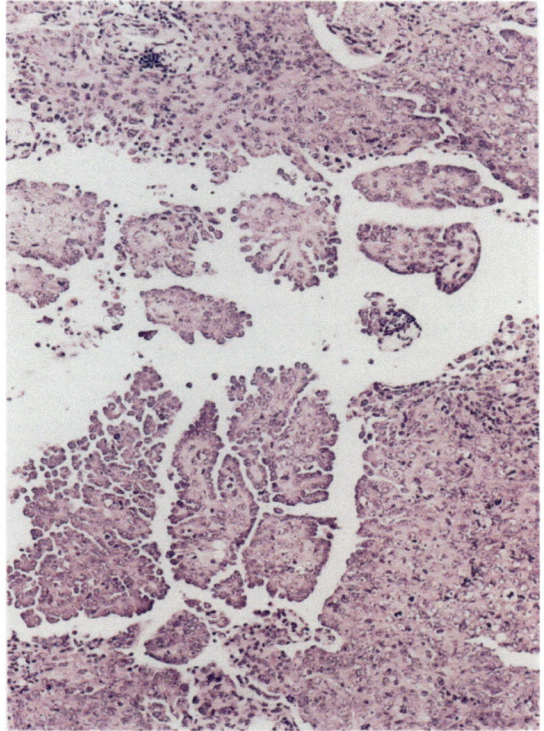

图 4-48 腹膜混合性恶性间皮瘤高倍视野，大量核分裂象。H&E 染色（图片由 Lucy Anderson 博士提供，Laboratory of Comparative Carcinogenesis, Perinatal Carcinogenesis Section, Frederick Cancer Research and Development Center, National Cancer Institute）

备注

自发性间皮增生在小鼠中罕见，但是通过胸膜内或腹腔内注射致癌物质可诱发。工作组尚不清楚是否有小鼠良性间皮瘤的报道，或是否实际存在这种肿瘤。

参考文献

参见 9、10、16、20、33、34、64 和 70。

参考文献

1. Beer DG,Malkinson AM(1985)Genetic influence on type 2 or Clara cell origin of pulmonary adenomas in urethan-treated mice.J Natl Cancer Inst 75:963-969

2. Belinsky SA,Devereux TR,White CM,Foley JF, Maronpot RR,Anderson MW(1991)Role of Clara cells and type II cells in the development of pulmonary tumors in rats and mice following exposure to a tobacco-specific nitrosamine.Exp Lung Res 17:263-278

3. Belinsky SA,Devereux TR,Foley JF,Maronpot RR,Anderson MW(1992)Role of the alveolar type II cell in the development and progression of pulmonary tumors induced by 4-(methylni- trosamino)-1-(3-pyridyl)-1-butanone in the A/J mouse.Cancer Res 52:3164-3173

4. Bernard A,Lauwerys R(1995)Low-molecular-weight proteins as markers of organ toxicity with special reference to Clara cell protein.Toxicol Lett 77:145-151

5. Branstetter DG,Moseley PP(1991)Effect of lung development on the histological pattern of lung tumors induced by ethylnitrosourea in the C3HeB/FeJ mouse. Exp Lung Res 17:169-179

6. Brown HR(1990)Neoplastic and potentially preneoplastic changes in the upper respiratory tract of rats and mice.Environ Health Perspect 85:291-304

7. Brown HR,Monticello TM,Maronpot RR,Randall HW,Hotchkiss JR,Morgan KT(1991)Proliferative and neoplastic lesions in the rodent nasal cavity.Toxicol Pathol 19:358-372

8. Chen HC,Pan IZ,Liang CT,Hong CC(1995)Nasal adenocarcinoma with myoepithelial component in a CD-1 mouse.Vet Pathol 32:710-713

9. Davis JMG(1972)The fibrogenic effects of mineral dusts injected into the pleural cavity of mice.Br J Exp Pathol 53:190-201

10. Davis MR,Manning LS,Whitaker D,Garlepp MJ, Robinson BW(1992)Establishment of a murine model of malignant mesothelioma.Int J Cancer 52:881-886

11. Dickhaus S,Reznik G,Green U,Ketkar M(1977) The carcinogenic effect of betaoxidized dipropylnitrosamine in mice.I.Dipropylnitrosamine and methyl-propylnitrosamine.Z Krebsforsch 90:253-258

12. Dickhaus S,Reznik G,Green U,Ketkar M(1978) The carcinogenic effect of beta oxidized dipropylnitrosamine in mice.II.2-hydroxypropyl-n-propylnitrosamine and 2-ox0-propyi-n-propylnitrosamine.Z Krebsforsch 91:189-193

13. Dixon D,Maronpot RR(1991)Histomorphologic features of spontaneous and chemically-in-duced pulmonary neoplasms in B6C3F¹mice and Fischer 344 rats.Toxicol Pathol 19:540-556

14. Dixon D,Horton J,Haseman JK,Talley E,Greenwell A,Nettesheim R Hook GE,Maronpot RR (1991) Histomorphology and ultrastructure of spontaneous pulmonary neoplasms in strain A mice.Exp Lung Res 17:131-155

15. Dixon D,Herbert RA,Sills RC,Boorman GA (1999) Lungs,pleura,and mediastinum.In:Maronpot RR,Boorman GA,Gaul BW(eds)Pathology of the mouse.Reference and atlas.Cache River Press,Vienna,Pp 293-332

16. Donna A,Betta PG,Robutti F;Bellingeri D (1991)A one-year carcinogenicity study with 2,6-dichlorobenz onitrile(Dichlobenil)in male Swiss mice:preliminary note.Cancer Detect Prev 15:41-44

17. Dungworth DL,Hahn FF,Hayashi Y,Keenan K, Mohr U,Rittinghausen S,Schwartz L(1992)1. Respiratory system.In:Mohr U,Capen CC, Dungworth DL,Griesemer RA,Ito N,Turusov VS(eds)International classification of rodent tumours.Part I:The rat.IARC Scientific Publica- tions No.122,Lyon,Pp 1-57

18. Elkon D(1983)Olfactory esthesioneuroblasto-ma.In:Reznik G,Stinson SF(eds)Nasal tumours in animals and man,vol II.Tumour pathology.CRC Press,Boca Raton,Pp 129-147

19. Ernst H,Dungworth DL,Kamino K,Rittinghausen S,Mohr U(1996)Non-neoplastic lesions in the lungs. In:Mohr U,Dungworth DL,Capen CC,Carlton ww,Sundberg JP,Ward JM(eds) Pathobiology of the aging mouse,vol 1.ILSI Press,Washington DC,Pp 281-300

20. Faccini JM,Abbott DP Paulus GJJ(1990)Respiratory tract.Mouse histopathology.Elsevier,Amsterdam,Pp 48-63

21. Feron VJ,Woutersen RA,Spit BJ(1986)Pathology of chronic nasal toxic responses including cancer. In:Barrow CS(ed)Toxicology of the nasal passages. Chemical Industry Institute of Toxicology Series. Hemisphere,Washington, pp 67-89

22. Foley JF,Anderson MW,Stoner GD,Gaul BW, Hardisty JF Maronpot RR(1991)Proliferative lesions of the mouse lung:progression studies in strain A mice.Exp Lung Res 17:157-168

23. Frith CH,Ward JM(1988)Respiratory system. In:(eds) Color atlas of neoplastic and non-neoplastic lesions in aging mice.Elsevier,Amsterdam,Pp 27-32

24. Gopinath C,Prentice DE,Lewis DJ(1987) The

respiratory system.In:(eds)Atlas of experimental pathology.MTP Press,Lancaster,pp 22-42

25. Green U,Konishi Y,Ketkar MB,Althoff J(1980) Comparative study of the carcinogenic effect of BHP and BAP on NMRI mice.Cancer Lett 9: 257-261

26. Griciute L,Castegnaro M,Bereziat JC(1981)In-fluence of ethyl alcohol on carcinogenesis with N-nitrosodimethylamine.Cancer Lett 13: 345-352

27. Gunning WT,Castonguay A,Goldblatt PJ,Stoner GD(1991a)Strain A/J mouse lung adenoma growth patterns vary when induced by different carcinogens. Toxicol Pathol 19:168-175

28. Gunning WT,Stoner GD,Goldblatt PJ(1991b) Glyceraldehyde-3-phosphate dehydrogenase and other enzymatic activity in normal mouse lung and in lung tumors.Exp Lung Res 17:255-261

29. Gunning WT,Goldblatt PJ,Stoner GD(1992) Keratin expression in chemically induced mouse lung adenomas.Am J Pathol 140:109-118

30. Harkema JR(1990)Comparative pathology of the nasal mucosa in laboratory animals exposed to inhaled irritants.Environ Health Perspect 85: 231-238

31. Heath JE,Frith CH,Wang PM(1982)A morpho- logic classification and incidence of alveolar- bronchiolar neoplasms in BALB/c female mice. Lab Anim Sci 32:638-647

32. Hermans C,Knoops B,Wiedig M,Arsalane K, Toubeau G,Falmagne P,Bernard A(1999)Clara cell protein as a marker of Clara cell damage and bronchoalveolar blood barrier permeability. Eur Respir J13:1014-1021

33. Hoch-Ligeti C,Restrepo C,Stewart HL(1986) Comparative pathology of cardiac neoplasms in humans and in laboratory rodents:a review.J Natl Cancer Inst 76:127-142

34. Kane AB(1992)Animal models of mesothelio- ma induced by mineral fibers:implications for human risk assessment.Prog Clin Biol Res 374: 37-50

35. Karube T,Katayama H,Takemoto K,Watanabe S (1989)Induction of squamous metaplasia,dysplasia and carcinoma in situ of the mouse tracheal mucosa by inhalation of sodium chloride mist following subcutaneous injection of 4-nitroquinoline 1-oxide.Jpn J Cancer Res 80: 698-701

36. Lijinsky W,Reuber MD(1988)Neoplasms of the skin and other organs observed in Swiss mice treated with nitrosoalkylureas.J Cancer Res Clin Oncol 114:245-249

37. Luts A,Uddman R,Absood A,Hakanson R, Sundler F(1991)Chemical coding of endocrine cells of the airways:presence of helodermin-like peptides.Cell Tissue Res 265:425-433

38. Maita K,Hirano M,Harada T,Mitsumori K,Yoshida A,Takahashi K,Nakashima N,Kitazawa T, Enomoto A,Inui K,Shirasu Y(1988)Mortality,major cause of moribundity,and spontaneous tumors in CD-1 mice. Toxicol Pathol 16:340-349

39. Malkinson AM(1989)The genetic basis of susceptibility to lung tumors in mice.Toxicology 54:241-271

40. Maronpot RR(1990)Pathology Working Group review of selected upper respiratory tract lesions in rats and mice.Environ Health Perspect 85: 331-352

41. Maronpot RR,Miller RA,Clarke WI,Westerberg RB,Decker JR,Moss OR(1986)Toxicity of form-aldehyde vapor in B6C3F1 mice exposed for 13 weeks.Toxicology 41:253-266

42. Maronpot RR,Palmiter RD,Brinster RL,Sandgren EP(1991)Pulmonary carcinogenesis in transgenic mice.Exp Lung Res 17:305-320

43. Mason RJ,Kalina M,Nielsen LD,Malkinson AM, Shannon JM(2000)Surfactant protein C expression in urethane-induced murine pulmonary tu- mors.Am JPathol 156:175-182

44. Matsuzaki O(1975)Histogenesis and growing patterns of lung tumors induced by potassium 1-methyl-1,4-dihydro-7-(2-(5-nitrofuryl)vinyl)- 4-ox0-1,8-naphthyridine-3-carboxylate in ICR mice.GANN 66:259-267

45. Miller RA,Boorman GA(1990)Morphology of neoplastic lesions induced by 1,3-butadiene in B6C3F1 mice.Environ Health Perspect 86:37-48

46. Miller RR,Young JT,Kociba RJ,Keyes DG,Bodner KM,Calhoun LL,Ayres JA(1985)Chronic toxicity and oncogenicity bioassay of inhaled ethyl acrylate in Fischer 344 rats and B6C3F[1] mice.Drug Chem Toxicol 8:1-42

47. Monticello TM,Morgan KT,Uraih L(1990)Non-neoplastic nasal lesions in rats and mice.Environ Health Perspect 85:249-274

48. Morgan KT(1991)Approaches to the identification and recording of nasal lesions in toxicology studies. Toxicol Pathol 19:337-351

49. Nagano K,Enomoto M,Yamanouchi K,Aiso S, Katagiri T(1988)Toxicologic pathology of upper respiratory tract.Jap J Toxicol Pathol 1: 115-127

50. Nettesheim R Szakal AK(1972)Morphogenesis of alveolar bronchiolization.Lab Invest 26: 210-219

51. Pack RJ,Al-Ugaily LH,Morris G(1981)The cells of the tracheobronchial epithelium of the mouse:a quantitative light and electron microscope study.J Anat

132:71-84

52. Palmer KC(1985)Clara cell adenomas of the mouse lung.Interaction with alveolar type 2 cells.Am JPathol 120:455-463

53. Palmer KC,Grammas P(1987)Beta-adrenergic regulation of secretion from Clara cell adenomas of the mouse lung.Lab Invest 56:329-334

54. Rabstein LS,Peters RL(1973)Tumors of the kidneys,synovia,exocrine pancreas and nasal cavity in BALB-cf-Cd mice.JNatl Cancer Inst 51: 999-1006

55. Rehm S,Kelloff GJ(1991)Histologic characterization of mouse bronchiolar cell hyperplasia,metaplasia,and neoplasia induced intratracheally by 3-methylcholanthrene.Exp Lung Res 17: 229-244

56. Rehm S,Ward JM(1989)Quantitative analysis of alveolar type II cell tumors in mice by whole lung serial and step sections.Toxicol Pathol 17: 737-742

57. Rehm S,Ward JM,ten Have-Opbroek AAW,Anderson LM,Singh G,Katyal SL,Rice JM (1988) Mouse papillary lung tumors transplacentally induced by N-nitrosoethylurea:evidence for alveolar type II cell origin by comparative light microscopic,ultrastructural,and immunohistochemical studies.Cancer Res 48: 148-160

58. Rehm S,Devor DE,Henneman JR,Ward JM (1991a) Origin of spontaneous and transplacentally induced mouse lung tumors from alveolar type II cells.Exp Lung Res 17:181-195

59. Rehm S,Lijinsky W,Singh G,Katyal SL (1991b) Mouse bronchiolar cell carcinogenesis.Histologic characterization and expression of Clara cell antigen in lesions induced by N-nitrosobis-(2- chloroethyl) ureas.Am J Pathol 139:413-422

60. Rehm S,Ward JM,Anderson LM,Riggs CW,Rice JM(1991c)Transplacental induction of mouse lung tumors:stage of fetal organogenesis in relation to frequency,morphology,size,and neoplastic progression of N-nitrosoethylurea-induced tumors.Toxicol Pathol 19:35-46

61. Rehm S,Ward JM,Sass B(1994)Tumours of the lungs. In:Mohr U,Turusov VS (eds)Pathology of tumours in laboratory animals,vol.2.Tumours of the mouse,2nd edn.IARC Scientific Publications No.111,Lyon,Pp 325-339

62. Renne RA,Giddens WE,Boorman GA,Kovatch R,Haseman JE,Clarke WJ(1986)Nasal cavity neoplasia in F344/N rats and (C57BL/6 x C3H)F1 mice inhaling propylene oxide for up to two years.J Natl Cancer Inst 77:573-582

63. Reznik GK,Schuller HM,Stinson SF(1994)

Tumours of the nasal cavities.In:Mohr U,Turusov Vs(eds)Pathology of tumours in laboratory animals,vol.2.Tumours of the mouse,2nd edn. IARC Scientific Publications No.111,Lyon, pp 305-324

64. Rice JM,Kovatch RM,Anderson LM(1989)Intraperitoneal mesotheliomas induced in mice by a polycyclic aromatic hydrocarbon.J Toxicol En- viron Health 27:153-160

65. Rittinghausen S,Dungworth DL,Ernst H,Mohr U(1996a)Naturally occurring pulmonary tumors in rodents.In:Jones TC,Mohr U,Hunt RD (eds) Monographs on pathology of laboratory animals. Respiratory system,2nd edn.Springer, Berlin Heidelberg New York Tokyo,Pp 183-206

66. Rittinghausen S,Dungworth DL,Ernst H,Mohr U(1996b)Primary pulmonary tumors.In:Mohr U,Dungworth DL,Capen CC,Carlton WW, Sundberg JP,Ward JM(eds)Pathobiology of the aging mouse,vol 1.ILSI Press,Washington DC, PP301-314

67. Schueller HM(1987)Experimental carcinogenesis in the peripheral lung.In:McDowell EM(ed) Lung carcinomas.Churchill Livingstone,Edinburgh,pp 243-254

68. Schulte A,Ernst H,Peters L,Heinrich U(1994) Induction of squamous cell carcinomas in the mouse lung after long-term inhalation of poly- cyclic aromatic hydrocarbon-rich exhausts.Exp Toxicol Pathol 45:415-421

69. Singh G,Katyal SL,Ward JM,Gottron SA,Wong-Chong ML,Riley EJ(1985)Secretory proteins of the lung in rodents:immunocytochemistry.J Histochem Cytochem 33:564-568

70. Suzuki Y,Kohyama N(1984)Malignant mesothelioma induced by asbestos and zeolite in the mouse peritoneal cavity.Environ Res 35: 277-292

71. Takahashi A,Iwasaki I,Ide G(1985)Effects of minute amounts of cigarette smoke with or without nebulized N-nitroso-N-methylurethane on the respiratory tract of mice.Jpn J Cancer Res 76:324-330

72. Tamano S,Hagiwara A,Shibata MA,Kurata Y, Fukushima S,Ito N(1988)Spontaneous tumors in aging(C57BL/6 NxC3H/HeN)F1(B6C3F1) mice. Toxicol Pathol 16:321-326

73. Ten Have-Opbroek AAW(1986)The structural composition of the pulmonary acinus in the mouse.A scanning electron microscopical and developmental-biological analysis.Anat Embryol (Berl)174:49-57

74.Thaete LG,Malkinson AM(1990)Differential staining of normal and neoplastic mouse lung epithelia by succinate dehydrogenase histochemistry.Cancer Lett

52:219-227

75. Thaete LG,Malkinson AM(1991)Cells of origin of primary pulmonary neoplasms in mice:morphologic and histochemical studies.Exp Lung Res 17:219-228

76. Thaete LG,Gunning WT,Stoner GD,Malkinson AM(1987)Cellular derivation of lung tumors in sensitive and resistant strains of mice:results at 28 and 56 weeks after urethan treatment.J Natl Cancer Inst 78:743-749

77. Thaete LG,Nesbitt MN,Malkinson AM(1991) Lung adenoma structure among inbred strains of mice:the pulmonary adenoma histologic type (Pah)genes. Cancer Lett 61:15-20

78. Turk MAM,Henk WG,Flory W(1987)3-Methy-lindole-induced nasal mucosal damage in mice. Vet Pathol 24:400-403

79. Ward JM,Rehm S(1990)Applications of immu-nohistochemistry in rodent tumor pathology. Exp Pathol 40:301-312

80. Ward JM,Singh G,Katyal SL,Anderson LM,Kovatch RM(1985)Immunocytochemical localization of the surfactant apoprotein and Clara cell antigen in chemically induced and naturally occurring pulmonary neoplasms of mice.Am J Pathol 118:493-499

81. Witschi HP(1985)Enhancement of lung tumor formation in mice.Carcinog Compr Surv 8: 147-158

82. Witschi HP(1986)Separation of early diffuse alveolar cell proliferation from enhanced tumor development in mouse lung.Cancer Res 46: 2675-2679

（陈珂、邱爽、王浩安、王莉、崔伟、
何杨　译，
万美铄、邢俏、张百惠、陈珂、胡春燕　审校）

第五章 泌尿系统

G.C. Hard[1], B. Durchfeld-Meyer[2,3], B. Short[2], A. Bube, K. Krieg[3], D. Creasey,
J. Everitt, C.H. Frith, J. Glaister, J.C. Seely, H. Tsuda, V.S. Turusov

---

[1] 主席；[2] 共同主席；[3] 初稿。

肾小管增生（H）
Hyperplasia, Renal Tubule（H）
单纯性，不典型

同义词：simple tubule hyperplasia；atypical tubule hyperplasia；focal tubule dysplasia。

组织发生
起源于肾小管上皮。

诊断特征
- 单侧或双侧。
- 内衬细胞的数量局灶性或多灶性增加。
- 累及单个或多个肾小管。
- 不压迫邻近实质组织。
- 基本保持单个肾小管结构的完整性。
- 管腔扩张或呈囊性变。
- 细胞的体积较正常上皮细胞略小、相似或略大。
- 细胞质可呈嗜酸性、嗜碱性或透明性。
- 细胞核密集。
- 细胞核呈均匀一致的圆形或略呈卵圆形。
- 可见核分裂象。

单纯性
- 多灶性。
- 细胞质呈嗜碱性，但也可无改变。
- 细胞核密集。
- 因管腔扩张或细胞数量增加，肾小管体积可正常、减小或增大。

不典型
- 单发性。
- 细胞质可呈嗜酸性、嗜碱性或透明性。
- 可见细胞异型性。
- 可见细胞多形性和细胞核多形性。
- 内衬细胞呈多层或实性生长，部分或完全占据管腔。

- 由于细胞数量增加和管腔有时扩张，肾小管体积通常增大。
- 未见血管向内生长。

鉴别诊断
肾小管肥大（Hypertrophy, Renal Tubule）
细胞体积增大，细胞数量不增加。

肾小管再生（Regeneration, Renal Tubule）
细胞呈嗜碱性，细胞数量通常不增加，肾小管体积不增大。

肾小管腺瘤（Adenoma, Renal Tubule）
肿瘤生长超出单个完整的肾小管结构，或可见血管向内生长。

图 5-1（左上） 肾脏，单纯性肾小管增生。肾小管管腔扩张。NMRI 小鼠。PAS 染色
图 5-2（右上） 肾脏，单纯性肾小管增生。上皮细胞密集，但保持单层。NMRI 小鼠。PAS 染色
图 5-3（左下） 肾脏，不典型肾小管增生。肾小管内衬多层细胞，呈乳头状突起突入扩张的肾小管管腔。NMRI 小鼠。H&E 染色
图 5-4（右下） 肾脏，不典型肾小管增生。多层的复杂增生使管腔闭塞，形成一个实性肾小管。H&E 染色

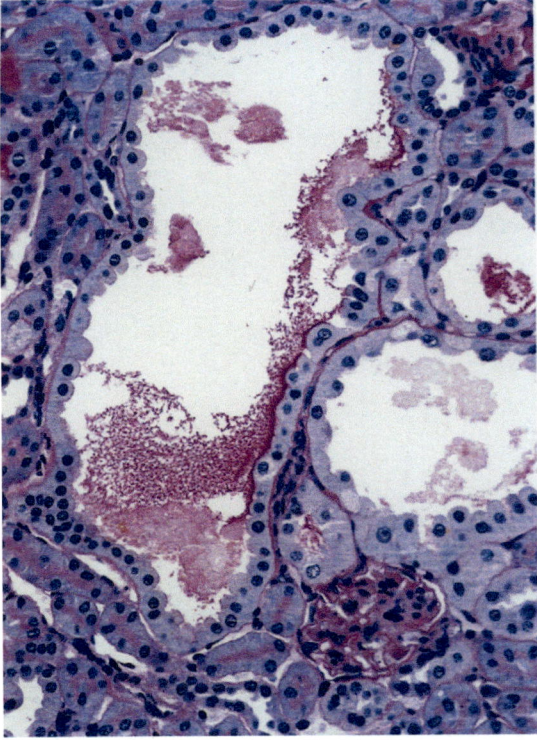

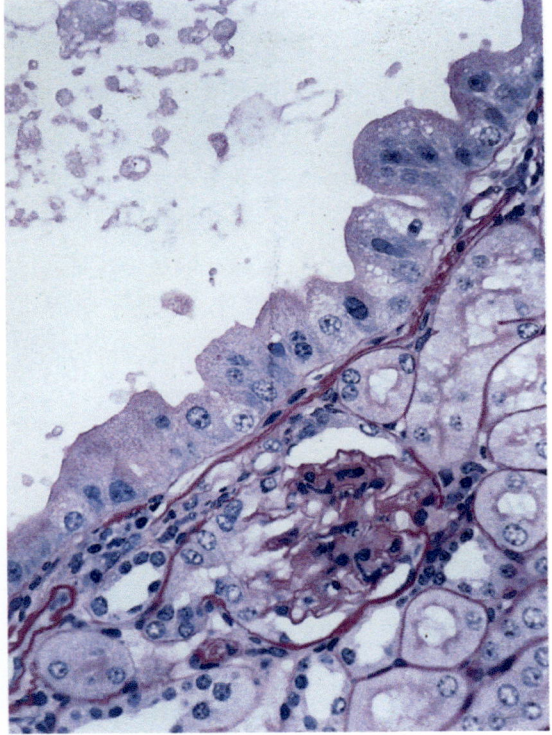

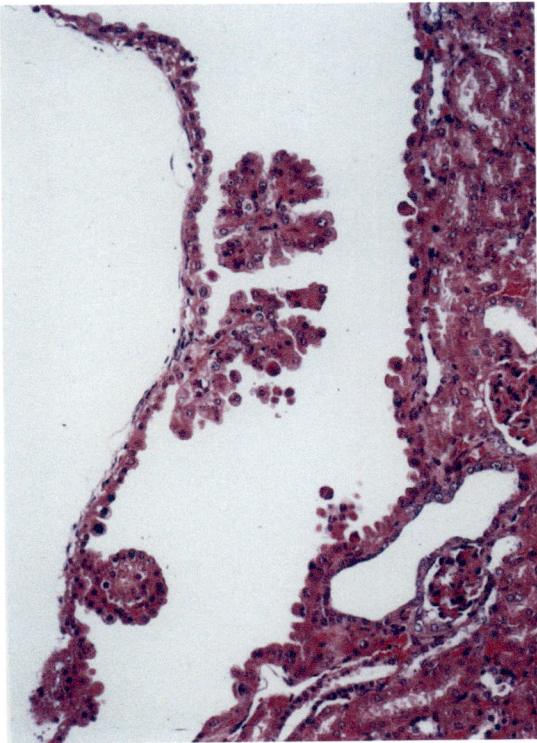

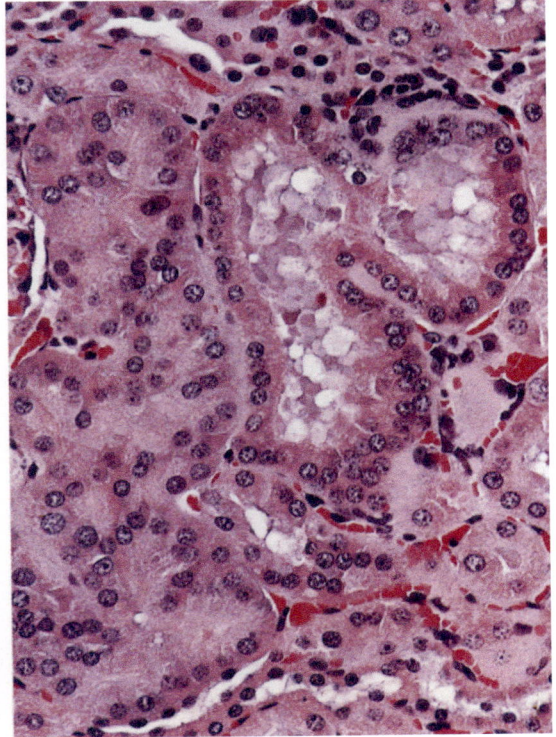

备注

再生的肾小管细胞的特征是暂时性有丝分裂率增加，在急性损伤后通常没有持续性的细胞过度生成。但是，如果为长期持续性损伤，再生可伴有单纯性肾小管增生。

小鼠的肾小管增生主要发生在近端小管，是一种不常见的自发性改变。但是，在有遗传毒性的肾致癌物（如乙基亚硝基脲、链脲霉素、阻燃剂和三羟甲基氨基甲烷）的长期试验中，以及 X 线辐照后，通常可见不典型肾小管增生灶。目前，公认不典型肾小管增生是可进展为腺瘤的瘤前病变。因此，不典型肾小管增生与单纯性肾小管增生应区分开来。当有重度管腔扩张时，不典型肾小管增生可被诊断为囊性型。

参考文献

参见 16、26、30、38、44、46、48 和 54。

肾小管腺瘤（*B*）
Adenoma, Renal Tubule（*B*）
实性，乳头状，囊性，囊性乳头状，混合性

同 义 词：renal cell adenoma；renal tubule cell adenoma；benign renal cell tumor；benign renal epithelioma。

组织发生

起源于肾小管上皮。

诊断特征

- 单发性，但偶见多发性和双侧发生。
- 通常界限清楚，病灶不连续。
- 可见压迫邻近肾实质。
- 生长形态为实性、乳头状、囊性、囊性乳头状或混合性。
- 超出原有的肾小管结构的范围。
- 未见坏死区域或出血区域。
- 可见早期血管向内生长。
- 细胞分化好。
- 细胞质可呈嗜碱性、嗜酸性、透明性或混合性。
- 细胞核规则、呈泡状。
- 核分裂象不常见。

鉴别诊断

肾小管增生（Hyperplasia, Renal Tubule）
生长限于原有的肾小管结构，无新生血管形成。

肾小管癌（Carcinoma, Renal Tubule）
局部侵袭或发生转移，或可见坏死区域或出血区域，并具有细胞多形性。

备注

小鼠的肾小管腺瘤可能起源于肾单位的不同节段，与大鼠的相似，但是对小鼠肾小管腺瘤的形态学和组织发生的研究没有对大鼠的深入。小鼠的肾小管腺瘤通常呈轻度囊性（表现为管腔扩张较明显），并伴有乳头状增生，但也有呈实性的肾小管腺瘤。缺乏坏死和出血区，是与肾小管癌相鉴别的一个很有用（且容易识别）的标准。

参考文献

参见 11、13、14、16、17、21、23、26、30、31、35、38、47、48、49、54 和 58。

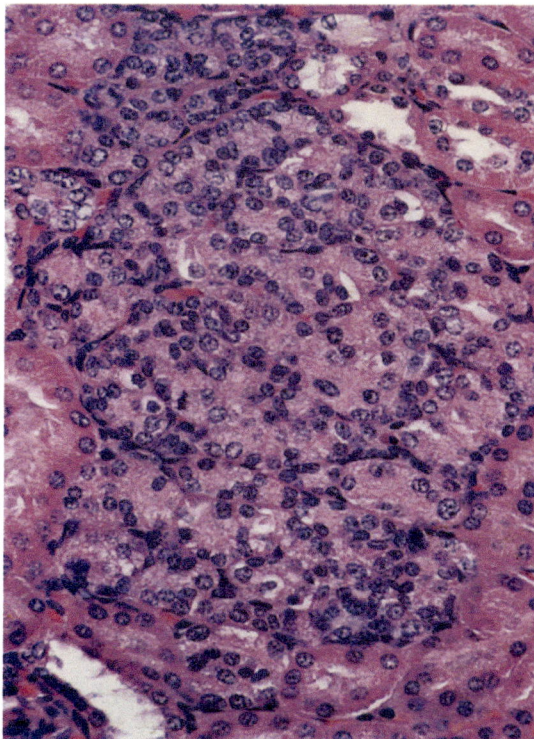

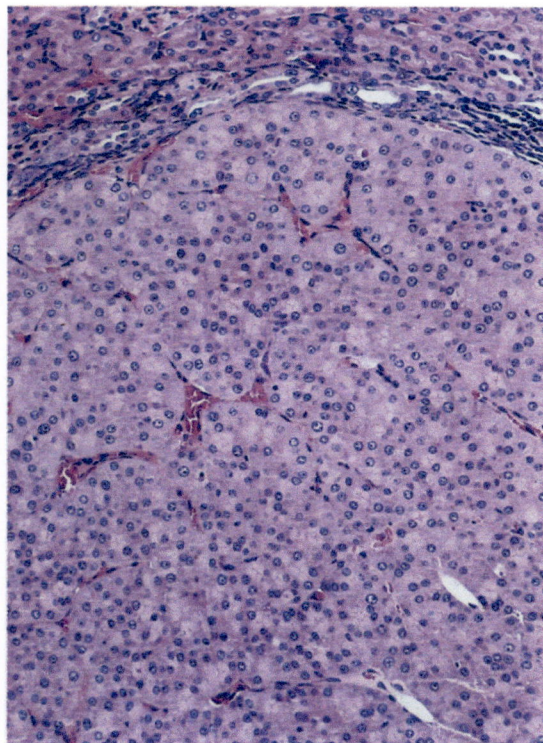

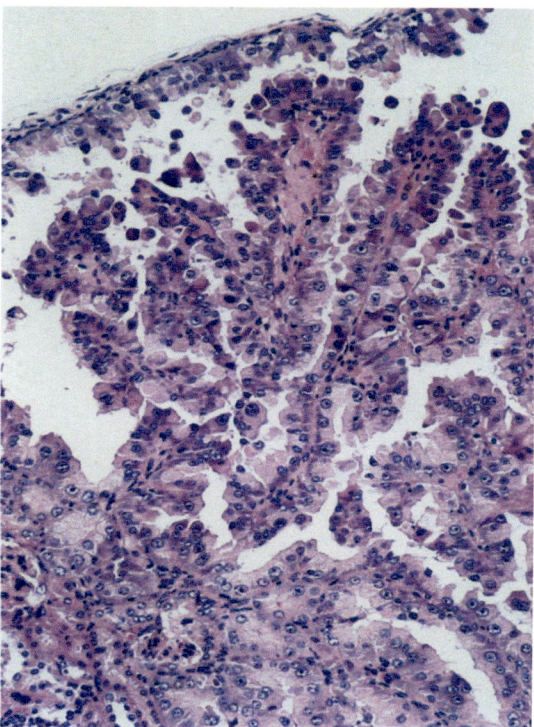

图 5-5（左上） 肾脏，肾小管腺瘤。超过一个肾小管结构，呈实性增生。H&E 染色

图 5-6（右上） 肾脏，肾小管腺瘤。嗜碱性的肿瘤细胞呈实性生长形态。NMRI 小鼠。H&E 染色

图 5-7（左下） 肾脏，肾小管腺瘤。嗜碱性的肿瘤细胞呈囊性乳头状生长形态。NMRI 小鼠。H&E 染色

肾小管癌（M）
Carcinoma, Renal Tubule（M）
实性，乳头状，间变性，混合性

同义词：renal cell carcinoma；renal adenocar-
cinoma；malignant renal epithelioma。

组织发生
起源于肾小管上皮。

诊断特征
- 单发性，但偶见多发性和双侧发生。
- 可见压迫邻近肾实质。
- 生长形态有实性、乳头状、间变性或混合性。
- 呈膨胀性生长。
- 可见坏死区域或出血区域。
- 血管向内生长明显。
- 肿瘤细胞可从小且均匀一致至大且具有多形性。
- 细胞质可呈嗜碱性、嗜酸性、透明性或混合性。
- 细胞核从小、圆形或卵圆形至大、多形性、呈泡状。
- 核分裂象多见。
- 可局部侵袭邻近肾实质。
- 可有转移但很罕见，主要转移至肺。

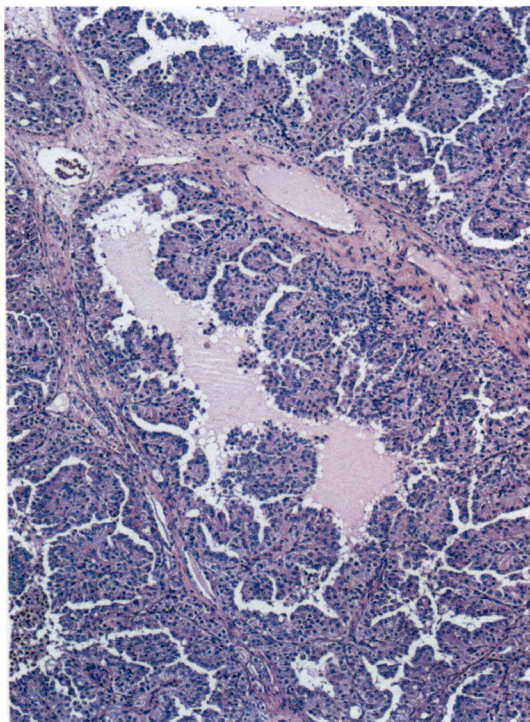

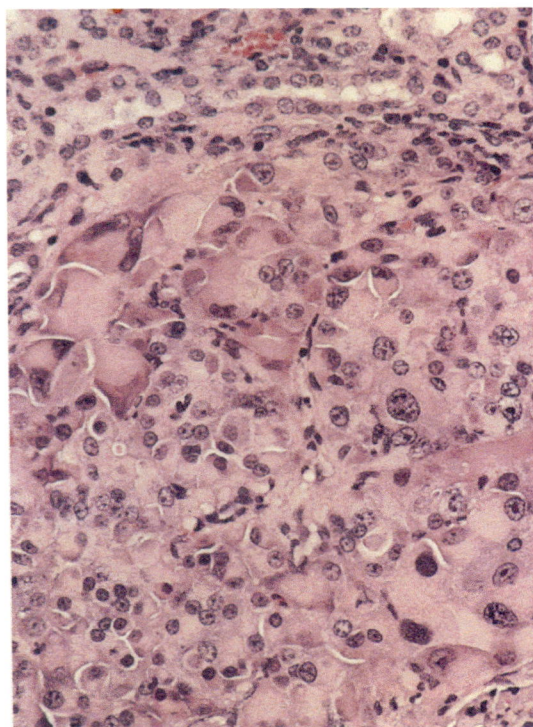

图 5-8（右上） 肾脏，肾小管癌。嗜碱性的肿瘤细胞呈乳头状生长形态。可见发育良好的纤维血管间质。NMRI 小鼠。H&E 染色
图 5-9（右下） 肾脏，肾小管癌。嗜碱性的肿瘤细胞呈间变性生长形态。H&E 染色

鉴别诊断

肾小管腺瘤（Adenoma, Renal Tubule）

无坏死区域和出血区域，核分裂象不常见，无细胞多形性、侵袭和转移。

移行细胞癌（Carcinoma, Transitional Cell）

绝大多数肿瘤细胞为移行细胞。

备注

小鼠自发性肾小管腺瘤和肾小管癌均罕见，但二者是最常见的由致癌性化学物质试验性诱发的肾肿瘤。目前公认肾小管癌由肾小管腺瘤进展而来，并表现出腺瘤的进行性膨胀性生长。与肾小管腺瘤最有用的鉴别标准是肾小管癌存在坏死区域或出血区域，这意味着其处于超过新生血管形成的自主生长阶段。对具有遗传毒性的化学物质（如链脲霉素和乙基亚硝基脲）的研究表明，小鼠中较大的肾小管癌可转移到肺。

参考文献

参见 14、16、17、21、23、26、30、38、47、48、49、54、59 和 60。

肾母细胞瘤（*M*）
Nephroblastoma（*M*）

同义词：embryonal nephroma；Wilms' tumor。

组织发生

推测起源于后肾胚基。

诊断特征

- 单侧和单发性。
- 界限非常清楚。
- 可见压迫周围组织。
- 呈膨胀性生长。
- 肿瘤细胞密集分布，或排列成网片状。
- 可见不同分化阶段的细胞成分，形成原始或更成熟的肾小管样和类似肾小球样小体结构。
- 肾小管样结构中通常可见管腔。
- 肾小球样小体结构由内陷的无血管细胞团组成。
- 有时可见囊肿。
- 肾小管样结构和囊肿内衬单层至多层立方形细胞。
- 间质由非肿瘤性的成纤维细胞样细胞组成。
- 肿瘤细胞为原始的嗜碱性原基细胞。

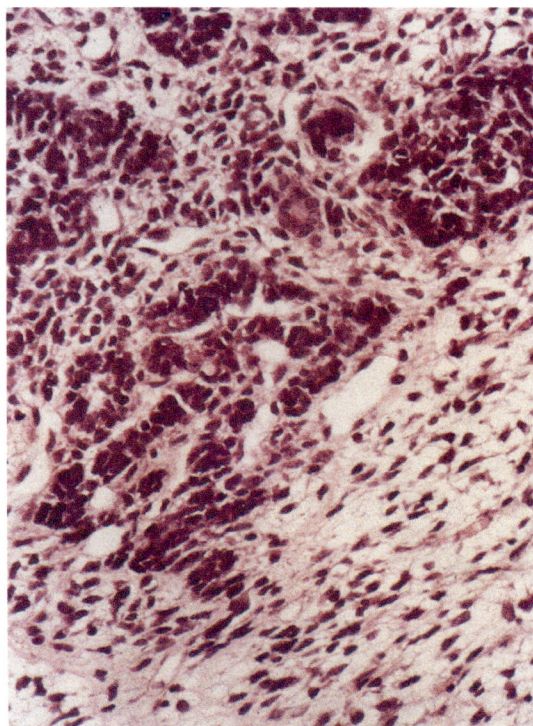

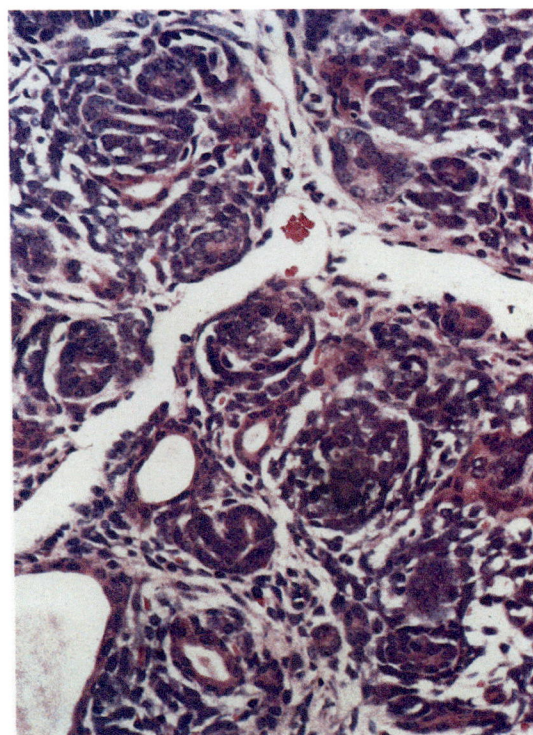

图5-10（右上） 肾脏，肾母细胞瘤。可见簇状、嗜碱性强的母细胞、原始肾小管和成熟的小管。H&E染色

图5-11（右下） 肾脏，肾母细胞瘤。可见密集簇状、嗜碱性强的细胞，位于呈疏松网片状散在分布的母细胞周围。H&E染色

- 肾小管样结构及囊状结构内的细胞呈立方形至柱状。
- 肾小球样小体结构内的细胞体积很小，呈立方形，细胞核呈嗜碱性。
- 核分裂象罕见或多见。
- 可见炎症细胞浸润。
- 可呈侵袭性生长。

鉴别诊断

肾肉瘤（*Sarcoma, Renal*）

界限不清，呈浸润性生长，可见成纤维细胞样的梭形细胞，无原基和器官样上皮结构（如原始的肾小管或肾小球样小体）。

备注

小鼠的肾母细胞瘤极其罕见，迄今为止文献中仅报道过 4 个案例。这种肿瘤在形态学上与大鼠的肾母细胞瘤相似，但在一些案例中表现为以呈疏松的网片状的原基细胞为主要成分，几乎没有器官样分化。还有一个案例表现出结构类似原始无血管肾小球的器官样分化。与大鼠不同，没有明确的证据表明化学物质可诱发小鼠的肾母细胞瘤。人肾母细胞瘤的同义词是维尔姆斯瘤（Wilms' tumor），但该术语不适用于啮齿类动物的肾母细胞瘤。

参考文献

参见 23、27、37、43、48 和 57。

肾肉瘤（M）
Sarcoma, Renal（M）

同义词：renal fibrosarcoma；renal mesenchymal tumor。

组织发生

可能起源于皮质或髓质间质的间叶细胞。

诊断特征

- 单侧或双侧。
- 界限不清。
- 呈浸润性生长，取代肾实质。
- 可见内陷的先前存在的肾小管。
- 有时可见出血和坏死区域。
- 细胞排列成致密片状或形成交错束状，伴有纤细的胶原纤维。
- 细胞呈成纤维细胞样和梭形。
- 细胞核大、呈梭形，常有多个核仁。
- 可见核分裂象。

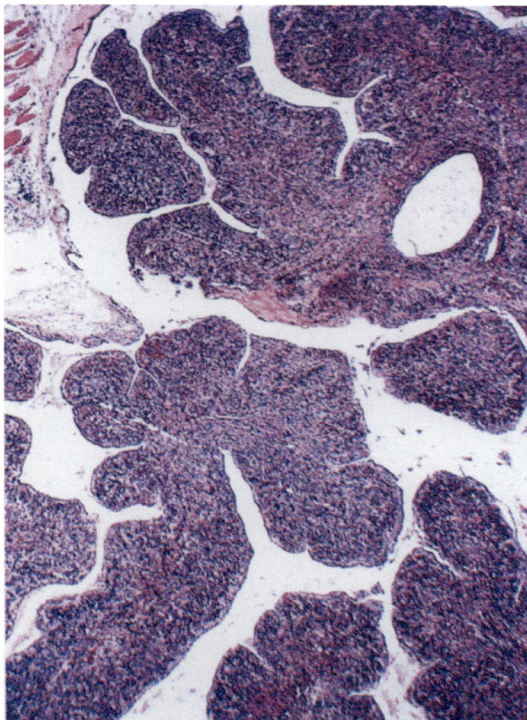

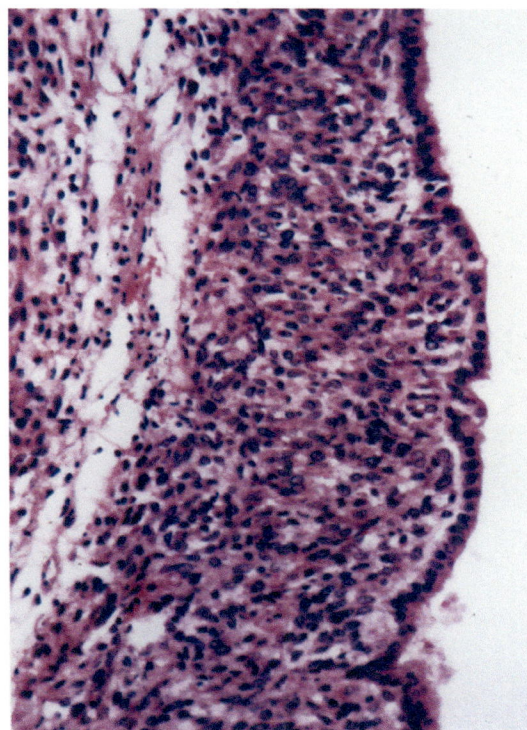

图 5-12（右上） 肾脏，肾肉瘤。可见肿瘤组织的致密细胞呈息肉样突起突入肾盂。由多瘤病毒感染诱发。H&E 染色（由 C. Dawe 博士提供）

图 5-13（右下） 肾脏，肾肉瘤。嗜碱性强的梭形肿瘤细胞形成致密片状，被覆完整的尿路上皮。由多瘤病毒感染诱发。H&E 染色（由 C. Dawe 博士提供）

鉴别诊断

肾母细胞瘤（*Nephroblastoma*）

呈膨胀性生长。主要成分是胚基，伴有一些器官样上皮分化，如原始肾小管和肾小球样小体。

备注

小鼠自发性肾肉瘤非常罕见。最常见的肾肉瘤是使用多瘤病毒试验性诱发的。肾内注射20–甲基胆蒽（20-methylcholanthrene）也可诱发。病毒性肾肉瘤在接种后发生迅速，并呈进行性侵袭和取代肾组织。

参考文献

参见 12、29、38、50、51、52、54 和 56。

移行细胞增生（*H*）
Hyperplasia, Transitional Cell（*H*）
局灶性，弥漫性，无异型性，不典型

同义词：hyperplasia，urothelial。

组织发生
起源于移行细胞上皮。

诊断特征

- 被覆的多层移行细胞的厚度增加，超过正常的细胞层数。
- 生长形态有单纯性、乳头状和结节状。
- 单纯性：被覆上皮厚度增加，缺乏明显的向外或向内局灶性生长。
- 乳头状：被覆上皮呈外生性突起进入腔内，由分支简单的纤维血管轴心支持。
- 结节状：实性巢状或细胞巢向外突出进入腔内，或向内向下生长。
- 可见慢性膀胱炎或结石。

局灶性

- 细胞可能是正常大小，也可能比正常细胞小，或比正常细胞大。
- 细胞质可呈嗜碱性。
- 可见内含 PAS 染色呈阳性颗粒的细胞数量增多。

弥漫性

- 细胞大小均匀一致，保持正常尿路上皮的分化，排列相对规则。
- 细胞可能是正常大小，或比正常细胞小，或比正常细胞大。
- 细胞质可呈嗜碱性。
- 可见内含 PAS 染色呈阳性颗粒的细胞数量增多。

无异型性

- 细胞大小均匀一致，保持正常尿路上皮的分化，排列相对规则。

不典型

- 呈局灶性或多灶性。
- 细胞和细胞核具有多形性，染色较深，核仁增大。
- 细胞排列不规则。
- 生长形态为结节状，也可为乳头状。
- 细胞质呈嗜碱性。
- 可见核分裂象。

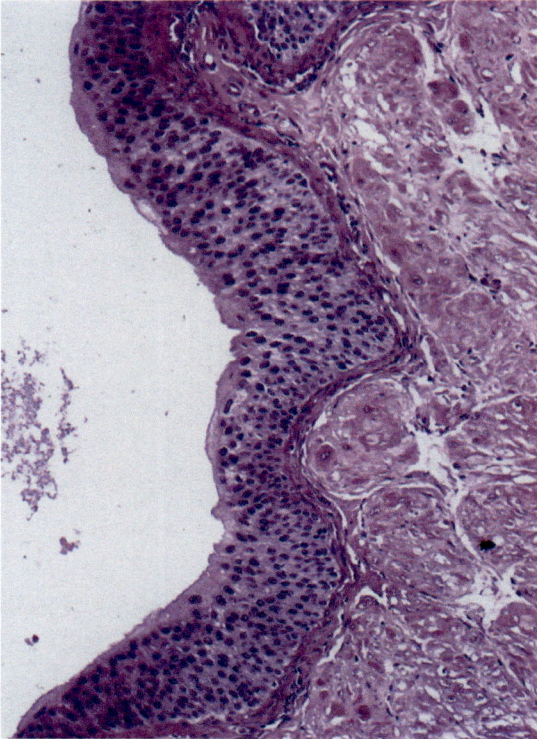

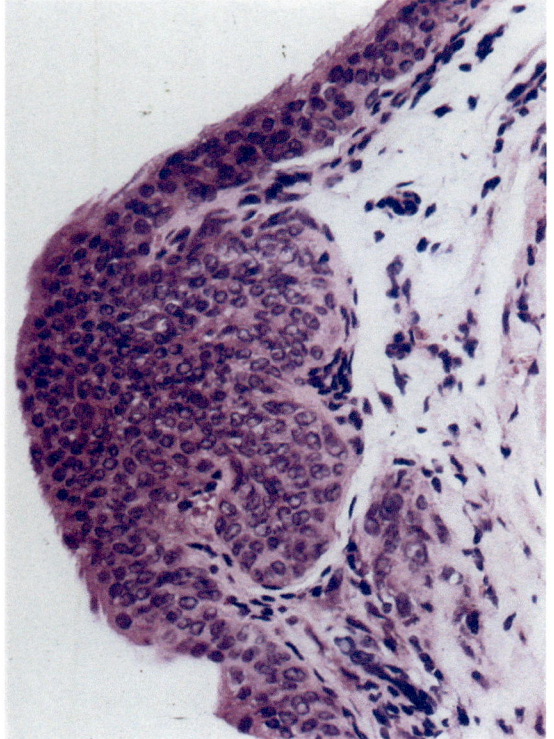

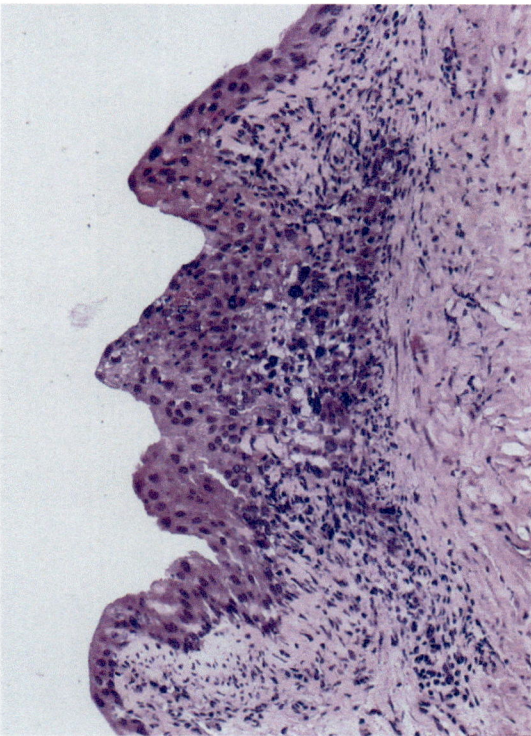

图 5-14（左上） 膀胱，弥漫性移行细胞增生。衬覆的尿路上皮均匀一致增厚。NMRI-BR 小鼠，雄性。H&E 染色

图 5-15（右上） 膀胱，局灶性、结节状移行细胞增生。排列规则的移行细胞结节灶，向内衬黏膜下方生长（内生性）。NMRI 小鼠，雌性。H&E 染色

图 5-16（左下） 膀胱，局灶性、不典型移行细胞增生。排列不规则、结构紊乱的移行上皮灶，伴有细胞多形性。NMRI 小鼠，雄性。H&E 染色

鉴别诊断

移行细胞乳头状瘤（Papilloma, Transitional Cell）

细胞为均匀一致的移行细胞，突起可见分支复杂的纤细的蒂。病变通常单发，也可多发。

备注

小鼠自发性的移行细胞增生罕见，但可能由对移行细胞造成损伤的化学物质诱发。此外，还可能是对引起肾盂肾炎的感染源的反应性变化，也可能继发于下尿道梗阻。

不典型移行细胞增生应与无异型性的移行细胞增生相鉴别，因为当与膀胱致癌物有关时，不典型移行细胞增生常被认为是上皮性膀胱癌的癌前病变。

不典型移行细胞增生与具有遗传毒性的尿路上皮致癌物，如 N– 丁基 –N–（4– 羟丁基）亚硝胺（N-butyl-N-［4-hydroxy-butyl］nitrosamine, OH-BBN）有关。

参考文献

参见 2、8、11、17、19、20、21、23、25、36、42、54 和 61。

移行细胞乳头状瘤（*B*）
Papilloma, Transitional Cell（*B*）

同义词：papilloma，urothelial。

组织发生

　　起源于移行细胞上皮。

诊断特征

- 单发性，也可为多发性。
- 生长形态为外生性乳头状或息肉状，突入腔内，基部较宽或有纤细的蒂。
- 细胞排列规则。
- 可见复杂、分支状的纤维血管轴心。
- 有时可见腺样化生或鳞状上皮化生。
- 鳞状上皮化生有时可见角蛋白形成。
- 细胞均匀一致，分化好。
- 其细胞质可能比正常细胞的嗜碱性略强。
- 核分裂象罕见或未见。
- 未见侵袭的证据。

鉴别诊断

　　移行细胞增生（*Hyperplasia, Transitional Cell*）

　　呈多灶性或弥漫性，生长形态表现为具有宽的基部、结节状或具有简单分支的外生性突起，结构不复杂。

　　移行细胞癌（*Carcinoma, Transitional Cell*）

　　可发生转移或侵袭膀胱壁，界限不清，可见细胞异型性、出血或坏死。

备注

　　小鼠肾盂部的病变不应诊断为移行细胞乳头状瘤，原因是肾盂内范围局限的、较小的病

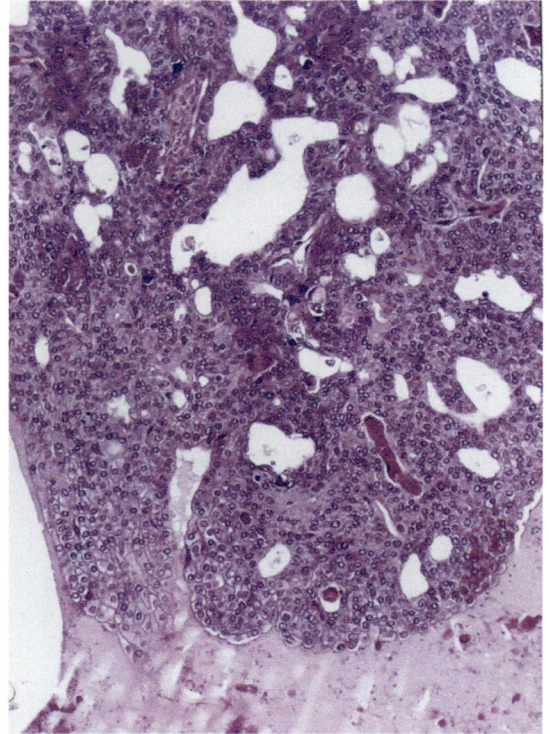

图 5-17　膀胱，移行细胞乳头状瘤。肿瘤细胞均匀一致、分化好。NMRI-BR 小鼠，雄性。H&E 染色

变可能是尿路上皮增生或早期移行细胞癌。化学物质诱发的膀胱乳头状瘤通常是由移行上皮细胞和少量结缔组织组成的实性肿块，而自发性膀胱乳头状瘤一般含有纤维血管间质轴心，其上被覆薄层移行上皮。化学物质诱发的膀胱乳头状瘤可全部表现为鳞状细胞乳头状瘤。自发性鳞状细胞乳头状瘤尚未见报道。

参考文献

　　参见 2、8、11、21、25 和 61。

移行细胞癌（*M*）
Carcinoma, Transitional Cell（*M*）

同义词：carcinoma，urothelial。

组织发生

    起源于移行细胞上皮。

诊断特征

- 单发性或多发性。
- 界限不清。
- 生长形态可呈乳头状突起，具有纤细的蒂，突入腔内；或为实性、基部较宽、无蒂的病变。
- 移行细胞呈索状、实性片状、实性或空巢状排列，由纤细的结缔组织束分隔。
- 有时可见鳞状上皮化生。
- 血管形成可能明显。
- 可见出血或坏死。
- 绝大部分肿瘤细胞为移行细胞。
- 细胞密度可能增加。
- 实性或空巢状移行细胞具有细胞极性。
- 片状移行细胞的细胞极性缺失。
- 有时可见细胞多形性。
- 细胞核可呈奇异形或梭形。
- 核分裂象可多见。

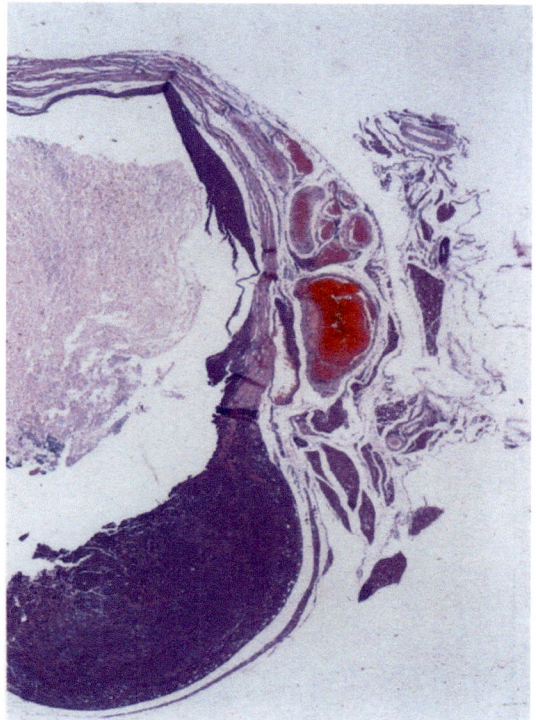

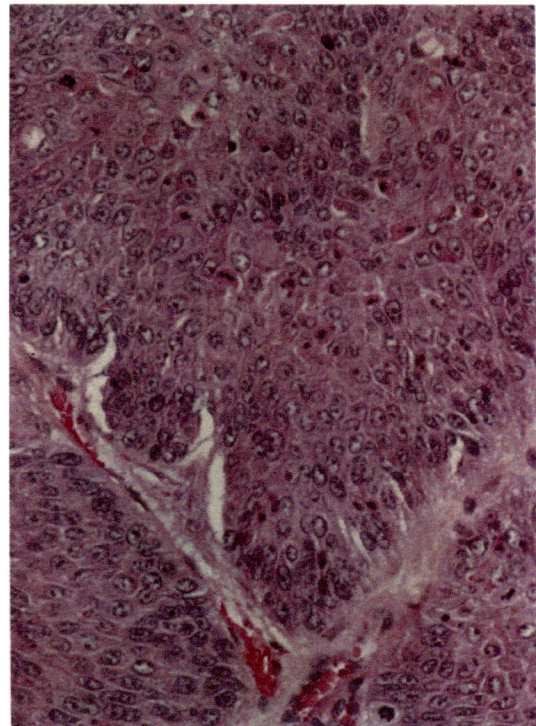

图 5-18（右上） 膀胱，移行细胞癌。肿瘤组织在膀胱壁内呈实性生长。NMRI 小鼠，雌性。H&E 染色
图 5-19（右下） 膀胱，移行细胞癌。片状、分化较好的移行细胞上皮由结缔组织间质分隔。H&E 染色

- 可见炎症细胞，特别是淋巴细胞和肥大细胞。
- 可侵袭肾实质、肌壁或淋巴管。
- 可见转移。

鉴别诊断

移行细胞乳头状瘤（Papilloma, Transitional Cell）

无侵袭的证据，无细胞多形性，可见分支复杂的纤维血管轴心。

鳞状细胞癌（Carcinoma, Squamous Cell）
绝大多数肿瘤细胞为鳞状细胞。

肾小管癌（Carcinoma, Renal Tubule）
没有非小管来源肿瘤细胞的证据。

备注

在对照组小鼠中尚未见自发性肾盂移行细胞癌的报道，但应用二甲基亚硝胺（dimethylnitrosamine）和 OH-BBN 等具有遗传毒性的化学物质可诱发移行细胞癌。在 NON/Shi 小鼠中的 OH-BBN 研究表明该肿瘤可能转移到肺。

小鼠输尿管诱发性移行细胞癌非常罕见。

小鼠膀胱或尿道的自发性移行细胞癌罕见。一些具有遗传毒性的化学物质，特别是 N［4-5- 硝基 -2- 呋喃基 -2- 噻唑基］甲酰胺 ［N（4-5-nitro-2-furyl-2-thiazolyl）formamide, FANFT］和 OH-BBN 可试验性诱发这种肿瘤。与大鼠诱发的外生性、乳头状膀胱肿瘤不同，化学致癌物诱发的小鼠膀胱肿瘤通常为扁平、分化差的侵袭性癌。OH-BBN 是一种特别有效的小鼠膀胱致癌物，可快速诱发可转移到肺的、具有高度侵袭性的移行细胞癌。

小鼠移行细胞癌转移的发生率低于鳞状细胞癌。

参考文献

参见 2、4、6、8、11、15、18、20、21、22、23、25、40、41、42、50、55 和 61。

鳞状细胞癌（M）
Carcinoma, Squamous Cell（M）

同义词：carcinoma，epidermoid。

组织发生

起源于移行细胞上皮。

诊断特征

- 单发性或多发性。
- 界限不清。
- 生长形态不规则。
- 鳞状细胞呈索状、片状或不规则巢状排列。
- 血管形成非常明显。
- 绝大多数肿瘤细胞为鳞状细胞。
- 细胞异型性和多形性明显。
- 通常可见角化和角化珠形成。
- 核分裂象通常可见。
- 常见炎症细胞浸润。
- 可见侵袭周围组织。
- 常见转移。

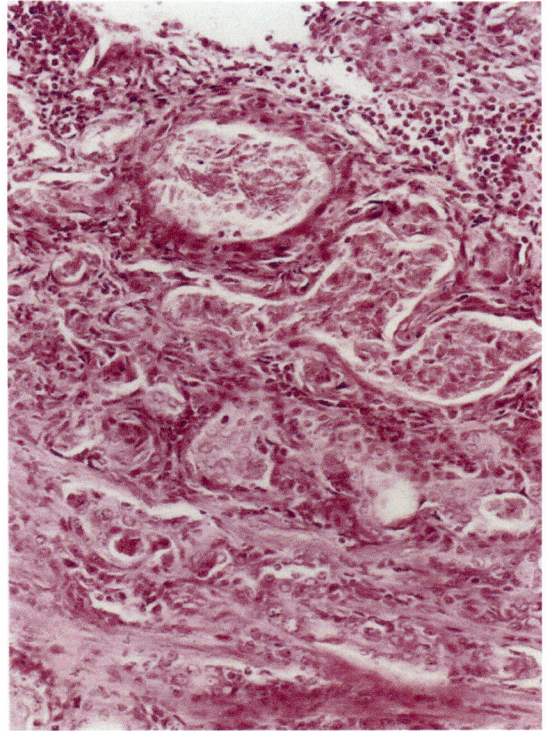

图 5-20　膀胱，鳞状细胞癌。鳞状细胞簇伴有一些角化，可见显著的炎症细胞浸润。NMRI 小鼠，雌性。H&E 染色

鉴别诊断

移行细胞癌（*Carcinoma, Transitional Cell*）

绝大多数肿瘤细胞为移行细胞，鳞状细胞分化区域很小。

备注

移行细胞肿瘤内可见鳞状细胞分化的区域。鳞状细胞癌的诊断专用于绝大多数肿瘤细胞为鳞状细胞的肿瘤。

泌尿系统自发性鳞状细胞癌极罕见，但将多核烃（polynuclear hydrocarbons）注入肾脏或肾盂后可试验性诱发肾盂鳞状细胞癌。

对肾积水的 NON/Shi 小鼠给予 OH-BBN 处理后也可诱发肾盂鳞状细胞癌。二丁基亚硝胺（dibutylnitrosamine）和 OH-BBN 可诱发膀胱鳞状细胞癌。

然而，与移行细胞癌相比，致癌物诱发的鳞状细胞癌较少见，但转移较常见。

参考文献

参见 1、3、5、8、11、20、22、23、24、25、32、41、42、50、53 和 54。

间叶增生性病变（*B*）
Mesenchymal Proliferative Lesion（*B*）

实性，息肉样

同 义 词：vegetative lesion, mesenchymal tumor, granular cell tumor, undifferentiated sarcoma, hemangioma/sarcoma, leiomyosarcoma, leiomyoblastoma。

组织发生

未明。

诊断特征

- 病灶通常位于膀胱尾侧的黏膜下层，常邻近三角区。
- 单发性，也可为多发性。
- 界限清楚。
- 无包膜。
- 生长形态为实性或息肉样。
- 血管丰富。
- 可见凝固性坏死区域。
- 可见两种细胞：密集岛状、体积较大的上皮样细胞和位于周边的梭形细胞。
- 上皮样细胞分界清楚，细胞质呈嗜酸性、均质状或纤维状，可见嗜酸性颗粒。
- 上皮样细胞的细胞核呈偏位，常具有多形性或奇异形外观，核仁明显。
- 梭形细胞呈纤维细胞样或平滑肌样。
- 可见核分裂象。
- 单形核炎症细胞浸润程度不等，通常在病灶周边。
- 常见噬含铁血黄素的巨噬细胞。
- 不侵袭表面尿路上皮或突破浆膜。
- 梭形细胞成分可侵袭局部平滑肌和黏膜下层。

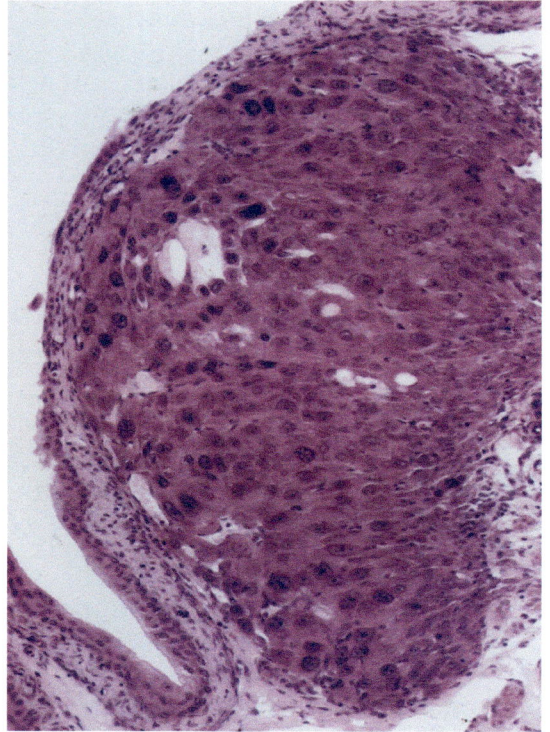

图 5-21 膀胱，间叶增生性病变。位于黏膜与肌层之间，呈实性生长。NMRI 小鼠，雌性。H&E 染色

实性
- 单发性或多发性黏膜下增生灶。

息肉样
- 息肉样肿块向腔内隆起或突入腔内。
- 肿块可见被覆尿路上皮的纤维血管间质。
- 靠近表面的尿路上皮下可见实性的间叶增生性病变灶。

鉴别诊断

无。

备注

这种病变的确切性质仍存在争议。一种观点认为这种病变中的一些成分是间叶细胞增生，而其他成分基于其潜在的局部侵袭性是良性肿瘤（B）；另一种观点认为这种病变是蜕膜样反应，因为其形态与子宫蜕膜反应相似，也可表现为局部侵袭，但仍被认为是增生性病变（H）。

这种病变主要为自发性的，且具有品系特异性，最常见于 Swiss 种源的小鼠。因此，主要见于 Swiss Webster、NMRI 和 CD-1 品系，在 B6C3F1 小鼠中未见报道。

据报道，相同的膀胱病变与手术植入玻璃或石蜡颗粒有关，特别是在植入后缝合膀胱的缝合线附近。这些病变是否可由化学物质诱发，目前尚不清楚。但是，膀胱内给予雌激素和孕激素的各种组合可增加其发生率。在雄性和雌性小鼠的生殖器官（如前列腺、精囊和子宫），均发现了形态相似的原发性病变。

参考文献

参见 7、9、10、25、28、33、34、39 和 45。

参考文献

1. Akagi G,Akagi A,Kimura M,Otsuka H(1973) Comparison of bladder tumors induced in rats and mice with N-butyl-N-(4-hydroxybutyl)-nitrosoamine. GANN 64:331-336

2. Armstrong EC,Bonser GM(1945)Epithelial tumours of the urinary bladder in mice induced by 2-acetylaminofluorene.J Pathol Bacteriol 57: 517-522

3. Becci PJ,Thompson HJ,Grubbs CJ,Squire RA, Brown CC,Sporn MB,Moon RC(1978)Inhibitory effect of 13-cis-retinoic acid on urinary bladder carcinogenesis induced in C57BL/6 mice by N-butyl-N-(4-hydroxybutyl)-nitrosamine.Can- cer Res 38:4463-4466

4. Becci PJ,Thompson HJ,Strum JM,Brown CC, Sporn MB,Moon RC(1981)N-Butyl-N-(4-hydroxybutyl) nitrosamine-induced urinary bladder cancer in C57BL/6x DBA/2 F1 mice as a useful model for study of chemoprevention of cancer with retinoids.Cancer Res 41:927-932

5. Bertram JS,Craig AW(1970)Induction of bladder tumours in mice with dibutylnitrosamine. Br J Cancer 24:352-359

6. Bertram JS,Craig AW(1972)Specific induction of bladder cancer in mice by butyl-(4-hydroxybutyl)-nitrosamine and the effects of hormonal modifications on the sex difference in response. Eur J Cancer 8:587-594

7. Bonser GM,Jull JW(1957)The histopathological changes in the mouse urinary bladder following surgical implantation of paraffin wax pellets containing various chemicals.J Pathol Bacteriol 72:499-505

8. Boorman GA,Wood M,Fukushima S(1994)Tumours of the urinary bladder.Pathology of tumours in laboratory animals,vol 2.Tumours of the mouse,2nd edn.IARC Scientific Publications No.111,Lyon,pp 383-406

9. Butler WH,Cohen SH,Squire RA(1997)Mesenchymal tumors of the mouse urinary bladder with vascular and smooth muscle differentiation.Toxicol Pathol 25:268-274

10. Chandra M,Frith CH(1991)Spontaneously occurring leiomyosarcomas of the mouse urinary bladder.Toxicol Pathol 19:164-167

11. Cohen SM,Friedell GH(1982)Neoplasms of the urinary system.In:Foster HL,Small JD,Fox JG (eds)The mouse in biomedical research.Academic Press,New York,pp 449-473

12. Dawe CJ,Law LW,Dunn TB(1960)Studies of parotid-tumor agent in cultures of leukemic tissues of mice.J Natl Cancer Inst 23:717-798

13. Delahunt B,Cartwright PR,Thornton A,Dady PJ (1995) Proliferation kinetics of streptozotocin-induced renal tumours in mice.Virchows Arch 425:577-582

14. Dunn TB(1967)Renal disease of the mouse.In: Cotchin E,Roe FJC(eds)Pathology of laboratory rats and mice. Blackwell Scientific Publications,Oxford,pp 150-176

15. Ertürk E,Cohen SM,Bryan GT(1970)Urinary bladder carcinogenicity of N-[4-(5-nitro-2-furyl)-2-thiazolyl] formamide in female Swiss mice.Cancer Res 30:1309-1311

16. Eustis SL,Hailey JR,Boorman GA,Haseman JK (1994)The utility of multiple-section sampling in the histopathological evaluation of the kidney for carcinogenicity studies.Toxicol Pathol 22: 457-472

17. Faccini JM,Abbott DP,Paulus GJJ(1990)Mouse histopathology.A glossary for use in toxicity and carcinogenicity studies.Elsevier,Amsterdam

18. Frith CH(1978)Report of a workshop on urothelial lesions in mice.J Environ Pathol Toxicol 1:617-626

19. Frith CH(1979)Morphologic classification of inflammatory,nonspecific,and proliferative lesions of the urinary bladder of mice.Invest Urol 16:435-444

20. Frith CH(1986)Transitional cell carcinoma,urinary tract,mouse.In:Jones TC,Mohr U,Hunt RD(eds) Monographs on pathology of laboratory animals. Urinary system.Springer,Berlin Heidelberg New York Tokyo,Pp 341-348

21. Frith CH,Ward JM(1988)Urinary system.In: (eds) Color atlas of neoplastic and non-neoplastic lesions in aging mice.Elsevier,Amsterdam, pp 67-76

22. Frith CH,Farmer JH,Greenman DL,Shaw GW (1980) Biologic and morphologic characteristics of urinary bladder neoplasms induced in BALB/c female mice with 2-acetylaminofluorene.J Environ Pathol Toxicol 3:103-119

23. Frith CH,Terracini B,Turusov VS(1994)Tumours of the kidney,renal pelvis and ureter.Pathology of tumours in laboratory animals,vol 2. Tumours of the mouse,2nd edn.IARC Scientific Publications No.111,Lyon,PP 357-381

24. Gagne F,Roulin M,Lacour F,Guerin M(1955) Cancerisation du bassinet par benzopyrene provoquee apres hydronephrose chez le rat et la souris.Bull Cancer 42:270-279

25. Gaillard ET(1999)Ureter,urinary bladder,and urethra. In:Maronpot RR,Boorman GA,Gaul BW(eds) Pathology of the mouse.Reference and atlas.Cache River Press,Vienna,pp 235-258

26. Greaves P(1990)Histopathology of preclinical toxicity studies:interpretation and relevance in drug safety evaluation.Elsevier,Amsterdam

27. Guerin M,Chouroulinkov I,Riviere MR(1969) Experimental kidney tumors.In:Rouiller C, Muller AF(eds)The kidney:morphology,biochemistry,physiology,vol II.Academic Press, New York,Pp 199-268

28. Halliwell WH(1998)Submucosal mesenchymal tumors of the mouse urinary bladder.Toxicol Pathol 26:128-136

29. Ham AW,Siminovich L(1961)Viral carcinogenesis with particular reference to in vivo and in vitro studies with the polyoma virus.Prog Exp Tumor Res 2:67-89

30. Hard GC(1985)Identification of a high-frequency model for renal carcinoma by the induction of renal tumors in the mouse with a single dose of streptozotocin.Cancer Res 45:703-708

31. Hard GC,Alden CL,Stula EF,Trump BF(1995) Proliferative lesions of the kidney in rats.In: (eds) Guides for toxicologic pathology.STP/ARP/AFIP,Washington DC

32. Ilfeld FW(1937)The experimental production of visceral tumors with hydrocarbons.Am J Cancer 26:744-754

33. Jacobs JB,Cohen SM,Arai M,Friedell GH,Bulay O,Urman HK(1976)Chemically induced smooth muscle tumors of the mouse urinary bladder.Cancer Res 36:2396-2398

34. Karbe E,Hartmann E,George C,Wadsworth P, Harleman J,Geiss V(1998)Similarities between the uterine decidual reaction and the "mesenchymal lesion" of the urinary bladder in aging mice.Exp Toxicol Pathol 50:330-340

35. Kondalenko VF,Turusov VS,Chemeris GY(1997) Renal cell tumours in mice:electron microscopy versus immunohistochemistry.Exp Toxicol Pathol 49:129-134

36. Levi PE,Knowles JC,Cowen DM,Wood M,Cooper EH(1971)Disorganization of mouse bladder epithelium induced by 2-acetylaminofluorene and 4-ethylsulfonylnaphthalene-1-sulfona-mide.JNatl Cancer Inst 46:337-352

37. Liebelt AG,Sass B,Sobel HJ,Werner RM(1989) Spontaneous nephroblastoma in a strain CE/J mouse.A case report.Toxicol Pathol 17:57-61

38. Lombard LS,Rice JM,Vesselinovitch SD (1974) Renal tumors in mice:light microscopic observations of epithelial tumors induced by ethylnitrosourea.J Natl Cancer Inst 53:1677-1685

39. McConnell RF(1989)General observations on the effects of sex steroids in rodents with emphasis on long-term oral contraceptive studies. In:Michael F(ed)Safety requirements for contraceptive steroids. Cambridge University Press, Cambridge,pp 211-229

40. Murai T,Mori S,Hosono M,Takeuchi Y,Ohara T, Makino S,Takeda R,Hayashi Y,Fukushima s(1991) Renal pelvic carcinoma which shows metastatic potential to distant organs,induced by N-butyl-N-(4-hydroxybutyl)nitrosamine in NON/Shi mice.Jpn J Cancer Res 82:1371-1377

41. Murai T,Mori S,Hosono M,Takeuchi Y,Ohara T, Makino S,Hayashi Y,Takeda R,Fukushima S (1994a)Influences of aging and sex on renal pelvic carcinogenesis by N-butyl-N-(4-hydroxybu- tyl) nitrosamine in NON/Shi mice.Cancer Lett 76:147-153

42. Murai T,Mori S,Hosono M,Takeuchi Y,Ohara T, Makino S,Takeda R,Fukushima S(1994b) Effect of phenacetin pretreatment on renal pelvic car- cinogenesis by N-butyl-N-(4-hydroxybutyl) nitrosamine in NON/Shi mice of both sexes.Teratog Carcinog Mutagen 14:193-201

43. Prejean JD,Peckham JC,Casey AE,Griswold DR, Weisburger EK,Weisburger JH(1973)Spontaneous tumors in Sprague-Dawley rats and Swiss mice.Cancer Res 33:2768-2773

44. Reznik G,Ward JM,Hardisty JF,Russfield A (1979) Renal carcinogenic and nephrotoxic ef-fects of the flame retardant tris(2,3-dibromopro- pyl)phosphate in F344 rats and (C57BL/6 N X C3H/HeN)F¹mice.J Natl Cancer Inst 63: 205-212

45. Roe FJC(1964)An illustrated classification of the proliferative and neoplastic changes in mouse bladder epithelium in response to prolonged irritation.Br J Urol 37:239-254

46. Rosen VJ,Cole LJ(1962)Accelerated induction of kidney neoplasms in mice after X-radiation (690 rad)and unilateral nephrectomy.J Natl Cancer Inst 28:1031-1042

47. Sass B(1986)Adenoma,adenocarcinoma,kidney,mouse.In:Jones TC,Mohr U,Hunt RD (eds) Monographs on pathology of laboratory animals.Urinary system. Springer,Berlin Heidelberg New York Tokyo,Pp 87-101

48. Seely JC(1999)Kidney.In:Maronpot RR,Boorman GA,Gaul BW(eds)Pathology of the mouse. Reference and atlas.Cache River Press,Vienna, pp 207-234

49. Shinohara Y,Frith CH(1980)Morphologic characteristics of benign and malignant renal cell tumors in control and 2-acetylaminofluorene-treated BALB/c female mice.Am JPathol 100: 455-468

50. Stevenson JL,von Haam E(1962)Induction of kidney

tumors in mice by the use of 20-methyl- cholanthrene-impregnated strings.Cancer Res 22:1177-1179

51. Stewart SE(1963)Polyoma virus carcinogenesis. Acta Un Int Cancer 19:256-262

52. Takayama S,Oota K(1965)Induction of malignant tumors in various strains of mice by oral administration of N-nitrosodimethylamine and N-nitrosodiethylamine.GANN 57:189-199

53. Tamano S,Hagiwara A,Suzuki E,Okada M,Shirai T,Fukushima S(1991)Time-and dose-dependent induction of invasive urinary bladder cancers by N-ethyl-N-(4-hydroxybutyl)nitrosamine in B6C3F1 mice.Jpn J Cancer Res 82: 650-656

54. Terracini B,Campobasso O(1979)Tumours of the kidney,renal pelvis and ureter.In:Turusov Vs(ed) Pathology of tumours in laboratory animals,vol I.Tumours of the mouse.IARC Scientific Publications No.23,Lyon,Pp 289-300

55. Terracini B,Palestro G,Gigliardi MR,Montesano G,Montesano R(1966)Carcinogenicity of dimethylnitrosamine in Swiss mice.Br J Cancer 20: 871-876

56. Toth B,Rappaport H,Shubik P(1963)Influence of dose and age on the induction of malignant lymphomas and other tumors by 7,12-dimethyl- benzanthracene in Swiss mice.J Natl Cancer Inst 30:723-742

57. Turusov VS(1992)Nephroblastoma in a strain CBA male mouse treated with 1,2-dimethylhy- drazine.Exp Oncol 14:20-22

58. Turusov VS,Chemeris GY(1992)Renal cell tumors induced in CBA male mice by 1,2-dimethylhydrazine. Toxicol Pathol 20:570-575

59. Turusov VS,Day NE,Tomatis L,Gati E,Charles RT(1973)Tumors in CF-1 mice exposed for six consecutive generations to DDT.J Natl Cancer Inst 51:983-997

60. Turusov VS,Lanko NS,Parfenov YD,Gordon WP;Nelson SD,Hillery PS,Keefer LK(1988) Carcinogenicity of deuterium-labeled 1,2-dimethyl-hydrazine in mice.Cancer Res 48:2162-2167

61. Wood M,Bonser GM(1979)Tumours of the urinary bladder.In:Turusov VS,Davis V(eds)Pathology of tumours in laboratory animals,vol II. Tumours of the mouse.IARC Scientific Publications No.23,Lyon,pp 301-324

（侯敏博、崔甜甜、项玉、李一昊、陈果果、

张超 译，

王鹏丽、李子荷、吕建军、大平东子 审校）

第六章 雄性生殖系统

S. Rehm[1], J.H. Harleman[2,3], M. Cary, D. Creasy, R.A. Ettlin
S.L. Eustis, G.L. Foley, J.-L. LeNet, A. Maekawa, K. Mitsumori
R.F. McConnell, G. Reznik[3] (†)

---

[1] 主席；[2] 共同主席；[3] 初稿。

163

睾丸间质细胞增生（*H*）
Hyperplasia, Leydig Cell（*H*）

同义词：hyperplasia，interstitial cell。

组织发生

　　睾丸间质细胞。

诊断特征

- 生精小管间睾丸间质细胞呈局灶性、多灶性或弥漫性聚集。
- 细胞核位于中央，通常核仁明显，有丰富的嗜酸性细胞质，有时空泡化。

局灶性/多灶性

- 生精小管间可见三角形或圆形的睾丸间质细胞聚集。
- 为了保持诊断的一致性，一般以睾丸间质细胞聚集的范围从 1 个生精小管直径的 25% 到大约 3 个生精小管直径，作为诊断依据。
- 未见或仅轻微压迫周围组织。

弥漫性

- 生精小管间睾丸间质细胞增生，形成一个弥漫性相连的网。
- 病变可呈局部广泛性，累及睾丸的大部分区域。

鉴别诊断

　　睾丸间质细胞腺瘤（*Adenoma, Leydig Cell*）

　　通常周边对邻近生精小管呈对称性压迫，病变范围大于 3 个生精小管直径，细胞和细胞核通常较大或呈多形性，可见一些核异型性，并存在扩张的血管网。

　　睾丸间质细胞癌（*Carcinoma, Leydig Cell*）

　　多形性，侵袭邻近组织（血管、包膜）或形成转移。

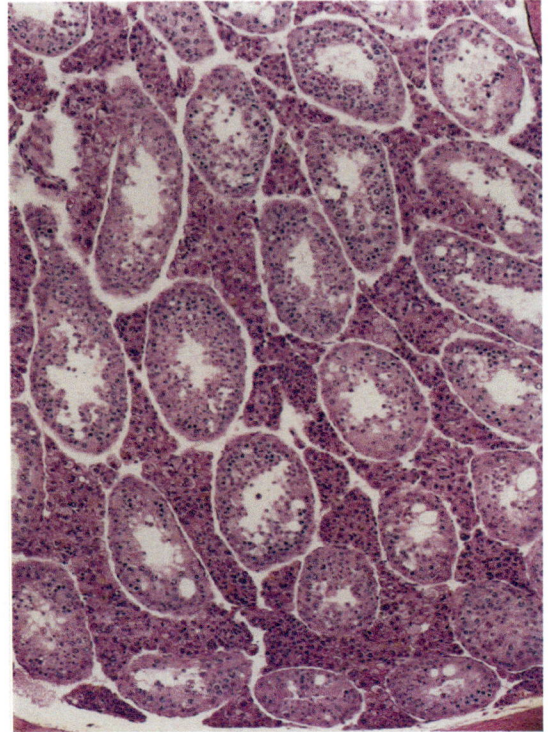

图 6-1　睾丸，弥漫性睾丸间质细胞增生。CD-1 小鼠，2 年试验，动物年龄超过 12 月龄。H&E 染色

备注

　　弥漫性增生是小鼠中最常见的类型。由于大多数睾丸间质细胞肿瘤从增生开始，因此应在试验中记录弥漫性和局灶性病变。增生和肿瘤的鉴别诊断标准的主观性较强。间质细胞增生和肿瘤在某些小鼠品系（如 NMRI 小鼠）中特别常见，但在其他品系中并不常见。在睾丸雌性化的小鼠中，弥漫性增生常先于肿瘤出现，并且与雌激素化合物或 5α- 还原酶抑制剂（5α-reductase inhibitors）有关。

参考文献

　　参见 7、9、12、15、16、24、33 和 35。

睾丸间质细胞腺瘤（B）
Adenoma, Leydig Cell（B）

同义词：tumor，Leydig cell，benign；interstitial cell tumor，benign。

组织发生
睾丸间质细胞。

诊断特征
- 肿块周边通常压迫邻近的生精小管（可为单侧或双侧）。
- 主要由均匀一致的多角形细胞组成，富含嗜酸性、细颗粒状或空泡化的细胞质。
- 细胞核通常位于中央，呈圆形，染色质均匀分布，可见单个明显的核仁，核质比低。可见多倍性和较大的细胞核。
- 较大的肿瘤可能含有由分化较差、细胞质稀少的嗜碱性细胞或细长的梭形细胞组成的区域。
- 有丝分裂率不一，无不典型核分裂象。
- 一些肿瘤中度血管性，含有扩张的薄壁血管和出血。偶见局灶性坏死区域。
- 囊性区域含有蛋白性物质或血液。
- 间质通常稀少，内陷的生精小管内可见玻璃样变和纤维化区域。
- 通常没有包膜，邻近的生精小管通常呈现不同程度的萎缩。
- 增生性病变的直径通常大于 3 个生精小管的直径。

鉴别诊断

睾丸间质细胞增生（Hyperplasia, Leydig Cell）

通常对邻近生精小管无压迫，细胞核较小、有较多内褶、无异型性。病变范围不超过 3 个生精小管的直径。

睾丸间质细胞癌（Carcinoma, Leydig Cell）

多形性，侵袭邻近组织（血管、包膜）或形成转移。

恶性支持细胞瘤（Tumor, Sertoli Cell, Malignant）

细胞呈细长形，细胞质着色浅或呈空泡化，通常呈栅栏状排列，形成弯曲的管状结构。

良性颗粒细胞瘤（Tumor, Granulosa Cell, Benign）

由卵泡样的巢或索组成，其内充满细胞质稀少的小圆形细胞。

恶性精原细胞瘤（Seminoma, Malignant）

细胞较大、透明或呈嗜酸性，细胞边界清楚，核质比高。

备注

　　良性睾丸间质细胞瘤的诊断主要基于病变的范围，病变范围超过 3 个正常生精小管的直径即可确诊。被生精小管组织分隔成 2 个或多个明显的肿瘤性结节时可记录为多灶性。由于这些病变似乎代表了从小的增生细胞聚集到大的肿瘤的连续性过程，因此增生和肿瘤的鉴别诊断标准具有主观性。间质细胞腺瘤可以非常大，取代大部分甚至全部的原有组织。在睾丸雌性化的小鼠中可发生睾丸间质细胞瘤，也可以由雌激素化合物、5α- 还原酶抑制剂或镉诱导产生。附睾中也有睾丸间质细胞瘤的报道。

参考文献

　　参见 7、8、9、12、15、16、24、26、27、33、34、35 和 38。

图 6-2（左上） 睾丸，睾丸间质细胞腺瘤。肿瘤取代了大部分正常结构，可见大量明显扩张的血管。CD-1 小鼠，2 年试验，动物年龄超过 12 月龄。H&E 染色

图 6-3（右上） 睾丸，睾丸间质细胞腺瘤。细胞质呈颗粒状、嗜酸性，大小不一。CD-1 小鼠，2 年试验，动物年龄超过 12 月龄。H&E 染色

图 6-4（左下） 睾丸，睾丸间质细胞腺瘤。睾丸网小管周围可见具有着色浅、空泡化细胞质的细胞。CD-1 小鼠，2 年试验，动物年龄超过 12 月龄。H&E 染色 ▶

图 6-5（右下） 睾丸，睾丸间质细胞腺瘤。萎缩的生精小管周围可见小的、嗜碱性、未分化细胞。B6C3F1 小鼠，2 年试验，动物年龄超过 12 月龄。H&E 染色

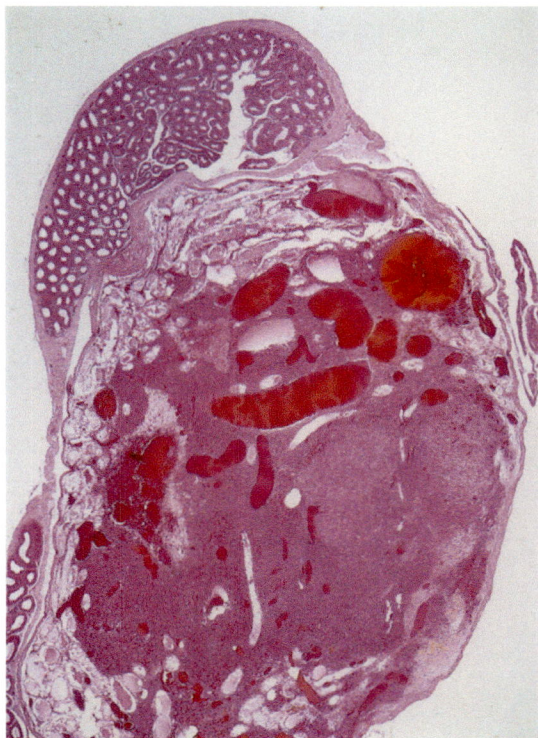
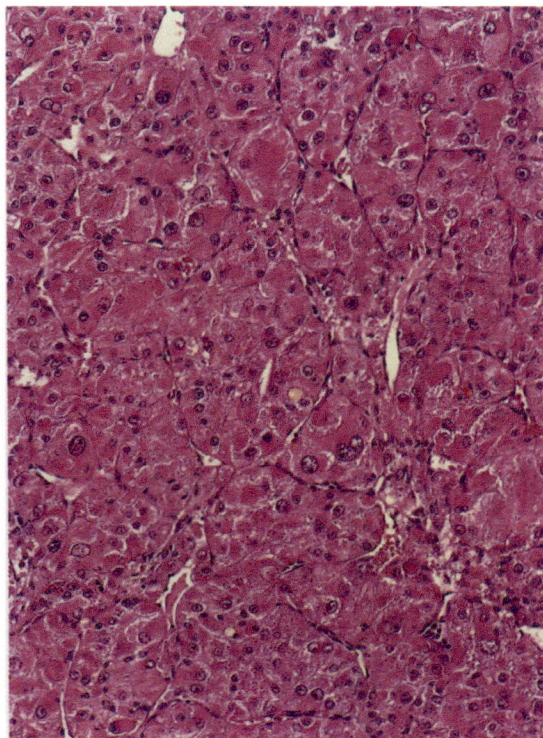
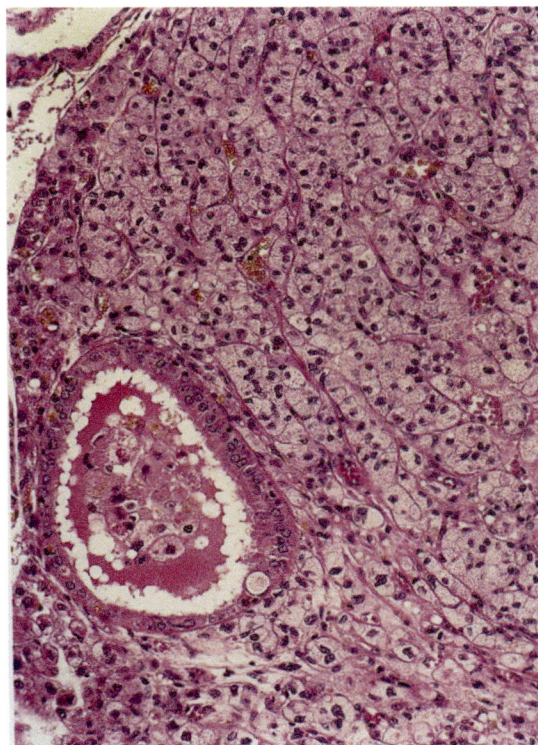
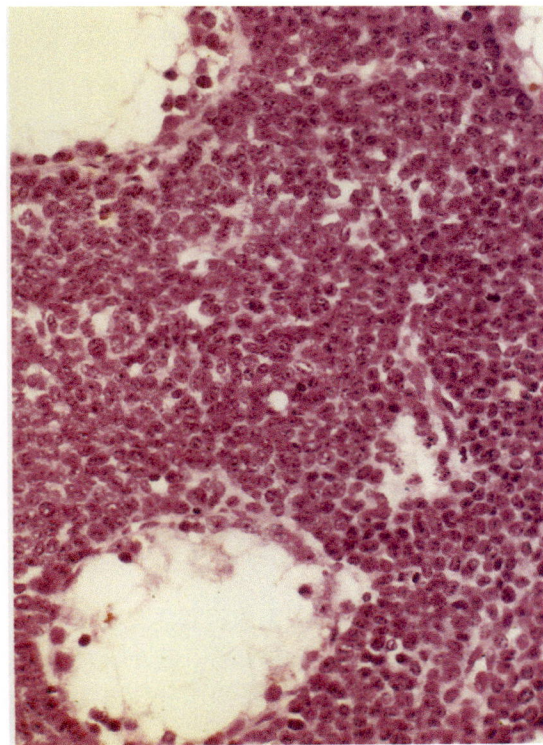

睾丸间质细胞癌（M）
Carcinoma, Leydig Cell（M）

同义词：tumor，Leydig cell，malignant；interstitial cell tumor，malignant。

组织发生
睾丸间质细胞。

诊断特征
- 肿块侵袭被膜或邻近组织，或向远处转移。
- 可见细胞多形性，如分化差的嗜碱性细胞或细胞质稀少的梭形细胞。
- 有丝分裂不常见，有时可见不典型核分裂象。
- 常见内陷的生精小管。
- 常见坏死和（或）出血区域。

鉴别诊断

睾丸间质细胞腺瘤（Adenoma, Leydig Cell）

尽管可能出现梭形的睾丸间质细胞区域，但睾丸间质细胞腺瘤缺乏明显的细胞多形性，不侵袭邻近组织或发生转移。

恶性精原细胞瘤（Seminoma, Malignant）

细胞较大，细胞质透明或呈嗜酸性，细胞边界清楚，核质比高。

恶性支持细胞瘤（Tumor, Sertoli Cell, Malignant）

细胞细长，细胞质着色浅或呈空泡化，通常呈栅栏状排列，形成弯曲的管状结构。

良性颗粒细胞瘤（Tumor, Granulosa Cell, Benign）

由卵泡样的巢或索组成，其内充满细胞质稀少的小圆形细胞，无侵袭性。由于颗粒细胞瘤和睾丸间质细胞癌都很罕见，均由细胞质稀少的小细胞组成。因此，鉴别诊断特征未见描述。

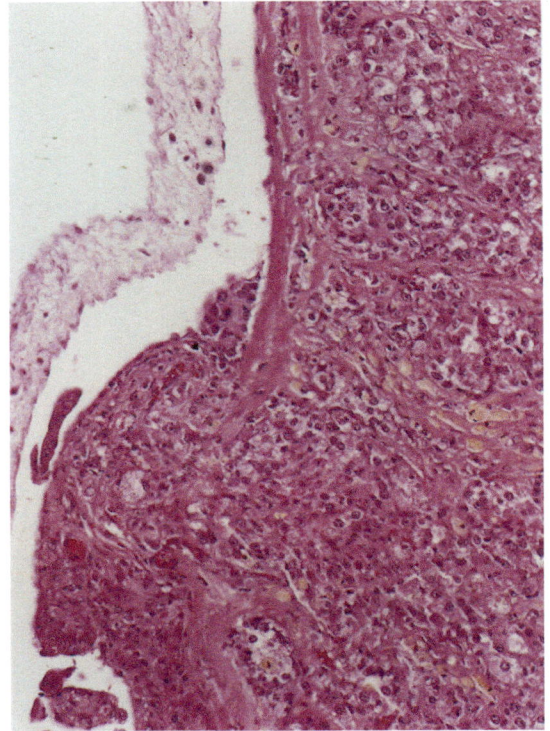

图 6-6　睾丸，睾丸间质细胞癌。多形性细胞侵袭突破睾丸鞘膜。CD-1 小鼠，2 年试验，动物年龄超过 12 月龄。H&E 染色

备注
是否侵袭睾丸鞘膜、周围组织或精索，或者是否发生转移，是区分睾丸间质细胞癌和睾丸间质细胞腺瘤的最重要标准。在人类中，睾丸间质细胞可浸润睾丸白膜而不发生肿瘤性转化。识别对血管和淋巴管的侵袭往往比较困难，由于睾丸间质细胞肿瘤中常存在充满血液和蛋白质的空腔，因此很容易做出假阳性诊断。睾丸间质细胞癌可见于宫内暴露于己烯雌酚（diethylstilbestrol）的 CD-1 小鼠。

参考文献
参见 7、9、12、14、15、16、24、27、34 和 38。

恶性支持细胞瘤（*M*）
Tumor, Sertoli Cell, Malignant（*M*）

同义词：androblastoma；arrhenoblastoma；sustentacular cell tumor，malignant；tumor，gonadal stromal，malignant；tumor，sex cord stromal，malignant。

组织发生

性索／基质细胞；支持细胞。

诊断特征

- 细胞通常在纤细的纤维血管间质上呈栅栏状排列，形成迂曲的管状结构，没有明显的管腔。
- 偶见较不规则的弥漫性排列形态，但通常存在管状结构。
- 肿瘤细胞呈细长形，细胞质通常着色浅、呈空泡化，核染色质呈细斑点状，核仁不明显，细胞边界不清。
- 核分裂象很常见，尤其是在分化较差的区域。

鉴别诊断

睾丸间质细胞腺瘤（*Adenoma, Leydig Cell*）或*睾丸间质细胞癌*（*Carcinoma, Leydig Cell*）

也可能包含细长形和梭形细胞，但不像支持细胞瘤那样排列成栅栏状或管状形态。

良性颗粒细胞瘤（*Tumor, Granulosa Cell, Benign*）

由卵泡样的巢或索组成，其内充满细胞质稀少的小圆形细胞。

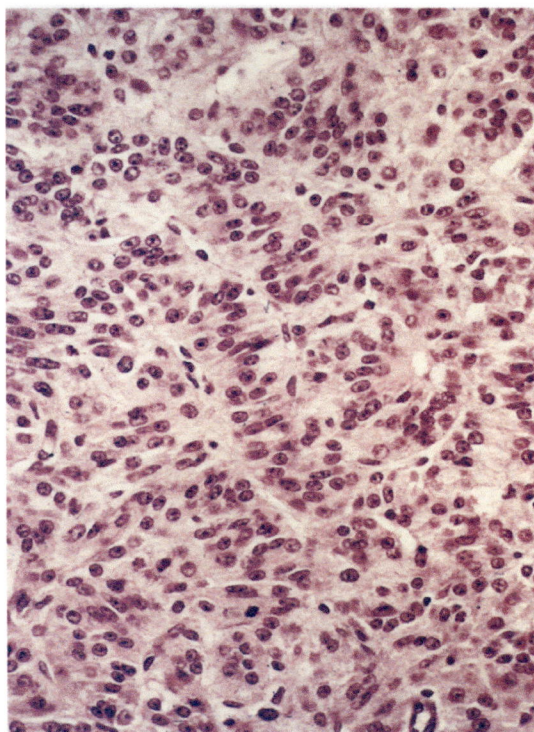

图 6-7 睾丸，恶性支持细胞瘤。细胞呈细长形，细胞核呈栅栏状排列，细胞质丰富、着色浅。B6C3F1小鼠，2 年试验，动物年龄超过 12 月龄。H&E 染色

备注

此类肿瘤在小鼠中非常罕见。诊断主要依据细胞排列方式和细胞核的朝向。由于此类肿瘤非常罕见，本分类未对良性和恶性支持细胞瘤进行区分。恶性支持细胞瘤必须具有包膜外侵袭、血管侵袭或远处转移等特征。

参考文献

参见 8、12、24、27 和 34。

良性颗粒细胞瘤（B）
Tumor, Granulosa Cell, Benign（B）

组织发生

性索 / 基质细胞；支持细胞。

诊断特征

- 生长形态与卵巢颗粒细胞瘤相似，即形成卵泡样巢和结节，或呈索状和片状，取代生精小管。
- 类似卵巢颗粒细胞瘤的小细胞，细胞质稀少、呈嗜酸性，细胞核含有单个核仁，染色质呈斑点状。
- 细胞通常呈圆形，但也可能呈梭形或多形性。偶见核分裂象。

鉴别诊断

恶性支持细胞瘤（*Tumor, Sertoli Cell*，*Malignant*）

形成生精小管样结构，衬覆具有丰富的细胞质、明显呈细长形的细胞。

睾丸间质细胞腺瘤（*Adenoma, Leydig Cell*）

由典型的多角形细胞组成，通常含有部分梭形细胞。

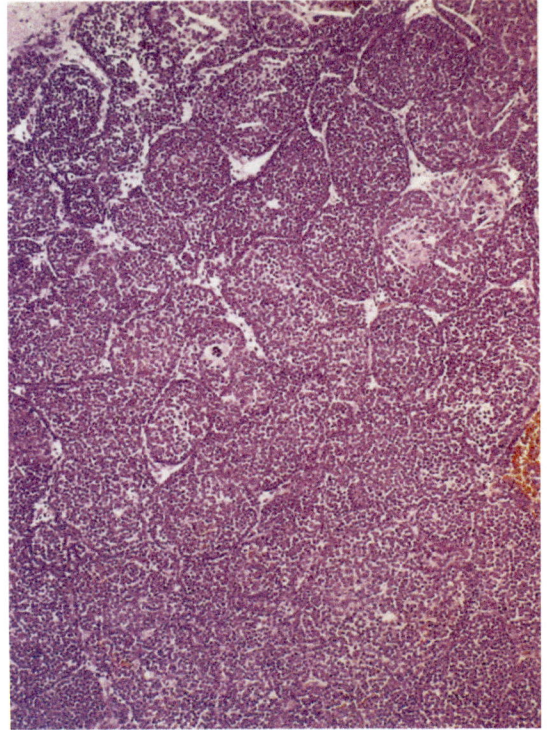

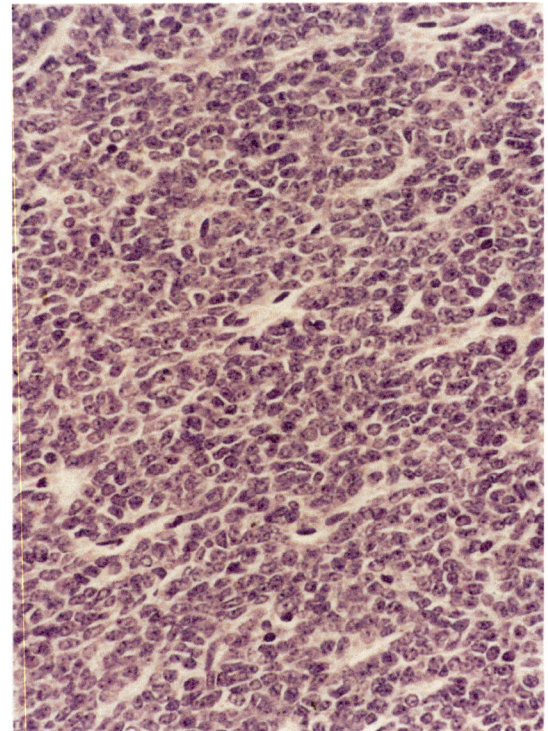

图 6-8（右上） 睾丸，良性颗粒细胞瘤。小的、嗜碱性细胞形成卵泡样结构。B6C3F1 小鼠，2 年试验，动物年龄超过 12 月龄。H&E 染色

图 6-9（右下） 睾丸，良性颗粒细胞瘤。嗜碱性细胞，细胞质稀少。CD-1 小鼠，2 年试验，动物年龄超过 12 月龄。H&E 染色

睾丸间质细胞癌（*Carcinoma, Leydig Cell*）

侵袭邻近组织（血管、被膜）或发生转移。由于颗粒细胞瘤和睾丸间质细胞癌都很罕见，均由细胞质稀少的小细胞组成。因此，二者的鉴别特征未见描述。

恶性精原细胞瘤（*Seminoma, Malignant*）

细胞较大，细胞质透明或呈嗜酸性，细胞边界清楚，核质比高。

备注

由于此类肿瘤非常罕见，本分类未对良性和恶性颗粒细胞瘤进行区分。恶性肿瘤必须具有包膜外侵袭、血管侵袭或远处转移等特征。

参考文献

参见 1、24、27、34、36 和 38。

恶性精原细胞瘤（*M*）
Seminoma, Malignant（*M*）

同义词：germinoma，malignant；spermatobla-stoma；spermatocytoma，malignant。

组织发生

生精细胞（生精小管）。

诊断特征

- 细胞呈片状和小叶状排列，可充满生精小管并弥漫性浸润间质。
- 大的、圆形至多角形的细胞，细胞边界清楚。
- 细胞大小不一，类似原始生殖细胞／精原细胞。
- 细胞质通常透明或呈嗜酸性，常含有糖原，围绕着一个位于中央、大而圆的细胞核，细胞核内含 1~2 个核仁。
- 核分裂象较多，可见不典型核分裂象。
- 肿瘤间质中可能发生淋巴细胞性或肉芽肿性反应。

鉴别诊断

睾丸间质细胞腺瘤（Adenoma, Leydig Cell）或睾丸间质细胞癌（Carcinoma, Leydig Cell）

肿瘤细胞均匀一致，富含嗜酸性细胞质，有时也可见梭形细胞和细胞核呈小圆形的区域，主要在生精小管间生长。

良性颗粒细胞瘤（Tumor, Granulosa Cell, Benign）

由卵泡样的巢或索组成，其内充满小的、圆形细胞，细胞质稀少。

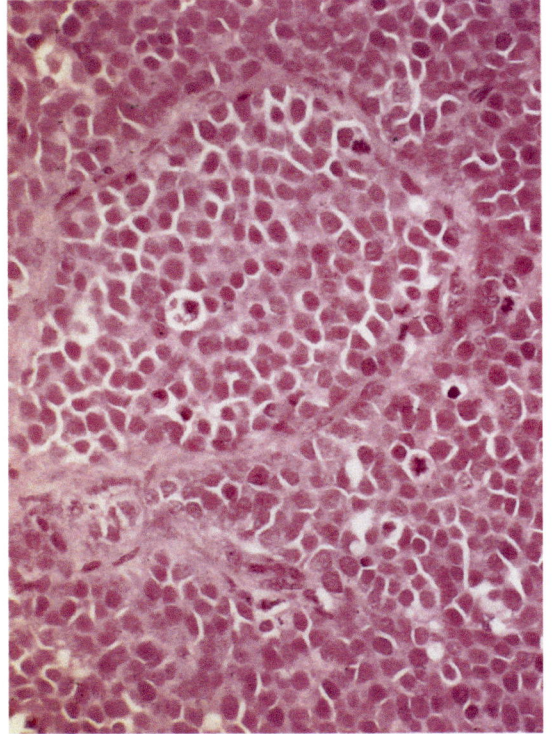

图 6-10 睾丸，精原细胞瘤。管状结构内充满呈片状排列、圆形至多角形的细胞，细胞边界清楚。B6C3F1 小鼠，2 年试验，动物年龄超过 12 月龄。H&E 染色

备注

精原细胞瘤是小鼠非常罕见的肿瘤，且未见很好的描述。恶性精原细胞瘤的诊断主要基于肿瘤细胞类似精原细胞（有时是精母细胞）的细胞学特征。由于此类肿瘤罕见，本分类未对良性和恶性精原细胞瘤进行形态学区分。

参考文献

参见 3、7、12、24、27、34 和 38。

卵黄囊癌（M）
Carcinoma, Yolk Sac（M）

组织发生

生殖细胞肿瘤亚型。

诊断特征

- 最典型的特征是肿瘤细胞产生大量呈嗜酸性、PAS 染色呈阳性的基质，肿瘤细胞嵌入基质中。

- 肿瘤可能含有具有类似 2 层胎膜（即壁层卵黄囊和脏层卵黄囊）的细胞类型和形态。

- 壁层卵黄囊灶由多角形或立方形的内胚层细胞组成，细胞质呈双嗜性，细胞核具有多形性，含有一个或多个核仁。细胞质内含有 PAS 染色呈阳性的小滴或颗粒。

- 壁层卵黄囊细胞形成片状、菊形团、索状或乳头状结构。偶见小囊肿和肾小球样小体形成。

- 脏层卵黄囊的内胚层细胞不含有嗜酸性、PAS 染色呈阳性的小滴，可能是柱状或大的、多角形细胞，细胞质着色浅、呈空泡化，细胞核巨大。

- 脏层卵黄囊细胞可围绕毛细血管形成乳头状结构，形成细胞簇或与壁层卵黄囊细胞相混合。

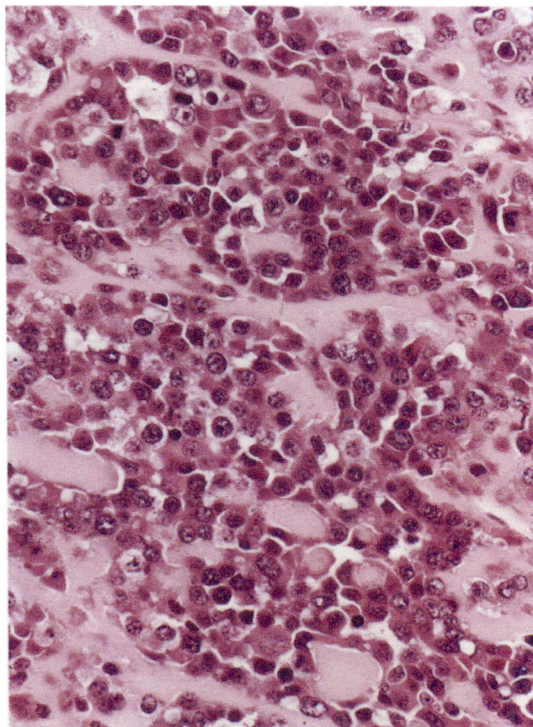

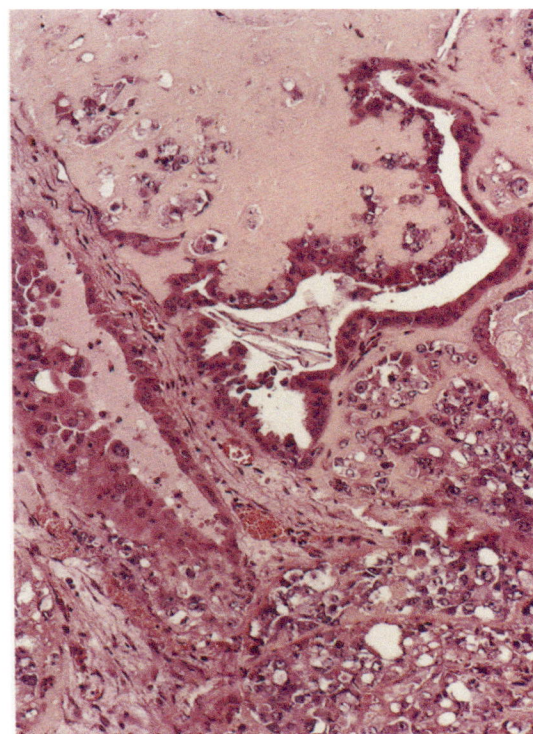

图 6-11（右上） 睾丸，卵黄囊癌。小的、嗜碱性细胞生成嗜酸性、基底膜样物质。CD-1 小鼠，2 年试验，动物年龄超过 12 月龄。H&E 染色

图 6-12（右下） 睾丸，卵黄囊癌。侵袭附睾。空泡化的、大的、弱嗜碱性的细胞和丰富的、嗜酸性基底膜样物质。CD-1 小鼠，2 年试验，动物年龄超过 12 月龄。H&E 染色

• 所有肿瘤成分可沿腹部浆膜发生转移性扩散，或出现在远处部位，如淋巴结和肺。

鉴别诊断

睾丸网癌（*Carcinoma of the Rete Testis*）或精囊腺癌（*Adenocarcinoma of the Seminal Vesicle*）或前列腺腺癌（*Adenocarcinoma of the Prostate*）

缺乏丰富的呈嗜酸性、PAS 染色呈阳性的基质，但可能含有硬癌成分。

备注

卵黄囊癌是小鼠罕见的肿瘤。目前未见关于小鼠睾丸卵黄囊癌的文献报道。本分类所描述的变化是基于 CD-1 小鼠 2 年致癌性试验中发现的 1 例睾丸卵黄囊癌案例。

参考文献

参见 3、21 和 36。

良性畸胎瘤（B）
Teratoma, Benign（B）

组织发生
逃脱原始组织调控的多能胚胎组织。

诊断特征
- 畸胎瘤必须包含源自 3 个胚层的组织。
- 各组织成分通常分化好。
- 良性畸胎瘤通常含有囊肿，可内衬立方形上皮、肠上皮或呼吸上皮。囊肿可被平滑肌围绕。
- 其他成分可能包括胰腺组织、胃上皮、甲状腺、分化好的神经组织、软骨、骨和（或）骨骼肌。

鉴别诊断
恶性畸胎瘤（Teratoma, Malignant）

恶性畸胎瘤由分化差的组织成分构成，常见大的坏死区域和（或）出血区域或其他恶性特征（侵袭和转移）。

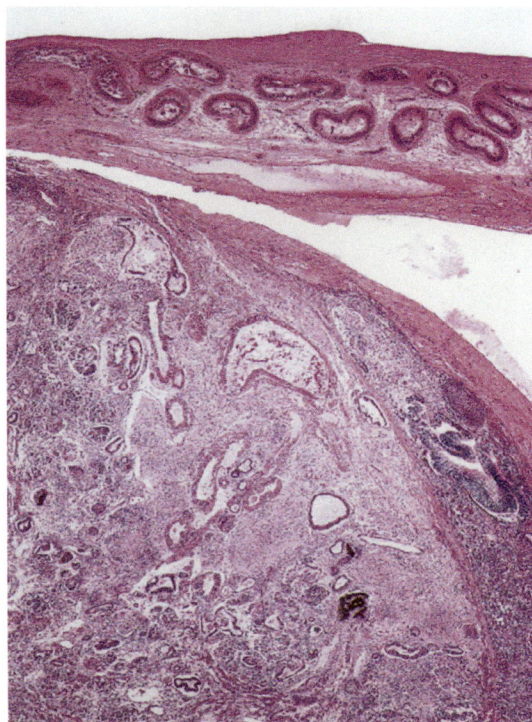

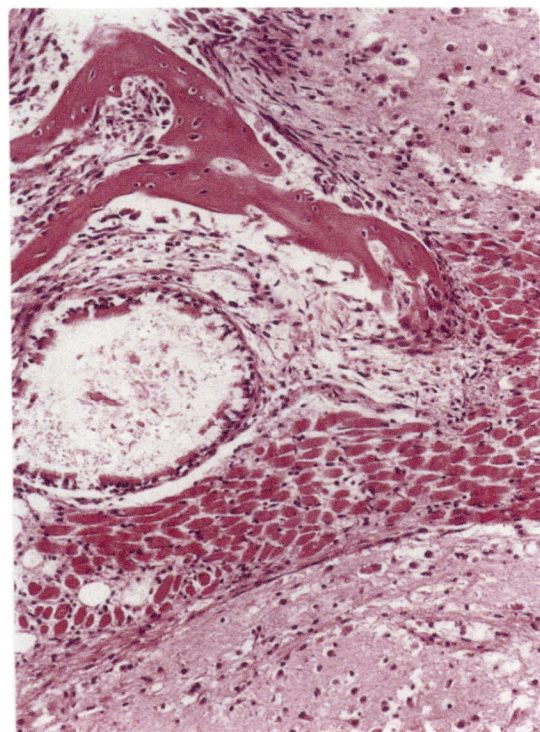

图 6-13（右上） 睾丸，良性畸胎瘤。可见与神经源性组织相关的囊性上皮结构，一侧可见附睾。HuCD4/Tg 小鼠，6 月龄。H&E 染色

图 6-14（右下） 睾丸，良性畸胎瘤。囊肿内衬上皮（黏液细胞），被骨针、肌肉和神经组织围绕。HuCD4/Tg 小鼠，6 月龄。H&E 染色

备注

　　畸胎瘤系小鼠罕见肿瘤，但是在 129 品系的亚系小鼠中较常见。畸胎瘤可发生在任何组织，但在生殖系统中最常见。

参考文献

　　参见 2、27、36 和 39。

恶性畸胎瘤（*M*）
Teratoma, Malignant（*M*）

组织发生
逃脱原始组织调控的多能胚胎组织。

诊断特征
- 畸胎瘤必须包含源自 3 个胚层的组织。
- 恶性畸胎瘤内神经组织、上皮组织和间叶组织分化差，类似胚胎组织。
- 肿瘤呈侵袭性生长，可发生转移。
- 可见坏死区域和出血区域，提示肿瘤组织快速生长。

鉴别诊断
良性畸胎瘤（*Teratoma, Benign*）
良性畸胎瘤的组织成熟程度较高。未见大的坏死区域和（或）出血区域及其他恶性特征，如侵袭和转移。

性索间质肿瘤（*Sex Cord Stromal Tumors*）
源自 3 个胚层的组织不是性索间质肿瘤不可或缺的成分。

备注
畸胎瘤系小鼠罕见肿瘤，最常见于生殖系统，但亦可发生于任何组织。

参考文献
参见 2、25、27、36 和 39。

睾丸网增生（*H*）
Hyperplasia, Rete Testis（*H*）

组织发生

　　睾丸网上皮。

诊断特征

- 位于睾丸纵隔内，睾丸网小管呈局灶性 / 多灶性增生，不超过 3 层细胞，常形成乳头状球状突起 / 指状突起。
- 正常组织结构无变形、无压迫。
- 细胞呈立方形至高柱状，富含嗜酸性细胞质，细胞核呈圆形至卵圆形、泡状，单个核仁。
- 突入管腔的乳头状突起的横切面类似菊形团。
- 核分裂象少见。
- 可见充满精子的囊性结构。

鉴别诊断

　　睾丸网腺瘤（*Adenoma, Rete Testis*）

　　肿瘤由广泛的乳头状结构和支持性间质组成，组织肿块持续生长而压迫邻近组织。

参考文献

　　参见 5、9、12、31 和 44。

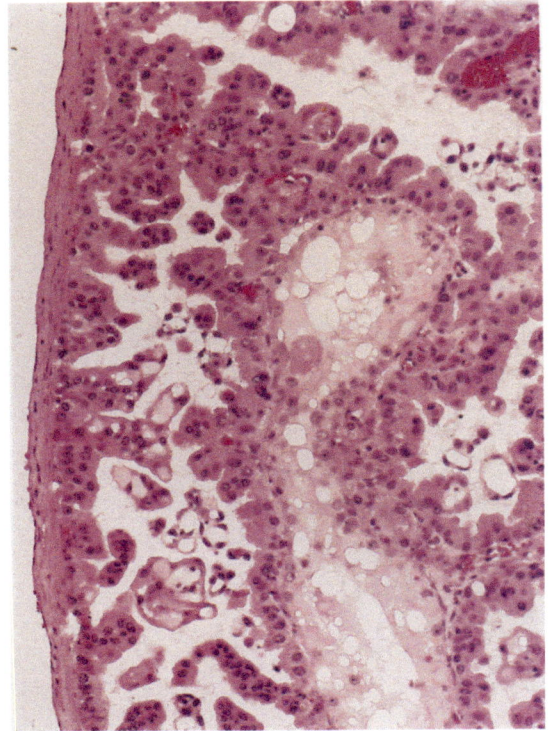

图 6-15　睾丸网增生。小管内衬增生的乳头状突起。CD-1 小鼠，2 年试验，动物年龄超过 12 月龄。H&E 染色

睾丸网腺瘤（B）
Adenoma, Rete Testis（B）

组织发生

睾丸网上皮。

诊断特征

- 睾丸网结构的管状-乳头状肿瘤组织，位于睾丸纵隔内，压迫邻近组织。
- 乳头状结构和小管通常内衬单层或多层上皮细胞。
- 常见睾丸网小管局灶性密集排列和扩张。
- 肿瘤细胞呈立方形至高柱状，或呈多形性。富含嗜酸性细胞质，细胞核呈圆形至卵圆形、泡状，单个核仁。
- 核分裂象少见。
- 可见充满精子的囊性结构。
- 可见白膜内小管内衬上皮的增生。

鉴别诊断

睾丸网增生（*Hyperplasia, Rete Testis*）

上皮细胞增生有限，伴有少量间质，对邻近结构无压迫，无异型性或侵袭。

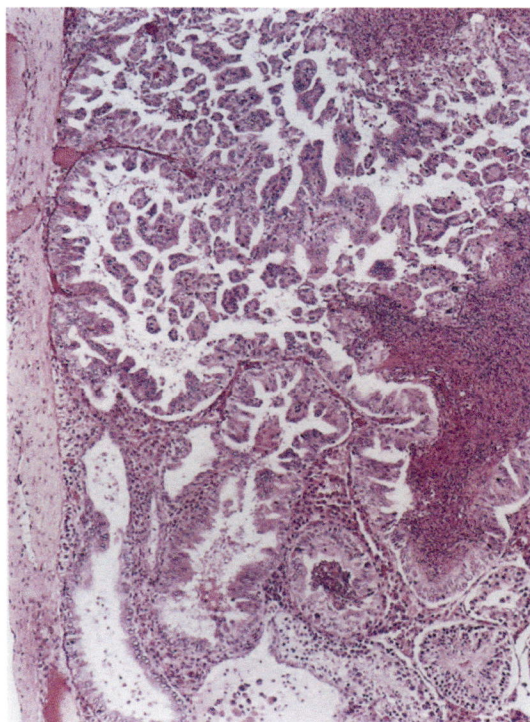

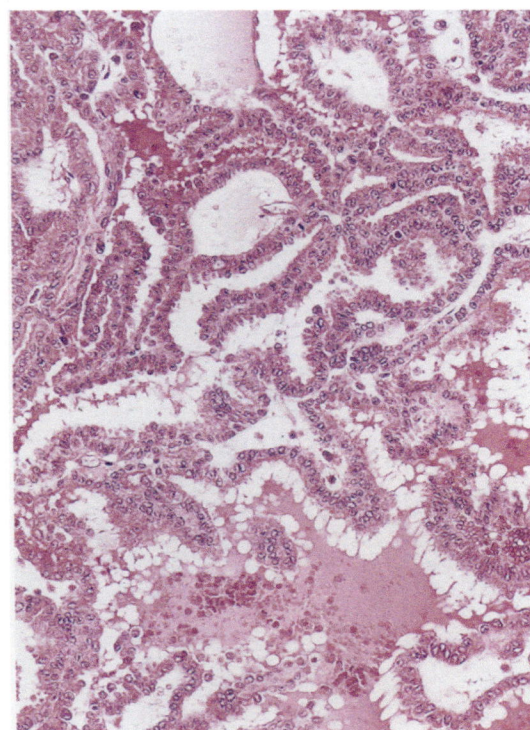

图 6-16（右上） 睾丸网腺瘤。管状-乳头状结构取代生精小管，引起局灶性精子蓄积。CD-1 小鼠，2 年试验，动物年龄超过 12 月龄。H&E 染色
图 6-17（右下） 睾丸网腺瘤。H&E 染色

睾丸网癌（*Carcinoma, Rete Testis*）

常见侵袭、重度异型性、实性区域和
（或）高有丝分裂指数。

转移癌 / 腺癌（*Carcinoma/Adenocarcinoma, Metastatic*）

排除其他部位的原发性恶性上皮肿瘤。

参考文献

参见 5、7、12、31、32 和 44。

睾丸网癌（M）
Carcinoma, Rete Testis（M）

组织发生

睾丸网上皮。

诊断特征

- 特征是位于睾丸纵隔内的睾丸网小管融合，呈不规则、乳头状扩张的肿块。
- 可侵袭邻近结构和白膜。
- 肿瘤细胞具有多形性，常呈高柱状，含有嗜酸性细胞质和不典型、泡状或嗜碱性细胞核。
- 核分裂象数量不一，可见不典型核分裂象。
- 可见实性区域伴有硬癌间质。

鉴别诊断

睾丸网腺瘤（*Adenoma, Rete Testis*）

由分化好的细胞组成，无侵袭性生长特征。

转移性癌/腺癌（*Carcinoma/Adenocarcinoma, Metastatic*）

排除其他部位的原发性恶性上皮肿瘤。

参考文献

参见 5、7、12、31、32 和 44。

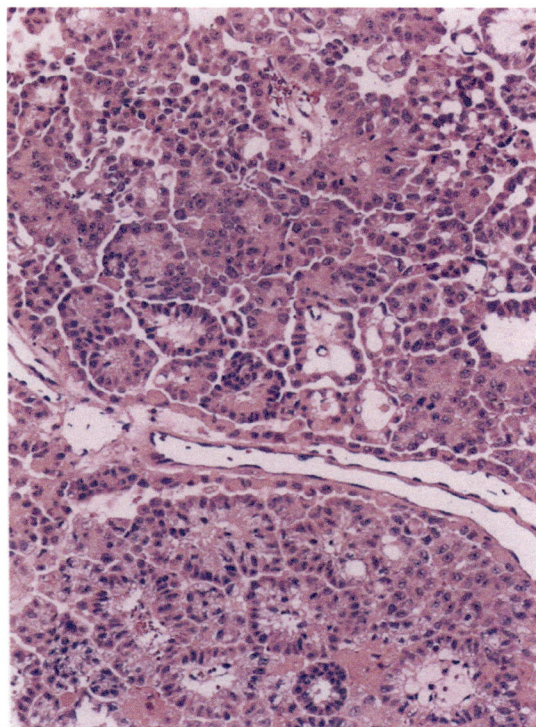

图 6-18 睾丸网癌。不典型、不规则、乳头状生长的肿瘤组织取代管状结构。CD-1 小鼠，82 周龄。H&E 染色

睾丸间质细胞腺瘤（*B*）
Adenoma, Leydig Cell（*B*）

同义词：tumor，Leydig cell，benign；tumor，interstitial cell，benign。

组织发生

睾丸间质细胞。

诊断特征

- 结节状或弥漫性肿块，可见周边压迫、移位或取代邻近附睾管。
- 由多角形细胞组成，富含嗜酸性或空泡化细胞质。
- 细胞核通常位于中央，呈圆形，染色质分布均匀，单个明显核仁，核质比低。
- 体积较小、含有较少嗜碱性细胞质且核深染的细胞和含有棕黄色色素（脂褐素）的细胞较少见。
- 核分裂象少，无不典型核分裂象。

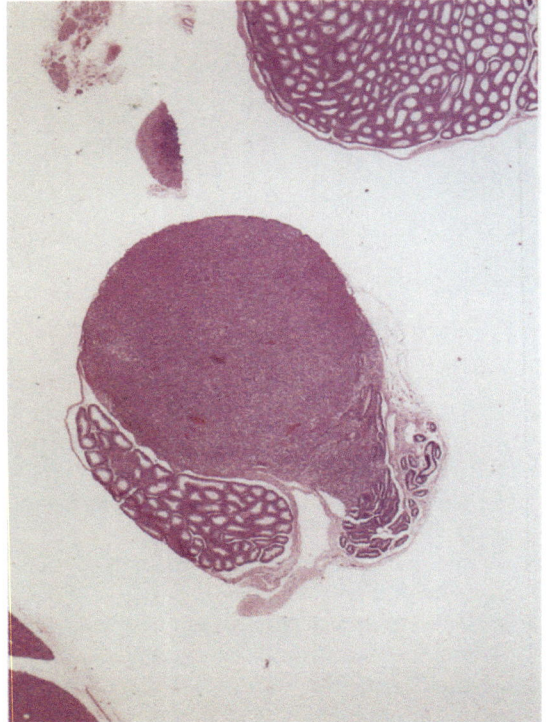

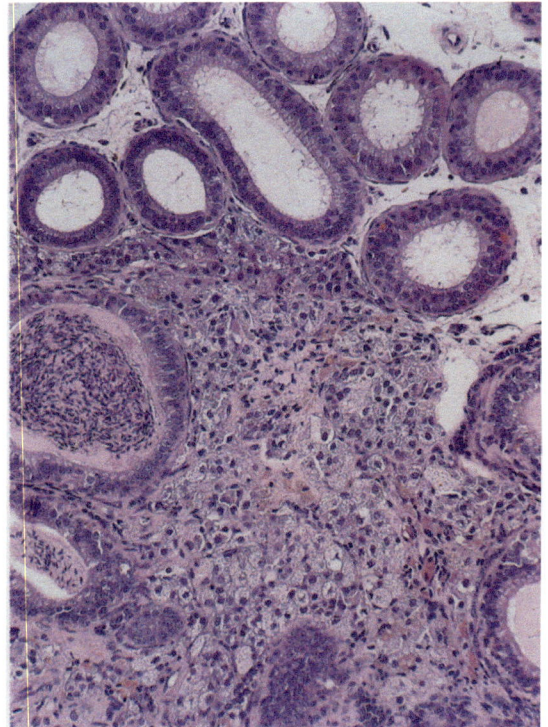

图 6-19（右上） 附睾，睾丸间质细胞腺瘤。肿瘤性睾丸间质细胞取代附睾结构。B6C3F1 小鼠，2 年试验，动物年龄超过 12 月龄。H&E 染色
图 6-20（右下） 附睾，睾丸间质细胞腺瘤。空泡化、肿瘤性睾丸间质细胞使附睾管移位。CD-1 小鼠，2 年试验，86 周龄。H&E 染色

鉴别诊断

肉芽肿（Granuloma）

由空泡化的巨噬细胞和其他炎症细胞组成，常伴有精子蓄积。

备注

睾丸间质细胞腺瘤是在 B6C3F1 小鼠中已有报道的罕见肿瘤。附睾未见睾丸间质细胞增生或睾丸间质细胞癌的报道。正常附睾内通常无睾丸间质细胞。

参考文献

参见 7、12、24、26 和 34。

增生（*H*）
Hyperplasia（*H*）

同义词：hyperplasia，atypical。

组织发生

　　前列腺和凝固腺的腺泡 / 导管上皮。

诊断特征

- 局灶性或多灶性病变，累及单个或几个邻近腺泡，偶见排泄管受累。好发生于腹叶或背侧叶，前叶（凝固腺）罕见。
- 增生性病变不使腺泡腔消失，不影响正常腺泡结构。支持性间质很少或没有。
- 上皮增生厚度可达 3 层细胞和更多层，常呈筛状或假复层，有时形成乳头状结构，偶尔可见细胞极性缺失。
- 细胞呈立方形至柱状，细胞质嗜碱性增强。
- 细胞异型性通常轻微，可见细胞异型性增强或鳞状上皮化生区域。
- 可见正常上皮逐渐转变为局灶性增生，有时可见骤然改变。
- 在过渡区偶见高柱状细胞，细胞质呈强嗜酸性，细胞核深染，呈圆形至卵圆形，位于基底部。

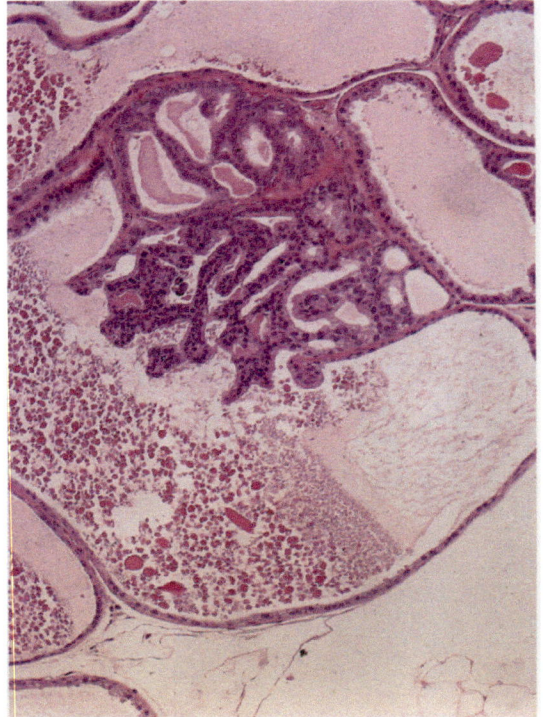
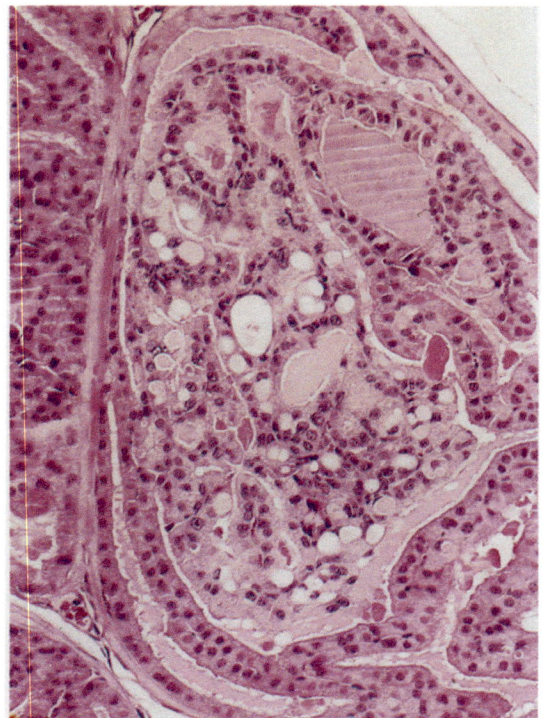

图 6-21（右上） 前列腺，增生。H&E 染色
图 6-22（右下） 凝固腺，增生。H&E 染色

- 核质比降低或升高，核分裂象不常见。
- 无包膜形成，不压迫邻近组织。
- 通常不伴有炎症。

鉴别诊断

功能性增生（Hyperplasia, Functional）

通常呈弥漫性而非局灶性。上皮细胞"密集"但不形成真正的多层。上皮细胞高度增加，嗜碱性增强，可形成褶皱，突入含有较少分泌物的腺泡腔内。

反应性增生（Hyperplasia, Reactive）

几乎总是伴有炎症，上皮单纯性增厚至2~6层或更多层细胞，偶见假腺体形成。

腺瘤（Adenoma）

使正常腺体结构变形、压迫邻近组织和（或）使腺泡腔消失的增生性病变。可见营养血管和支持性间质内生以及轻度多形性。

备注

前列腺系多叶器官，由腹叶、背叶、侧叶和前叶组成。前叶常被称为凝固腺，背叶和侧叶常被统称为背侧叶。与大鼠不同，镜下区分小鼠前列腺各叶较困难，最好通过分别包埋进行区分。小鼠前列腺各叶自发性、增生性病变罕见，在一些转基因小鼠中的发生率可高达100%。

参考文献

参见 7、9、10、11、12、22、25、34、37和 41。

腺瘤（*B*）
Adenoma（*B*）

组织发生

前列腺和凝固腺的腺泡 / 导管上皮。

诊断特征

- 腺泡内筛状和（或）乳头状增生，通常使几个腺泡腔部分或完全消失。
- 正常腺体结构变形，压迫周围组织。
- 有时被纤细的纤维性包膜完全或部分包裹。
- 营养血管和支持性间质内生。
- 偶尔外生进入邻近的腺泡或导管（非侵袭）。
- 肿瘤细胞通常体积增大，细胞核呈圆形至卵圆形，染色或深或浅，核质比降低或升高，细胞极性缺失，细胞质呈轻微嗜酸性或双嗜性。
- 轻度多形性，一些区域可见异型增生和鳞状上皮化生。
- 可见核分裂象。
- 通常无炎症。
- 凝固腺腺瘤可因滞留的分泌物而严重变形。

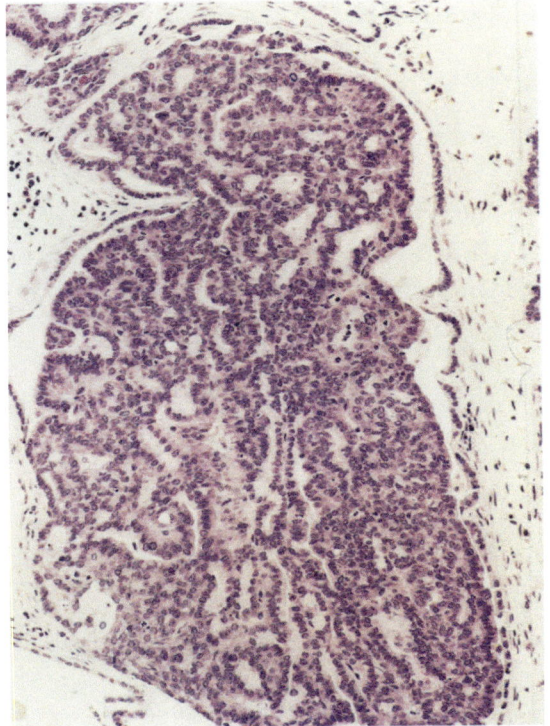

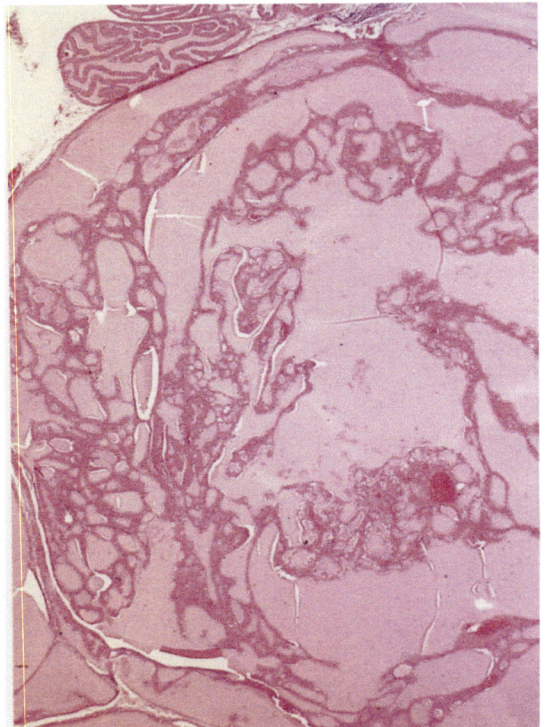

图 6-23（右上） 前列腺，腺瘤。乳头状结构使腺泡明显扩张。CD-1 小鼠，2 年试验，动物年龄超过 12 月龄。H&E 染色

图 6-24（右下） 凝固腺，腺瘤。乳头状和腺样结构形成，导致分泌物蓄积和腺体扩张。B6C3F1 小鼠，2 年试验，动物年龄超过 12 月龄。H&E 染色

鉴别诊断

增生（Hyperplasia）

不压迫周围组织或形成包膜，不会使腺泡腔消失。缺乏支持性间质，保持腺样结构。

腺癌（Adenocarcinoma）

侵袭性生长（如突破包膜）和转移，常见结构严重破坏，有时可见中央坏死和出血，细胞异型性增加。

良性颗粒细胞瘤（Tumor, Granular Cell, Benign）

由大的上皮样或梭形嗜酸性细胞组成，含有 PAS 染色呈阳性的细胞质颗粒。

备注

前列腺是一个多叶器官，由腹叶、背叶、侧叶和前叶组成。前叶常被称为凝固腺，背叶和侧叶常被统称为背侧叶。与大鼠不同，镜下区分小鼠前列腺各叶较困难，最好通过分别包埋进行区分。小鼠前列腺各叶自发性、增生性病变罕见，但在一些转基因小鼠中的发生率可高达 100%。

参考文献

参见 7、9、10、11、12、22、25、34、37和 41。

腺癌（*M*）
Adenocarcinoma（*M*）

组织发生

前列腺和凝固腺腺泡 / 导管上皮。

诊断特征

- 肿块体积从小到仅镜下可见至大到肉眼可见，常可见结构严重变形。
- 生长形态有筛状、乳头状 / 管状和（或）实性间变型，并侵袭邻近组织。
- 肿瘤细胞呈柱状或多形性 / 间变性，核质比低，细胞质呈嗜酸性或嗜碱性，细胞核大、呈泡状或深染，有多个核仁，核分裂象常见。
- 常见硬癌间质、局灶性坏死、出血和混合性炎症细胞浸润。
- 纤维性包膜明显，将肿瘤和周围组织部分分隔。
- 可转移至区域淋巴结、肺和肾。

鉴别诊断

腺瘤（*Adenoma*）

无侵袭性生长，结构破坏少，仅存在轻度多形性。

良性颗粒细胞瘤（*Tumor, Granular Cell, Benign*）

由大的或大小不一的嗜酸性上皮样或梭形细胞组成，含有 PAS 染色呈阳性的颗粒。

黏膜下增生性病变（*Proliferative Lesion, Submucosal*）

由梭形细胞和具有高度不典型细胞核、大而圆的上皮样细胞巢组成。

备注

前列腺是一个多叶器官，由腹叶、背叶、侧叶和前叶组成。前叶常被称为凝固腺，背叶和侧叶常被统称为背侧叶。与大鼠不同，镜下区分小鼠前列腺各叶较困难，最好通过分别包埋进行区分。小鼠前列腺各叶自发性、增生性病变罕见，但在一些转基因小鼠中的发生率较高。

雄性动物附属性腺发生的较大的侵袭性肿瘤，通常不能准确判定其来源腺体。因此，这些肿瘤可能被归类为腺癌，但来源不明。

参考文献

参见 7、9、10、11、12、22、25、34、37 和 41。

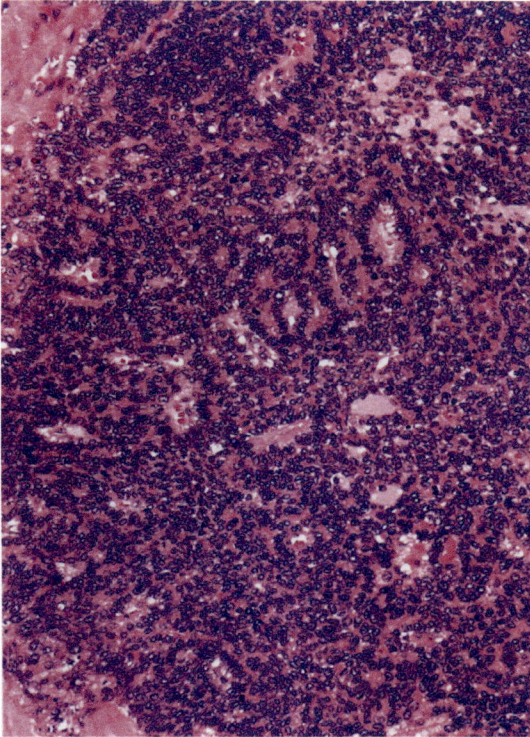

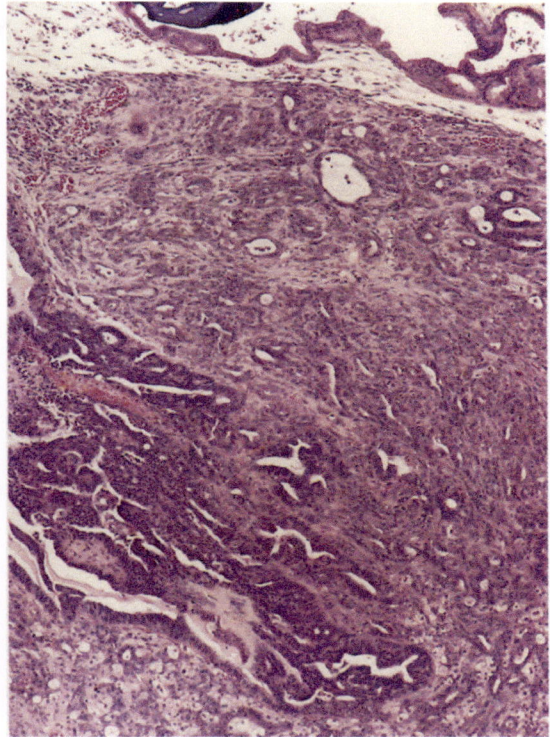

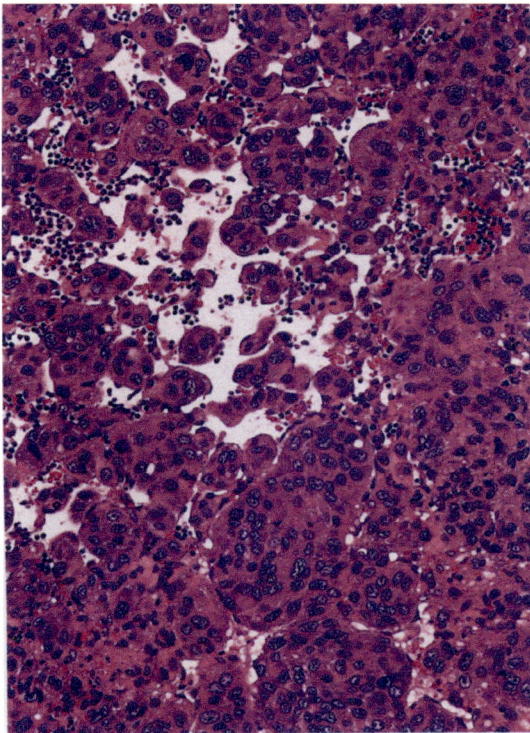

图 6-25（左上） 前列腺，腺癌。由多形性细胞组成的不典型、大小不一的腺泡，取代了正常结构。CD-1小鼠，82 周龄。H&E 染色

图 6-26（右上） 前列腺，腺癌。伴有硬癌反应的肿瘤性腺泡和细胞侵袭邻近间质。C3(1)/SV40 大 T 抗原转基因小鼠，11 月龄。H&E 染色

图 6-27（左下） 凝固腺，腺癌。由嗜酸性、不典型的上皮细胞组成的实性巢。CD-1 小鼠，79 周龄。H&E 染色

增生（*H*）
Hyperplasia（*H*）

组织发生

　　精囊上皮。

诊断特征

- 全部位于黏膜内，通常为局灶性病变，存在管腔。
- 细胞通常沿正常腺体轮廓排列，无堆积，上皮呈多层，有时呈筛状，保持正常腺体结构。
- 细胞体积增大，着色浅、双嗜性，泡状细胞核，细胞极性正常，无异型性。
- 有时可见核分裂象。
- 无包膜形成，不压迫邻近组织。
- 无营养血管和支持性间质内生。

鉴别诊断

　　腺瘤（Adenoma）

　　部分病变被包膜包裹，可压迫周围组织，使正常结构变形。正常细胞极性（部分）缺失，细胞呈筛状、粉刺状或微腺样排列。

参考文献

　　参见 7、9、12、20、24、25 和 27。

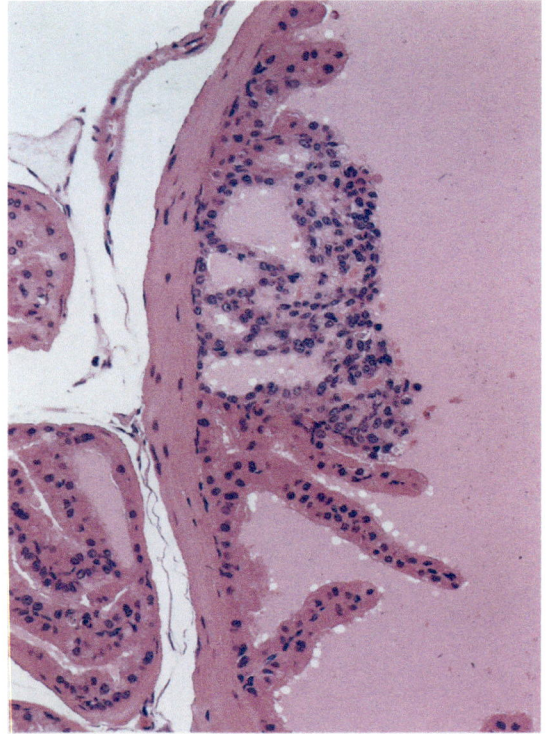

图 6-28　精囊，增生。由着色浅、嗜碱性、肥大的细胞衬覆的增生性、乳头状结构。CD-1 小鼠，85 周龄。H&E 染色

腺瘤（*B*）
Adenoma（*B*）

组织发生

精囊上皮。

诊断特征

- 轮廓清楚的结节，腺腔完全或部分消失。
- 正常腺体结构变形，压迫邻近组织。
- 细胞排列成乳头状、筛状或微腺样，细胞极性部分缺失。
- 可见一些细胞具有多形性、核密集，但有丝分裂指数低。
- 细胞核深染，圆形至卵圆形，细胞质呈嗜酸性，结缔组织间质可增多。
- 可有包膜，伴有纤维间隔将肿瘤分成许多假小叶。
- 可因分泌物滞留而变形。

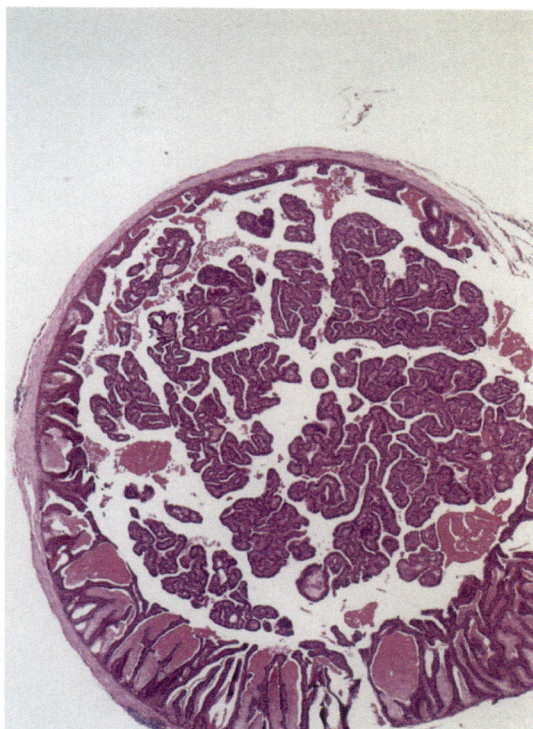

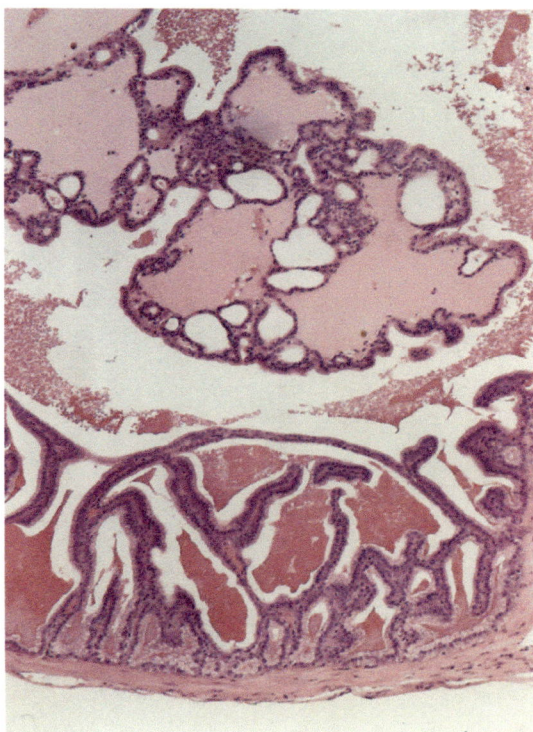

图 6-29（右上） 精囊，腺瘤。在管腔内呈乳头状生长。B6C3F1 小鼠，2 年试验，动物年龄超过 12 月龄。H&E 染色

图 6-30（右下） 精囊，腺瘤。H&E 染色

鉴别诊断

增生（Hyperplasia）

正常结构无变形，细胞通常沿正常的腺体轮廓排列。

腺癌（Adenocarcinoma）

可见局部侵袭和包膜浸润或发生转移，细胞多形性和核多形性明显。

良性颗粒细胞瘤（Tumor, Granular Cell, Benign）

肿瘤细胞呈嗜酸性，圆形至梭形，呈实性生长，含有 PAS 染色呈阳性的颗粒。

参考文献

参见 7、9、12、17、20、24、25、27 和 34。

腺癌（*M*）
Adenocarcinoma（*M*）

组织发生
精囊上皮。

诊断特征
- 生长形态通常为管状、乳头状或微腺样，间变性、实性巢状较少见。
- 正常腺体结构被明显破坏。
- 向腺体被膜和周围组织内侵袭性生长。
- 分化好的细胞具有嗜碱性细胞核和丰富的嗜酸性细胞质。间变性、实性肿瘤由大小、形状和染色差异很大的细胞组成。
- 可见坏死、出血和远处转移。

鉴别诊断
腺瘤（*Adenoma*）

无局部侵袭或远处转移，呈轻微多形性。

良性颗粒细胞瘤（*Tumor, Granular Cell, Benign*）

由大的或大小不一的嗜酸性上皮样细胞组成，含有 PAS 染色呈阳性的细胞质颗粒。

黏膜下增生性病变（*Proliferative Lesion, Submucosal*）

由梭形细胞和呈巢状的含有高度不典型细胞核、大而圆的上皮样细胞组成。

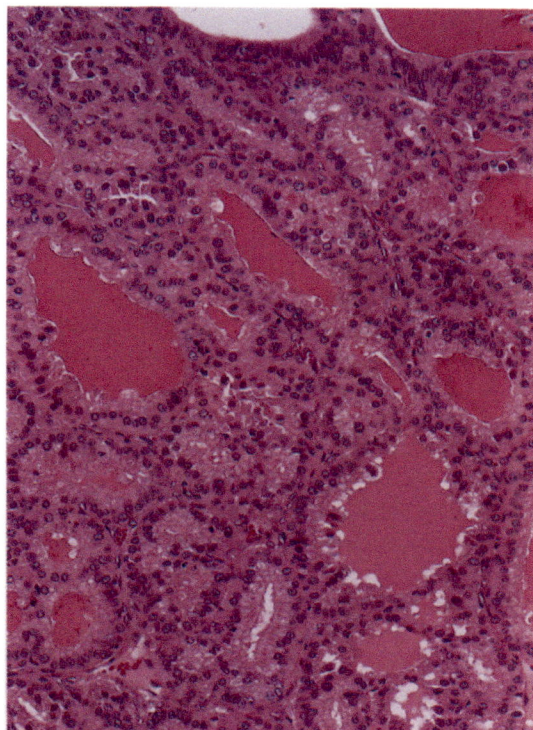

图 6-31 精囊，腺癌。不规则、肿瘤性腺泡。CD-1 小鼠，82 周龄。H&E 染色

备注
精囊腺癌罕见。当肿瘤呈高度侵袭性时，很难确定肿瘤的原发部位。

参考文献
参见 7、9、12、17、20、24、25、27 和 34。

腺鳞癌（*M*）
Carcinoma, Adenosquamous（*M*）

组织发生

前列腺和凝固腺的腺泡／导管上皮，精囊上皮。

诊断特征

- 可见肿瘤性腺管和导管广泛的鳞状上皮化生，伴有或不伴与导管或腺泡结构有关的角化。
- 常为较大的、具有高度侵袭性的肿瘤，伴有硬癌间质、坏死、出血和混合性炎症细胞浸润。

鉴别诊断

腺癌（Adenocarcinoma）

缺乏明显的鳞状细胞分化。

备注

前列腺是一个多叶器官，由腹叶、背叶、侧叶和前叶组成，前叶常被称为凝固腺，背叶和侧叶常被统称为背侧叶。与大鼠不同，镜下区分小鼠前列腺各叶较困难，最好通过分别包埋进行区分。对于雄性动物附属性腺的较大的侵袭性肿瘤，通常不能准确判定其来源腺体。因此，这些肿瘤可能被归类为腺癌，来源不明。

参考文献

参见 7、9、12、20、24、25 和 27。

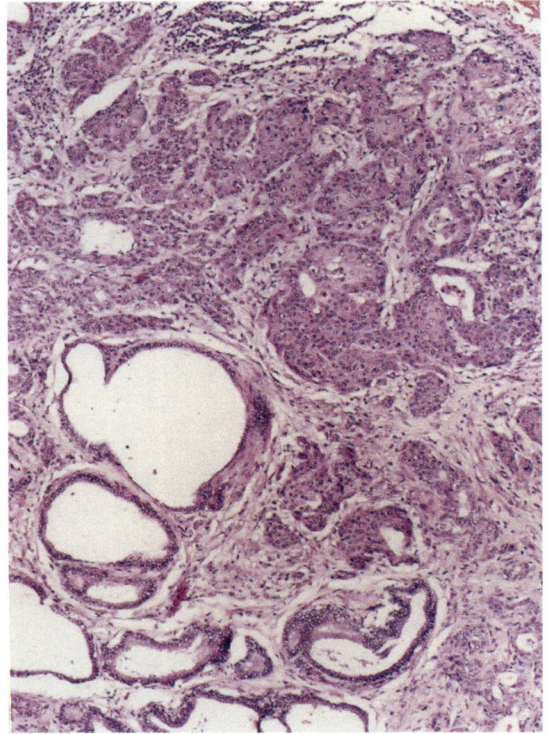

图 6-32 凝固腺和精囊起源，腺鳞癌。侵袭前列腺。肿瘤性腺泡可见明显的鳞状上皮化生伴有硬癌反应。Swiss 小鼠，长期试验，动物年龄超过 12 月龄。H&E 染色

良性颗粒细胞瘤（*B*）
Tumor, Granular Cell, Benign（*B*）

同义词：Abrikossoff's tumor，benign；myoblastoma。

组织发生

　　尚未明确，可能起源于施万细胞或间叶细胞。

诊断特征

- 通常为局限性、边界清楚的实性肿块，间质少。由较大的圆形至卵圆形上皮样细胞和较小的梭形细胞组成。其中上皮样细胞核大、着色浅，富含嗜酸性、颗粒状细胞质，而梭形细胞的细胞核小而深染，均匀一致。
- 小到中等大小的细胞质颗粒，PAS 染色呈阳性，具有淀粉酶抗性，被认为是几乎每个细胞中均存在的、处于不同阶段的溶酶体。
- 膨胀性生长导致邻近组织受压和萎缩。
- 一些肿瘤表现为更强的浸润性生长，其细胞形态往往更接近梭形。如果没有转移或侵袭其他器官，这些肿瘤通常被认为是良性的。

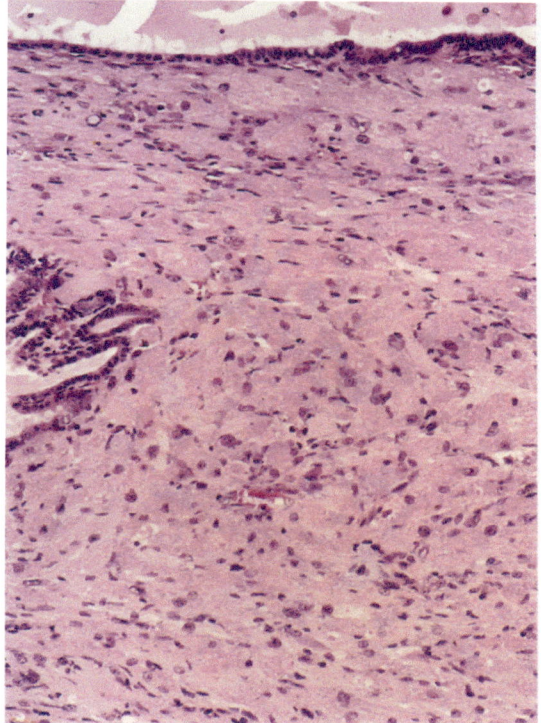

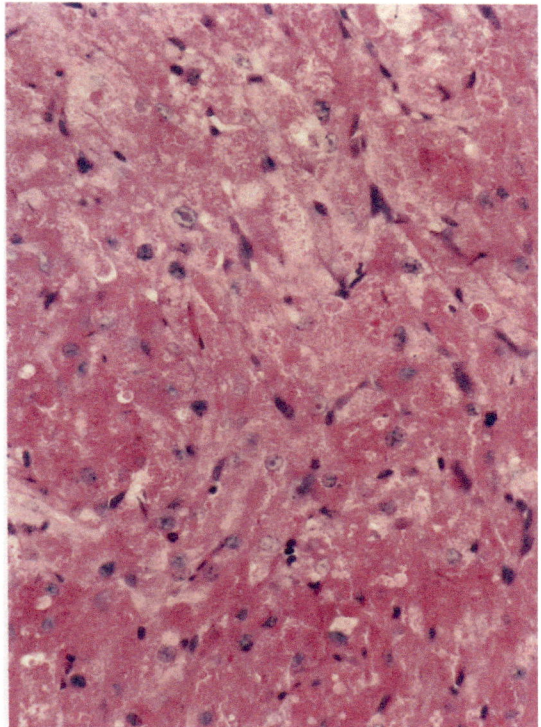

图 6-33（右上） 精囊，良性颗粒细胞瘤。由富含细小颗粒状细胞质的大细胞组成，伴有浸润性生长。Swiss 小鼠，长期试验，动物年龄超过 12 月龄。H&E 染色

图 6-34（右下） 精囊，良性颗粒细胞瘤。与图 6-33 同一个样本，细胞质颗粒 PAS 染色呈阳性。Swiss 小鼠，长期试验，动物年龄超过 12 月龄。PAS 染色

鉴别诊断

平滑肌瘤（*Leiomyoma*）

缺少 PAS 染色呈阳性的颗粒或上皮样细胞。

黏膜下增生性病变（*Proliferative Lesion, Submucosal*）

由间变性混合细胞组成，主要包括梭形细胞（无 PAS 染色呈阳性的颗粒）和上皮样细胞（较大、圆形、有时可见双核或多核），上皮样细胞含有球状、呈强嗜酸性、PAS 染色呈阳性的颗粒。

腺癌（*Adenocarcinoma*）

形成腺体，上皮常呈双嗜性或嗜碱性，缺少丰富的 PAS 染色呈阳性颗粒。

备注

颗粒细胞瘤通常表现为单发性、粉红色至浅灰黄色肿块，常见于雄性和雌性小鼠的生殖道，但也可发生在其他器官。神经元特异性烯醇化酶（neuron specific enolase，NSE）、S-100 蛋白质和外周髓鞘蛋白质（peripheral myelin proteins）的免疫组织化学染色呈阳性。与良性颗粒细胞瘤相对应的恶性颗粒细胞瘤未见报道，但不能排除其存在。本分类认为诊断为恶性颗粒细胞瘤时，远处转移或超出正常器官结构的明显侵袭等特征是必不可少的。由于未知是否存在与其相当的正常结构，术语"增生"并不适用于非常小的聚集灶／结节。

参考文献

参见 4、17、25、27 和 34。

黏膜下增生性病变（*H*）
Proliferative Lesion, Submucosal（*H*）

同义词：leiomyosarcoma；leiomyoblastorna；carcinosarcoma；sarcoma，undifferentiated。

组织发生

尚未明确，可能来源于平滑肌细胞或间叶组织残留（可能是来自米勒管）。

诊断特征

- 肿块大小从小的镜下可见至大的肉眼可见。
- 可能表现为以下 3 种细胞成分。

含有不典型细胞核的、大而圆的细胞或多形性细胞在黏膜下聚集。

梭形细胞组成巢状和（或）片状结构。

含有大的、嗜酸性、PAS 染色呈阳性颗粒的散在细胞。

- 细胞可能在黏膜下组织中浸润和扩张，类似恶性侵袭性生长。
- 梭形细胞可能与平滑肌细胞极为相似，富含着色浅、嗜酸性细胞质，或与成纤维细胞或细胞质稀少、未成熟的间叶细胞也有一定相似性。可见个别凋亡的细胞或退行性病灶。

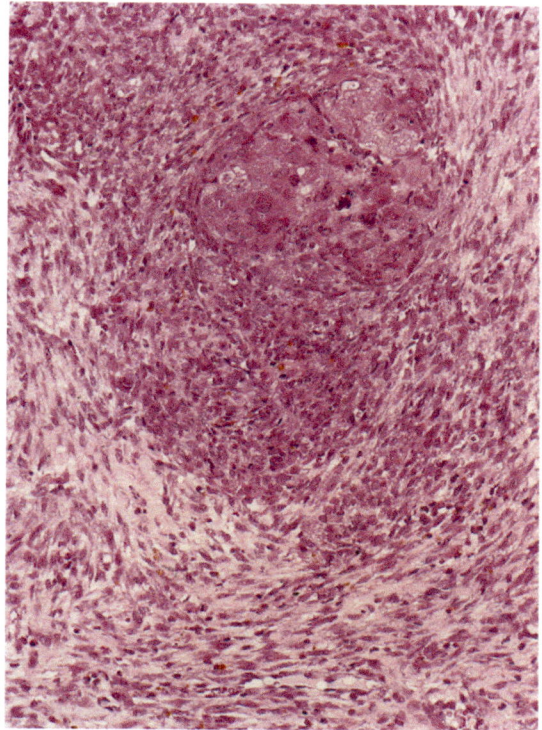

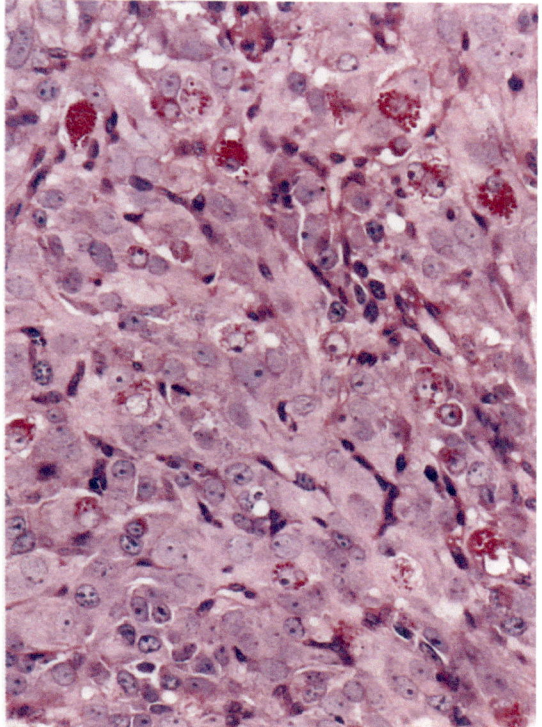

图 6-35（右上） 精囊，黏膜下增生性病变。可见具有侵袭性、肿瘤性的梭形细胞和由圆形未分化细胞形成的细胞巢。Swiss 小鼠，长期试验，动物年龄超过 12 月龄。H&E 染色

图 6-36（右下） 精囊，黏膜下增生性病变。可见未分化的圆形细胞，含有大的 PAS 染色呈阳性颗粒。Swiss 小鼠，长期试验，动物年龄超过 12 月龄。PAS 染色

- 大的、多形性细胞呈簇状，富含嗜酸性细胞质，可有多个细胞核，并可呈现退行性（凋亡性）改变。
- 有丝分裂率通常较低。
- 通常伴有分泌物阻塞和炎症。
- 可能伴有硬癌增生反应。

鉴别诊断

平滑肌瘤（*Leiomyoma*）或*平滑肌肉瘤*（*Leiomyosarcoma*）

无 PAS 染色呈阳性的颗粒和大的多形性细胞。

腺癌（*Adenocarcinoma*）

可见腺泡形成区域伴有硬癌反应，无 PAS 染色呈阳性的细胞质小滴。

良性颗粒细胞瘤（*Tumor, Granular Cell, Benign*）

由大的或大小不一、上皮样至梭形的嗜酸性细胞组成，含有小到中等大小、PAS 染色呈阳性的细胞质颗粒。未见大的蜕膜细胞样、双核或多核上皮细胞。

备注

这种罕见病变的病理生理学机制尚不完全清楚，可能与小鼠膀胱黏膜下层的增生性病变 / 蜕膜样反应类似。术语尚未明确，仅在小鼠中被记录。这种病变没有明显进展，显示退行性改变，被认为是非肿瘤性的（综述文章参见 E. Karbe, Toxicol Pathol 27：354-362，1999）。

参考文献

参见 6、13、17、18、19、20 和 25。

不典型增生（*H*）
Hyperplasia, Atypical（*H*）

组织发生

　　腺泡上皮。

诊断特征

- 局灶性或多灶性腺体增生，不伴间质侵袭。
- 无分泌活动。
- 不规则、变形的腺体衬覆不典型细胞。
- 细胞具有多形性，体积增大、着色浅、呈嗜碱性。
- 核分裂象常见且不典型。

鉴别诊断

　　腺癌（Adenocarcinoma）
　　侵袭邻近组织。

备注

　　未见自发性尿道旁腺病变的报道。本分类描述的改变来自 SV40 TAG 转基因小鼠。

参考文献

　　参见 25 和 37。

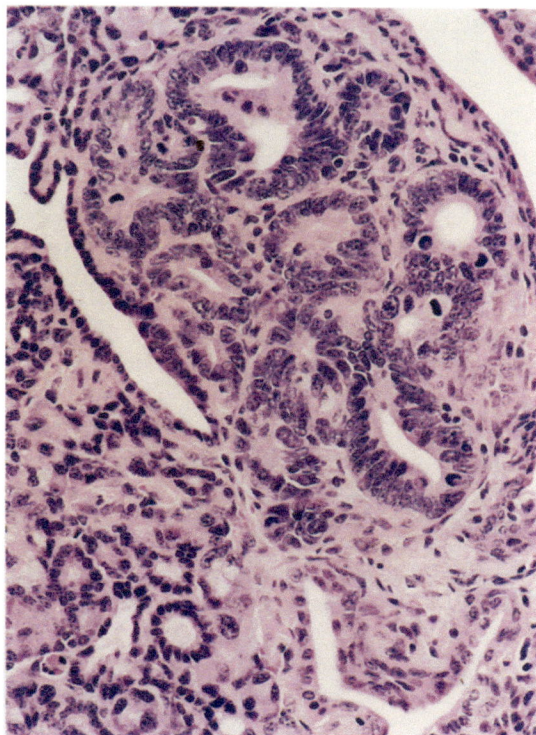

图 6-37　尿道旁腺，不典型增生。腺泡数量局灶性增加，衬覆肥大、不典型上皮，大量核分裂象。C3(1)/SV40 大 T 抗原转基因小鼠，11 月龄。H&E 染色

腺癌（*M*）
Adenocarcinoma（*M*）

组织发生
    腺泡上皮。

诊断特征
- 局灶性或多灶性肿块，可造成尿道梗阻。
- 由致密、腺样增生组织构成，侵袭邻近组织。
- 肿瘤性生长常累及尿道球腺中的尿道旁腺。
- 不规则变形的腺体衬覆极性缺失、假复层、不典型细胞。
- 细胞具有多形性，染色深，细胞质稀少。
- 核分裂象多见且不典型。

鉴别诊断
    不典型增生（*Hyperplasia, Atypical*）

    对邻近组织无侵袭，镜下可见的病变较小，但可见高度的细胞异型性。

备注
    未见自发性尿道旁腺病变的报道。本分类描述的改变来自 SV40 TAG 转基因小鼠。

参考文献
    参见 25 和 37。

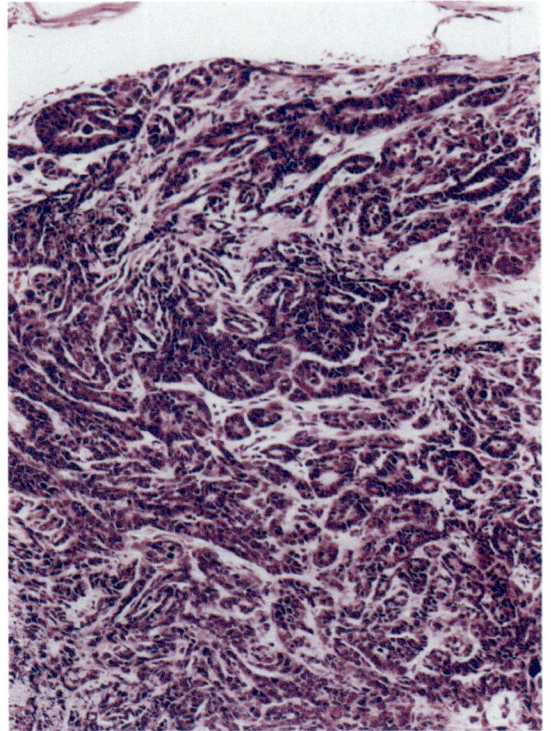

图 6-38　尿道旁腺，腺癌。可见高度不规则的腺体，C3(1)/SV40 大 T 抗原转基因小鼠，11 月龄。H&E 染色

腺泡细胞增生（*H*）
Hyperplasia, Acinar Cell（*H*）

组织发生

腺泡上皮。

诊断特征

- 局灶性或多灶性嗜酸性细胞增多，由深染、扁平的基底细胞围绕。
- 病灶组织可见分叶，与正常腺体相似。
- 增生的腺泡细胞形态上与正常腺体组织相似。
- 细胞核大而圆，位于中央，核内可见 1 个大而圆的核仁，或偶见 2 个核仁。
- 异染色质凝聚于核膜上。
- 细胞质中含有年龄依赖性的、充满脂质的囊泡和液泡并含有典型的粉红色颗粒。

鉴别诊断

反应性增生（*Hyperplasia, Reactive*）

与慢性炎症有关，在群养的雄性小鼠中很常见，组织结构正常。

腺泡细胞腺瘤（*Adenoma, Acinar Cell*）

腺泡细胞腺瘤对周围组织有压迫，正常结构缺失。

备注

这种病变很少为自发性，主要见于老龄动物（2 岁龄），但可由几种致癌物诱发。

参考文献

参见 12、25、28 和 40。

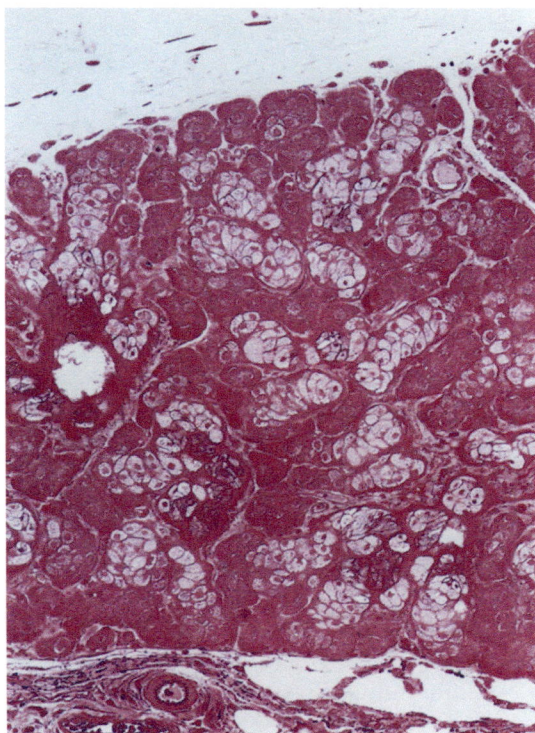

图 6-39 包皮腺，腺泡细胞增生。增生的腺泡上皮形成典型的巢状。CD-1 小鼠，长期试验，37 周龄。H&E 染色

腺泡细胞腺瘤（B）
Adenoma, Acinar Cell（B）

组织发生

腺泡上皮。

诊断特征

- 通常呈实性生长，伴有向周边延伸的不规则结节形成，与正常腺体的腺泡类似。排泄管不常见，可见形成不佳的结缔组织包膜。
- 肿瘤性腺泡中心由着色浅、泡沫样、皮脂腺样细胞构成，周边为嗜碱性基底细胞。
- 无侵袭性生长或高度异型性及有丝分裂。
- 正常结构缺失。

鉴别诊断

腺泡细胞增生（*Hyperplasia, Acinar Cell*）

病灶较小，无组织包膜，腺泡结构规则，细胞均匀一致。通常可见排泄管。

鳞状细胞乳头状瘤（*Papilloma, Squamous Cell*）

无腺体成分。

腺泡细胞癌（*Carcinoma, Acinar Cell*）

侵袭周围结缔组织，腺泡大小不一。肿瘤细胞表现出细胞异型性，类似不成熟的腺泡细胞。

备注

自发性腺瘤非常罕见，但可由几种化合物诱导发生。在大鼠中呈囊性和乳头状生长的亚型在小鼠中未见报道。

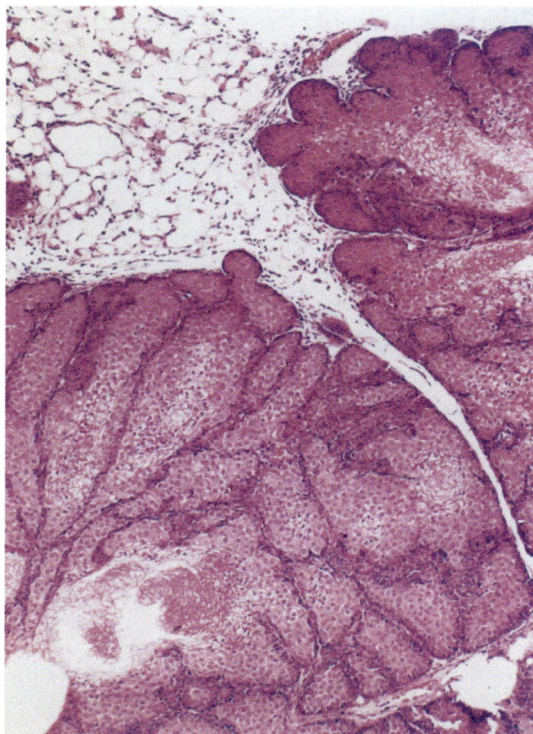

图 6-40 包皮腺，腺泡细胞腺瘤。腺泡上皮呈膨胀性生长，可见基底细胞和泡沫样皮脂腺细胞分化。B6C3F1 小鼠，2 年试验，动物年龄超过 12 月龄。H&E 染色

参考文献

参见 12、23、25、28、29、30、40、42 和 43。

腺泡细胞癌（*M*）
Carcinoma, Acinar Cell（*M*）

同义词：adenocarcinoma，acinar cell。

组织发生

    腺泡细胞。

诊断特征

- 由大小不一的巢和结节组成，形态结构与正常腺体差异明显，对邻近结构侵袭明显。
- 巢和结节中心的细胞可见皮脂腺分化，周边细胞较小，呈多形性、深染。
- 鳞状上皮化生可能存在，核分裂象常见。
- 分化差的肿瘤由较小的结节和上皮细胞索构成，被致密的结缔组织间质分隔。
- 可见皮脂腺分化和鳞状上皮化生。
- 肿瘤中可见囊性区域、坏死及炎症。

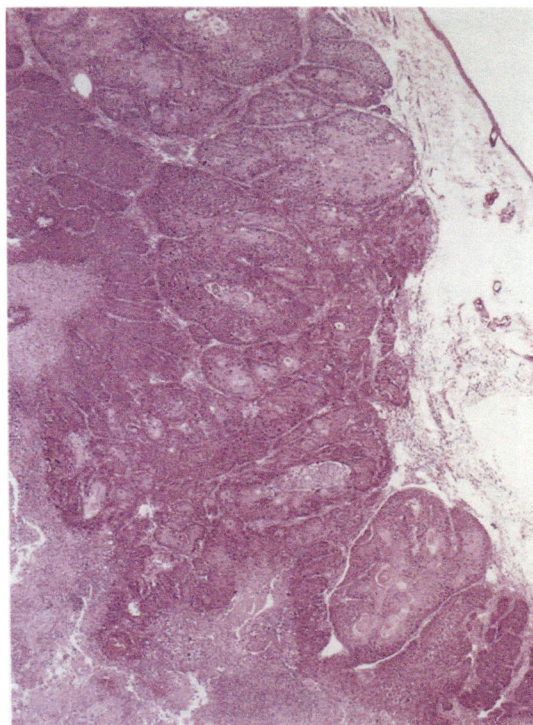

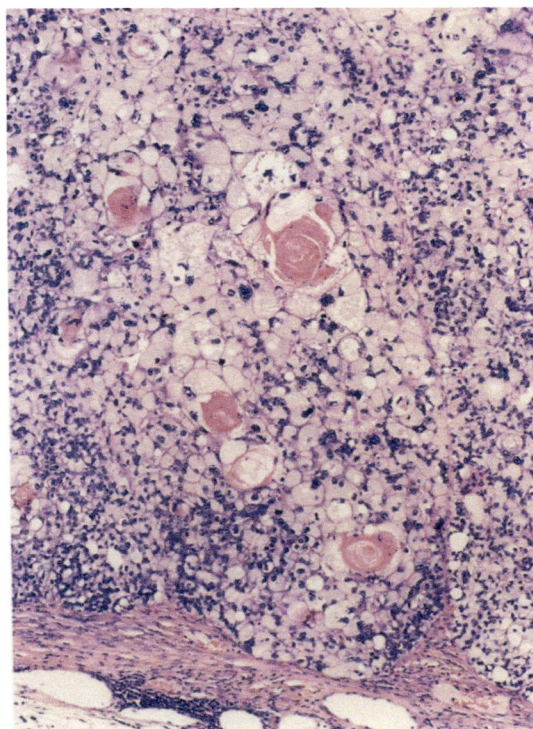

图 6-41（右上） 包皮腺，腺泡细胞癌。大小不一的腺泡延伸至周围组织中。肿瘤细胞类似不成熟的基底细胞，但部分腺泡可见皮脂腺分化。B6C3F1 小鼠，给予苯处理后，110 周龄。H&E 染色

图 6-42（右下） 包皮腺，腺泡细胞癌。高度多形性的细胞呈片状，伴有泡沫状皮脂腺分化。B6C3F1 小鼠，给予苯处理后，110 周龄。H&E 染色

鉴别诊断

腺泡细胞增生（*Hyperplasia, Acinar Cell*）*或腺泡细胞腺瘤*（*Adenoma, Acinar Cell*）

无细胞异型性，对邻近组织无侵袭。

鳞状细胞癌（*Carcinoma, Squamous Cell*）

无肿瘤性皮脂腺细胞，由未角化或角化的鳞状细胞组成。

乳腺腺癌（*Adenocarcinoma of the Mammary Gland*）

在雄性小鼠中非常罕见，可见腺样结构。鉴别较为困难，解剖学定位对鉴别有帮助。乳腺癌中不常见皮脂腺分化。

腺泡细胞腺瘤（*Adenoma, Acinar Cell*）

腺体不规则变形，排泄管数量少，嗜碱性基底细胞数量增加。

备注

由于包皮腺是一种由特化皮脂腺组成的皮肤附属器，所以癌是首选术语。

参考文献

参见 12、23、25、28、29、30、40、42和 43。

鳞状细胞增生（H）
Hyperplasia, Squamous Cell（H）

组织发生

中央导管和排泄管的鳞状上皮细胞。

诊断特征

- 可呈局灶性、多灶性或广泛性增生。
- 上皮由 3~7 层扁平的鳞状上皮细胞构成。
- 鳞状上皮细胞含有透明角质颗粒并有角化。

鉴别诊断

鳞状细胞乳头状瘤（*Papilloma, Squamous Cell*）

压迫周围导管结构，呈局灶性乳头状生长，并进入导管腔。

备注

此病变在老龄小鼠中可自发，伴有导管扩张和慢性炎症。可单侧或双侧发生。在老龄小鼠中这一病变被认为是反应性增生，而非瘤前改变，且没有进展的迹象。鳞状细胞增生也与鳞状细胞乳头状瘤有关，但尚无研究证实鳞状细胞增生为瘤前病变。

参考文献

参见 25、40、42 和 43。

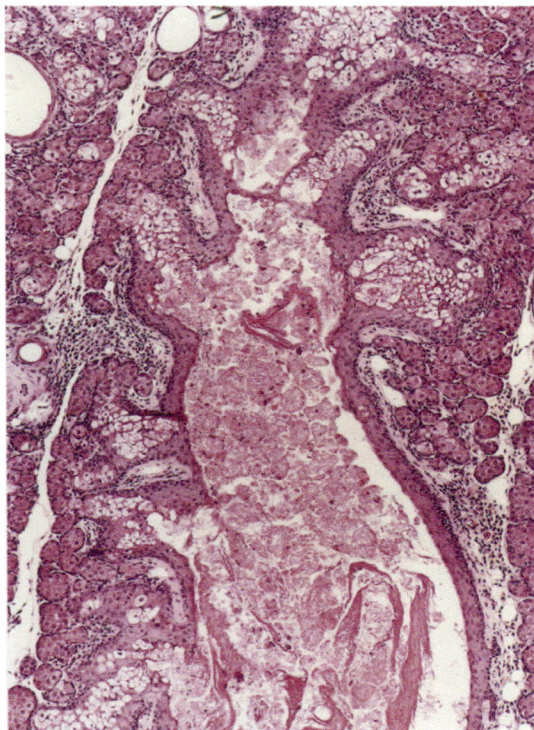

图 6-43　包皮腺，鳞状细胞增生。导管衬覆多层角化的鳞状上皮细胞，伴有导管腔扩张及组织炎症。Swiss 小鼠，长期试验，动物年龄超过 12 月龄。H&E 染色

鳞状细胞化生（H）
Metaplasia Squamous Cell（H）
角化型，非角化型

组织发生

　　中央导管和排泄管来源的基底细胞，基底细胞。

诊断特征

- 局灶性或多灶性。

　　角化型
- 鳞状上皮细胞含有透明角质颗粒。
- 高度角化。

　　非角化型
- 鳞状细胞无角化。

鉴别诊断

　　鳞状细胞增生（Hyperplasia, Squamous Cell） 多为乳头状。

备注

　　在老龄动物中非常常见，腺体应纵切以便找到主排泄管及其几个侧支。

参考文献

　　参见 40。

鳞状细胞乳头状瘤（*B*）
Papilloma, Squamous Cell（*B*）

组织发生
导管的鳞状细胞上皮和基底细胞。

诊断特征
- 乳头状结构，伴有衬覆鳞状上皮细胞的中央结缔组织蒂，鳞状上皮细胞可伴有或不伴有角化。
- 核分裂象罕见。
- 中央导管和排泄管中可见鳞状细胞增生。
- 乳头状瘤可单发或多发，并可阻塞导管。

鉴别诊断
鳞状细胞癌（*Carcinoma, Squamous Cell*）
破坏基底膜，侵袭周围腺泡组织。细胞具有异型性，排列紊乱，核分裂象常见。

鳞状细胞增生（*Hyperplasia, Squamous Cell*）
缺乏中央结缔组织蒂。

腺泡细胞腺瘤（*Adenoma, Acinar Cell*）
可见皮脂腺分化。

参考文献
参见 12、23、25、28、29、40、42 和 43。

鳞状细胞癌（M）
Carcinoma, Squamous Cell（M）

同义词：carcinoma，epidermoid。

组织发生
导管上皮细胞，具有鳞状上皮分化的腺泡细胞。

诊断特征
- 不规则的乳头状小叶或结节，由多形性、分化差的鳞状细胞组成，明显侵袭邻近组织。
- 角化程度差异较大，从透明角质颗粒、角化珠到高度角化物质均可见。
- 细胞可呈梭形，细胞间桥明显，细胞质呈嗜酸性或双嗜性，或有皮脂腺细胞分化。
- 核分裂象、坏死及炎症常见。

鉴别诊断
腺泡细胞癌（Carcinoma, Acinar Cell）
广泛的皮脂腺细胞分化，伴有较少鳞状细胞成分，缺乏明显的细胞间桥。低分化型中可见硬癌间质。

鳞状细胞乳头状瘤（Papilloma, Squamous Cell）
对周围结构无侵袭。

皮肤的鳞状细胞癌（Carcinoma, Squamous Cell of the Skin）
如侵袭包皮腺可能无法鉴别，非包皮腺导管来源。

乳腺的恶性腺棘皮瘤（Adenoacanthoma, Malignant, Mammary Gland）
在雄性小鼠中极其罕见。生长形态类似拟软体动物呈辐放射性，并可见乳腺腺泡。

备注
非肿瘤性腺泡可萎缩或发生囊性变。若典型特征不存在，则可能很难区分是皮肤、乳腺还是包皮腺来源的肿瘤。

参考文献
参见 12、23、25、28、29、30、40、42 和 43。

参考文献

1. Abdi MM (1995) Granulosa cell tumor of the testis in a CD-1 mouse. Vet Pathol32: 91-92

2. Alison RH, Morgan KT (1987) Teratoma, ovary, mouse. In: Jones TC, Mohr U, Hunt RD (eds) Monographs on pathology of laboratory animals. Genital system. Springer, Berlin Heidelberg New York Tokyo, pp 46-52

3. Ashley DJB (1978) Evan's histological appearances of tumors. Churchill Livingstone, Edinburgh, pp 663-845

4. Ashley DJB (1990) Evan's histological appearances of tumors. Churchill Livingstone, Edinburgh, pp 59-62

5. Bullock BC, Newbold RR, McLachlan JA (1988) Lesions of testis and epididymis associated with prenatal diethylstilbestrol exposure. Environ Health Perspect 77: 29-31

6. Chandra M, Frith CH (1991) Spontaneouslyoccurring leiomyosarcomas of the mouse urinary bladder. Toxicol Pathol19: 164-167

7. Faccini JM, Abbott DP, Paulus GJJ (1990) Mouse histopathology. A glossary for use in toxicity and carcinogenicity studies. Elsevier, Amsterdam

8. Franks LM (1968) Spontaneous interstitial and Sertoli cell tumors of a testis in a C3H mouse. Cancer Res 28: 125-127

9. Frith CH, Ward JM (1988) Color atlas of neoplastic and non-neoplastic lesions in aging mice. Elsevier, Amsterdam

10. Gingrich JR, Greenberg NM (1996) A transgenic mouse prostate cancer model. Toxicol Pathol 24: 502-504

11. Gingrich JR, Barrios RJ, Morton RA, Boyce BF, DeMayo FJ, Finegold MJ, Angelopoulou R, Rosen JM, Greenberg NM (1996) Metastatic prostate cancer in a transgenic mouse. Cancer Res 56: 4096-4102

12. Gordon LR, Majka JA, Boorman GA (1996) Spontaneous nonneoplastic and neoplastic lesions and experimentally induced neoplasms of the testes and accessory sex glands. In: Mohr U, Dungworth DL, Capen CC, Carlton WW, Sundberg JP, Ward JM (eds) Pathobiology of the aging mouse, vol 1. ILSI Press, Washington DC, pp 421-441

13. Halliwell WH (1998) Submucosal mesenchymal tumors of the mouse urinary bladder. Toxicol Pathol26: 128-136

14. Honma K, Yamada T (1984) 2ur Bedeutung der "Kapselinfiltration" der testikularen Leydigzellen - eine Obduktionsstudie. Zentralbl Allg Patho1129: 403-411

15. Huseby RA (1980) Demonstration of a direct carcinogenic effect of estradiol on Leydig cells of the mouse. Cancer Res 40: 1006-1013

16. Juriansz RL, Huseby RA, Wilcox RB (1988) Interactions of putative estrogens with the intracellular receptor complex in mouse Leydig cells: relationship to preneoplastic hyperplasia. Cancer Res 48: 14-18

17. Karbe E (1987) Granular cell tumors of genital organs, mice. In: Jones TC, Mohr U, Hunt RD (eds) Genital system. Springer, Berlin Heidelberg New York, pp 282-286

18. Karbe E (1999) "Mesenchymal tumor" or "decidual-like reaction" ? Toxicol Pathol27: 354-362

19. Karbe E, Hartmann E, George C, Wadsworth P, Harleman J, Geiss V (1998) Similarities between the uterine decidual reaction and the "mesenchymallesion" of the urinary bladder in aging mice. Exp Toxicol Pathol 50: 330-340

20. Kaspareit J, Deerberg F (1987) Spontaneous tumours of the seminal vesicles in male Han:NMRI mice. Z Versuchstierkd 29: 277-281

21. Majeed SK, Alison RH, Boorman GA, Gopinath C (1986) Ovarian yolk sac carcinoma in mice. Vet Pathol 23: 776-778

22. Maroulakou IG, Anver M, Garrett L, Green JE (1994) Prostate and mammary adenocarcinoma in transgenic mice carrying a rat C3(1) simian virus 40 large tumor antigen fusion gene. Proc Natl Acad Sci USA 91: 11236-11240

23. Mehlman MA, Legator MS (1991) Dangerous and cancer-causing properties of products and chemicals in the oil refining and petrochemical industry - Part II: Carcinogenicity, mutagenicity, and developmental toxicity of 1,3-butadiene. Toxicol Ind Health 7: 207-220

24. Mitsumori K, Elwell MR (1988) Proliferative lesions in the male reproductive system of F344 rats and B6C3F1 mice: incidence and classification. Environ Health Perspect 77: 11-21

25. Mitsumori K, Elwell MR (1994) Tumours of the male accessory sex glands. In: Turusov VS, Mohr U (eds) Pathology of tumours in laboratory animals, vol 2. Tumours of the mouse, 2nd edn. IARC Scientific Publications No. 111, Lyon, pp 431-449

26. Mitsumori K, Talley FA, Elwell MR (1989) Epididymal interstitial (Leydig) cell tumors in B6C3F1 mice. Vet Pathol 26: 65-69

27. Mostofi FK, Davis J, Rehm S (1994) Tumours of the testis. In: Turusov VS, Mohr U (eds) Pathology of

tumours in laboratory animals, vol 2. Tumours of the mouse, 2nd edn. IARC Scientific Publications No. 111, Lyon, pp 407-429

28. National Toxicology Program.Technical report series No.289(1986)Toxicology and carcinogenesis studies of benzene (Case No.71-43-2) in F344/N rats and B6C3F1 mice (gavage studies).U.S.Department of Health and Human Services.National Institutes of Health

29. National Toxicology Program.Technical report series No.316 (1986)Toxicology and carcinogenesis studies of dimethylvinyl chloride (1-chloro-2-methylpropene) (Case No.513-37-1) in F344/N rats and B6C3F1 mice (gavage stud-ies).U.S.Department of Health and Human Services.National Institutes of Health

30. National Toxicology Program.Technical report series No.434(1993)Toxicology and carcinogenesis studies of 1,3-Butadiene (Case No.106-99-0)in B6C3F1 mice (inhalation studies). U.S.Department of Health and Human Services. National Institutes of Health

31. Newbold RR,Bullock BC,MeLachlan JA(1985) Lesions of the rete testis in mice exposed prenatally to diethylstilbestrol.Cancer Res 45:5145-5150

32. Newbold RR,Bullock BC,McLachlan JA(1986) Adenocarcinoma of the rete testis.Diethylstilbestrol-induced lesions of the mouse rete testis. Am I Pathol 125:625-628

33. Prahalada S,Majka JA,Soper KA,Nett TM,Bagdon W],Peter CP,Burek JD,MacDonald JS,van Zwieten MJ(1994)Leydig cell hyperplasia and adenomas in mice treated with finasteride,a 5 alpha-reductase inhibitor:a possible mechanism.Fundam Appl Toxicol 22:211-219

34. Radovsky A,Mitsumori K,Chapin RC(1999) Male reproductive tract.In:Maronpot RR,Boorman GA,Gaul BW(eds)Pathology of the mouse. Reference and atlas. Cache River Press,Vienna, pp 381-407

35. Reddy JK,Rao MS(1987)Testicular feminiza-tion,testes,and testicular tumors,rat,mouse.In: Jones TC,Mohr U,Hunt RD(eds),Monographs on pathology of laboratory animals.Genital system.Springer,Berlin Heidelberg New York Tokyo,pp 204-212

36. Sass B,Rehm S(1994)Tumours of the ovary.In:

Turusov VS,Mohr U(eds)Pathology of tumours in laboratory animals,vol 2.Tumours of the mouse,2nd edn.IARC Scientific Publications No.111,Lyon,pp 493-526

37. Shibata MA,Ward JM,Devor DE,Liu ML,Green JE(1996)Progression of prostatic intraepithelial neoplasia to invasive carcinoma in C3(1)/SV40 large T antigen transgenic mice:histopathologi- cal and molecular biological alterations.Cancer Res 56:4894-4903

38. Squire RA,Goodman DG,Valerio MG,Fredrickson T,Strandberg JD,Levitt MH,Lingeman CH, Harshbarger JC,Dawe CJ(1978)Tumors.Male reproductive system.In:Benirschke K,Garner FM,Jones TC(eds)Pathology of laboratory ani-mals,vol II.Springer,Berlin,pp 1213-1225

39. Stevens LC(1973)A new inbred subline of mice (129-terSv)with a high incidence of spontane- ous congenital testicular teratomas.J Natl Cancer Inst 50:235-242

40. Stolte M(1993)Histomorphological age changes and ultrastructural characteristics of the preputial and clitoral glands of mice.J Exp Anim Sci 35:166-176

41. Tehranian A,Morris DW,Min BH,Bird DJ,Cardiff RD,Barry PA(1996)Neoplastic transformation of prostatic and urogenital epithelium by the polyoma virus middle T gene.Am J Pathol 149:1177-1191

42. Toth B,Nagel D(1980)N-Ethyl-N-formylhydrazine tumorigenesis in mice.Carcinogenesis 1: 61-65

43. Toth B,Taylor J,Gannett P(1991)Tumor induction with hexanal methylformylhydrazone of Gyromitra esculenta.Mycopathologia 115:65-71

44. Yoshitomi K,Morii S(1984)Benign and malignant epithelial tumors of the rete testis in mice. Vet Pathol 21:300-303

（张亚群、李言川、钱庄、闫振龙、崔艳君、
陈勇、李佳霖　译，
卢静、郭文钧、王飞鸿、吕建军、
大平东子　审校）

第七章　雌性生殖系统

B.Davis[1] , J.H.Harleman[3] , M. Heinrichs , A. Meakawa[2] , R.F. McConnell
G.Reznik[3](†) , M. Tucker

---

[1] 主席；[2] 共同主席；[3] 初稿。

管状间质增生（H）
Hyperplasia, Tubulostromal（H）

组织发生
来源于卵巢表面上皮。

诊断特征
- 增生通常为弥漫性病变，而不是离散的局灶性病变。
- 表面上皮细胞浸润卵巢固有层，并伴有不同程度的间质细胞增生。
- 如果病变呈结节状，未见细胞异型性且病变直径小于或等于1个黄体大小，认为是增生。
- 病变常常在卵巢周围形成环状增生。
- 病变发生在卵巢门时，可能轻微延伸到卵巢囊表面。

鉴别诊断
管状间质腺瘤（Adenoma, Tubulostromal）
管状间质腺瘤是离散的，通常是结节状病变，无细胞异型性且病变直径大于1个黄体。

备注
该病变为老龄小鼠非常常见的病变。与管状间质腺瘤的鉴别诊断有时主观性比较强。

参考文献
参见2、6、7、14、20、21、22、23和24。

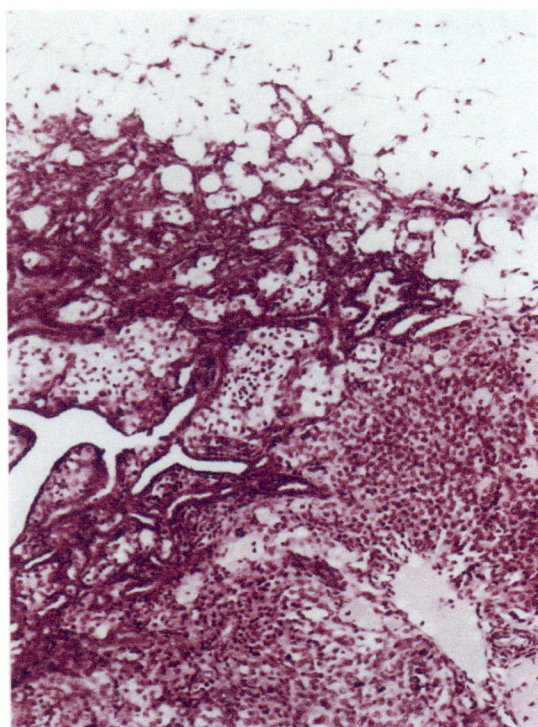

图7-1 卵巢，管状间质增生。H&E染色

管状间质腺瘤（B）
Adenoma, Tubulostromal（B）

组织发生

卵巢表面上皮。

诊断特征

- 病变呈结节状，可能压迫周围组织。
- 纤细的小管衬覆的立方形上皮，与卵巢表面间皮细胞相似或相延续。
- 小管被可能来源于性索间质的细胞团分隔开，并可能表现出不同程度的黄体化。
- 管状与非管状成分的比例、管腔扩张的程度和空泡化 / 黄体化的数量差异均较大。
- 增生性病变的直径大于 1 个黄体的大小。
- 有些肿瘤可能具有衬覆支持细胞样细胞的睾丸小管样以及肾小球样结构，但这些结构极少成为主要成分。
- 有些肿瘤内可见管状结构囊性扩张区域。
- 一些肿瘤可延伸到卵巢囊处，尤其可见于卵巢门附近。

鉴别诊断

管状间质腺癌（*Adenocarcinoma, Tubulostromal*）

管状间质腺瘤和管状间质腺癌的区分基于恶性肿瘤的通用标准，如细胞异型性、局部侵袭、转移等。

囊腺瘤或囊腺癌（*Cystadenoma or Cystadenocarcinoma*）

无间质细胞成分，通常为较高的立方形至柱状上皮细胞并形成囊性空腔。上皮内褶形成乳头状结构。存在囊性空腔。

管状间质增生（*Hyperplasia, Tubulostromal*）

不形成离散性的肿物，而是形成无异型性的小结节；病变直径小于或等于 1 个黄体大小。可在卵巢周围形成环状增生组织。

备注

在一些小鼠品系中常见，但在大鼠中罕见。

参考文献

参见 2、4、6、7、14、19、20、21、22、23 和 24。

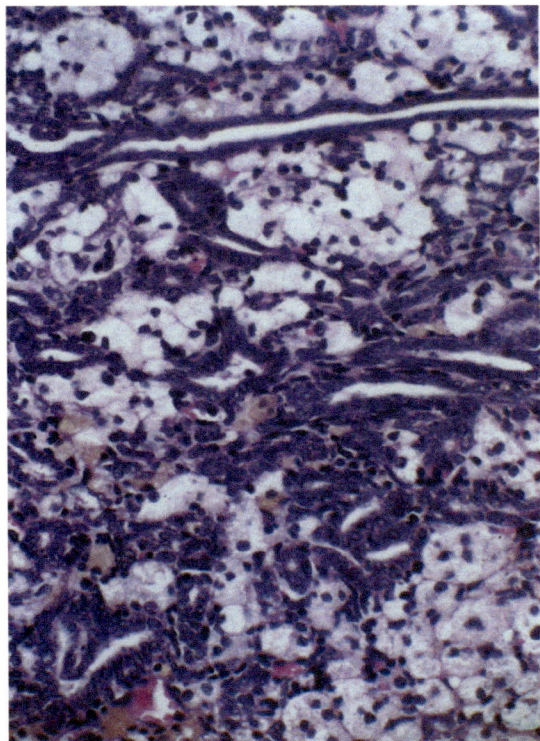

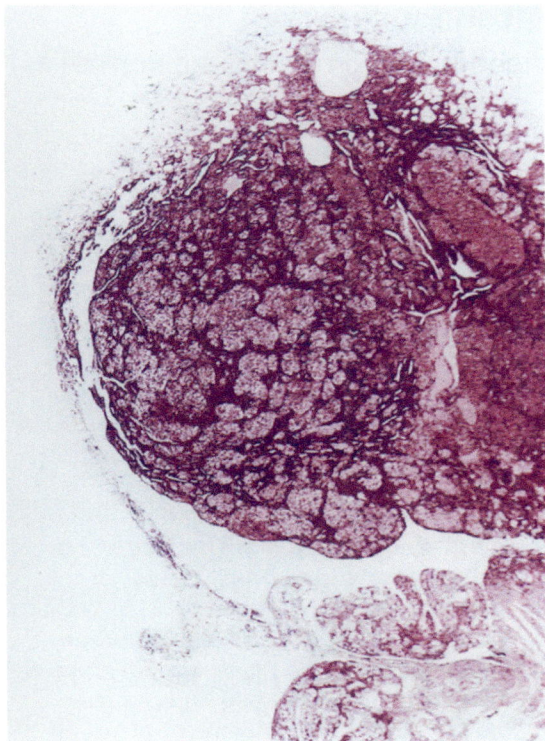

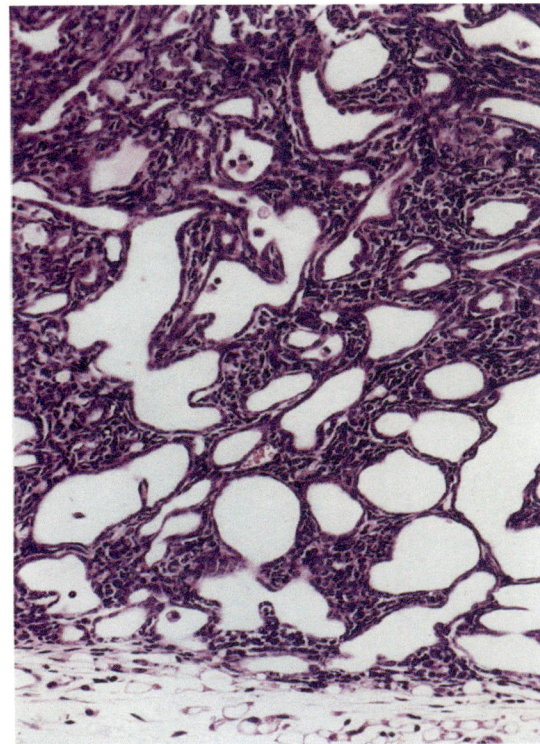

图 7-2（左上） 卵巢，管状间质腺瘤。可观察到分化较好的小管被性索间质起源的细胞团分隔开。 H&E 染色

图 7-3（右上） 卵巢，管状间质腺瘤。 H&E 染色

图 7-4（左下） 卵巢，管状间质腺瘤。 H&E 染色

管状间质腺癌（*M*）
Adenocarcinoma, Tubulostromal（*M*）

组织发生

卵巢表面上皮。

诊断特征

- 纤细的小管衬覆立方形上皮细胞，与卵巢表面间皮相似或相连续。
- 小管被可能来源于性索间质的细胞团分隔开，并可能表现出不同程度的黄体化。
- 管状与非管状成分的比例、管腔扩张的程度和空泡化 / 黄体化的数量差异均较大。
- 肿瘤呈现高度多形性、异型性以及浸润性生长形态，和（或）发生卵巢外转移。
- 恶性肿瘤的通用标准如细胞异型性、局部侵袭、转移等。

鉴别诊断

管状间质腺瘤（*Adenoma, Tubulostromal*）

管状间质腺瘤和管状间质腺癌的鉴别可根据恶性肿瘤的通用标准进行判定，如细胞异型性、局部侵袭、有丝分裂指数、出血、转移等。侵袭应超出卵巢 / 卵巢囊。

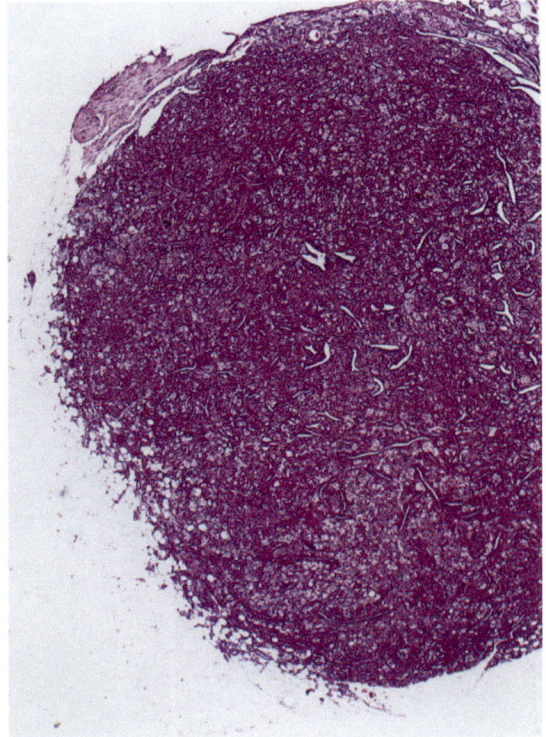

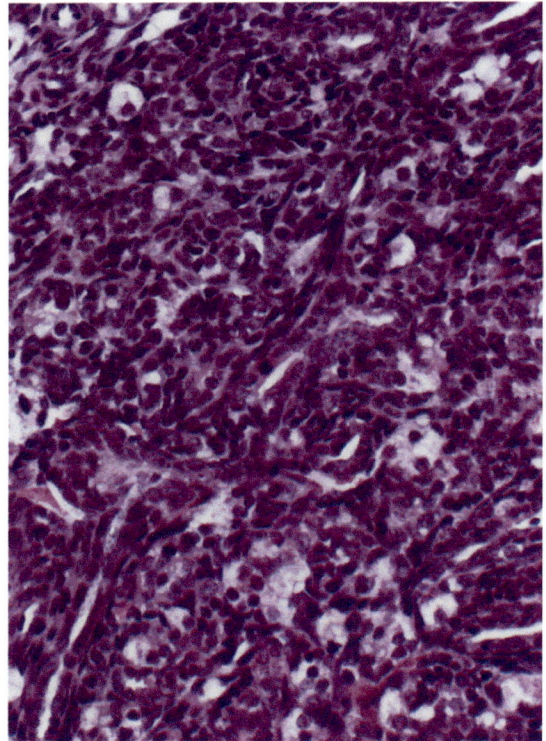

图 7-5（右上） 管状间质腺癌，破坏整个卵巢，并伴有局部侵袭，进入邻近脂肪组织。H&E 染色

图 7-6（右下） 卵巢，管状间质腺癌。高倍镜下表现出细胞异型性、多形性以及高有丝分裂指数。H&E 染色

囊腺瘤或囊腺癌（*Cystadenoma or Cystadenocarcinoma*）

囊腺瘤 / 囊腺癌可以通过缺乏间质细胞成分和通常存在较高的立方形至柱状上皮形成的囊性结构而与管状间质肿瘤相区分。囊腺瘤 / 囊腺癌通常表现出上皮内褶形成乳头状结构。

备注

在老龄小鼠中罕见。

参考文献

参见 2、4、6、7、14、20、21、22、23 和 24。

囊性 / 乳头状增生（*H*）
Hyperplasia, Cystic/Papillary（*H*）

组织发生

来源于卵巢表面上皮或网原基。

诊断特征

- 小的局灶性病变常位于卵巢门处。
- 特征为小的囊性病灶被覆单层立方形至柱状上皮，并常表现出褶皱或乳头状突起。乳头状突起内可能存在多达 3 层分化良好的上皮细胞。
- 卵巢表面上皮中偶见乳头状增生，这些病变与无囊肿形成的乳头状囊腺瘤相似，因此被列入此类。
- 病变直径小于或等于 1 个黄体大小。

鉴别诊断

囊腺瘤（Cystadenoma）

囊腺瘤通常表现出一些异型性（多形性、拥挤），而缺乏异型性的病变的直径均大于 1 个黄体大小。

备注

在一些小鼠品系中，这些病变常见于卵巢门区域。数据库中仅记录高级别病变（直径大于 1/2 个黄体大小）。

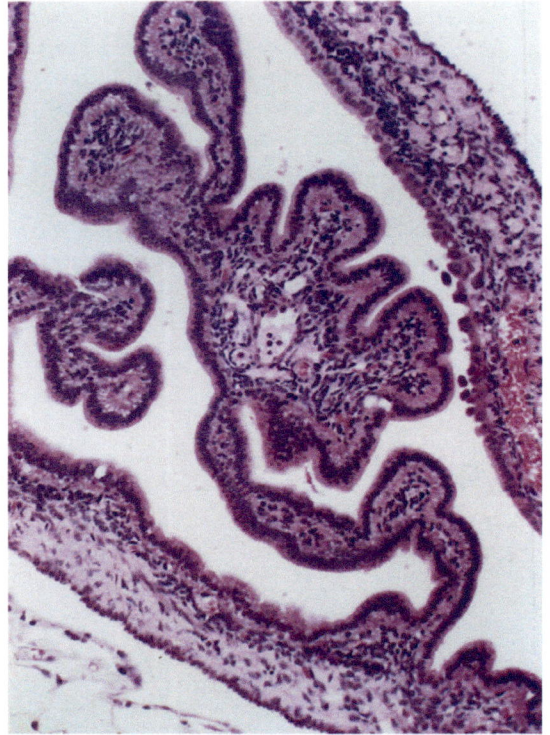

图 7-7 卵巢囊性 / 乳头状增生。H&E 染色

参考文献

参见 2、6、7、14、20、21、22、23 和 24。

囊腺瘤（B）
Cystadenoma（B）

组织发生

来源于卵巢表面上皮。

诊断特征

- 肿瘤常位于单个或多个由立方形或柱状上皮衬覆的囊肿内，通常没有纤毛。
- 褶皱或乳头状突起可突入囊腔内。
- 常压迫邻近的卵巢间质，但罕见或未见侵袭或细胞异型性。
- 囊肿内可能包含浆液或血液。
- 囊性结构被正常纤细的间质分隔开。
- 偶见明显来源于表面上皮的小的局灶性乳头样小结节。虽然其不呈囊性或位于囊肿内，但这些病变也包含在囊腺瘤分类中。
- 增生性病变的直径大于1个黄体大小。

鉴别诊断

囊性/乳头状增生（Hyperplasia, Cystic/ Papillary）

由分化好的单层上皮细胞组成，且没有异型性，直径小于或等于1个黄体大小。

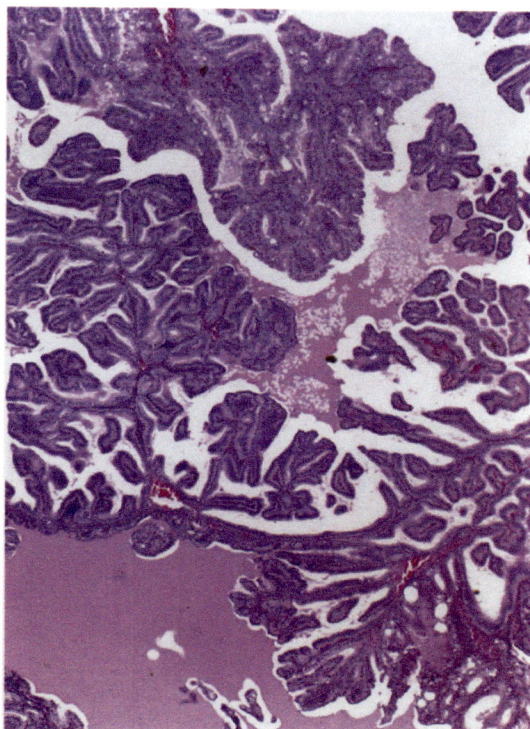

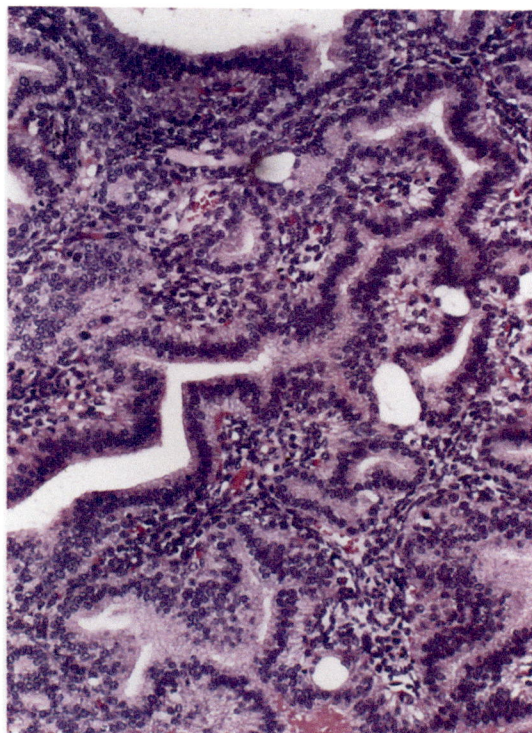

图 7-8（右上） 卵巢，囊腺瘤。由多个呈分支状的、突入充满浆液的腔内的乳头状突起组成。H&E 染色
图 7-9（右下） 卵巢，囊腺瘤。高倍视野中可见乳头状突起衬覆有分化好、呈立方形至柱状上皮细胞。H&E 染色

管状间质腺瘤或管状间质腺癌（*Adenoma, Tubulostromal or Adenocarcinoma, Tubulostromal*）

囊腺瘤不含管状间质肿瘤（黄体化）的间质成分。间质成分十分纤薄，且不是肿瘤的固有成分。

囊腺癌（*Cystadenocarcinoma*）

囊腺癌表现出异型性、侵袭性生长形态以及高有丝分裂活性。

备注

与在小鼠中不同，在大鼠中罕见囊腺瘤。

参考文献

参见 2、4、6、7、14、18、20、21、22、23 和 24。

囊腺癌（M）
Cystadenocarcinoma（M）

组织发生

来源于卵巢表面上皮。

诊断特征

- 肿瘤由实性到囊性肿物组成，衬覆立方形、多形性上皮，可能有纤毛。
- 可能观察到褶皱或乳头状突起。
- 肿瘤具有高有丝分裂指数，并浸润邻近组织。
- 根据肿瘤的形态学特征，可选择使用如下1个或多个修饰语：乳头状、囊性、浆液性、黏液性。

鉴别诊断

囊腺瘤（Cystadenoma）

囊腺瘤无异型性，不呈侵袭性生长形态，或不具有有丝分裂率高等特点。

管状间质腺瘤或管状间质腺癌（Adenoma, Tubulostromal or Adenocarcinoma, Tubulostromal）

囊腺瘤／囊腺癌无管状间质肿瘤（黄体化）的间质成分。间质成分十分纤细，且不是肿瘤的固有成分。囊腺瘤形成囊腔。

参考文献

参见 2、4、6、7、14、18、20、21、22、23 和 24。

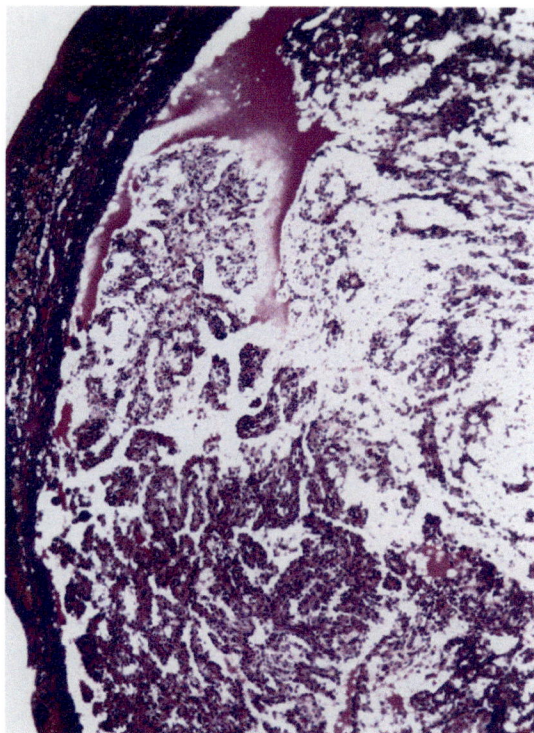

图 7-10 囊腺癌，卵巢结构缺失，并侵袭邻近组织。H&E 染色

性索间质增生（*H*）
Hyperplasia, Sex Cord Stromal（*H*）

颗粒细胞型，混合型，卵泡膜细胞型，支持细胞型

组织发生

性索间质细胞。

诊断特征

- 小的、局灶性、明显的病变，表现出一系列不同的形态学特征，包括颗粒细胞、卵泡膜细胞、支持细胞、黄体细胞等，常常数量不一。
- 局灶性病变为离散性的病变，与邻近组织界限清楚。
- 病变常以 1 种细胞类型为主（>70%），即颗粒细胞型、卵泡膜细胞型或支持细胞型。混合型病变是指病变中存在 1 种以上细胞类型且不以任一种细胞类型为主。
- 直径小于或等于 1 个黄体大小。
- 在缺乏任何其他形态特征（如异型性、多形性、高有丝分裂率和侵袭性）的情况下，直径大于 1 个黄体大小的局灶性、离散病变认为是肿瘤。

鉴别诊断

良性颗粒细胞瘤、良性支持细胞瘤或良性卵泡膜细胞瘤（*Tumor, Granulosa Cell, Benign or Tumor, Sertoli Cell, Benign or Thecoma, Benign*）

离散的结节，并对周围组织有压迫，且增生性病变直径大于 1 个黄体大小。通常以 1 种细胞类型为主。

参考文献

参见 2、6、7、14、20、21、22、23 和 24。

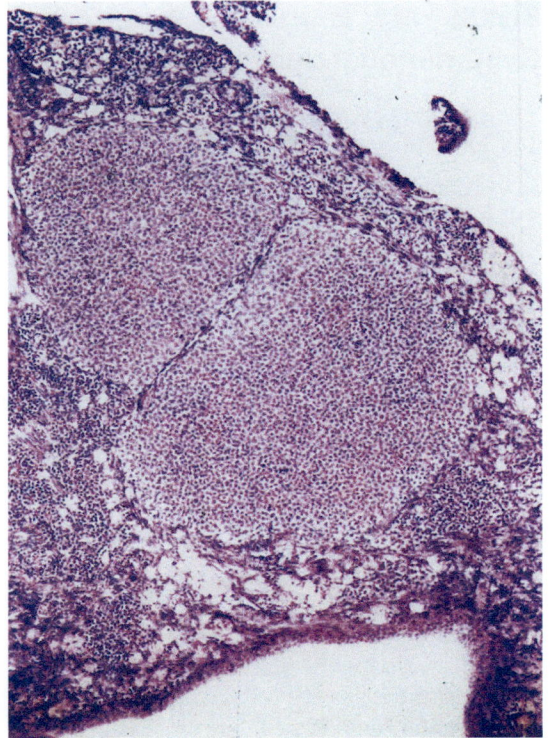

图 7-11 卵巢，颗粒细胞增生，局灶广泛性病变。H&E 染色

良性颗粒细胞瘤（B）
Tumor, Granulosa Cell, Benign（B）

同义词：tumor，sex cord stromal，benign，granulosa cell type。

组织发生

性索间质细胞。

诊断特征

- 细胞形态学上类似正常的颗粒细胞。
- 细胞核呈圆形到卵圆形，具有粗点状染色质。
- 细胞质由稀少到中度，取决于黄体化的程度，并呈淡嗜酸性和空泡化。
- 卡－埃二氏小体（Call-Exner body）不常见。
- 有卵泡型、实性和小梁型等几种形态。
- 一些大的肿瘤含有出血区域及坏死区域并伴有脂褐素颗粒。
- 偶见较大的颗粒细胞瘤的多个区域或部分区域由梭形卵泡膜样细胞组成，但主要成分是颗粒细胞。
- 肿瘤常表现出不同程度的黄体化。
- 增生性病变的直径大于1个黄体大小。

鉴别诊断

局灶性性索间质（颗粒细胞）增生［Hyperplasia, Sex Cord Stromal（Granulosa Cell），Focal］

非离散性的病灶且不会使周围组织明显受压迫和移位。在缺乏其他形态学特征的情况下，主要以1种细胞类型为主，直径小于或等于1个大的黄体的病变，应诊断为增生；而大于1个大的黄体的病变则应诊断为肿瘤。

恶性颗粒细胞瘤（Tumor, Granulosa Cell, Malignant）

良性和恶性颗粒细胞瘤的鉴别基于细胞异型性程度、浸润性生长形态、是否存在转移，以及提示高生长速率的坏死区域和出血区域是否出现。

良性黄体瘤、良性卵泡膜细胞瘤或良性支持细胞瘤（Luteoma, Benign or Thecoma, Benign or Tumor, Sertoli Cell, Benign）

黄体瘤、卵泡膜细胞瘤、支持细胞瘤的鉴别主要取决于肿瘤的显著特征。颗粒细胞瘤的主要细胞类型是颗粒细胞。黄体瘤没有非黄体化的颗粒细胞区域，但整个肿瘤可见高度黄体化。

备注

不同小鼠品系中颗粒细胞瘤的发生率差异明显。SWR品系小鼠颗粒细胞瘤的发生率高。但该肿瘤在其他大部分小鼠品系中相对不常见。肿瘤可能分泌雌激素。

参考文献

参见2、4、6、7、14、20、21、22、23和24。

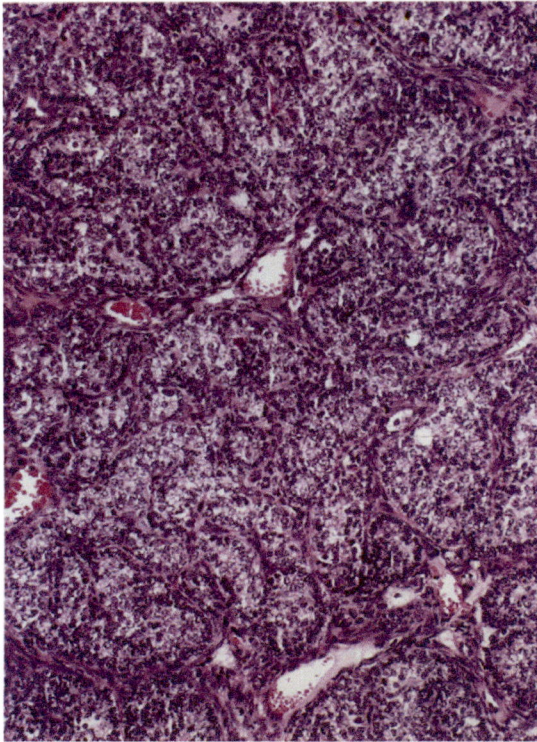

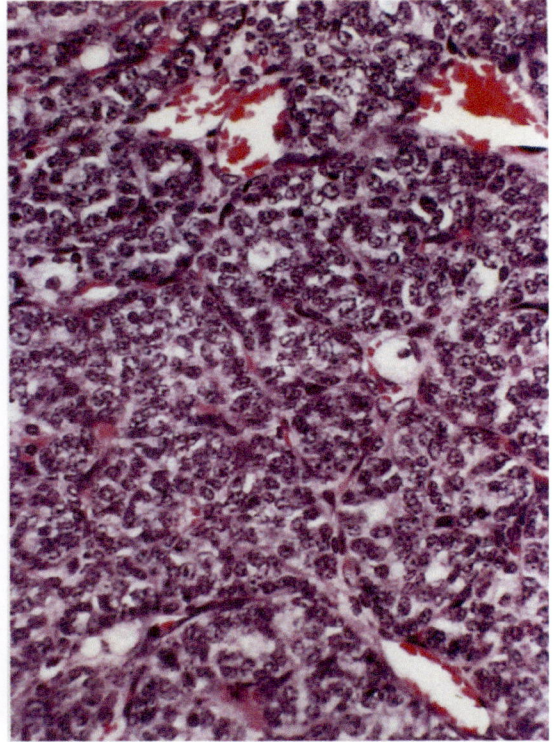

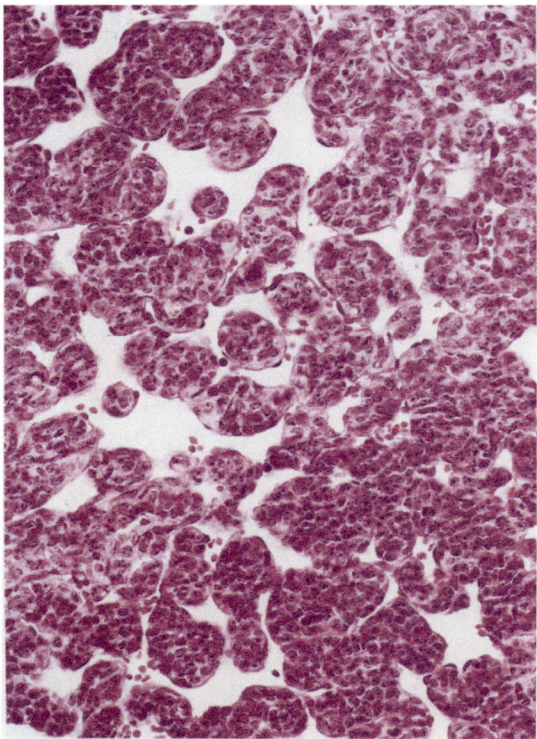

图 7-12（左上） 卵巢，良性颗粒细胞瘤，显示卵泡形态。H&E 染色

图 7-13（右上） 卵巢，良性颗粒细胞瘤。高倍视野中可观察到肿瘤性颗粒细胞的点状细胞核。H&E 染色

图 7-14（左下） 卵巢，良性颗粒细胞瘤。H&E 染色

恶性颗粒细胞瘤（M）
Tumor, Granulosa Cell, Malignant（M）

同义词：gynoblastoma；tumor，sex cord stromal，malignant，granulosa cell type。

组织发生

性索间质细胞。

诊断特征

- 恶性颗粒细胞瘤具有局部侵袭性、高度细胞多形性和高有丝分裂率。
- 常见局灶性坏死区域和出血区域。
- 肿瘤可远处转移至肾、肺和淋巴结。
- 细胞形态与正常颗粒细胞相似。
- 细胞核呈圆形至卵圆形，伴有粗点状染色质。
- 细胞质由稀少到中度，取决于黄体化程度，并呈淡嗜酸性和空泡化。
- 卡－埃二氏小体不常见。
- 有卵泡型、实性和小梁型等几种形态。
- 偶见颗粒细胞瘤的多个区域或部分区域由梭形的卵泡膜样细胞组成。

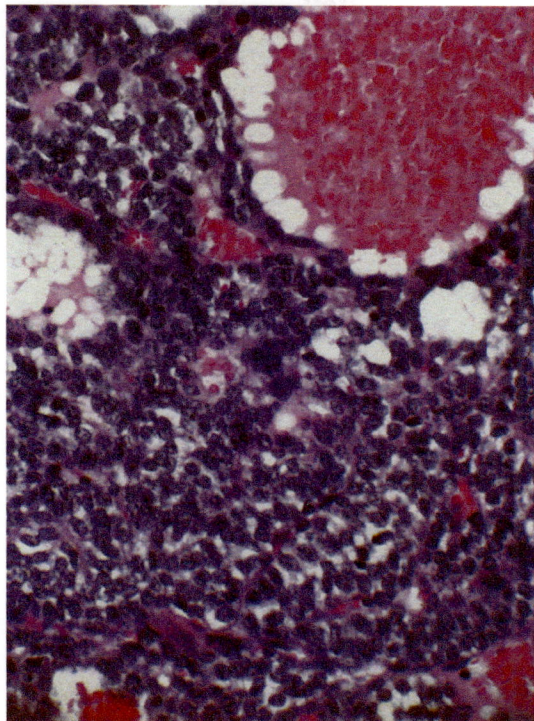

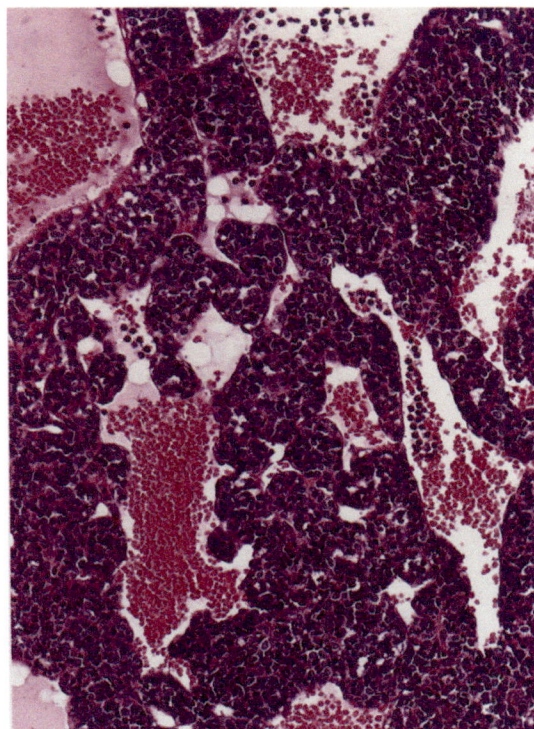

图 7-15（右上） 卵巢，恶性颗粒细胞瘤。 恶性诊断基于细胞异型性和高有丝分裂指数。H&E 染色
图 7-16（右下） 卵巢，恶性颗粒细胞瘤。 H&E 染色

鉴别诊断

良性颗粒细胞瘤（*Tumor, Granulosa Cell, Benign*）

良性颗粒细胞瘤和恶性颗粒细胞瘤的鉴别基于异型性程度、浸润性生长形态、有无转移以及提示高生长速率的坏死区域和出血区域是否存在。

良性黄体瘤或恶性卵泡膜细胞瘤或恶性支持细胞瘤（*Luteoma, Benign or Thecoma, Malignant or Tumor, Sertoli Cell, Malignant*）

黄体瘤、卵泡膜细胞瘤、支持细胞瘤三者之间的鉴别基于其主要细胞类型。在颗粒细胞瘤中，颗粒细胞应是主要细胞类型。

参考文献

参见 2、4、6、7、14、20、21、22、23和 24。

良性卵泡膜细胞瘤（*B*）
Thecoma，Benign（*B*）

同义词：tumor，sex cord stromal，benign，the-coma type；tumor，theca cell，benign。

组织发生

性索间质细胞。

诊断特征

- 由排列密集的梭形细胞组成，通常呈旋涡状排列，呈结节样外观。
- 梭形细胞呈交错的束状和旋涡状形态排列。
- 脂质和胶原蛋白含量不等，胶原蛋白主要存在于细胞束之间。
- 体积大的肿瘤出现广泛性坏死，仅血管周围有存活组织。
- 可能存在局灶性矿化和透明样变区域。
- 增生性病变的直径大于 1 个黄体大小。

鉴别诊断

纤维瘤（*Fibroma*）

纤维瘤不存在含脂质的细胞，胶原蛋白排列在单个细胞周围。

性索间质增生（*Hyperplasia, Sex Cord Stromal*）

性索间质增生可能是局灶性的，如果是一种细胞类型的增生，其直径小于或等于 1 个大的黄体。

良性颗粒细胞瘤或良性黄体瘤（*Tumor, Granulosa Cell, Benign or Luteoma, Benign*）

卵泡膜细胞瘤和其他性索间质肿瘤的鉴别基于其主要细胞类型。卵泡膜细胞瘤的主要细胞类型是梭形的卵泡膜细胞。

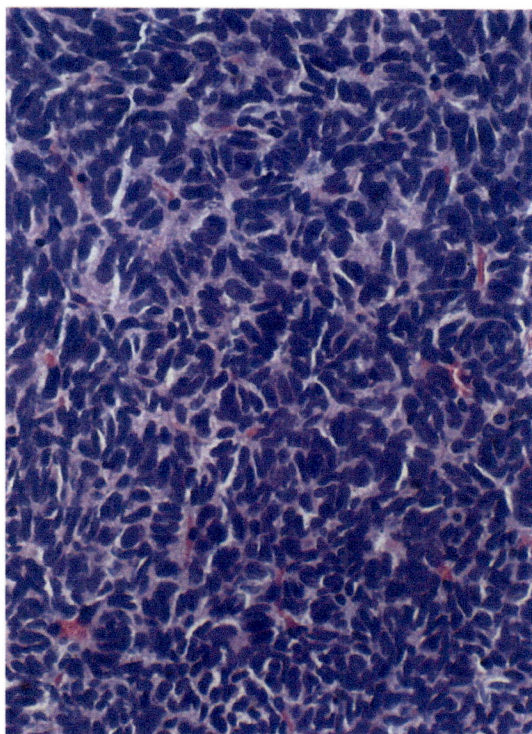

图 7-17 卵巢，良性卵泡膜细胞瘤。H&E 染色

恶性卵泡膜细胞瘤（*Thecoma, Malignant*）

良性卵泡膜细胞瘤和恶性卵泡膜细胞瘤的鉴别基于恶性卵泡膜细胞瘤存在浸润性生长形态、侵袭邻近组织、异型性程度以及转移。

参考文献

参见 2、4、6、7、14、20、21、22、23 和 24。

恶性卵泡膜细胞瘤（M）
Thecoma, Malignant（M）

同义词：tumor，sex cord stromal，malignant，thecoma type；tumor，theca cell，malignant。

组织发生
性索间质细胞。

诊断特征
- 由排列密集的梭形细胞组成，通常呈旋涡状排列，呈结节样外观。
- 梭形细胞呈交错的束状和旋涡状形态排列。
- 脂质和胶原蛋白含量不等，胶原蛋白排列于细胞束之间。
- 体积大的肿瘤出现广泛性坏死，仅血管周围有存活组织。
- 可能存在局灶性矿化和透明样变区。
- 恶性卵泡膜细胞瘤中还表现细胞多形性和提示快速生长的多个坏死区域、邻近组织浸润和（或）转移。

鉴别诊断
纤维瘤或纤维肉瘤（*Fibroma or Fibrosarcoma*）

纤维瘤和纤维肉瘤缺乏含脂质的细胞，胶原蛋白排列在单个细胞周围。

恶性颗粒细胞瘤或良性黄体瘤（*Tumor, Granulosa Cell, Malignant or Luteoma, Benign*）

卵泡膜细胞瘤和其他性索间质肿瘤的鉴别基于其主要细胞类型。卵泡膜细胞瘤的主要细胞类型是梭形的卵泡膜细胞。

良性卵泡膜细胞瘤（*Thecoma, Benign*）

良性卵泡膜细胞瘤和恶性卵泡膜细胞瘤的鉴别基于恶性卵泡膜细胞瘤中存在浸润性生长形态、异型性程度、侵袭邻近组织以及转移。

参考文献
参见 2、4、6、7、14、20、21、22、23 和 24。

良性黄体瘤（*B*）
Luteoma, Benign（*B*）

同义词：gonadal sex cord stromal tumor，benign，luteoma type；luteinized granulosa cell tumor，benign。

组织发生

性索间质细胞。

诊断特征

- 由高度黄体化的细胞组成，细胞质呈广泛淡染、颗粒状。细胞核呈圆形至卵圆形，无明显的点状染色质。
- 偶见核内质膜内陷和肥大细胞。
- 肿瘤通常表现为轻度的细胞多形性。
- 与正常黄体比较，间质组分可能更加不规则，将肿瘤分隔成若干小叶。
- 增生性病变的直径大于 3 个黄体大小。

鉴别诊断

良性颗粒细胞瘤或良性卵泡膜细胞瘤
（*Tumor, Granulosa Cell, Benign or Thecoma, Benign*）

黄体瘤与其他性索间质肿瘤的鉴别是基于主要细胞类型。颗粒细胞瘤和卵泡膜细胞瘤均无高度一致的黄体化程度。

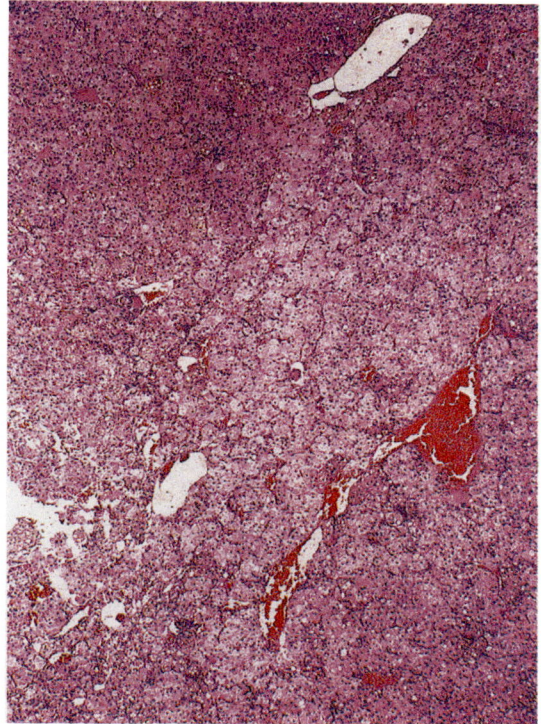

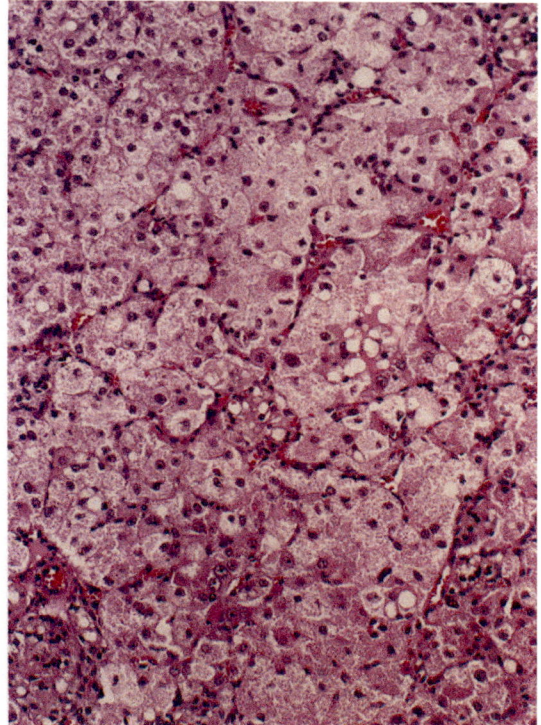

图 7-18（右上） 良性黄体瘤，肿瘤占据整个卵巢。H&E 染色
图 7-19（右下） 卵巢，良性黄体瘤，可见肿瘤细胞富含嗜酸性细胞质。H&E 染色

备注

  未见恶性黄体瘤的报道。黄体化细胞有时见于恶性颗粒细胞瘤和良性颗粒细胞瘤中。在黄体瘤中，几乎每个细胞都呈高度黄体化，几乎没有或很少有较小体积的较低程度黄体化的细胞存在（黄体化颗粒细胞瘤的黄体化程度的一致性较低）。

参考文献

  参见 2、4、6、7、14、20、21、22、23 和 24。

良性支持细胞瘤（B）
Tumor, Sertoli Cell, Benign（B）

同义词：tumor，gonadal stromal，benign；tumor，sex cord stromal，benign；tumor，sex cord stromal，benign，sertoli type；tumor，sustentacular，Benign。

组织发生

性索间质细胞。

诊断特征

- 支持细胞瘤与睾丸发生的支持细胞瘤相似。
- 纤维血管间质分隔的生精小管样小管为特征，纤维血管间质突向管腔，衬覆核位于基底部和富含弱嗜酸性细胞质的细胞。
- 未见生精细胞。
- 这些肿瘤常见多个区域出现空泡化的细胞或支持细胞巢，无明显管样结构。
- 这些肿瘤中梭形卵泡膜样细胞的比例常相对较高。
- 增生性病变的直径大于 1 个黄体大小。

鉴别诊断

性索间质（支持细胞）增生［*Hyperplasia, Sex Cord Stromal（Sertoli Cell）*］

病变直径小于或等于 1 个黄体大小。

良性颗粒细胞瘤或良性卵泡膜细胞瘤（*Tumor, Granulosa Cell, Benign or Thecoma, Benign*）

支持细胞瘤与颗粒细胞瘤和其他性索间质肿瘤的鉴别基于管样生长形态和细胞特征（存在的主要细胞类型）。

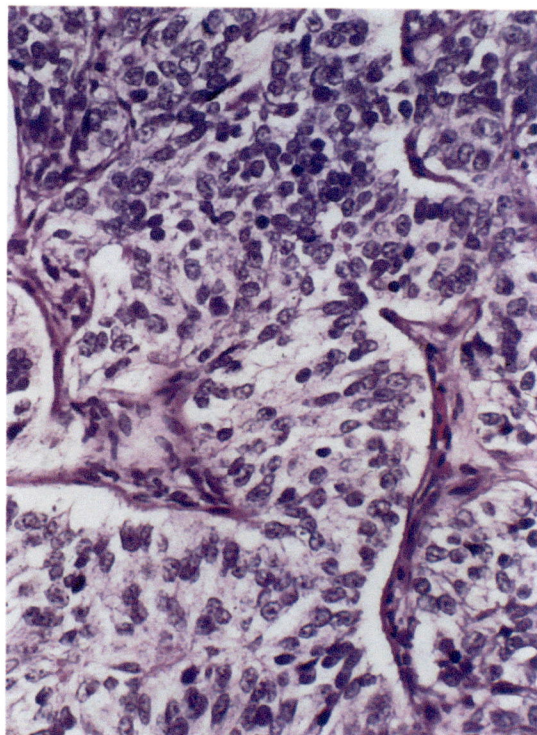

图 7-20 卵巢，良性支持细胞瘤。肿瘤由生精小管样形态排列的索组成。H&E 染色

恶性支持细胞瘤（*Tumor, Sertoli Cell, Malignant*）

恶性支持细胞瘤和良性支持细胞瘤的鉴别基于恶性支持细胞瘤分化较差、呈浸润性生长，以及含出血区域和坏死区域。

参考文献

参见 2、6、7、20、21、22、23 和 24。

恶性支持细胞瘤（*M*）
Tumor, Sertoli Cell, Malignant（*M*）

同义词：androblastoma；arrhenoblastoma；tumor，gonadal stromal，malignant；tumor，sex cord stromal，malignant；tumor，sex cord stromal，malignant，sertoli type；tumor，sustentacular，malignant。

组织发生

性索间质细胞。

诊断特征

- 支持细胞瘤与睾丸发生的支持细胞瘤相似。
- 纤维血管间质分隔的生精小管样小管为特征，纤维血管间质突向管腔，衬覆核位于基底部和富含弱嗜酸性细胞质的细胞。
- 未见生精细胞。
- 恶性的诊断基于局灶性坏死、出血和局部侵袭和（或）发生转移。
- 恶性支持细胞瘤通常分化较差，呈现圆形多形性细胞区域。
- 可见局灶性坏死区域和出血区域。
- 颗粒样细胞区域可能存在，但不是主要特征。

鉴别诊断

恶性颗粒细胞瘤或恶性卵泡膜细胞瘤（*Tumor, Granulosa Cell, Malignant or Thecoma, Malignant*）

支持细胞瘤与颗粒细胞瘤及其他性索间质肿瘤的鉴别基于管样生长形态和细胞特征。

良性支持细胞瘤（*Tumor, Sertoli Cell, Benign*）

恶性支持细胞瘤与良性支持细胞瘤的鉴别基于恶性支持细胞瘤分化较差、呈浸润性生长，以及含出血区域和坏死区域。

参考文献

参见 2、6、7、14、19、20、21、22、23 和 24。

良性混合性性索间质瘤（*B*）
Tumor, Sex Cord Stromal, Mixed, Benign（*B*）

组织发生

性索间质细胞。

诊断特征

- 肿瘤由颗粒细胞、黄体细胞、卵泡膜细胞、支持细胞和间质细胞的混合物组成，可能表现出不同程度的分化。不以任意一种细胞类型为主（>70%）。
- 散在的、界限清楚的局灶性病变，直径大于1个大的黄体的大小。

鉴别诊断

良性颗粒细胞瘤、良性支持细胞瘤、良性卵泡膜细胞瘤、恶性颗粒细胞瘤、恶性支持细胞瘤、恶性卵泡膜细胞瘤（Tumor, Granulosa Cell, Benign or Tumor, Sertoli Cell, Benign or Thecoma, Benign or Tumor, Granulosa Cell, Malignant or Tumor, Sertoli Cell, Malignant or Thecoma, Malignant）

以1种分化的细胞类型为主（支持细胞、颗粒细胞、卵泡膜细胞，占比大于70%），通常由未分化的间质细胞组成。

性索间质（局灶性）增生〔Hyperplasia, Sex Cord Stromal（Focal）〕

很少或无压迫，直径小于或等于1个黄体大小。散在的病变，界限清楚。

参考文献

参见2、6、7、14、20、21、22、23和24。

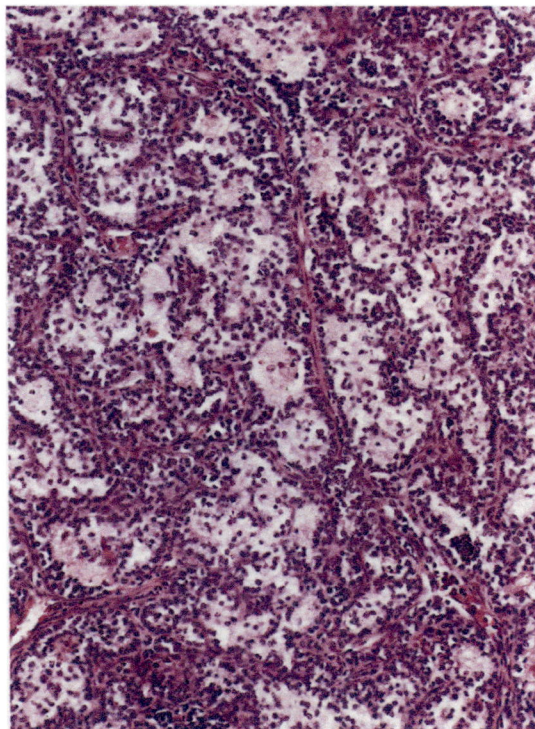

图 7-21　卵巢，良性混合性性索间质瘤，由颗粒细胞、黄体化颗粒细胞和卵泡膜细胞瘤样形态混合组成。H&E 染色

良性畸胎瘤（*B*）
Teratoma, Benign（*B*）

组织发生

脱离原发组织影响的多能胚胎组织。

诊断特征

- 畸胎瘤必须包含来自 3 个胚层的组织。
- 组织成分通常分化好。
- 良性畸胎瘤通常包含可能由立方形上皮、肠上皮或呼吸上皮衬覆的囊肿，这些囊肿周围可能环绕着平滑肌。
- 其他组分可能包括胰腺组织、胃上皮、甲状腺、分化好的神经元组织、软骨、骨和（或）骨骼肌。

鉴别诊断

恶性畸胎瘤（*Teratoma, Malignant*）

恶性畸胎瘤由分化差的组织成分组成，常表现为大面积坏死和（或）出血，或具有其他恶性肿瘤的特征（侵袭和转移）。

备注

畸胎瘤是罕见的肿瘤，在 129 品系小鼠的亚系中更为常见。可能发生在任何组织，但最常见于生殖系统。

参考文献

参见 1 和 22。

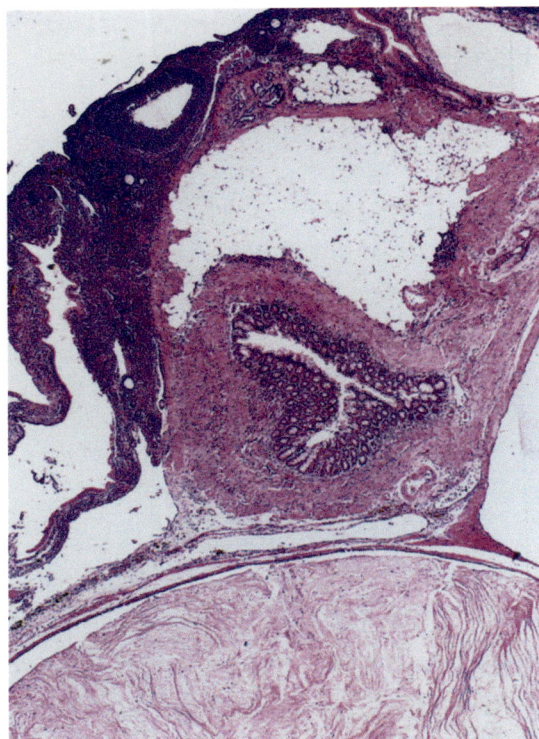

图 7-22　卵巢，良性畸胎瘤，可见外胚层、神经外胚层和内胚层来源的组织。H&E 染色

恶性畸胎瘤（*M*）
Teratoma, Malignant（*M*）

组织发生

脱离原发组织影响的多能胚胎组织。

诊断特征

- 畸胎瘤必须包含来自 3 个胚层的组织。
- 在恶性畸胎瘤中，神经组织、上皮组织和间叶组织分化差，类似胚胎组织。
- 这些肿瘤具有侵袭性，可能发生转移。
- 可能存在坏死区域和出血区域，提示快速生长。

鉴别诊断

良性畸胎瘤（*Teratoma, Benign*）

良性畸胎瘤的组织成熟程度更高。无大面积坏死区域和（或）出血区域及其他恶性肿瘤的特征，如侵袭或转移。

性索间质瘤（*Sex Cord Stromal Tumors*）

性索间质瘤不含有来自 3 个胚层的组织，且不以之作为肿瘤的必要组成部分。

备注

畸胎瘤是罕见的肿瘤，最常见发生于生殖系统，但也可能发生于任何组织。

参考文献

参见 1 和 22。

卵黄囊癌（M）
Carcinoma, Yolk Sac（M）

同义词：tumor，endodermal sinus，malignant；tumor，yolk sac，malignant。

组织发生
　　可能是生殖细胞肿瘤的一个类型。

诊断特征
- 大多数肿瘤具有类似两层胎膜（即壁层卵黄囊和脏层卵黄囊）的形态。
- 该肿瘤的典型特征是肿瘤细胞产生大量呈嗜酸性、PAS 染色阳性的基质，肿瘤细胞呈巢状和索状嵌入其中。
- 壁层卵黄囊灶由多角形或立方形的内胚层细胞组成，细胞质呈双嗜性，细胞核呈多形性，有 1 个或多个核仁。细胞质含有呈 PAS 染色阳性的小滴或颗粒。
- 偶见小囊肿和肾小球样小体（glomerular bodies）。
- 脏层卵黄囊内胚层细胞呈圆柱状，不含呈 PAS 染色阳性的小滴。有时可见由位于中央的毛细血管内陷于间叶组织形成的乳头状结构，且其被脏层内胚层包围。部分肿瘤中可见细胞质呈淡染且核大的大细胞；偶尔可见巨细胞围绕着充满血液的腔隙。

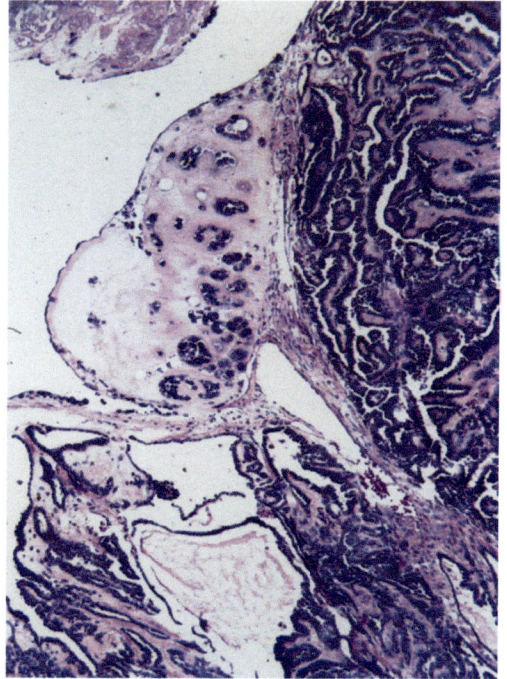

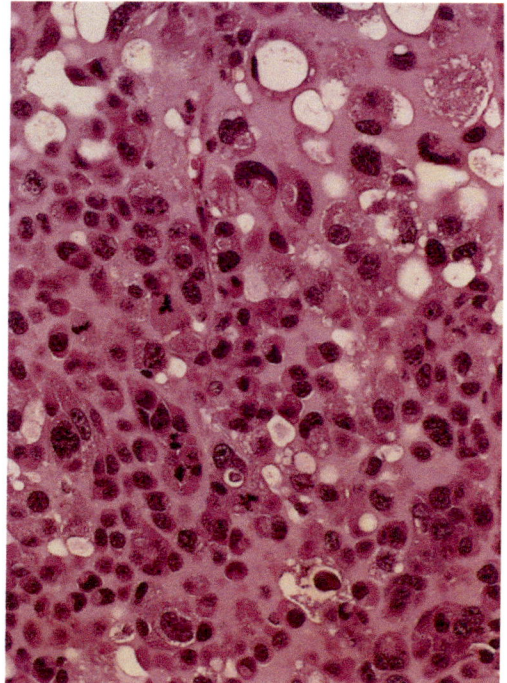

图 7-23（右上）　卵巢，卵黄囊癌，可见来源于卵黄囊壁膜和脏膜的形态。H&E 染色
图 7-24（右下）　卵巢，卵黄囊癌。H&E 染色

- 细胞形成菊形团、条索状或乳头状结构。
- 转移主要由壁层和脏层成分组成，浸润淋巴结、卵巢、肾、肝和脾。

鉴别诊断

腺癌（Adenocarcinoma）

子宫腺癌由形成腺样结构的圆柱状细胞组成，没有丰富的呈嗜酸性、PAS 染色阳性的基质。

备注

在小鼠中，自发性卵黄囊癌是罕见的肿瘤。

参考文献

参见 2、4、6、7、14、17、20、21、22、23 和 24。

胚胎性癌（*M*）
Carcinoma, Embryonal（*M*）

同义词：teratoma，undifferentiated。

组织发生

可能来源于生殖细胞。

诊断特征

- 肿瘤由圆形或梭形、浸润子宫肌层的分化差的细胞组成；细胞核大，核仁明显；有大量的核分裂象。
- 卵黄囊癌病灶有时出现在胚胎性癌区域；偶见分化好的组织，如软骨、骨和皮肤。
- 转移癌主要包含胚胎性癌的细胞，但有时也可见卵黄囊癌的区域。

鉴别诊断

恶性畸胎瘤（*Teratoma, Malignant*）

胚胎性癌和畸胎瘤的鉴别基于前者缺乏来自 3 个生殖细胞层的组织，即间叶组织、上皮组织和神经组织。

备注

自发性胚胎性癌在小鼠中未见报道，但在大鼠中可通过注射小鼠肉瘤病毒诱导发生。

参考文献

参见 2、3、6、7、14、20、21、22、23 和 24。

绒毛膜癌（*M*）
Choriocarcinoma（*M*）

同义词：choriocarcinoma，malignant；chorio-epithelioma，malignant。

组织发生
滋养层细胞。

诊断特征
- 肿瘤由 2 种类型的细胞组成：类似胎盘滋养层细胞的小嗜碱性细胞，以及核大且核仁常明显的大巨细胞（合体滋养层细胞）。
- 2 种类型的细胞浸润子宫肌层并引起广泛的坏死和出血。
- 转移性肿瘤与原发性肿瘤在形态学上相似。

鉴别诊断
卵黄囊癌（*Carcinoma, Yolk Sac*）
绒毛膜癌没有丰富的呈嗜酸性、PAS 染色阳性的基质。

血管肉瘤（*Hemangiosarcoma*）
肿瘤不形成血管腔，尽管可能存在血性囊肿。

备注
在小鼠中是罕见的肿瘤，仅见发生于子宫的报道。

参考文献
参见 2、3、6、7、14、15、20、21、22、23 和 24。

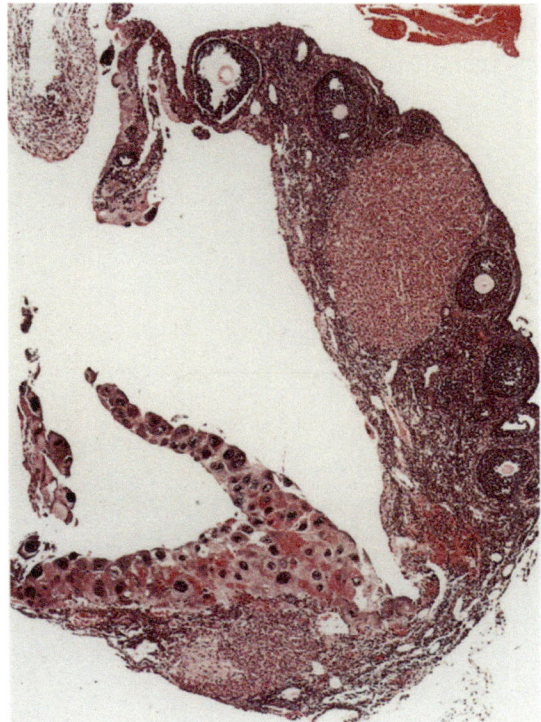

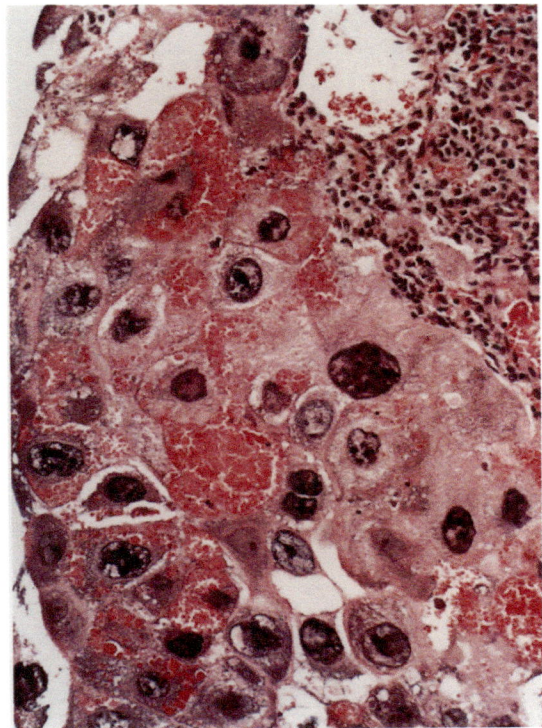

图 7-25（右上）卵巢绒毛膜癌。H&E 染色
图 7-26（右下）卵巢绒毛膜癌。高倍视野中可见肿瘤性合体滋养层细胞被出血区分隔开。H&E 染色

腺体增生（*H*）
Hyperplasia, Glandular（*H*）

组织发生
子宫上皮。

诊断特征
- 子宫内膜腺体扭曲、扩张，通常呈囊性。
- 囊肿衬覆单层上皮，且囊肿体积可能很大。
- 病变可能呈局灶性或弥漫性。
- 子宫腺肌病常见于严重增生案例。
- 通常由卵巢激素过度刺激或长期刺激引起。

鉴别诊断
腺样息肉（Polyp, Glandular）
息肉通常有更加明显的间质和纤维血管成分，并突入子宫腔内。

备注
在小鼠中是非常常见的病变。

参考文献
参见 5、7、16、24 和 27。

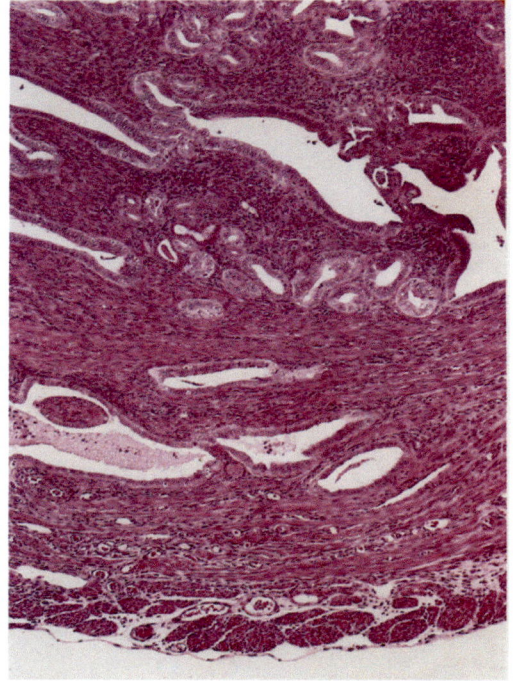

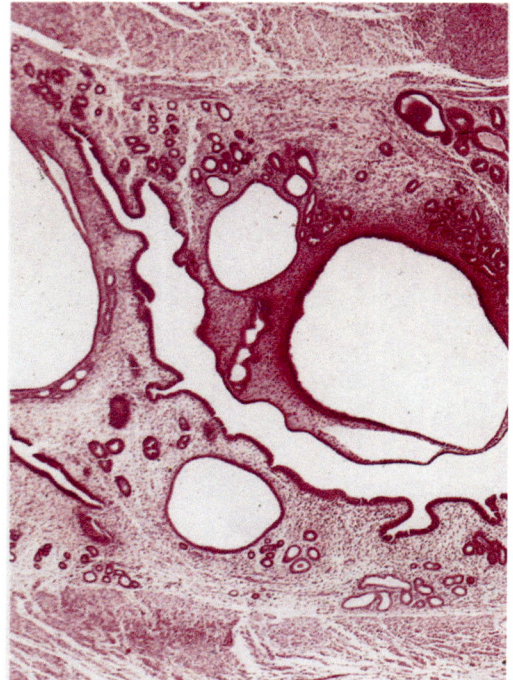

图 7-27（右上） 子宫，腺体增生。H&E 染色
图 7-28（右下） 子宫，内膜腺体囊性增生。H&E 染色

腺样息肉（*P*）
Polyp, Glandular（*P*）

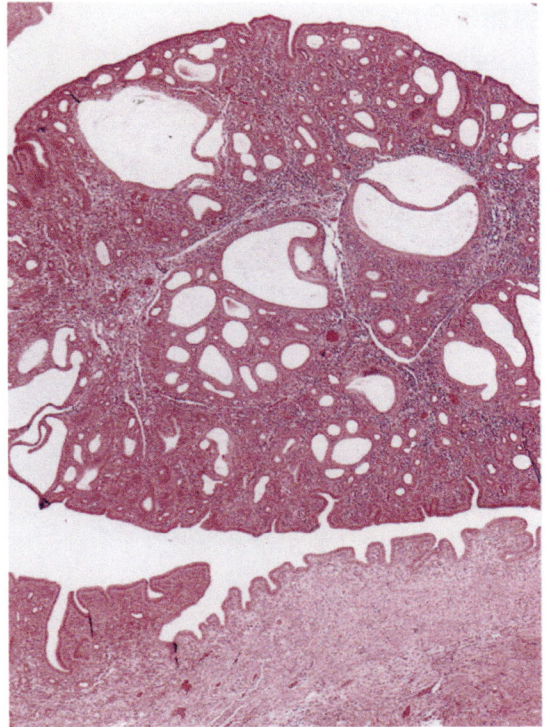

组织发生
子宫腺上皮和纤维血管间质。

诊断特征
- 息肉样肿物突入子宫腔。
- 息肉表面覆盖有立方形至柱状上皮细胞，与子宫内膜衬覆上皮相连续且外观相似。
- 间质由梭形或星形细胞组成，伴有数量不等的胶原蛋白和衬覆内皮的血管腔。
- 间质的子宫内膜腺常呈囊性。
- 腺体成分明显且常为增生性。

鉴别诊断
子宫内膜间质增生（*Hyperplasia, Endometrial Stromal*）

子宫内膜囊性增生时，间质致密，无明显的纤维血管成分。

子宫内膜间质息肉（*Polyp, Endometrial Stromal*）

与间质息肉不同，腺样息肉以腺体成分为主，间质息肉通常以间质成分为主。

乳头状腺瘤［*Adenoma（Papillary）*］

乳头状腺瘤没有或极少有内膜间质增生，内膜间质稀疏。

参考文献
参见 5、7、16、24 和 27。

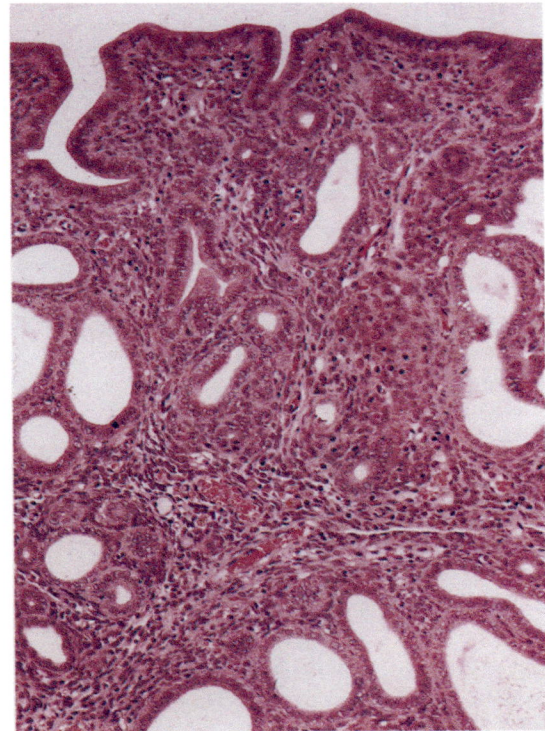

图 7-29（右上）腺样息肉。H&E 染色
图 7-30（右下）腺样息肉。H&E 染色

腺瘤（*B*）
Adenoma（*B*）

乳头状

组织发生

子宫表面上皮。

诊断特征

- 起源于表面上皮，可能有较宽的基部或纤细的蒂。
- 上皮细胞排列成乳头状、腺样或管状结构，衬覆 1~2 层立方形至柱状细胞。
- 细胞有中等至丰富的嗜酸性细胞质、圆形至卵圆形的细胞核，含有细点状染色质和 1~2 个核仁。
- 一些腺样结构可能包含充满渗出物的囊肿。
- 支持性间质通常稀疏。
- 如果肿瘤的主要生长形态为乳头状，则可使用修饰语"乳头状"。

鉴别诊断

子宫内膜间质息肉（*Polyp, Endometrial Stromal*）

可能与腺体成分明显的子宫内膜间质息肉相混淆。子宫内膜间质通常是子宫内膜息肉的一个固定特征，而乳头状腺瘤很少或没有间质增生。

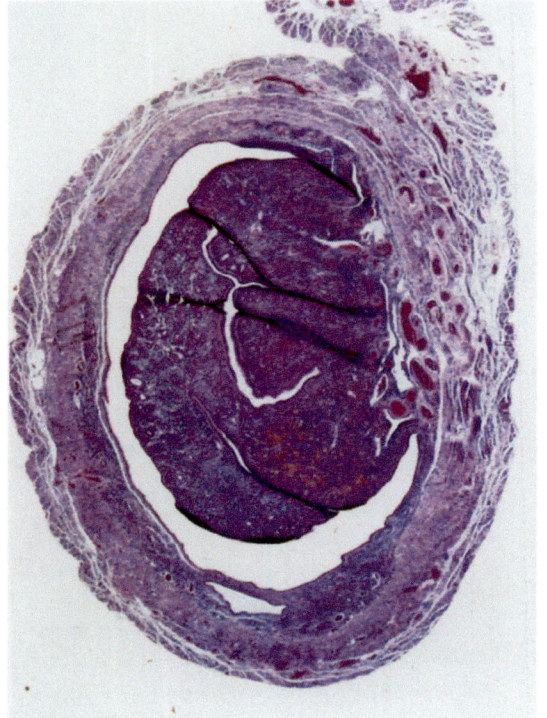

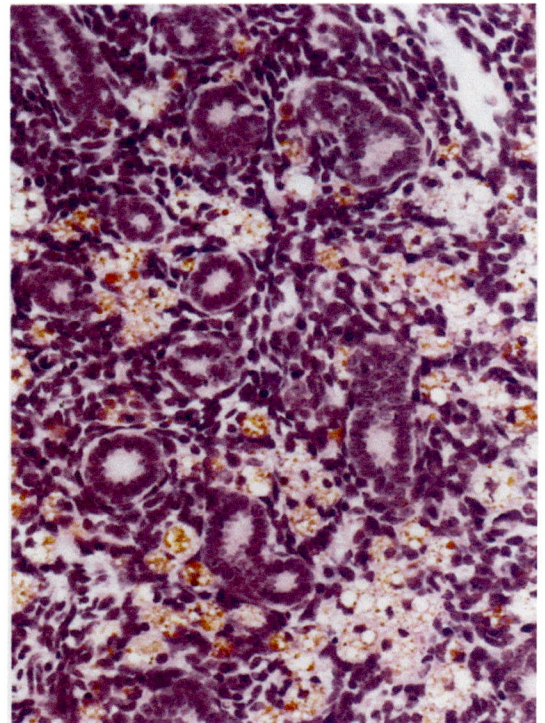

图 7-31（右上） 子宫腺瘤。H&E 染色
图 7-32（右下） 子宫腺瘤的高倍镜，可见分化好的腺体。H&E 染色

子宫内膜间质增生（*Hyperplasia, Endometrial Stromal*）

子宫内膜囊性增生通常是一种累及子宫内膜的弥漫性病变，而腺瘤是局灶性增生性病变。

局灶性腺体增生［*Hyperplasia, Glandular（Focal）*］

这种类型的增生是一种以正常形态范围内的上皮成分增加为特征的病变。

乳头状腺癌［*Adenocarcinoma（Papillary）*］

乳头状腺癌表现出更高程度的间变，并有腺体成分直接侵袭进入下方间质的证据。

参考文献

参见 3、4、5、7、16、24 和 27。

243

腺癌（*M*）
Adenocarcinoma（*M*）

组织发生

深层子宫腺体和子宫表面上皮。

诊断特征

- 由具有呈嗜酸性或双嗜性的细胞质和明显核仁、大泡状核的上皮细胞组成。
- 细胞排列成腺泡、腺样结构及实性巢状和索状结构。
- 肿瘤性腺体可表现出不同程度的多形性和异型性。有丝分裂率可能很高。
- 间变更明显的肿瘤，细胞体积较小，具有嗜碱性细胞质和大量核分裂象。
- 肿瘤性腺体被稀疏的纤维血管间质分隔，间质丰富的腺癌会表现为硬癌。
- 肿瘤通常具有高度的局部侵袭性，可能发生远处转移，尤见于肺。
- 可能出现出血区域和坏死区域。

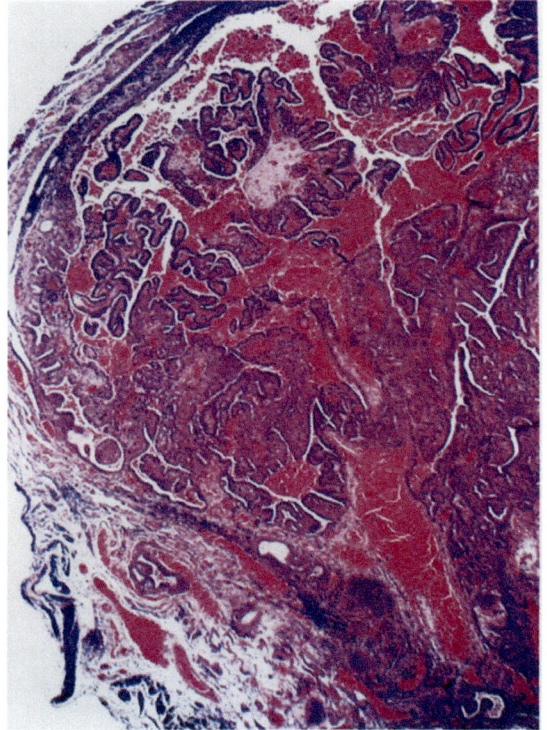

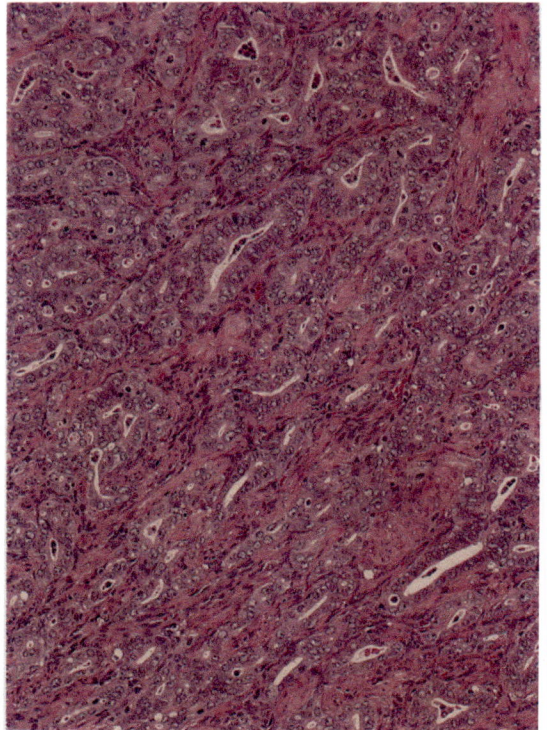

图 7-33（右上） 腺癌，取代和浸润正常子宫结构。H&E 染色

图 7-34（右下） 子宫腺癌。B6C3F1 小鼠 89 周龄。H&E 染色（由 Shinji Yamamoto 博士提供）

鉴别诊断

子宫内膜间质腺瘤或息肉，或子宫内膜间质增生（*Adenoma or Polyp, Endometrial Stromal; Hyperplasia, Endometrial Stromal*）

这些病变均局限于子宫内膜，缺乏诸如异型性、侵袭性生长形态和高有丝分裂率等恶性肿瘤的特征。

鳞状细胞癌（*Carcinoma, Squamous Cell*）

子宫腺癌无或仅有轻微的局灶性鳞状上皮化生。鳞状细胞分化不是子宫腺癌的特征之一。

子宫腺肌病（*Adenomyosis*）

尽管形成腺样结构的分化良好的上皮细胞的细胞岛可能到达浆膜表面，但子宫腺肌病缺乏恶性肿瘤的形态学特征。

参考文献

参见 3、4、5、7、16、24 和 25。

鳞状细胞乳头状瘤（*B*）
Papilloma, Squamous Cell（*B*）
角化型，非角化型

组织发生
表面上皮。

诊断特征
- 黏膜可见重度、局灶性、乳头状增生，伴有重度鳞状上皮化生。
- 重度角化过度，使子宫颈内膜扩张。
- 不侵袭下方间质或未见细胞异型性。
- 几乎总是与慢性化脓性炎症有关。
- 细胞分化良好。

鉴别诊断
鳞状上皮化生（*Metaplasia, Squamous Cell*）
鳞状上皮化生和鳞状细胞乳头状瘤的鉴别基于前者局限于正常的黏膜表面，不呈乳头样突入腔内。

鳞状细胞癌（*Carcinoma, Squamous Cell*）
鳞状细胞癌通常为细胞分化好的肿瘤，细胞呈巢状和索状排列，表现出不同程度的异型性，深入浸润至肌层、浆膜和邻近器官。

参考文献
参见 3、5、7、16、24 和 27。

鳞状细胞癌（*M*）
Carcinoma, Squamous Cell（*M*）
角化型，非角化型

同义词：carcinoma, epidermoid。

组织发生
表面上皮。

诊断特征
- 通常细胞分化好，伴有重度的白细胞浸润。
- 肿瘤细胞大、呈多角形，有明显的泡状细胞核，含 1 个或多个核仁。
- 细胞呈索状和巢状排列，深入侵袭至肌层、浆膜和相邻器官。
- 子宫腔表面上皮重度增厚、异型增生和角化（形成角化珠）。
- 间质可能稀少，或丰富而表现为硬癌结构。

鉴别诊断
鳞状细胞乳头状瘤（*Papilloma, Squamous Cell*）

鳞状细胞乳头状瘤和鳞状细胞癌的鉴别基于肿瘤的生长形态，乳头状瘤缺乏重度异型性且不侵袭邻近组织。

腺癌（*Adenocarcinoma*）

腺癌缺乏鳞状细胞瘤固有的鳞状细胞分化。

备注
罕见的自发性肿瘤，但易被雌激素诱发。

参考文献
参见 3、5、7、16、24 和 27。

子宫内膜间质增生（*H*）
Hyperplasia, Endometrial Stromal （*H*）

组织发生

子宫腺上皮和纤维血管间质。

诊断特征

- 病变常见于子宫颈 / 子宫。
- 间质细胞、梭形细胞或星形细胞增生，伴有数量不等的胶原蛋白。
- 病变通常沿着正常解剖结构的方向发展，如围绕子宫颈，不导致大体解剖异常或结构扭曲。
- 生长特点为非侵袭性。
- 有丝分裂指数和血管形成可能明显，尤其在早期病变中。较晚期的病变以致密的胶原间质 / 纤维化为特征。

鉴别诊断

子宫内膜间质息肉（*Polyp, Endometrial Stromal*）

子宫内膜间质细胞呈结节性增生，常突入子宫腔，息肉被覆立方形至柱状上皮细胞。

子宫内膜间质肉瘤（*Sarcoma, Endometrial Stromal*）

恶性病变以浸润性生长、高有丝分裂指数为特征。生长形态不遵循原有解剖结构，导致大体结构扭曲。

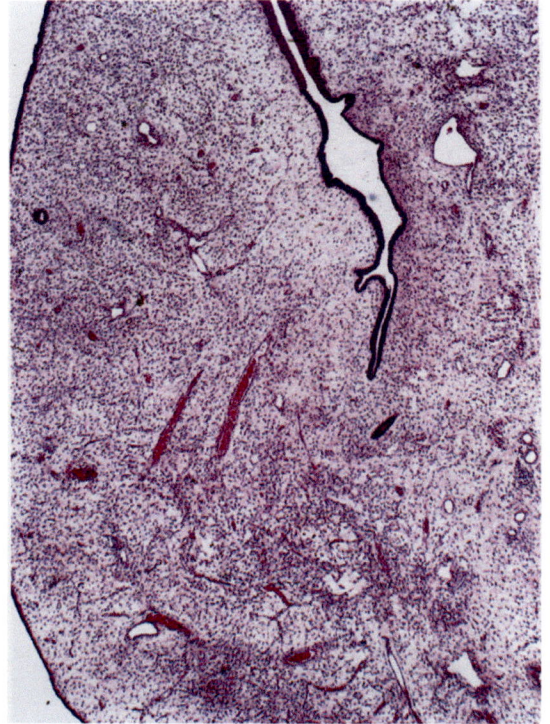

图 7-35　子宫，子宫内膜间质增生，弥漫性病变。H&E 染色

备注

大部分小鼠品系老龄小鼠常见此弥漫性病变，最常见于子宫颈，其次多见于子宫。在大体上可观察到致密、坚硬、体积增大的白色子宫颈。

参考文献

参见 3、5、7、16、24 和 27。

子宫内膜间质息肉（*P*）
Polyp, Endometrial Stromal（*P*）

组织发生

　　子宫上皮和纤维血管间质。

诊断特征

- 息肉样肿物突入子宫腔。
- 息肉被覆立方形至柱状上皮细胞，与子宫内膜衬覆的上皮相延续并在外观上相似。
- 肿物的主要成分由间质内的梭形细胞或星形细胞组成，伴有数量不等的胶原蛋白和衬覆内皮的血管腔。
- 肿瘤可为单发或多发。
- 肿瘤可能发生水肿或梗死。
- 肿瘤可突入阴道，可能出现溃疡或炎症，多数情况下主要由排列疏松的子宫内膜间质细胞组成，伴有血管以及少量的子宫内膜腺体。
- 间质息肉的诊断也适用于小型病变，这些病变不呈息肉样突入子宫腔，仅局限于子宫内膜壁。在这些情况下，子宫内膜间质细胞分化好，否则这样的病变就可归为早期子宫内膜间质肉瘤。

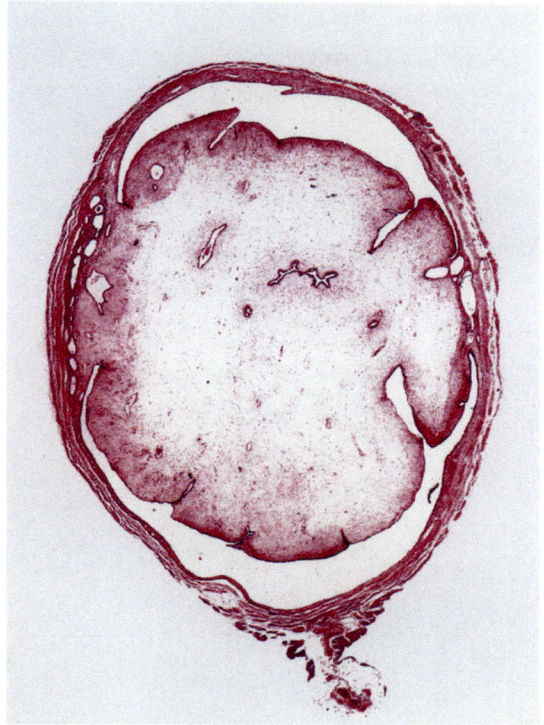

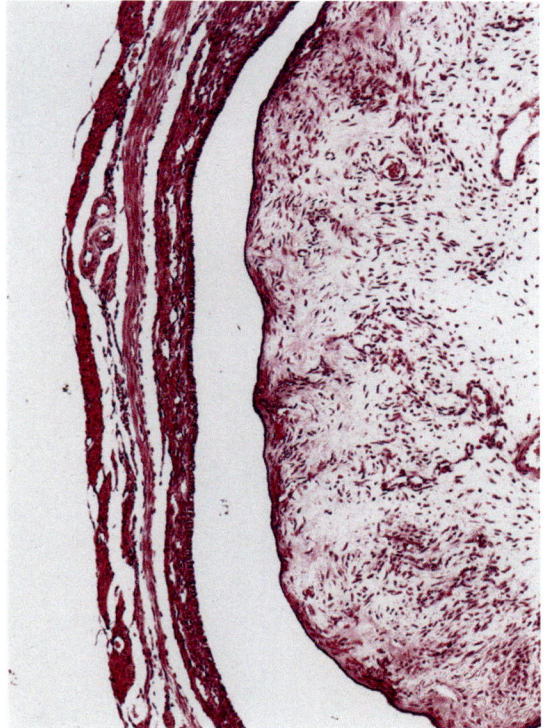

图 7-36（右上）　子宫，子宫内膜间质息肉，突入子宫腔。H&E 染色

图 7-37（右下）　子宫，子宫内膜间质息肉。H&E 染色

鉴别诊断

腺样息肉（Polyp, Glandular）

子宫内膜间质息肉内增生的腺样结构不明显。

子宫内膜间质肉瘤（Sarcoma, Endometrial Stromal）

这是一种侵袭性病变，不具有息肉样生长形态，而是具有侵袭性生长形态以及恶性肿瘤的其他特征，如多形性和高有丝分裂率。这些肿瘤可能起源于子宫内膜间质息肉。

备注

子宫内膜间质肉瘤偶见发生于息肉，通常表现出如快速生长、侵袭性、转移至远处器官等恶性肿瘤特征。

参考文献

参见 4、5、7、8、10、13、16、24 和 27。

子宫内膜间质肉瘤（*M*）
Sarcoma, Endometrial Stromal（*M*）

组织发生

子宫上皮和纤维血管间质。

诊断特征

- 肿物主要由间质内的梭形细胞组成，伴有数量不等的胶原蛋白以及衬覆内皮的血管腔。
- 侵袭至邻近组织。
- 可存在于息肉样肿物内。
- 细胞为分化差的梭形细胞。
- 细胞可能存在多形性。
- 细胞间界限不清。
- 细胞质由稀少至中等量不等，呈淡染、嗜酸性。
- 细胞核呈椭圆形、细长且深染。横切面呈卵圆形或圆形。
- 大量核分裂象。
- 可见出血区域和坏死区域。
- 罕见转移。
- 免疫组织化学染色中 S-100 蛋白和波形蛋白呈阳性，结蛋白和肌动蛋白呈阴性。

鉴别诊断

腺样息肉（*Polyp, Glandular*）

子宫内膜间质息肉内增生性腺样结构不明显。

子宫内膜间质息肉（*Polyp, Endometrial Stromal*）

间质成分分化好，可见突入子宫腔，无侵袭邻近组织 / 子宫内膜壁的证据。

备注

子宫内膜间质肉瘤偶见发生于息肉，通常表现出如快速生长、侵袭性、转移至远处器官等恶性肿瘤特征。

参考文献

参见 4、5、7、8、10、13、16、24 和 27。

良性颗粒细胞瘤（*B*）
Tumor, Granular Cell, Benign（*B*）

同义词：Abrikossoff's tumor, benign；myoblastoma。

组织发生

尚未明确；有人认为来源于施万细胞或间叶细胞。

诊断特征

- 常为局限性、边界清楚的实性肿物，间质很少。由大的、上皮样的、圆形至卵圆形细胞（核大且淡染，具有丰富嗜酸性颗粒样细胞质）和较小的、更呈梭形的细胞（具有小而深染且染色均匀一致的细胞核）组成。
- 小到中等大小的细胞质颗粒 PAS 染色呈阳性且抗淀粉酶，认为该颗粒是不同阶段的溶酶体，几乎存在于每个细胞中。
- 膨胀性生长使相邻组织受压迫和萎缩。
- 一些肿瘤表现出更具浸润性的生长形态。这些肿瘤更趋向于呈梭形形态。在没有转移或侵袭其他器官的情况下，认为这些肿瘤是良性的。

鉴别诊断

平滑肌瘤（Leiomyoma）

缺乏 PAS 染色呈阳性的颗粒或上皮样细胞。

腺癌（Adenocarcinoma）

形成腺体，上皮常呈双嗜性或嗜碱性，缺乏丰富的 PAS 染色阳性颗粒。

备注

颗粒细胞瘤肉眼观通常表现为单个粉色至淡黄灰色肿物。这些肿瘤常见于雄性动物和雌性动物的生殖道，但也可能发生在其他器官。

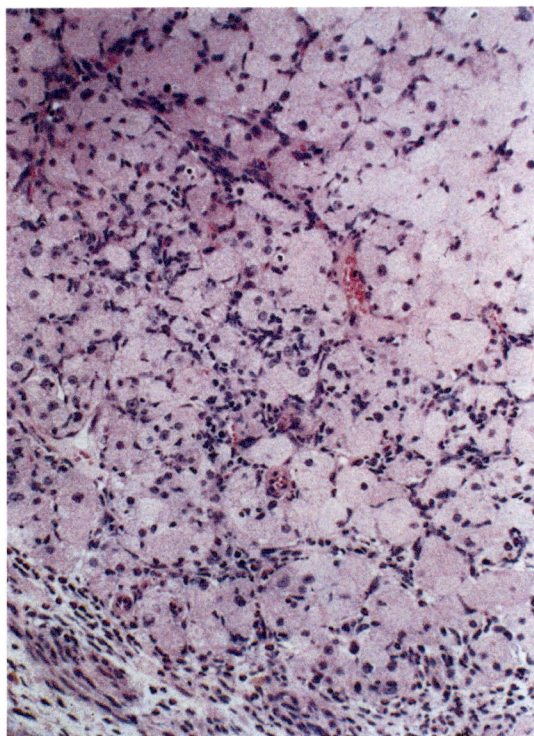

图 7-38 阴道良性颗粒细胞瘤。H&E 染色

颗粒细胞瘤在 NSE、S-100 蛋白和周围髓鞘蛋白的免疫细胞化学染色中呈阳性反应。与良性颗粒细胞瘤相对应的恶性颗粒细胞瘤未见报道，但不能排除。如诊断为恶性颗粒细胞瘤，应具有远处转移或明显侵袭到正常器官结构外的迹象。增生这一术语不适用于非常小的聚集灶 / 结节，因为相对应的正常结构是未知的。

参考文献

参见 6、19、25 和 27。

蜕膜反应（H）
Decidual Reaction（H）

同义词：deciduoma。

组织发生

蜕膜组织。

诊断特征

由增生的蜕膜组织组成且具有高度的组织结构和区域性差异。

结节性病变有两个不同的区域：包蜕膜区（antimesometrial region），包含紧密排列的细胞和小毛细血管；底蜕膜区（mesometrial region），含 2 种类型的细胞，棘状的底蜕膜细胞（mesometrial cell）（具有长的细胞质突起和丰富的糖原，通常为双核）和颗粒状的子宫内膜腺细胞（具有大量的细胞质并含有 PAS 阳性的细胞质颗粒）。

鉴别诊断

子宫内膜间质肉瘤（*Sarcoma, Endometrial Stromal*）

无 PAS 阳性的细胞质颗粒，以梭形细胞为主。

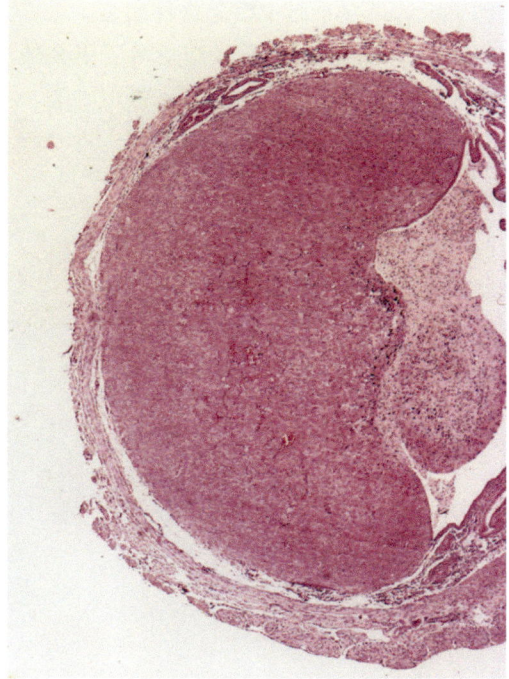

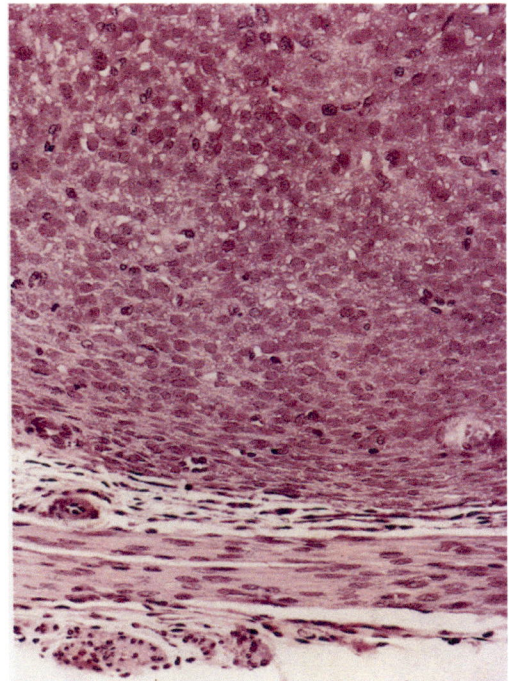

图 7-39（右上）子宫，蜕膜反应
图 7-40（右下）子宫，蜕膜反应

备注

蜕膜反应被定义为在假孕大鼠中由非特异性刺激应答导致的蜕膜组织增生。大鼠结节性蜕膜反应的正常生命期为假孕第 4~16 天。缝合和手术均可在小鼠中引起这种病变。

局灶性 / 多灶性蜕膜反应也可见于其他子宫病变中，如囊性增生、息肉和其他肿瘤。

病变的特征为在子宫肌层细胞中存在 PAS 阳性的嗜酸性颗粒，以及肿胀的子宫肌层细胞通常在其更中心的位置表现出丰富的糖原蓄积。

参考文献

参见 12。

鳞状细胞增生（*H*）
Hyperplasia, Squamous Cell（*H*）
角化型，非角化型

组织发生
阴道上皮。

诊断特征
- 阴道上皮通常呈重度、弥漫性鳞状细胞增生。
- 通常存在明显的网状嵴（rete），分化好、不侵袭邻近组织。

鉴别诊断
鳞状细胞乳头状瘤或鳞状细胞癌（*Papilloma, Squamous Cell or Carcinoma, Squamous Cell*）

鳞状细胞增生与鳞状细胞乳头状瘤及鳞状细胞癌的鉴别基于鳞状细胞增生表现为细胞分化良好、局限于正常黏膜表面，不突入阴道腔内或浸润下方组织。

备注
常见于长期受雌激素刺激后。

参考文献
参见 5、7、9、11 和 27。

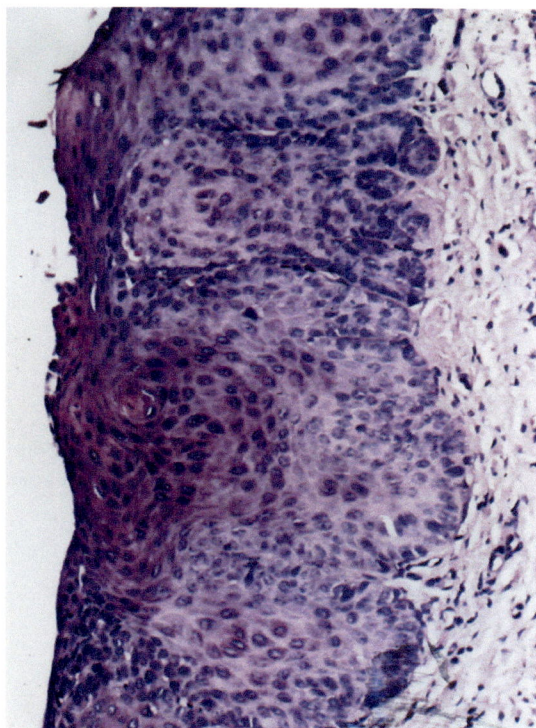

图 7-41 阴道，鳞状细胞增生。H&E 染色

255

鳞状细胞乳头状瘤（*B*）
Papilloma, Squamous Cell（*B*）
角化型，非角化型

组织发生

表面上皮。

诊断特征

- 黏膜重度、局灶性、乳头状增生，通常伴有轻度角化过度。
- 不侵袭下方间质或不存在细胞异型性。
- 几乎总是与慢性化脓性炎症和一些溃疡相关。

鉴别诊断

鳞状细胞增生（*Hyperplasia, Squamous Cell*）

鳞状细胞分化好，局限于正常黏膜表面，且不呈乳头状突入阴道腔。

鳞状细胞癌（*Carcinoma, Squamous Cell*）

鳞状细胞癌和鳞状细胞乳头状瘤的鉴别基于鳞状细胞癌表现出明显的异型性、向邻近组织浸润性生长以及高的有丝分裂率。

备注

发生于阴道表面上皮的鳞状细胞乳头状瘤和鳞状细胞癌与发生于皮肤、前胃和口腔的鳞状细胞乳头状瘤和鳞状细胞癌类似。

参考文献

参见 3、4、5、7、9、11 和 27。

鳞状细胞癌（*M*）
Carcinoma, Squamous Cell（*M*）
角化型，非角化型

同义词：carcinoma，epidermoid。

组织发生
表面上皮。

诊断特征
- 通常分化好，可见大量的白细胞浸润。
- 肿瘤细胞呈多角形，具有明显的泡状细胞核，含有 1 个或多个核仁。
- 细胞呈索状和巢状排列，并深入侵袭邻近组织。
- 宫腔表面上皮明显增厚，发生异型增生和角化。角化珠也可能存在于深层组织中。
- 间质可能稀少，或丰富而呈硬癌结构。

鉴别诊断
鳞状细胞乳头状瘤（*Papilloma, Squamous Cell*）

鳞状细胞癌与鳞状细胞乳头状瘤的鉴别基于浸润性生长、高有丝分裂指数、异型性和（或）转移。

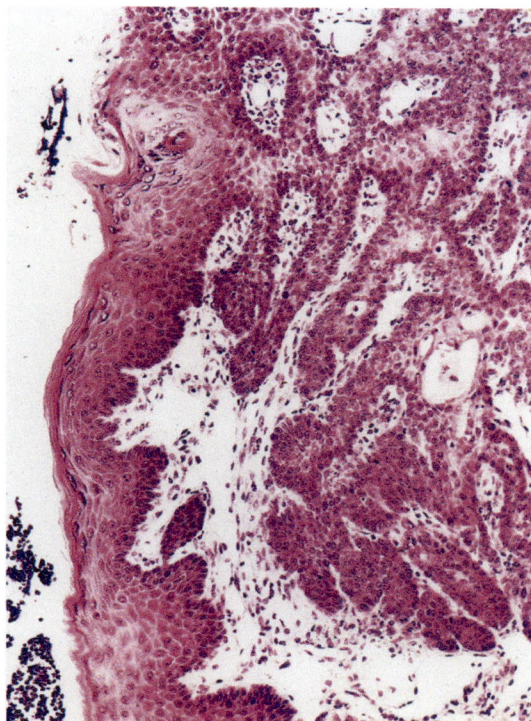

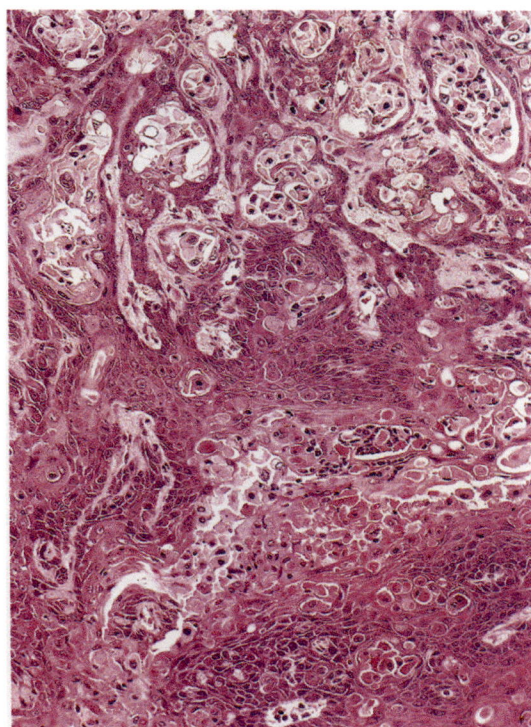

图 7-42（右上） 阴道，鳞状细胞癌。H&E 染色
图 7-43（右下） 阴道，鳞状细胞癌。高倍视野显示肿瘤性上皮细胞的吻合岛形成并包围角化珠，B6C3F1 小鼠，105 周龄。H&E 染色（由 Shinji Yamamoto 博士提供）

备注

发生于阴道表面上皮的鳞状细胞乳头状瘤和鳞状细胞癌与发生于皮肤、前胃和口腔的鳞状细胞乳头状瘤和鳞状细胞癌类似。鳞状细胞癌为罕见的自发性肿瘤，但可由雌激素诱发。

参考文献

参见 3、4、5、7、11 和 27。

角化棘皮瘤（*B*）
Keratoacanthoma（*B*）
角化型，非角化型

同义词：epithelioma，intracutaneous cornifying。

组织发生

表面上皮。

诊断特征

- 类似皮肤的角化棘皮瘤。
- 肿瘤有完整的包裹，由分层、角化的鳞状上皮衬覆的单个或多个空腔组成。
- 常缺乏颗粒层。
- 阴道腔或宫腔内可见乳头状突起。
- 宫腔内大多充满层状、同心圆排列的或均匀一致的角化物，这些物质中可能混有胆固醇结晶，也可能含有蛋白性液体。
- 增生上皮细胞的核质比低。
- 上皮通常分化良好，不侵袭邻近组织。

鉴别诊断

鳞状细胞癌（*Carcinoma, Squamous Cell*）

角化棘皮瘤和鳞状细胞癌的鉴别基于角化棘皮瘤组织的分化、有丝分裂率低以及不侵袭邻近组织。

参考文献

参见 3、5、7、9、11 和 27。

腺泡细胞增生（*H*）
Hyperplasia, Acinar Cell（*H*）

组织发生

腺泡上皮。

诊断特征

- 局灶性或多灶性嗜酸性细胞增多，周围是深染的扁平基底细胞。
- 病灶表现为与正常腺体类似的分叶状。
- 增生的腺泡细胞形态上与正常的腺体组织细胞相似。
- 细胞核大、呈圆形、居中，含有 1 个核仁或偶可见 2 个大的、圆的核仁。
- 核膜上的异染色质凝集。
- 存在年龄相关性，细胞质内含充满脂质的囊泡和空泡，空泡内含典型粉染颗粒。

鉴别诊断

腺泡细胞腺瘤（*Adenoma, Acinar Cell*）

腺泡细胞腺瘤压迫周边组织并使正常组织结构缺失。生长形态为实性，并可见不完整的包膜。

备注

这种病变很少为自发性，主要见于老龄动物（2 岁龄），但也可以由几种致癌物诱发。

参考文献

参见 25 和 26。

腺泡细胞腺瘤（B）
Adenoma, Acinar Cell（B）

组织发生
腺泡上皮。

诊断特征
- 通常呈实性生长，伴有不规则的结节形成，并向周边延伸，类似正常腺体的腺泡；分泌管不常见，可能存在不完整的结缔组织包膜。
- 肿瘤性腺泡的中心由呈淡染、泡沫样的皮脂腺型细胞组成，腺泡的周边由嗜碱性基底细胞组成。
- 细胞质中可能含有特征性的嗜酸性颗粒。
- 可能存在鳞状上皮化生。

鉴别诊断
腺泡细胞增生（*Hyperplasia, Acinar Cell*）
病灶较小且无包膜，腺泡规则，细胞大小一致，通常存在分泌管。

鳞状细胞乳头状瘤（*Papilloma, Squamous Cell*）
缺乏腺体成分。

腺泡细胞腺癌（*Adenocarcinoma, Acinar Cell*）
侵袭周围结缔组织且腺泡大小不等。肿瘤细胞表现出细胞异型性，与未成熟的腺泡细胞相似。

备注
自发性腺瘤极为罕见，但可由一些化合物诱发。在大鼠中描述的囊性和乳头状类型在小鼠中未见报道。

参考文献
参见 26。

腺泡细胞腺癌（*M*）
Adenocarcinoma, Acinar Cell（*M*）

组织发生
腺泡上皮。

诊断特征
- 大小不等的巢和结节，与规则的腺泡结构明显不同。
- 可见小结节和上皮细胞索，由致密的结缔组织间质分隔，形成硬癌外观。
- 可能存在鳞状细胞分化。
- 可能存在囊性区域、坏死和炎症。
- 腺泡结构表现为中心淡染、泡沫样皮脂腺型细胞，周边表现为小的、嗜碱性基底细胞。
- 可见核分裂象。
- 可见侵袭邻近结构。

鉴别诊断
腺泡细胞增生或腺泡细胞腺瘤（*Hyperplasia, Acinar Cell or Adenoma, Acinar Cell*）
无细胞异型性，不侵袭邻近组织。

鳞状细胞癌（*Carcinoma, Squamous Cell*）
缺乏肿瘤性皮脂腺细胞，由非角化或角化的鳞状细胞组成。

乳腺腺癌（*Adenocarcinoma of the Mammary Gland*）
在雄性动物中是极为罕见的肿瘤，存在腺样结构。

备注
腺癌被认为是首选术语，因为阴蒂腺是由特化的皮脂腺组成的皮肤附属器。

参考文献
参见 26。

鳞状细胞增生（*H*）
Hyperplasia, Squamous Cell（*H*）

组织发生
中央导管和分泌管起源的鳞状上皮细胞，鳞状细胞上皮。

诊断特征
- 可能呈局灶性、多灶性或广泛性发生。
- 鳞状上皮含有透明角质颗粒并角化。

鉴别诊断
鳞状细胞乳头状瘤（*Papilloma, Squamous Cell*）

压迫周围导管结构，呈乳头状生长进入管腔。

备注
这种病变见于老龄小鼠，在小鼠中为自发性发生并伴有导管扩张和（或）慢性炎症。可发生于双侧腺体，也可仅单侧发生。该病变不被认为是瘤前改变（pre-neoplastic change），没有进展的证据。

参考文献
参见 25。

鳞状上皮化生（*M*）
Metaplasia, Squamous Cell（*M*）
角化型，非角化型

组织发生
中央导管和分泌管的基底细胞。

诊断特征
• 呈局灶性或多灶性。

角化型
• 鳞状上皮包含透明角质颗粒。
• 高度角化。

非角化型
• 鳞状细胞可能是非角化的。

鉴别诊断
鳞状细胞增生（*Hyperplasia, Squamous Cell*）
大部分呈乳头状。

备注
在老龄动物中非常常见。腺体应纵向切开，以检查主分泌管及几个分支。阴蒂腺很难辨认，位于阴蒂的两侧，呈浅黄白色。阴蒂腺非常小，重量只有 9 mg，而包皮腺的重量可达 56 mg。阴蒂腺的腺泡腺体比包皮腺的要少，导管在外观上常呈囊性。

参考文献
参见 25。

鳞状细胞乳头状瘤（*B*）
Papilloma, Squamous Cell（*B*）

组织发生

导管的鳞状细胞上皮和基底细胞。

诊断特征

- 乳头状结构，中心为结缔组织蒂，衬覆角化或无角化的鳞状上皮细胞。
- 核分裂象罕见。
- 中央导管和分泌管可能也可表现出鳞状细胞增生。
- 乳头状瘤可单发或多发，并可阻塞导管。

鉴别诊断

鳞状细胞癌（*Carcinoma, Squamous Cell*）

破坏基底膜和侵袭周围腺泡组织。可见细胞异型性、排列紊乱和常见有丝分裂。

鳞状细胞增生（*Hyperplasia, Squamous Cell*）

缺乏中心结缔组织蒂。

腺泡细胞腺瘤（*Adenoma, Acinar Cell*）

可见皮脂腺分化。

参考文献

参见 25 和 26。

鳞状细胞癌（M）
Carcinoma, Squamous Cell（M）

同义词：carcinoma，epidermoid。

组织发生

导管上皮细胞。发生鳞状细胞分化的腺泡细胞。

诊断特征

- 由多形性、低分化的鳞状细胞构成不规则的乳头状小叶或小结节组成，明显侵袭邻近组织。
- 角化程度从透明角质颗粒、角化珠到高度角化物不等。
- 细胞可呈梭形，表现出明显的细胞间桥，细胞质呈嗜酸性或双嗜性，或具有皮脂腺细胞分化。
- 常见核分裂象、坏死和炎症。

鉴别诊断

腺泡性细胞腺癌（*Adenocarcinoma, Acinar Cell*）

广泛的皮脂腺细胞分化，伴有较少的鳞状细胞成分，缺乏明显的细胞间桥；低分化型表现为硬癌间质。

鳞状细胞乳头状瘤（*Papilloma, Squamous Cell*）

缺乏对周围结构的侵袭。

皮肤鳞状细胞癌（*Carcinoma, Squamous Cell of the Skin*）

如果侵袭包皮腺则不可能向包皮腺分化；也非阴蒂腺导管起源。

乳腺恶性腺棘皮瘤（*Adenoacanthoma, Malignant of the Mammary Gland*）

在雄性小鼠中极为罕见。生长形态类似拟软体动物样放射性生长，并可见乳腺腺泡。

备注

非肿瘤性腺泡可萎缩或呈囊性。如果不存在典型特征，则可能很难区分是来源于皮肤、乳腺还是阴蒂腺的鳞状细胞癌。

参考文献

参见 26。

参考文献

1. Alison RH, Morgan KT (1987) Teratoma, ovary, mouse. In: Jones TC, Mohr U, Hunt RD (eds) Monographs on pathology of laboratory animals. Genital system. Springer, Berlin Heidelberg New York Tokyo, pp 46-52

2. Alison RH, Morgan KT, Haseman JK, Boorman GA (1987) Morphology and classification of ovarian neoplasms in F344 rats and (C57BLl6 x C3H)Fl mice. J Natl Cancer Inst 78: 1229-1243

3. Ashley DJB (1990) Evan's histological appearances of tumors. Churchill Livingstone, Edinburgh, pp 773-861

4. Davis BJ, Dixon D, Herbert RA (1999) Ovary, oviduct, uterus, cervix, and vagina. In: Maronpot RR, Boorman GA, Gaul BW (eds) Pathology of the mouse. Reference and atlas. Cache River Press, Vienna, pp 409-443

5. Faccini JM, Abbott DP, Paulus GJJ (1990a) Mouse histopathology. A glossary for use in toxicity and carcinogenicity studies. Elsevier, Amsterdam

6. Faccini JM, Abbott DP, Paulus GJJ (1990b) Mouse histopathology. A glossary for use in toxicity and carcinogenicity studies. Elsevier, Amsterdam, pp 147-168

7. Frith CH, Ward JM (1988) Color atlas of neoplastic and non-neoplastic lesions in aging mice. Elsevier, Amsterdam

8. Goodman DG, Hildebrandt PK (1987) Stromal polyp, endometrium, rat. In: Jones TC, Mohr U, Hunt RD (eds) Monographs on pathology of laboratory animals. Genital system. Springer, Berlin Heidelberg New York Tokyo, pp 146-148

9. Gopinath C, Prentice DE, Lewis DJ (1987) Atlas of experimental toxicological pathology. MTP Press, Lancaster, pp 94-97

10. Greaves P, Faccini JM (1984) Rat histopathology. A glossary for use in toxicity and carcinogenicity studies. Elsevier, Amsterdam, pp 173-175

11. Johnson LD (1978) Lesions of the female genital system caused by diethylstilbestrol in humans, subhuman primates, mice. In: Jones TC, Mohr U, Hunt RD (eds) Monographs on pathology of laboratory animals. Genital system. Springer, Berlin Heidelberg New York Tokyo, pp 84-109

12. Karbe E, Hartmann E, George C, Wadsworth P, Harleman J, Geiss V (1998) Similarities between the uterine decidual reaction and the "mesenchymallesion" of the urinary bladder in aging mice. Exp Toxicol Pathol 50: 330-340

13. Leininger JR, Jokinen MP (1990) Oviduct, uterus and vagina. In: Boorman GA, Eustis SL, Elwell MR, Montgomery CA, Jr, MacKenzie WF (eds) Pathology of the Fischer rat. Reference and atlas. Academic Press, San Diego, pp 443-459 REFERENCES

14. Lemon PG, Gubareva AV (1979) Tumours of the ovary. In: Turusov VS (ed) Pathology of tumours in laboratory animals, vol. II. Tumours of the mouse. IARC Scientific Publications No. 23, Lyon, pp 385-409

15. Madarame H, Sakurai H, Konno S (1989) Choriocarcinoma in a DDD mouse: a case report with immunohistochemical and ultrastructural studies. Lab Anim Sci 39: 255-258

16. Maita K, Hirano M, Harada T, Mitsumori K, Yoshida A, Takahashi K, Nakashima N, Kitazawa T, Enomoto A, Inui K, Shirasu Y (1988) Mortality, major cause of moribundity, and spontaneous tumors in CD-l mice. Toxicol Pathol16: 340-349

17. Majeed SK, Alison RH, Boorman GA, Gopinath C (1986) Ovarian yolk sac carcinoma in mice. Vet Pathol23: 776-778

18. Morgan KT, Alison RH (1987a) Cystadenoma, ovary, mouse. In: Jones TC, Mohr U, Hunt RD (eds) Monographs on pathology of laboratory animals. Genital system. Springer, Berlin Heidelberg New York Tokyo, pp 42-52

19. Morgan KT, Alison RH (1987b) Tubular adenoma, ovary, mouse. In: Jones TC, Mohr U, Hunt RD (eds) Monographs on pathology of laboratory animals. Genital system. Springer, Berlin Heidelberg New York Tokyo, pp 36-41

20. Nielsen SW, Misdorp W, McEntee K (1976) Tumours of the ovary. Bull World Health Organ 53: 203-215

21. Rehm S, Dierksen D, Deerberg F (1984) Spontaneous ovarian tumors in Han:NMRI mice: histologic classification, incidence, and influence of food restriction. J Natl Cancer Inst 72: 1383-1395

22. Sass B, Rehm S (1994) Tumours of the ovary. In: Turusov VS, Mohr U (eds) Pathology of tumours in laboratory animals, vol 2. Tumours of the mouse, 2nd edn. IARC Scientific Publications No. Ill, Lyon, pp 493-526

23. Serov SF, Scully RE, Sobin LH (l973) International histological classification of tumours No. 9. Histological typing of ovarian tumours. WHO, Geneva, pp 1-56

24. Squire RA, Goodman DG, Valerio MG, Fredrickson T, Strandberg JD, Levitt MH, Lingeman CH, Harshbarger

JC, Dawe CJ (1978) Tumors. Female reproductive system. In: Benirschke K, Garner FM, Jones TC (eds) Pathology oflaboratory animals, vol II. Springer, Berlin Heidelberg New York Tokyo, pp 1172-1194

25. Stolte M (1993) Histomorphological age changes and ultrastructural characteristics of the preputial and clitoral glands of mice. J Exp Anim Sci 35: 166-176

26. Toth B, Nagel D, Patil K (1980) Tumorigenic action of N-n-butyl-N-formylhydrazine in mice. Carcinogenesis 1: 589-593

27. Turusov YS, Munoz N, Dunn TB (1994) Tumours of the vagina and uterus. In: Turusov YS, Mohr U (eds) Pathology of tumours in laboratory animals, vol 2. Tumours of the mouse, 2nd edn. IARC Scientific Publications No. Ill, Lyon, pp 451-491

（张婷、郭缙、许可、陈微　译，
孔庆喜、吕建军、王智琴、王劲欧　审校）

第八章　内分泌系统

C.C. Capen[1], E. Karbe[2,3], U. Deschl[3], C. George , P.-G. Germann[3]
C. Gopinath , J. F. Hardisty , J. Kanno , W. Kaufmann[3], G. Krinke
K. Küettler , B. Kulwi-ch , C. Landes , B. Lenz , L. Longeart[3], I. Paulson E. Sander , K. Tuch[3]

---

[1] 主席；[2] 共同主席；[3] 初稿。

中间部增生（*H*）
Hyperplasia, Pars Intermedia（*H*）

组织发生

　　垂体中间部的腺细胞。

诊断特征

局灶性

- 腺细胞数量呈局灶性增多。
- 无压迫。
- 中间部的小叶结构仍存在。
- 细胞大小一致。
- 细胞着色与中间部的正常细胞略有不同。

弥漫性

- 腺细胞的数量呈弥漫性增多。
- 细胞可以看似侵袭到神经部或远侧部。

鉴别诊断

　　中间部腺瘤（*Adenoma, Pars Intermedia*）
　　小叶结构消失或出现压迫。

备注

　　局灶性增生在小鼠中罕见，很可能是腺瘤的前兆。

参考文献

　　参见 2、6、8 和 37。

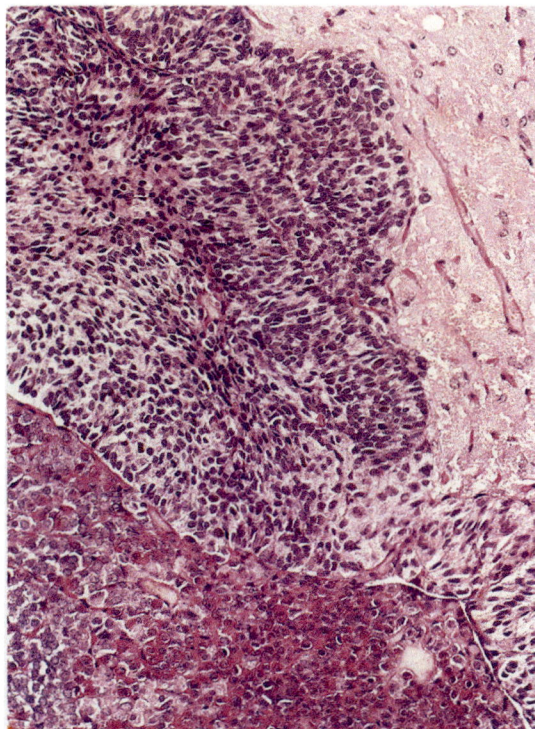

图 8-1　垂体中间部增生。H&E 染色

中间部腺瘤（*B*）
Adenoma, Pars Intermedia（*B*）

组织发生
　　垂体中间部的腺细胞。

诊断特征
- 可见压迫。
- 小叶结构被破坏，常表现为小叶状（或假性滤泡性）。
- 细胞均一或呈多形性。
- 细胞呈淡染、嗜酸性或含颗粒状物，细胞形态与正常组织的细胞相似，但可能有明显的着色差异。
- 常蔓延至相邻的神经部或远侧部。
- 可凹陷或陷入邻近的脑组织。
- 不侵袭垂体外器官。

鉴别诊断
　　中间部增生（局灶性）［*Hyperplasia, Pars Intermedia*（*Focal*）］
　　小叶结构仍存在，无压迫。

　　中间部增生（弥漫性）［*Hyperplasia, Pars Intermedia*（*Diffuse*）]
　　非局灶性，累及整个中间部。

　　中间部癌（*Carcinoma, Pars Intermedia*）
　　可明显侵袭脑组织。

　　远侧部腺瘤（*Adenoma, Pars Distalis*）
　　小叶状罕见，细胞不表现出与中间部细胞的相似性（在细胞质着色方面）。

备注
　　小鼠中间部腺瘤远不如远侧部腺瘤常见。细胞形态上与正常中间部细胞相似。
　　中间部肿瘤中的 ACTH 或其前体分子通常可通过免疫染色来证实。

参考文献
　　参见 6、8、37、44 和 51。
　　图 8-2~8-4 见第 272 页

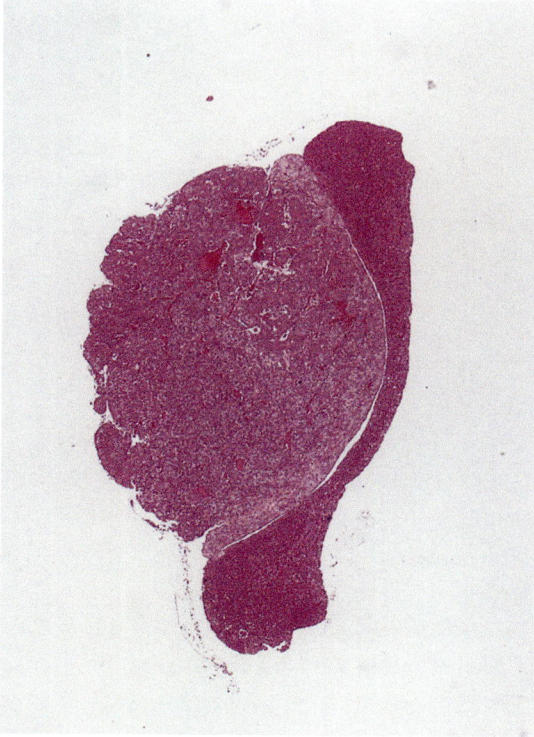

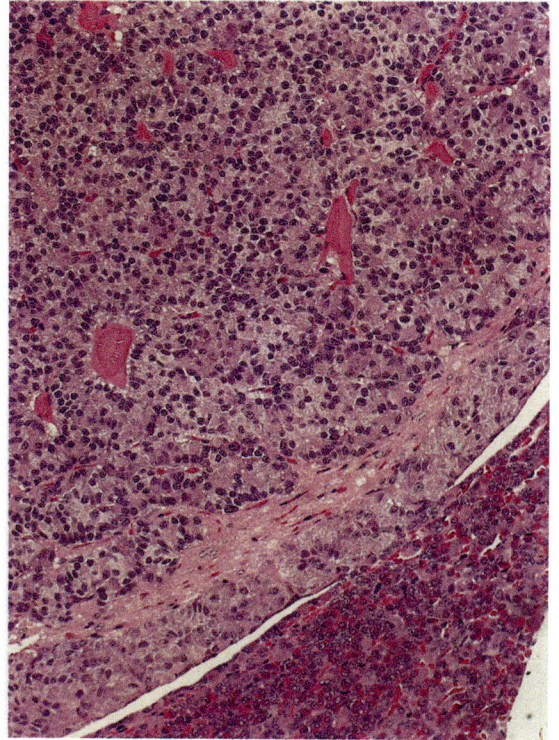

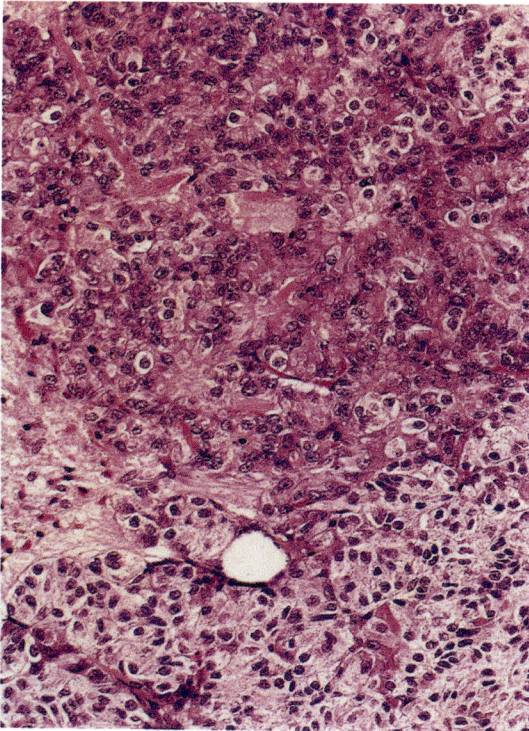

图 8-2（左上） 垂体中间部腺瘤，B6C3F1 小鼠，雄性，93 周龄。H&E 染色（由 Shinji Yamamoto 博士提供）

图 8-3（右上） 垂体中间部腺瘤，高倍视野，B6C3F1 小鼠，雄性，93 周龄。H&E 染色（由 Shinji Yamamoto 博士提供）

图 8-4（左下） 垂体中间部腺瘤。H&E 染色

中间部癌（M）
Carcinoma, Pars Intermedia（M）

组织发生

垂体中间部的内分泌细胞。

诊断特征

- 可有压迫。
- 小叶结构被破坏。
- 细胞均一或呈多形性。
- 细胞呈淡染、嗜酸性或含颗粒状物，形态与正常垂体的细胞相似，但可能有明显的着色差异。
- 侵袭垂体外器官（脑）。反应性脑膜包裹肿瘤细胞或压迫相邻的脑组织不能作为恶性的指征。

鉴别诊断

中间部腺瘤（*Adenoma, Pars Intermedia*）

未见明显脑组织侵袭，但可能观察到垂体内包括神经部的浸润性生长。

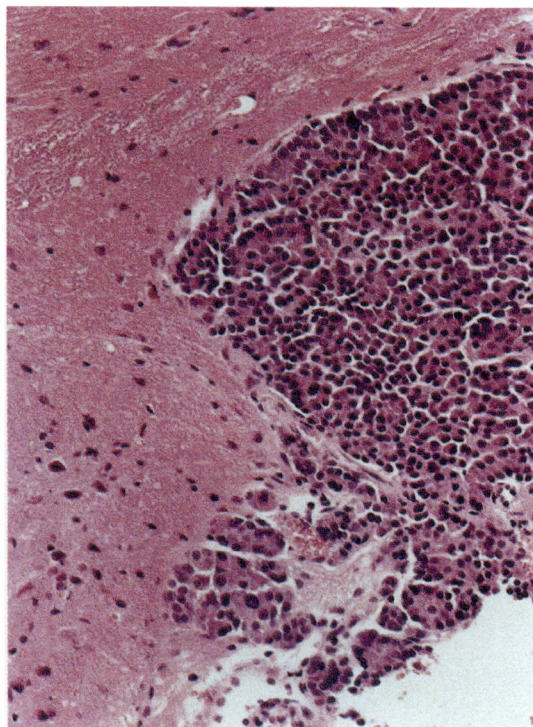

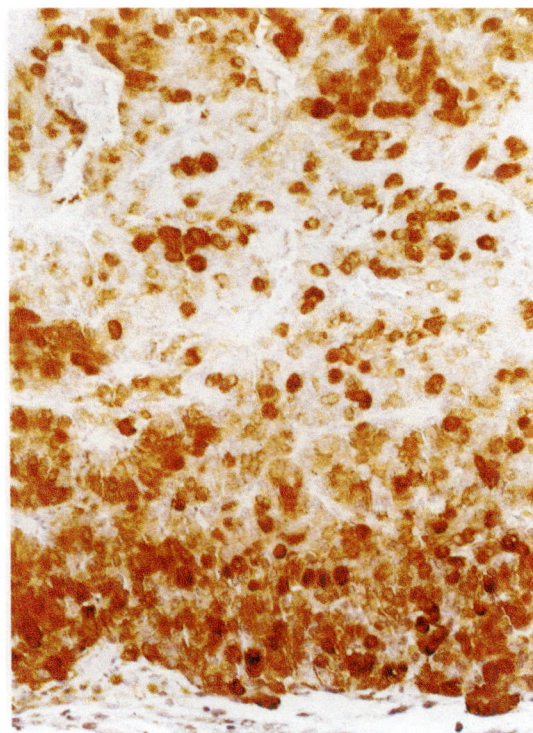

图 8-5（右上） 中间部癌。肿瘤细胞侵袭至邻近的脑组织。H&E 染色（由 Volker Geiss 博士提供）

图 8-6（右下） 图 8-5 所示的中间部癌。肿瘤细胞的细胞质 ACTH 免疫反应呈阳性。抗 ACTH 单克隆抗体，ABC 法（染色图片由 Elke Hartmann 博士提供）

备注

小鼠垂体中间部发生的癌罕见报道，并存在争议。Liebelt（1994 年）诊断中间部癌的标准为：肿瘤突入一个大的囊腔并紧靠脑或骨组织，或侵袭脑膜。但根据这些标准，并不足以将其诊断为癌。

然而，最近有研究者与本书作者交流了一个尚未发表的案例，该肿瘤 ACTH 免疫反应呈阳性并可显示出明显的脑组织侵袭。

参考文献

参见 6 和 37。

远侧部增生（*H*）
Hyperplasia, Pars Distalis（*H*）

组织发生

　　垂体远侧部的腺细胞。

诊断特征

局灶性

- 腺细胞的数量呈局灶性增多。
- 界限不清。
- 对周围组织无压迫或存在仅限于 1 个象限内的轻微压迫。
- 受累区域的血窦可见扩张，但不影响其生长形态。
- 细胞增大。
- 细胞形态均一。
- 无细胞多形性或异型性。
- 病灶直径不超过垂体远侧部宽度的 50%。

弥漫性

- 腺细胞数量呈弥漫性增多，细胞密集的特点有助于识别该病变。
- 受累区域的血窦可见扩张，但不影响其生长形态。
- 累及全部或大部分的远侧部。

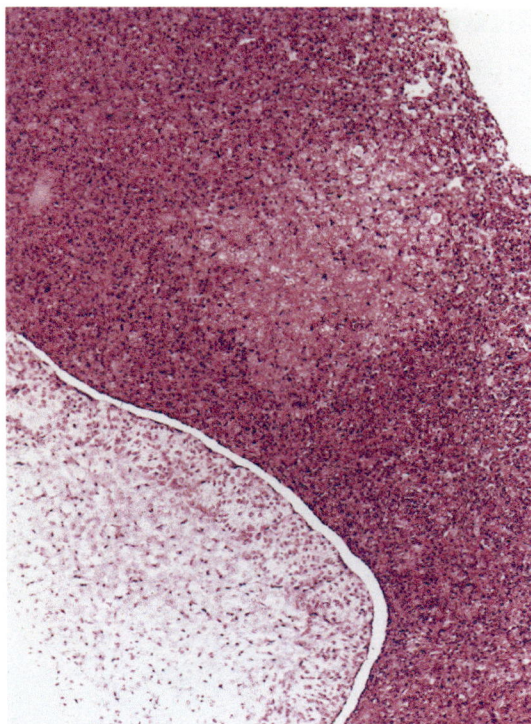

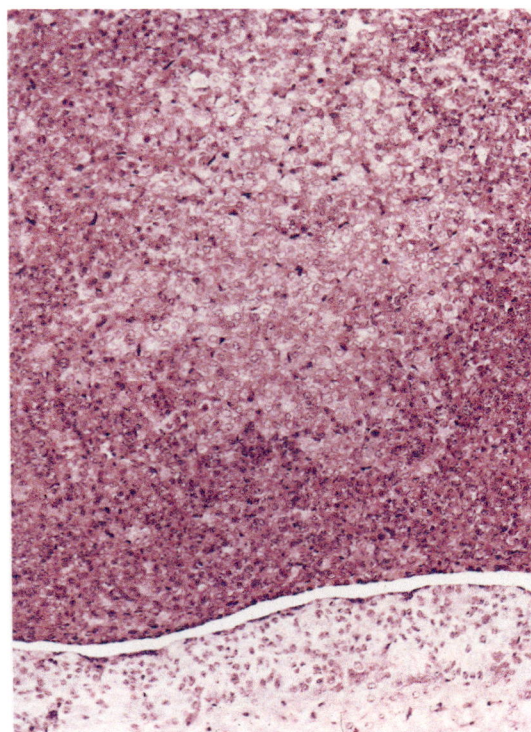

图 8-7（右上） 远侧部局灶性增生。H&E 染色
图 8-8（右下） 远侧部局灶性增生。H&E 染色

鉴别诊断

远侧部腺瘤（*Adenoma, Pars Distalis*）

存在压迫，超过 1 个象限，或细胞表现出多形性和异型性，或病灶的直径大于垂体远侧部宽度的 50%。

备注

垂体宽度指的是垂体远侧部横切面的最大垂直距离。直径约为垂体远侧部宽度 50% 的圆形病灶可填满约 1/4 小叶切面。

增生性病变中，起源细胞的类型无法用 H&E 染色确定。需用免疫组织化学染色进行特定识别。网状纤维染色有助于区分增生和腺瘤。正常组织中有分隔细胞巢的规则的网状纤维网，在增生的组织中仍保持这一特征，但在腺瘤中却截然不同。然而，小鼠中网状纤维稀少，即使分布不均，也往往无法被发现。

参考文献

参见 2、6、8、15、27 和 37。

远侧部腺瘤（*B*）
Adenoma, Pars Distalis（*B*）

组织发生

垂体远侧部的腺细胞。

诊断特征

- 在某些病例中，压迫见于 1 个以上象限。
- 可富含血管、血管瘤样、囊性、出血性、小梁状、假滤泡性或实性。
- 细胞和细胞核增大。
- 可见细胞多形性和异型性，或病变直径大于垂体远侧部宽度的 50%。
- 不侵袭其他器官，但可表现出在垂体包括神经部内的浸润性生长。

鉴别诊断

远侧部增生（局灶性）［*Hyperplasia, Pars Distalis（Focal）*］

无压迫或存在仅限于 1 个象限内的轻微压迫，细胞不表现出多形性和异型性，病变直径小于垂体远侧部宽度的 50%。

远侧部癌（*Carcinoma, Pars Distalis*）

可明显侵袭其他器官（脑组织）。

备注

有证据表明局灶性增生是腺瘤的前兆。由于多种方法可用于识别肿瘤细胞产生的激素，因此将腺瘤分为嫌色性、嗜碱性和嗜酸性的经典分类已无必要。在大多数情况下，免疫组织化学染色可用于特异性识别细胞类型。然而，在小鼠中的这些自发性肿瘤常常不如在大鼠或人身上发现的肿瘤那样进行了较好的免疫细胞化学表征研究。即使是大的腺瘤甚至在进行网状纤维染色后，通常也不会观察到压迫（小鼠垂体内的网状纤维含量较大鼠的少）。

参考文献

参见 6、15、27、37 和 51。

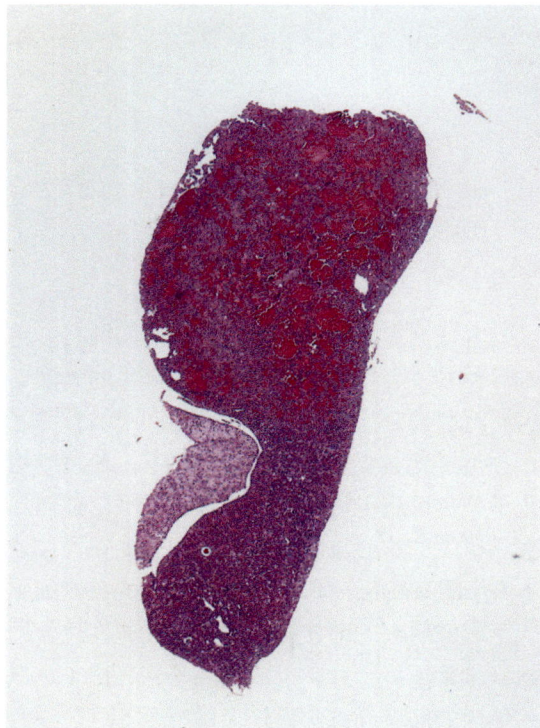

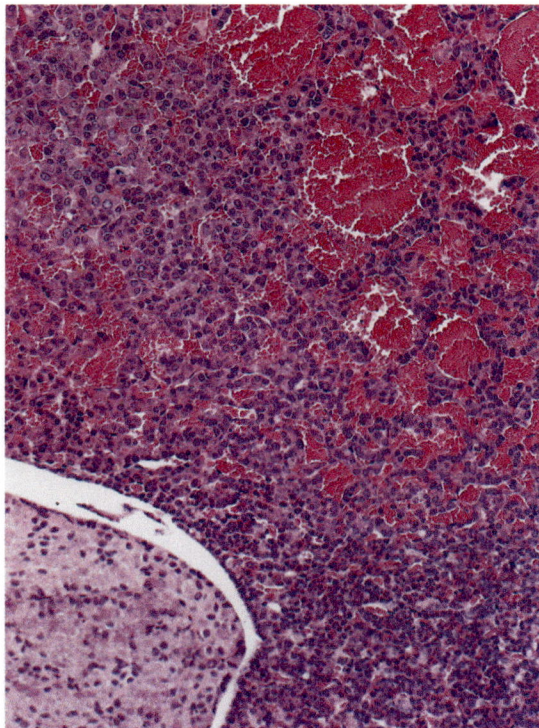

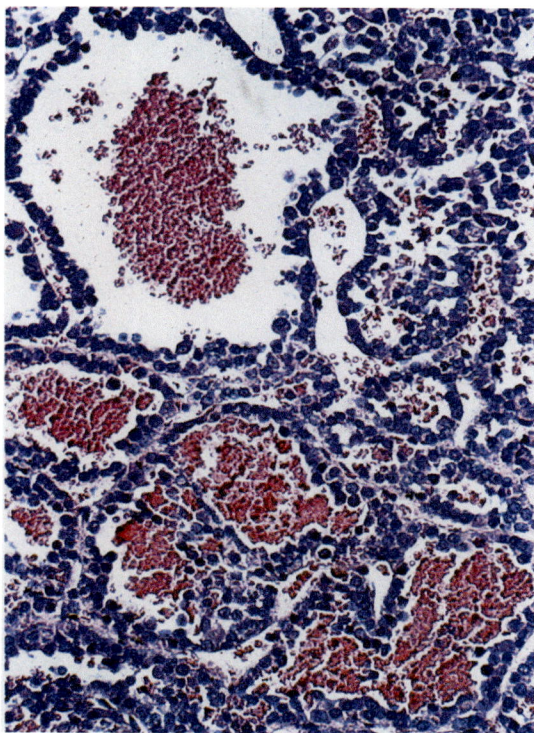

图 8-9（左上） 垂体远侧部腺瘤，B6C3F1 小鼠，雌性，105 周龄。H&E 染色（由 Shinji Yamamoto 博士提供）

图 8-10（右上） 垂体远侧部腺瘤，高倍视野，B6C3F1 小鼠，雌性，105 周龄。H&E 染色（由 Shinji Yamamoto 博士提供）

图 8-11（左下） 垂体远侧部腺瘤，假滤泡性。H&E 染色

远侧部癌（*M*）
Carcinoma, Pars Distalis（*M*）

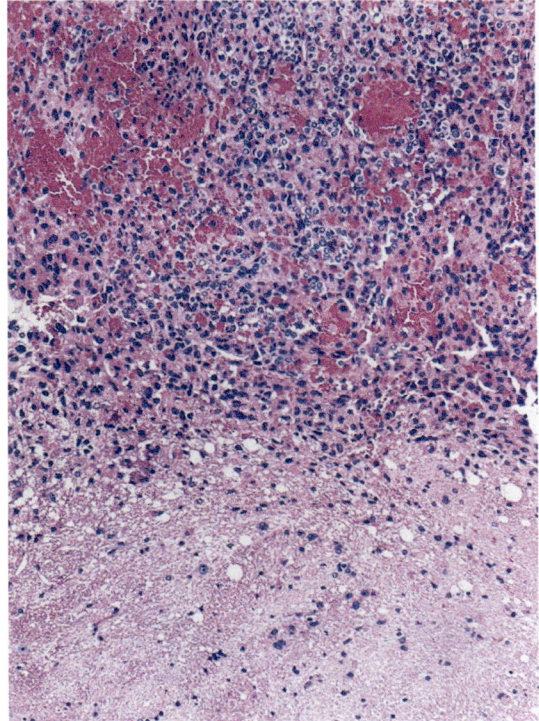

组织发生

垂体远侧部的腺细胞。

诊断特征

- 可富含血管、血管瘤样、囊性、出血性、小梁状、假滤泡性或实性。
- 细胞和细胞核增大。
- 可见细胞多形性和异型性。
- 侵袭其他器官如脑或邻近的蝶骨，而不仅仅是沿着阻力最小的路径（紧贴）向脑部，蔓延也不仅仅是被反应性脑膜包围。

鉴别诊断

远侧部腺瘤（*Adenoma, Pars Distalis*）

其他器官未见明显侵袭，但可见在垂体（包括神经部）内的浸润性生长。

备注

该肿瘤罕见。如果未对邻近的脑组织进行组织病理学检查，则诊断为癌的概率会减小。小鼠自发性垂体癌似乎不会转移到远处器官。

参考文献

参见 6、15、27、37 和 51。

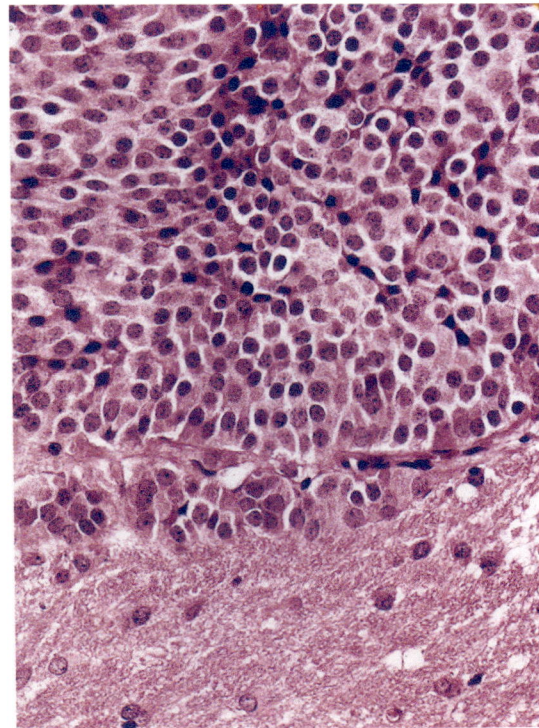

图 8-12（右上） 垂体远侧部癌，p53 杂合子小鼠。H&E 染色

图 8-13（右下） 垂体远侧部癌。H&E 染色

279

良性颅咽管瘤（*B*）
Craniopharyngioma, Benign（*B*）

组织发生

颅咽管（拉特克囊）口咽上皮的残留。

诊断特征

- 发生于垂体内或邻近垂体处。
- 可压迫垂体或脑干。
- 肿瘤性细胞形成1层角质化的鳞状上皮。
- 表现为高分化的鳞状上皮伴乳头状和囊性结构形成，或表现出索样增生伴有明显角化过度和角化不全。
- 对脑或垂体外其他器官无明显侵袭。
- 肿瘤边缘散在的肿瘤细胞和纤维细胞增生，类似侵袭。

鉴别诊断

颅咽囊肿［*Craniopharyngeal Cyst*（*s*）］

囊肿内衬立方形至假复层柱状（纤毛）上皮，内含蛋白样物质。

恶性颅咽管瘤（*Craniopharyngioma, Malignant*）

侵袭垂体以外器官（脑）。

异常颅咽管组织（*Aberrant Craniopharyngeal Tissue*）

在小鼠中尚未见报道，但在大鼠和叙利亚仓鼠中已有报道。

转移性肿瘤（*Metastatic Tumors*）

原发于其他器官的鳞状细胞癌转移至此处。

备注

目前仅有1例小鼠颅咽管瘤的报道，被诊断为恶性。因此，如同大鼠可发生良性颅咽管瘤一样，预期小鼠也会发生。

参考文献

参见6、29和41。

恶性颅咽管瘤（*M*）
Craniopharyngioma, Malignant（*M*）

组织发生

颅咽管（拉特克囊）口咽上皮的残留。

诊断特征

- 发生于垂体内或邻近垂体处。
- 可压迫垂体或脑干。
- 肿瘤性细胞形成一层角质化的鳞状上皮。
- 表现出高分化的鳞状上皮伴乳头状和囊性结构形成，或表现出索样增生伴有明显角化过度和角化不全。
- 明显侵袭脑组织。
- 肿瘤边缘散在的肿瘤细胞和纤维细胞增生，类似侵袭。

鉴别诊断

颅咽囊肿［*Craniopharyngeal Cyst（s）*］
囊肿内衬立方形至假复层柱状（纤毛）上皮，内含蛋白样物质。

良性颅咽管瘤（*Craniopharyngioma, Benign*）
不侵袭垂体以外器官（如脑）。

异常颅咽管组织（*Aberrant Craniopharyngeal Tissue*）
在小鼠中尚未见报道，但在大鼠和叙利亚仓鼠中已有报道。

转移性肿瘤（*Metastatic Tumors*）
原发于其他器官的鳞状细胞癌转移至此处。

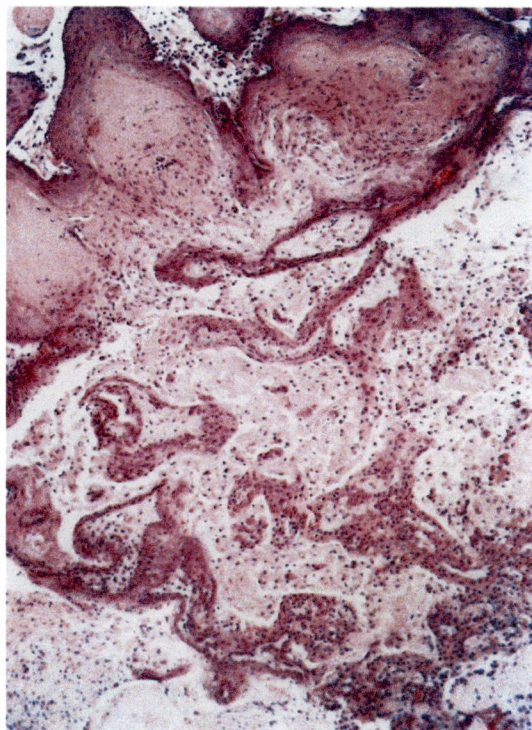

图 8-14　垂体恶性颅咽管瘤，可见复层鳞状成分。H&E 染色（由 Katharina Heider 博士提供）

备注

这是一种极其罕见的肿瘤，在小鼠中只报道过 1 例。在该肿瘤中无恶性肿瘤的细胞学特征。然而，它表现出对大脑结构的侵袭性生长，因此被归为恶性。

参考文献

参见 6、29 和 41。

垂体细胞瘤（*B*）
Pituicytoma（*B*）

组织发生

垂体细胞（神经垂体的胶质细胞）。

诊断特征

- 起源于神经垂体。
- 可见压迫邻近的垂体或脑。
- 小梭形细胞呈片状紧密排列。
- 细胞边界不明显。
- 无细胞多形性。
- 细胞质呈嗜酸性，可呈泡沫样至空泡化。
- 磷钨酸－苏木精染色细胞质中颗粒可出现阳性。
- 细胞核细长且不规则。
- 细胞核偶尔呈栅栏状排列。
- 仅在垂体内浸润。

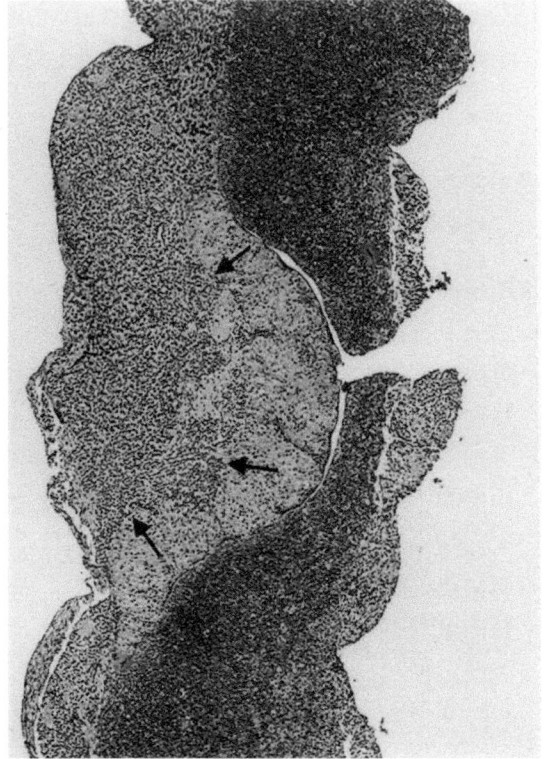

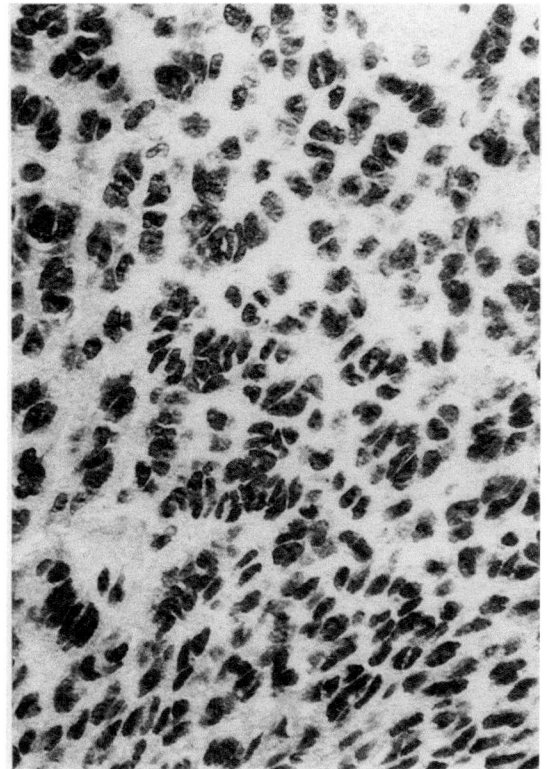

图 8-15（右上） 垂体神经部发生的垂体细胞瘤。肿瘤细胞侵袭邻近的垂体中间部。H&E 染色（由 Daniel Morton 博士和 *Toxicologic Pathology* 提供）

图 8-16（右下） 图 8-15 神经部垂体细胞瘤的高倍镜下照片。H&E 染色（由 Daniel Morton 博士和 *Toxicologic Pathology* 提供）

鉴别诊断

良性脑膜瘤（*Meningioma, Benign*）

病变发生部位不同，良性脑膜瘤可见脑和脊髓的表面或脑室腔内的脑（脊）膜增厚。

良性星形细胞瘤、良性少突神经胶质瘤或良性混合性神经胶质瘤（*Astrocytoma, Benign; Oligodendroglioma, Benign; Glioma, Mixed, Benign*）

病变发生部位不同：起源于脑，且局限于脑的一个区域。

没有垂体受侵袭的证据。

备注

垂体细胞瘤起源于胶质细胞，可通过 GFAP 免疫反应阳性加以证实。小鼠的垂体细胞瘤极罕见，仅有 1 例报道。

参考文献

参见 6、54 和 55。

良性松果体瘤（*B*）
Pinealoma, Benign（*B*）

组织发生
起源于松果体实质的分化细胞。

诊断特征
- 位于脑背侧表面中线处。
- 细胞簇被纤细的纤维血管性间质分隔。
- 可见小叶状结构。
- 可形成假菊形团。
- 细胞趋向血管生长。
- 核质比低。
- 肿瘤细胞的细胞核呈深染，染色质粗大。
- 核分裂象可见。

鉴别诊断
恶性松果体瘤（*Pinealoma, Malignant*）
具有恶性肿瘤的常见特征，尤其是侵袭性生长。

异位松果体组织（*Ectopic Pineal Tissue*）
附着于脑膜上偶见的松果体细胞群，非肿瘤性改变。

良性畸胎瘤（*Teratoma, Benign*）
由代表 3 个胚层的组织构成，但这些组织不同于肿瘤起源部位的组织。

备注
文献中只报道过 1 例小鼠松果体肿瘤，但没有提供详细的描述。因此，以上关于良性松果体瘤的描述是基于大鼠的相关文献。

参考文献
参见 7、16、33、49 和 56。

恶性松果体瘤（*M*）
Pinealoma, Malignant（*M*）

组织发生

起源于松果体实质的分化细胞或前体细胞。

诊断特征

- 位于脑背侧表面中线处。
- 肿瘤细胞呈密集、弥漫性排列。
- 小叶状结构仅偶尔可辨。
- 可形成假菊形团。
- 核质比高。
- 肿瘤细胞具有多形性、核不规则且深染、细胞质稀疏的特征。
- 核分裂象多见。
- 常见坏死区。
- 常见深入邻近脑实质或脑室的侵袭性生长。

鉴别诊断

良性松果体瘤（*Pinealoma, Benign*）
无恶性肿瘤的常见特征。

髓母细胞瘤（*Medulloblastoma*）
起源于小脑皮质叶片。

备注

松果体肿瘤在小鼠中极罕见。文献中只报道过 1 例小鼠松果体肿瘤，但没有提供详细的描述。最近，有研究表明 MSV-SV 40 转基因小鼠发生的脑中线肿瘤来源于松果体。松果体肿瘤的转移在啮齿类动物中尚无报道，但在人类患者中已证实存在。

参考文献

参见 7、16、25、33、34、35、49、55 和 56。

C 细胞增生（*H*）
Hyperplasia, C-Cell（*H*）

组织发生

　　甲状腺中分泌降钙素的 C 细胞。

诊断特征

局灶性

- 位于滤泡旁的 C 细胞出现局灶性增多。
- 未压迫邻近组织。
- 无包膜。
- 细胞以实性巢排列。
- 无间质分隔。
- 细胞呈多角形、淡染。
- 细胞边界不清。
- 细胞核呈圆形或卵圆形。
- C 细胞簇的面积小于 5 个平均大小的甲状腺滤泡的面积。

弥漫性

- 位于滤泡旁的 C 细胞出现弥漫性增多。
- 未压迫邻近组织。
- 细胞呈多角形，淡染。
- 细胞边界不清。
- 细胞核呈圆形或卵圆形。

鉴别诊断

　　C 细胞腺瘤（*Adenoma, C-Cell*）

　　压迫邻近组织，可有薄层包膜和间质分隔，面积大于 5 个平均大小的甲状腺滤泡的面积。

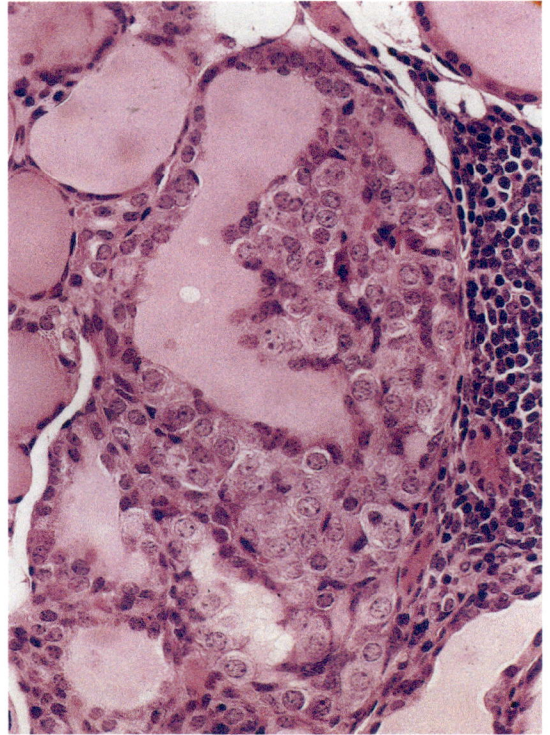

图 8-17　甲状腺 C 细胞增生。H&E 染色

　　滤泡细胞腺瘤（实性）［*Adenoma, Follicular Cell*（*Solid*）］

　　存在小的胶质滤泡，免疫组织化学染色可证明其不产生降钙素。

参考文献

　　参见 20、21 和 31。

C 细胞腺瘤（*B*）
Adenoma, C-Cell（*B*）

同义词：adenoma，parafollicular cell；tumor，C-cell，benign。

组织发生

甲状腺中分泌降钙素的 C 细胞。

诊断特征

- 增多的 C 细胞界限清楚，局限于某个明显区域。
- 可压迫邻近组织。
- 可有薄层的包膜。
- 细胞以实性巢排列。
- 可有间质分隔。
- 细胞呈多角形、淡染。
- 细胞边界不清。
- 细胞核均一，呈圆形或卵圆形。
- 核分裂象罕见。
- C 细胞簇的面积大于 5 个平均大小的甲状腺滤泡的面积。
- 无中心坏死。
- 膨胀性生长的趋势不明显。
- 周围受侵袭组织中无纤维增生。

鉴别诊断

C 细胞增生（*Hyperplasia, C-Cell*）

不压迫邻近组织，无薄层包膜和间质分隔，增生面积小于 5 个平均大小的甲状腺滤泡的面积。

C 细胞癌（*Carcinoma, C-Cell*）

侵袭甲状腺以外的组织，周围受侵袭组织中可出现纤维增生。

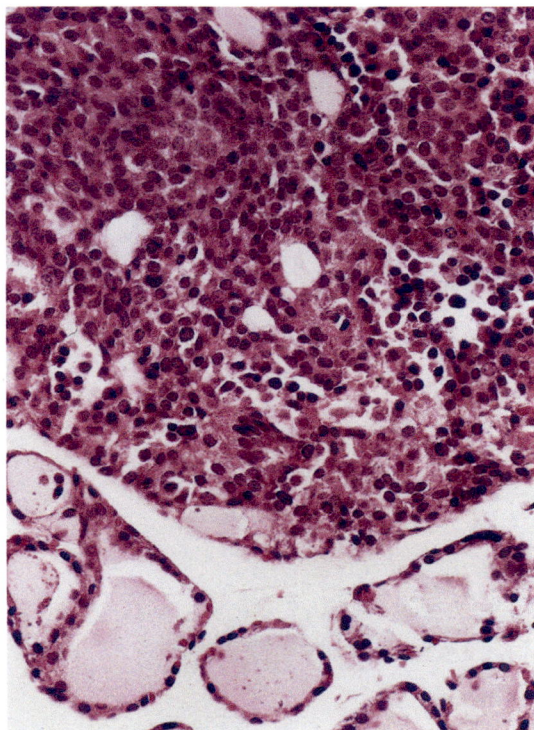

图 8-18 甲状腺 C 细胞腺瘤。H&E 染色

滤泡细胞腺瘤（实性）［*Adenoma, Follicular Cell（Solid）*］

存在小的胶质滤泡，免疫组织化学染色可证明其不产生降钙素。

备注

小鼠 C 细胞腺瘤罕见。腺瘤和癌的鉴别尚无明确标准。因此，侵袭到甲状腺以外的组织是诊断为恶性肿瘤的唯一标准。

参考文献

参见 31、50、57 和 59。

287

C 细胞癌（*M*）
Carcinoma, C-Cell（*M*）

同义词：adenocarcinoma，parafollicular cell；adenocarcinoma，C-cell；tumor，C-cell，malignant。

组织发生
甲状腺中分泌降钙素的 C 细胞。

诊断特征
- 可有包膜，但包膜被侵袭。
- 细胞排列成实性巢和片状。
- 巢和片状结构可被纤维间质分隔。
- 细胞呈多角形、淡染。
- 细胞边界不清。
- 细胞核均一，呈圆形至卵圆形。
- 核分裂象多。
- 可见中心坏死。
- 侵袭邻近的甲状腺以外的组织。
- 周围受侵袭的组织中有纤维增生。

鉴别诊断
C 细胞腺瘤（*Adenoma, C-Cell*）
不侵袭甲状腺以外的组织；周围组织中无纤维增生。

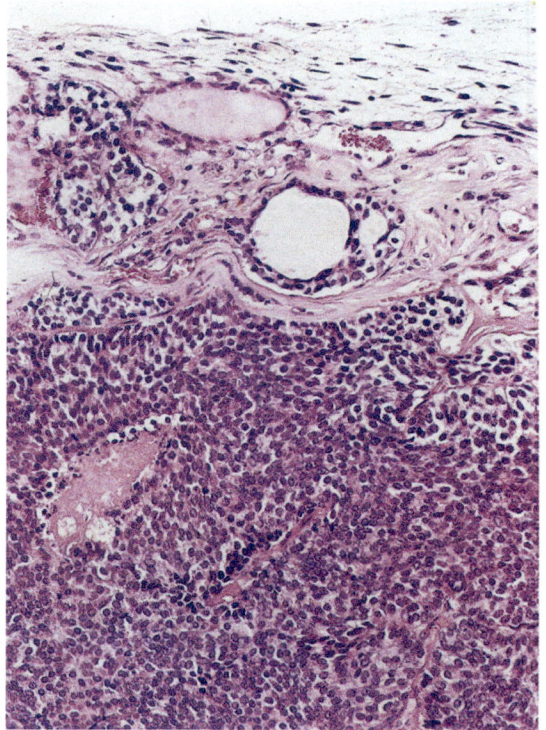

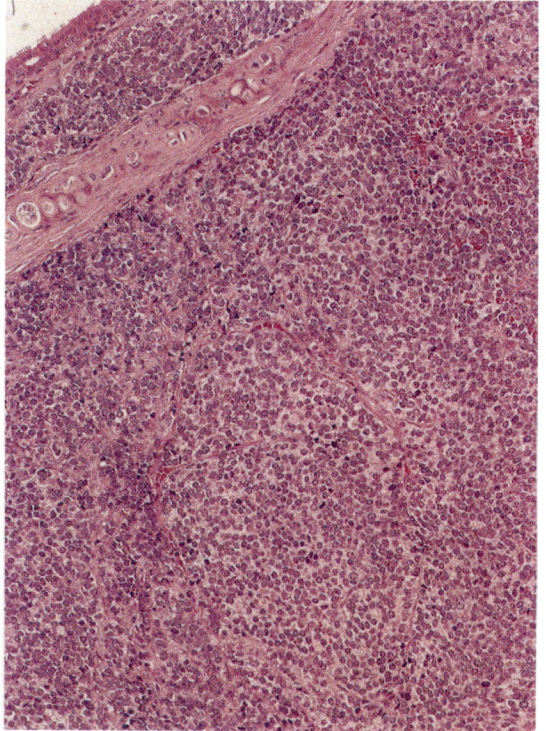

图 8-19（右上） 甲状腺 C 细胞癌。H&E 染色
图 8-20（右下） 甲状腺 C 细胞癌，B6C3F1 小鼠，雄性，87 周龄。H&E 染色（由 Shinji Yamamoto 博士提供）

备注

通常，C 细胞肿瘤中的细胞形态与局灶性增生性改变的细胞的形态相同。似乎存在从良性发展到恶性形态的过程，这一转变难以辨别；当可见侵袭甲状腺以外的组织时，则可诊断为恶性肿瘤。

参考文献

参见 31、50、57 和 59。

滤泡细胞增生（*H*）
Hyperplasia, Follicular Cell（*H*）
囊性

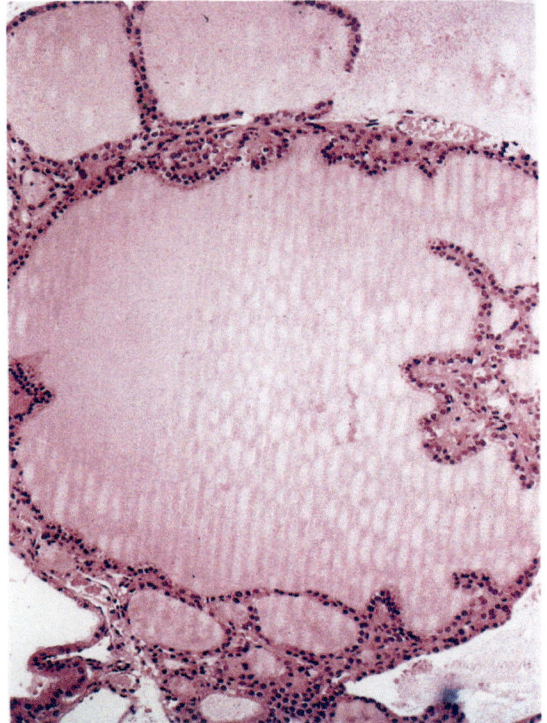

组织发生

　　甲状腺滤泡的滤泡细胞。

诊断特征

- 界限不清。
- 不压迫邻近甲状腺组织。
- 无包膜。
- 上皮为单层。
- 生长形态为非不典型性，但可出现乳头状折叠。
- 细胞呈立方形或低柱状。
- 细胞质嗜酸性较强。
- 滤泡增大，呈囊状。
- 滤泡细胞形成乳头状突起。
- 充满胶质的大滤泡可引起压迫。

鉴别诊断

　　大囊性滤泡（*Large Cystic Follicles*）

　　扩张的充满胶质的大滤泡，有时来源于几个融合的滤泡，上皮扁平，无突起。

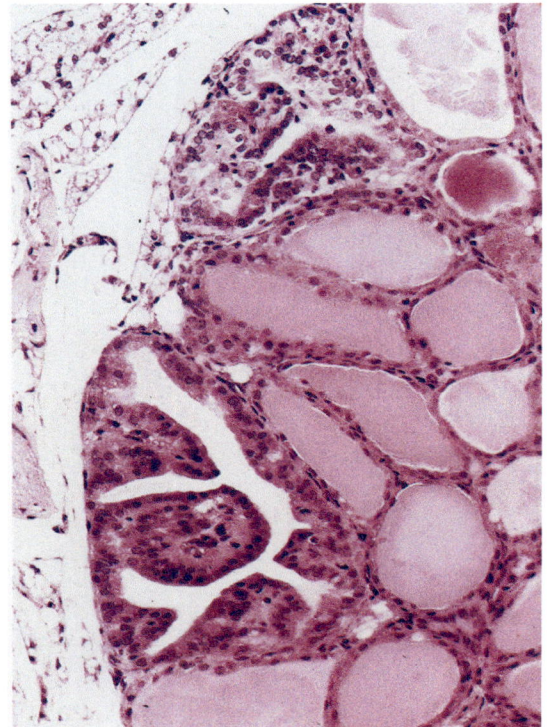

图 8-21（右上） 甲状腺滤泡细胞囊性增生。H&E 染色

图 8-22（右下） 甲状腺滤泡细胞增生。H&E 染色

滤泡细胞腺瘤（*Adenoma, Follicular Cell*）

压迫邻近组织，呈不典型生长形态，可有包膜，界限清楚，轻度细胞异型性，细胞嗜碱性增强。

备注

大的囊性滤泡可破裂，破裂处的间隔可被误解为增生性乳头状特征，但囊性滤泡内衬扁平的上皮细胞。增生与腺瘤的区别并不总是明显的，但腺瘤可同时表现出对组织压迫和细胞不典型生长的形态。

参考文献

参见 20、21、31、43、47 和 59。

滤泡细胞腺瘤（*B*）
Adenoma, Follicular Cell（*B*）
滤泡性，乳头状，实性

组织发生
甲状腺滤泡的滤泡细胞。

诊断特征
- 界限清楚。
- 可压迫邻近的甲状腺组织。
- 可有包膜。
- 上皮为单层。
- 生长形态呈不典型性。
- 细胞已分化。
- 存在轻度细胞异型性。
- 细胞呈立方形或低柱状。
- 细胞质呈嗜酸性或嗜碱性，并缩减成小圈状。
- 有的细胞可含有丰富的透明空泡化细胞质。
- 细胞核增大，呈卵圆形或圆形，核仁明显。
- 核分裂象罕见。
- 病灶大小不是诊断腺瘤的标准。
- 生长形态为乳头状、滤泡性和实性，这些形式可同时存在于同一动物中，甚至同一肿瘤内。

滤泡性
- 含有胶质的小滤泡与单个正常大小的滤泡混合存在。

乳头状
- 增大的滤泡内，细胞排列成乳头状突起，纤维性间质分支化。
- 在乳头状结构间，可分布有小滤泡或实性灶。
- 滤泡腔内可见炎症细胞和细胞碎片。

实性
- 细胞排列成实性片状和密集的结节。
- 存在含少量胶质的小滤泡。
- 细胞呈多角形至细长形，含嗜酸性或透明细胞质。
- 与 C 细胞肿瘤相似。

鉴别诊断
滤泡细胞增生（囊性）［*Hyperplasia, Follicular Cell（Cystic）*］

滤泡扩张、充满胶质，上皮非扁平，可有小的折叠（无分支化的突起）形成。

滤泡细胞增生（Hyperplasia, Follicular Cell）

无组织压迫，生长形态为非不典型，但可见小的乳头状折叠（突起），无包膜，与周围组织界限不清。

滤泡细胞癌（Carcinoma, Follicular Cell）

与周围组织界限不清，或上皮为多层，或存在明显的侵袭，边缘可能出现无包膜形成的纤维增生。

图 8-23（左上） 甲状腺滤泡细胞腺瘤。H&E 染色
图 8-24（右上） 甲状腺滤泡细胞腺瘤，图 8-23 局部放大。H&E 染色
图 8-25（左下） 甲状腺滤泡细胞腺瘤。H&E 染色
图 8-26（右下） 甲状腺滤泡细胞腺瘤。H&E 染色

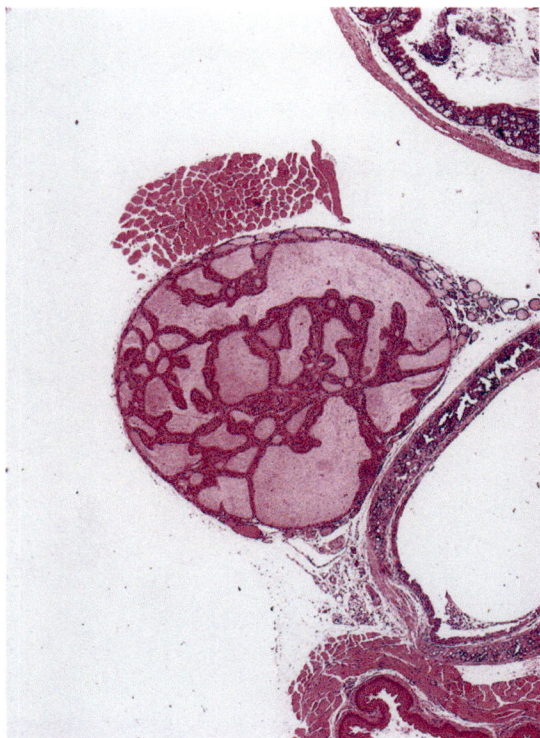

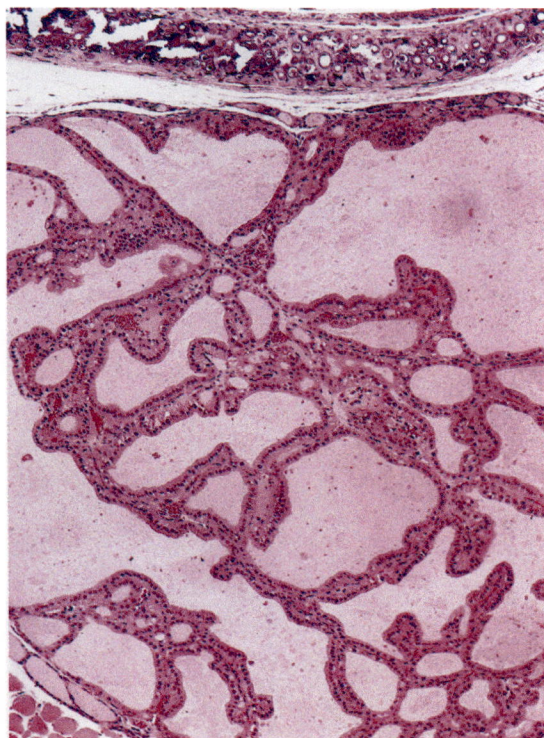

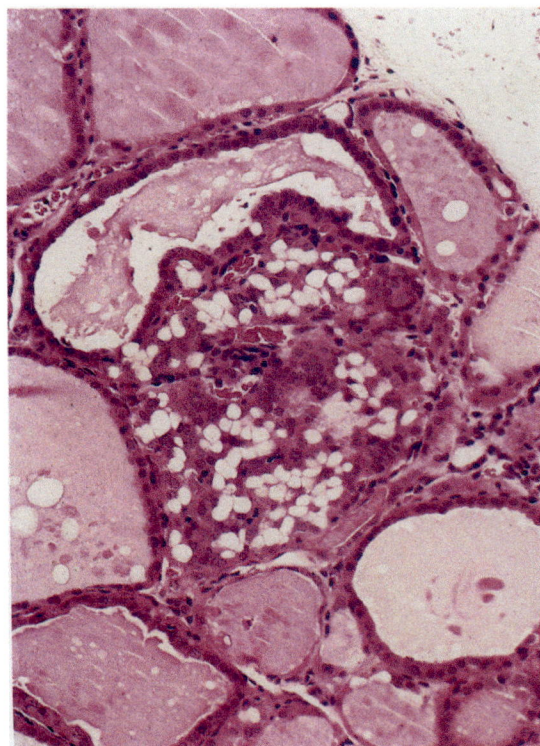

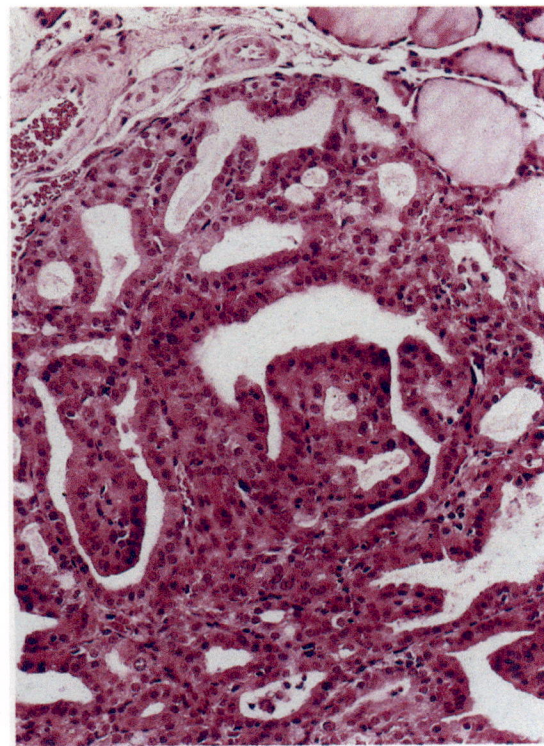

C 细胞腺瘤（*Adenoma, C-Cell*）

无充满胶质的小滤泡，其 C 细胞来源可通过降钙素免疫组织化学染色证实。

备注

自发性甲状腺腺瘤在小鼠中罕见。从局灶性增生到癌变，形态学上似乎是连续的，这点在诱发的甲状腺肿瘤中可以见到。增生和腺瘤不能很好地界定，病灶大小并不是可靠的诊断标准。对于腺瘤而言，其诊断必须满足 1 个以上的既定诊断标准。

参考文献

参见 20、21、31、43、47 和 59。

滤泡细胞癌（*M*）
Carcinoma, Follicular Cell（*M*）
滤泡性，乳头状，实性

组织发生
　　甲状腺滤泡的滤泡细胞。

诊断特征
- 界限不清。
- 可有包膜。
- 上皮为多层，呈实性簇状和片状排列。
- 主要生长形态为实性生长。
- 周围组织和包膜可见纤维增生。
- 肿瘤细胞具有异型性和多形性，表现为体积增大或减小。
- 细胞核通常大，呈圆形或细长形，有时透亮。
- 可有大量核分裂象。
- 侵袭邻近组织，可见远处转移。
- 生长形态为乳头状、滤泡性和实性，或上述类型的混合，通常以实性生长为主。

滤泡性
- 大小不一的不规则滤泡，通常内衬多层排列紊乱的上皮细胞。
- 有时呈实性簇状。

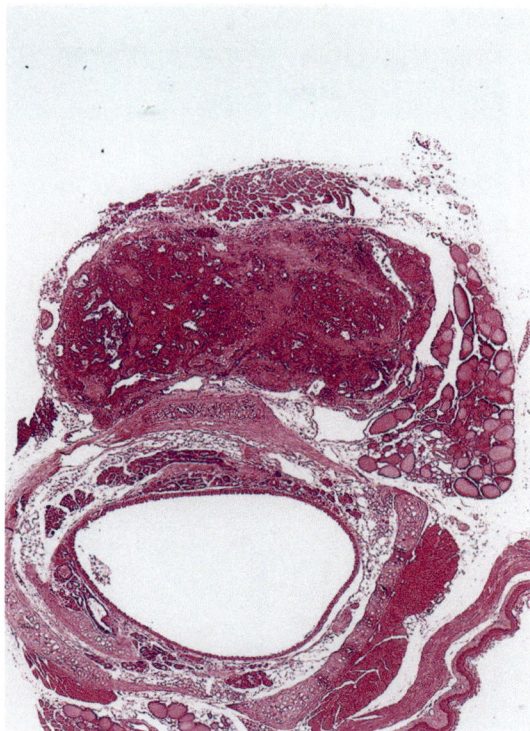

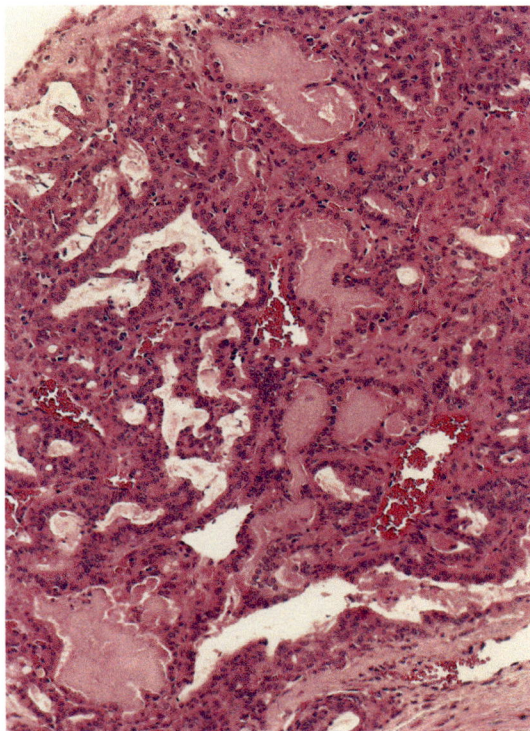

图 8-27（右上） 甲状腺滤泡细胞癌。H&E 染色（由 Shinji Yamamoto 博士提供）

图 8-28（右下） 甲状腺滤泡细胞癌，图 8-27 的局部放大。H&E 染色（由 Shinji Yamamoto 博士提供）

乳头状

- 不规则乳头状结构，上皮呈单层或多层。
- 紧密排列时可呈现管状特征。

实性

- 细胞排列成片状和结节。
- 细胞呈多角形，不典型。
- 核分裂象罕见。
- 类似 C 细胞肿瘤。

鉴别诊断

滤泡细胞腺瘤（Adenoma, Follicular Cell）

界限清晰，上皮为单层，无明显侵袭，边缘不出现无包膜形成的纤维增生。

C 细胞癌（Carcinoma, C-Cell）

无充满胶质的小滤泡，其 C 细胞来源可通过降钙素免疫组织化学染色证实。

参考文献

参见 20、21、31、43、47、53 和 59。

增生（H）
Hyperplasia（H）

组织发生

甲状旁腺的主细胞。

诊断特征

局灶性

- 局限于单个或多个腺体内的单灶性或多灶性区域。
- 与周围实质融合，界限不清或无界限。
- 对周围甲状旁腺组织无压迫。
- 无包膜。
- 仍保持正常组织结构。
- 生长形态可有细微差别。

弥漫性

- 所有甲状旁腺均匀一致增大。
- 正常甲状旁腺实质的边缘受挤压。
- 甲状腺可能受压迫。
- 双侧甲状旁腺生长形态相似。
- 细胞形态相似。
- 细胞核呈梭形。

鉴别诊断

肥大（Hypertrophy）

主细胞淡染，表现出细胞质体积增大。由于细胞体积增大，有时会轻微压迫周围组织。

腺瘤（Adenoma）

正常组织结构丧失，与正常组织界限明显，有包膜，明显压迫邻近组织，生长形态明显不同。

备注

当内分泌失调恢复正常，或诱发病变的刺激性因素被去除时，弥漫性增生可恢复正常。

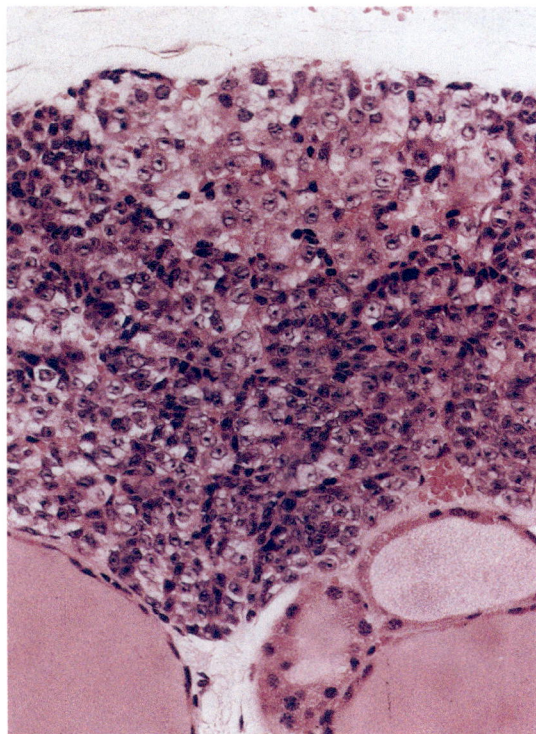

图 8-29 甲状旁腺增生。H&E 染色

有丝分裂活性不是鉴别增生性病变和肿瘤的有效指标。弥漫性增生常与"骨 – 肾综合征"（肾继发性甲状旁腺功能亢进）相关。发现骨发生纤维性骨营养不良有助于确诊弥漫性甲状旁腺增生。饮食和改变钙代谢的肾疾病都是致病因素。实验动物甲状旁腺局灶性增生是非功能性的。

参考文献

参见 4、14 和 36。

腺瘤（B）
Adenoma（B）

组织发生
甲状旁腺的主细胞。

诊断特征
- 通常局限于 1 个甲状旁腺中的单个孤立性结节。
- 界限明显。
- 明显压迫。
- 有包膜。
- 正常组织结构丧失。
- 生长形态呈实性，也可见呈乳头状、腺泡样或囊性。
- 细胞界限清晰。
- 细胞形态均一，细胞质呈淡嗜酸性。
- 细胞核呈轻微多形性。
- 腺瘤的诊断不取决于病变大小。
- 无侵袭。

鉴别诊断
肥大（Hypertrophy）

细胞呈淡染，细胞质体积增大。由于细胞体积增大，有时会轻微压迫周围组织。

增生（局灶性）[Hyperplasia（Focal）]

保持正常组织结构，与周围组织界限不清或无明显界限，无包膜，对周围甲状旁腺组织无压迫，生长形态存在细微差别。

癌（Carcinoma）

侵袭甲状旁腺被膜、淋巴管、血管或结缔组织。

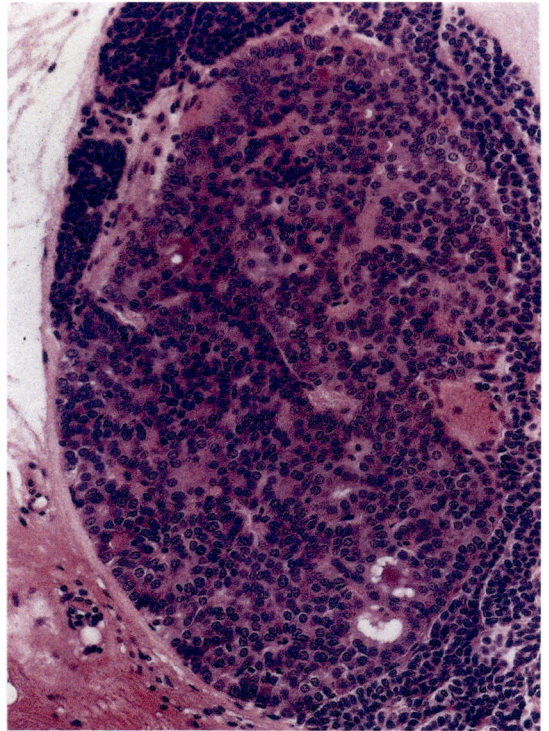

图 8-30 甲状旁腺腺瘤。H&E 染色

备注
小鼠甲状旁腺肿瘤罕见，文献中仅查到 3 篇报道。

参考文献
参见 4、14 和 36。

癌（*M*）
Carcinoma（*M*）

组织发生

甲状旁腺的主细胞。

诊断特征

- 正常组织结构丧失。
- 细胞呈交织的片状或结节状排列，伴有中央坏死。
- 细胞可呈梭形。
- 细胞核大、呈空泡状。
- 侵袭甲状旁腺被膜、淋巴管、血管或结缔组织。

鉴别诊断

腺瘤（*Adenoma*）
无侵袭。

备注

小鼠甲状旁腺肿瘤罕见，文献中仅查到3篇报道。

参考文献

参见 4、14 和 36。

被膜下细胞增生（*H*）
Hyperplasia, Subcapsular Cell（*H*）
A 型，B 型，混合性

组织发生
可能来源于肾上腺皮质的被膜下储备细胞。

诊断特征
- 朝向皮质表面增生。
- 常向髓质延伸。
- 呈局灶性、多灶性至圆周形分布。
- 局灶性增生可轻微凸出于肾上腺表面。
- 可表现轻微压迫下方的皮质。
- 增生不在被膜内，也不在被膜外。
- 通常表现出成团的结构特点。
- 有 2 种细胞类型混合存在：A 型（梭形）细胞，呈深染，体积小，为卵圆形至梭形，细胞质少且不含脂质；B 型（含脂质）细胞，体积大，呈多角形，细胞质透明、有脂质沉积。
- 核分裂象罕见。
- 在幼龄小鼠中，大小不超过正常皮质的厚度。
- 可夹杂大量肥大细胞。
- 根据占主导（>70%）的细胞类型，可使用限定词 A 型（梭形）、B 型（含脂质）和混合性。当没有占主导的细胞类型时，病变为混合性，这种情况相当常见。

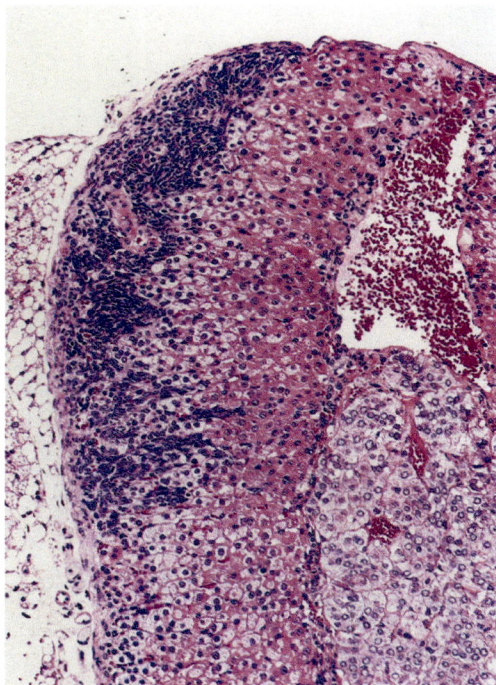

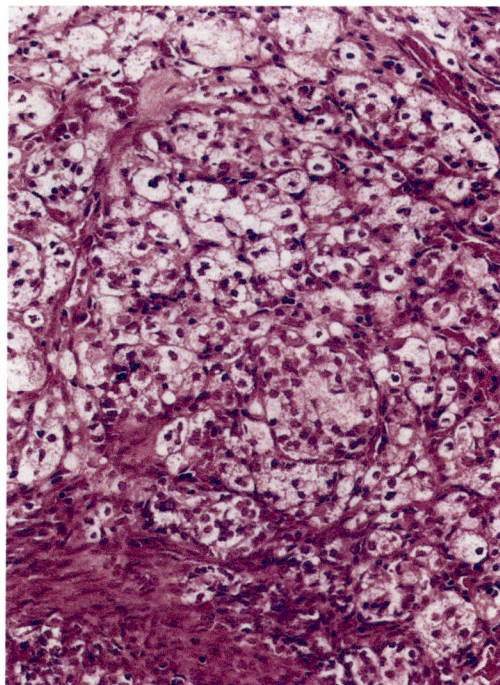

图 8-31（右上） 肾上腺，局灶性被膜下细胞增生，A 型。H&E 染色
图 8-32（右下） 肾上腺，局灶性被膜下细胞增生，混合性。H&E 染色

鉴别诊断

被膜下细胞腺瘤（*Adenoma, Subcapsular Cell*）

幼龄小鼠中超过正常皮质厚度、界限清楚的病变。

皮质增生（*Hyperplasia, Cortical*）

由非多角形、非梭形细胞组成，通常呈嗜酸性或双嗜性。发生在束状带内（不是朝向皮质表面生长的病变）。

备注

该病变为老龄化小鼠中很常见的病变。性腺切除术和饲养环境（拥挤和单笼）可能增加其发生率。由于皮质萎缩常见于老龄小鼠，增生性病灶大或小的判定应谨慎。局灶性被膜下细胞增生和被膜下细胞腺瘤的鉴别比较主观和困难。

参考文献

参见 13、15、26 和 28。

被膜下细胞腺瘤（B）
Adenoma, Subcapsular Cell（B）
A 型，B 型，混合性

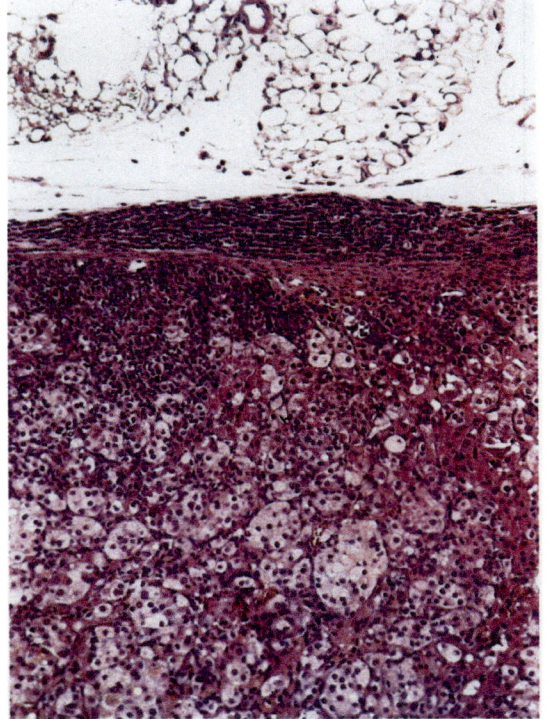

组织发生

可能来源于肾上腺皮质的被膜下储备细胞。

诊断特征

- 朝向皮质表面增生。
- 明显凸出于肾上腺表面。
- 表现一定程度上压迫下方的皮质。
- 可见包膜。
- 通常表现出成团的结构特点。
- 有两种细胞类型混合存在：A 型（梭形）细胞，呈深染，体积小，为卵圆形至梭形，细胞质少且不含脂质；B 型（含脂质）细胞，体积大，呈多角形，细胞质透明、有脂质沉积。
- 核分裂象罕见。
- 在幼龄小鼠中，大小超过正常皮质的厚度。
- 可夹杂大量肥大细胞。
- 根据占主导（>70%）的细胞类型，可使用限定词 A 型（梭形）、B 型（含脂质）和混合性。当没有占主导的细胞类型时，病变为混合性，这种情况相当常见。

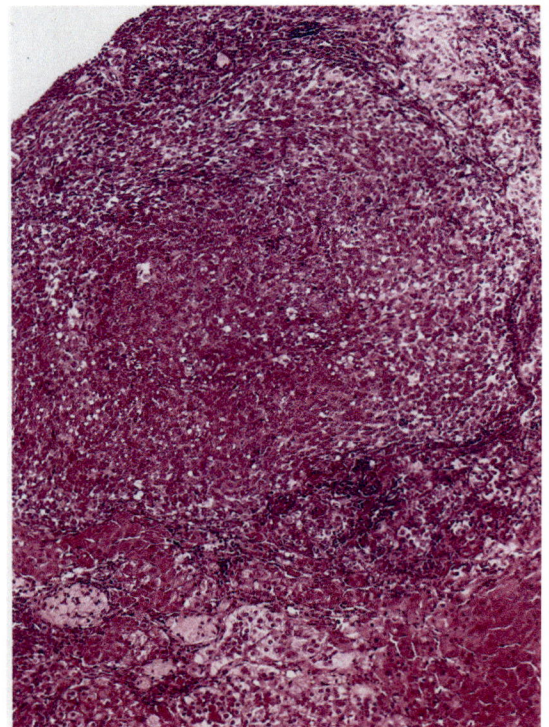

图 8-33（右上） 肾上腺被膜下细胞腺瘤，混合性。增生由相同比例的梭形细胞和多角形细胞混合组成。"假侵袭性生长"：表现为细胞明显突破肾上腺被膜，不认为是恶性的指征。H&E 染色

图 8-34（右下） 肾上腺被膜下细胞腺瘤，混合性。H&E 染色

鉴别诊断

局灶性被膜下细胞增生［*Hyperplasia, Subcapsular Cell*（*Focal*）］

大小不超过幼龄小鼠正常皮质的厚度。

被膜下细胞癌（*Carcinoma, Subcapsular Cell*）

可发生转移。

皮质腺瘤（*Adenoma, Cortical*）

由非多角形、非梭形细胞组成，通常是嗜酸性或双嗜性。发生于束状带内（不是朝向皮质表面生长的病变）。

备注

由于皮质萎缩常见于老龄小鼠，病灶大或小的判定应谨慎。突破被膜或被膜被断开不是判断为恶性的标准。局灶性被膜下增生和被膜下腺瘤的鉴别比较主观和困难。

参考文献

参见 13、15、17、19、24、26、28 和 46。

被膜下细胞癌（*B*）
Carcinoma, Subcapsular Cell（*B*）
A 型，B 型，混合性

组织发生
可能来源于肾上腺皮质的被膜下储备细胞。

诊断特征
- 朝向皮质表面增生。
- 明显凸出于肾上腺表面。
- 突破被膜生长。
- 通常表现出成团的结构特点。
- 有两种细胞类型混合存在：A 型（梭形）细胞，呈深染，体积小，为卵圆形至梭形，细胞质稀少且不含脂质；B 型（含脂质）细胞体积大，呈多角形，细胞质透明、有脂质沉积。
- 核分裂象罕见。
- 可夹杂大量肥大细胞。
- 可发生远处转移。
- 根据占主导（>70%）的细胞类型，可使用限定词 A 型（梭形）、B 型（含脂质）和混合性。当没有占主导的细胞类型时，病变为混合性，这种情况相当常见。

鉴别诊断
被膜下细胞腺瘤（*Adenoma, Subcapsular Cell*）

无转移。

皮质癌（*Carcinoma, Cortical*）

由非多角形、非梭形细胞组成，通常呈嗜酸性或双嗜性。

备注
在性腺健全的动物中，未见肾上腺被膜下细胞增生发生自发性转移的报道，但在性腺切除的动物中似乎有发生转移的报道。文献报道的所谓 B 型被膜下肿瘤发生的自发性转移，本书编者认为，来源于肾上腺皮质癌。

参考文献
参见 15 和 19。

皮质增生（*H*）
Hyperplasia, Cortical（*H*）

组织发生

肾上腺皮质细胞。

诊断特征

- 通常位于束状带。
- 对邻近组织无压迫或仅有轻微压迫。
- 仍保持皮质结构。
- 绝无 A 型（梭形）细胞混杂其中。
- 通常由体积增大的细胞组成。
- 可见核巨大。
- 细胞质可呈嗜酸性或双嗜性。
- 可见空泡化。
- 无细胞异型性。
- 通常无核分裂象。

鉴别诊断

皮质腺瘤（Adenoma, Cortical）

明显压迫邻近组织或正常组织结构丧失。

被膜下细胞增生（B 型）[Hyperplasia, Subcapsular Cell（Type B）]

由巨大的、细胞质透亮的多角形（B 型）细胞组成，其间混杂着嗜碱性的梭形（A 型）细胞，该病变朝向皮质表面生长。

髓质增生（Hyperplasia, Medullary）

不含脂滴，细胞质呈嗜碱性，髓质细胞对酪氨酸羟化酶（tyrosine hydroxylase）、嗜铬粒蛋白 A、突触素（synaptophysin）和 NSE 的抗体呈阳性反应。

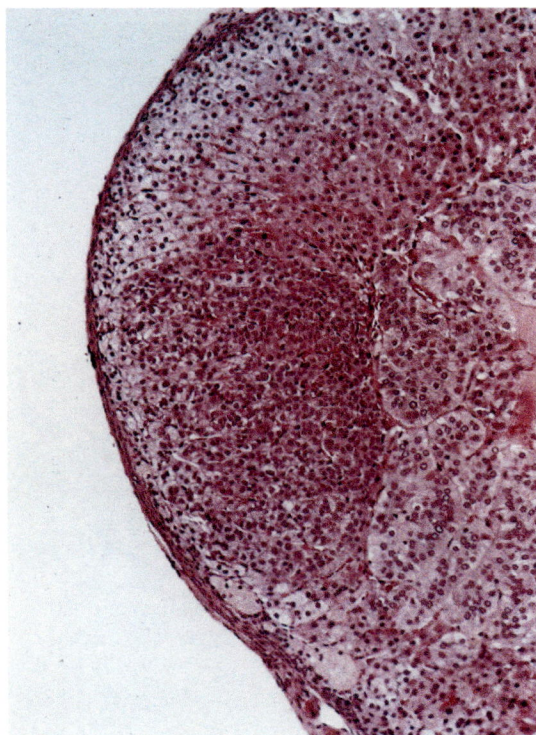

图 8-35 肾上腺皮质增生，界限清楚的皮质结节，仅由体积大的嗜酸性细胞组成，不混杂梭形细胞。对周围组织几乎无压迫，皮质束状带结构保留，病灶小于正常皮质厚度。H&E 染色

备注

常见于某些品系小鼠（如 CD-1），特别是雄性动物。Faccini、Abbott 和 Paulus（1990）曾发表 1 篇短篇报道。皮质增生最有可能被归为 "被膜下细胞增生，B 型"。

参考文献

参见 13、15 和 24。

皮质腺瘤（B）
Adenoma, Cortical（B）

组织发生

肾上腺皮质细胞。

诊断特征

- 通常位于束状带。
- 界限清楚，明显压迫邻近的皮质组织。
- 可见薄的结缔组织包膜。
- 皮质正常结构丧失。
- 无 A 型（梭形）细胞混杂其中。
- 通常由体积增大的细胞组成。
- 可见核巨大。
- 细胞质可呈嗜酸性或双嗜性。
- 可见空泡化。
- 可见细胞异型性。
- 可见核分裂象。
- 无侵袭或未突破被膜，也无远处转移。

鉴别诊断

皮质增生（Hyperplasia, Cortical）

无压迫或仅轻微压迫邻近组织，仍保持正常组织结构。

皮质癌（Carcinoma, Cortical）

侵袭性生长并突破被膜，或发生远处转移。

被膜下细胞腺瘤（B 型）[Adenoma, Subcapsular Cell（Type B）]

由巨大的、细胞质透亮的多角形（B 型）细胞组成，其间混杂着一些嗜碱性的梭形（A 型）细胞。

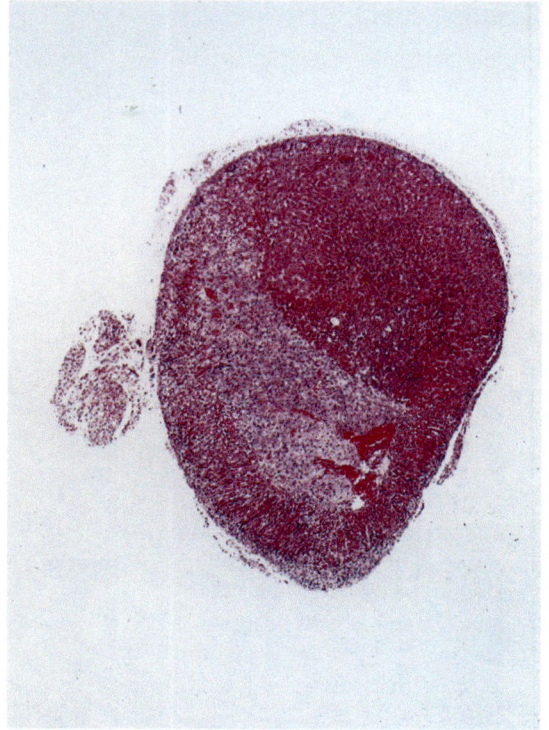

图 8-36 肾上腺皮质腺瘤，增生仅由体积大的嗜酸性细胞组成，不混杂梭形细胞，明显压迫周围组织，特别朝向髓质压迫。皮质束状带结构丧失。H&E 染色

良性髓质肿瘤（嗜铬细胞瘤型）[Tumor, Medullary, Benign（Pheochromocytoma Type）]

不含脂滴，血管丰富，细胞质呈嗜碱性，肿瘤细胞对酪氨酸羟化酶、嗜铬粒蛋白 A、突触素和 NSE 的抗体反应呈阳性。

备注

文献中曾存有一些争议。该病变不符合 B 细胞增生性病变的经典形态学描述特征（Dunn 1970；Russfield 1967），现已将其归于更新的分类中（Frith 1983a；Frith and Ward 1988）。

这 2 种类型的增生性变化可通过一些细胞学和结构上的差异来明确区分。

参考文献

参见 13、15、17、24 和 46。

皮质癌（*M*）
Carcinoma, Cortical（*M*）

组织发生

肾上腺皮质细胞。

诊断特征

- 皮质正常结构丧失。
- 无 A 型（梭形）细胞混杂其中。
- 通常由体积增大的细胞组成。
- 可见核巨大。
- 细胞质呈嗜酸性，罕见双嗜性。
- 可见明显的空泡化。
- 可见细胞异型性。
- 核分裂象可能较多。
- 侵袭、突破被膜，或远处转移。

鉴别诊断

皮质腺瘤（*Adenoma, Cortical*）

无侵袭、未突破被膜，或无远处转移。

被膜下细胞癌（*B 型*）［*Carcinoma, Subcapsular Cell*（*Type B*）］

由巨大的、细胞质透亮的多角形（B 型）细胞组成，其间混杂着一些嗜碱性的梭形（A 型）细胞。

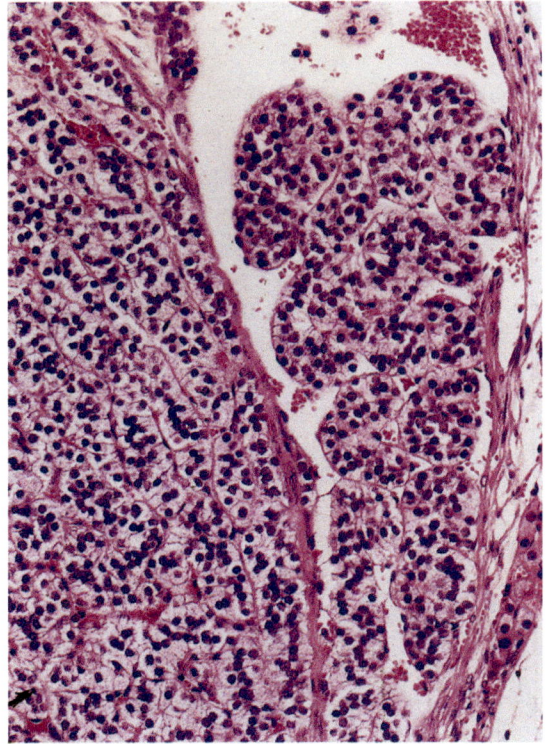

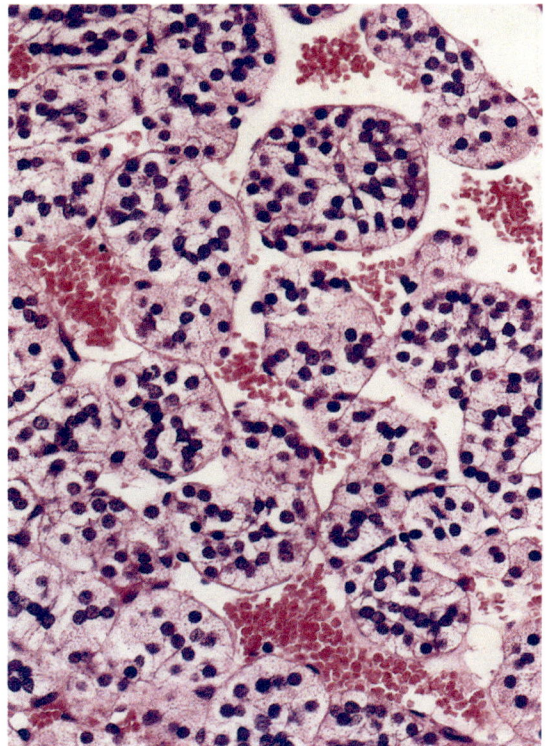

图 8-37（右上） 肾上腺皮质癌。H&E 染色
图 8-38（右下） 肾上腺皮质癌，高倍视野。H&E 染色

恶性髓质肿瘤（嗜铬细胞瘤型）［*Tumor, Medullary, Malignant（Pheochromocytoma Type）*］

通常不含脂滴，血管丰富，细胞质呈嗜碱性。肿瘤细胞对酪氨酸羟化酶、嗜铬粒蛋白A、突触素和 NSE 的抗体反应呈阳性

备注

一定不要将皮质细胞的皮质外结节误认为是侵袭性生长的证据。文献中曾存在一些争议。该病变不符合 B 细胞增生性病变的经典形态学描述特征（Dunn 1970；Russfield 1967），现已将其归于更新的分类中（Frith 1983a；Frith and Ward 1988）。这 2 种类型的增生性变化可通过一些细胞学和结构上的差异来明确区分。

参考文献

参见 13、15 和 52。

髓质增生（H）
Hyperplasia, Medullary（H）

组织发生

肾上腺髓质（嗜铬）细胞。

诊断特征

局灶性

- 可能侵占皮质。
- 通常呈局灶性，很少呈多灶性。
- 无压迫或轻微压迫髓质或皮质。
- 正常组织结构仍保持。
- 与正常细胞相比，细胞可增大或减小，嗜碱性较强。
- 核质比增加。
- 无细胞异型性。
- 核分裂象罕见。
- 病灶切面面积小于正常髓质的 50%。

弥漫性

- 累及整个髓质。
- 对周围皮质组织无明显压迫。
- 正常组织结构仍保持。
- 核质比增加。
- 无细胞异型性。
- 核分裂象罕见。
- 常伴有皮质萎缩。
- 肾上腺门可变宽。

鉴别诊断

良性髓质肿瘤（嗜铬细胞瘤型）[*Tumor, Medullary, Benign*（*Pheochromocytoma Type*）]

肿瘤明显压迫周围结构，髓质正常结构丧失，病灶切面面积超过正常髓质的 50%。

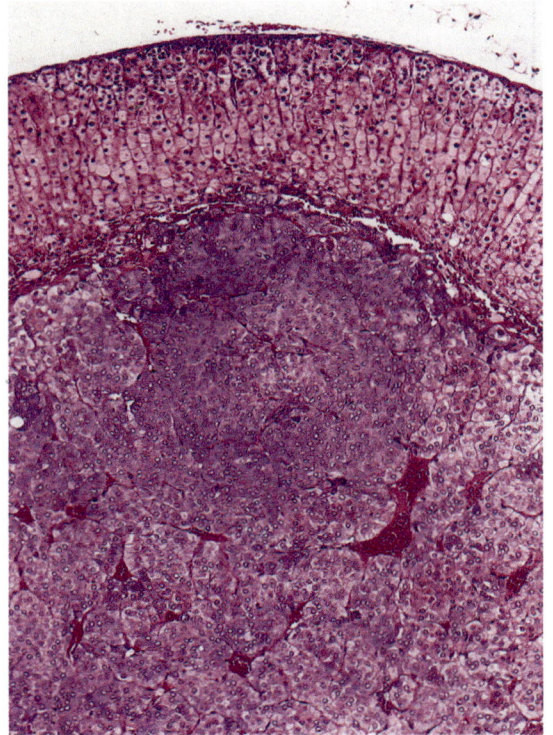

图 8-39 肾上腺髓质增生。H&E 染色

备注

不要将同一髓质内的多个局灶性髓质增生认为是肿瘤性的，即使它们的总切面面积超过正常髓质的 50%。

参考文献

参见 13、15、18、19、24、39 和 46。

良性髓质肿瘤（B）
Tumor, Medullary, Benign（B）
嗜铬细胞瘤型，神经节细胞瘤型，
复合型嗜铬细胞瘤型，未特定分类

组织发生

不同分化程度的肾上腺髓质细胞，主要分化为分泌性（嗜铬性）成分或神经性成分。

诊断特征

- 肿瘤组织可替代整个髓质。

- 可见细胞异型性。

- 核分裂象可能较多。

- 明显压迫髓质或皮质，或髓质结构丧失，或病灶切面面积超过正常髓质的 50%（嗜铬细胞瘤型）。

- 大小不限（所有其他类型）。

- 未见侵袭性生长（未突破肾上腺被膜）或远处转移。

嗜铬细胞瘤型

- 由嗜铬细胞组成，呈巢状、排状和条索状排列。

- 细胞体积大，细胞质丰富（"分泌"细胞）；或细胞体积小，呈嗜碱性，细胞质很少。

- 可见出血和坏死。

- 血管丰富，有时可见扩张的血管。

神经节细胞瘤型

- 肿瘤类似神经组织，含有大的、高分化的神经节细胞和神经原纤维。

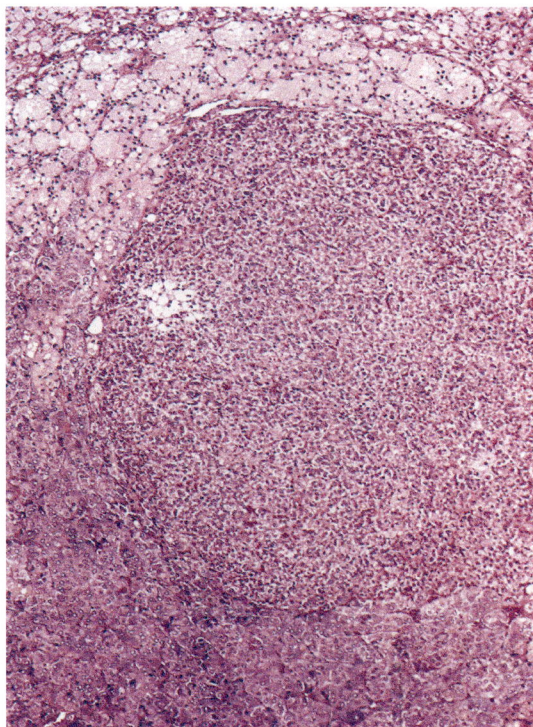

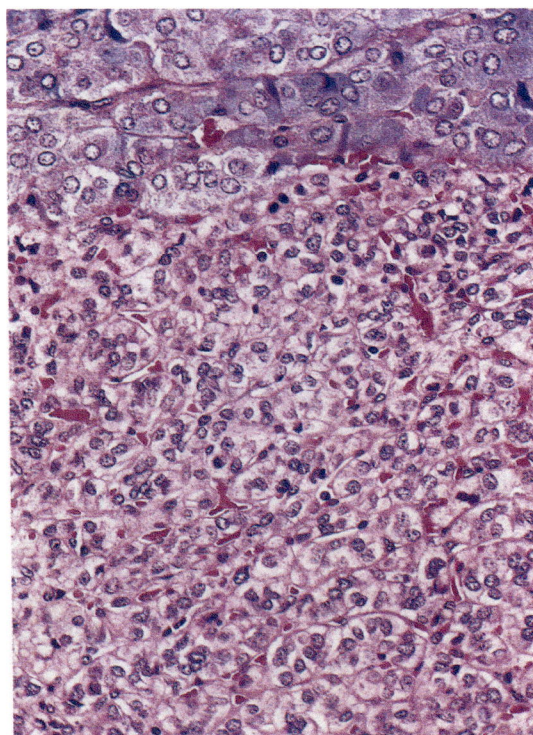

图 8-40（右上） 肾上腺良性髓质肿瘤。H&E 染色
图 8-41（右下） 肾上腺良性髓质肿瘤。H&E 染色

复合型嗜铬细胞瘤型
- 由类似分化为神经组织的区域（神经节细胞瘤型）和嗜铬细胞的区域（嗜铬细胞瘤型）混合组成或分别形成单独的区域。

NOS（未特定分类）
- 由于缺乏典型的特征或存在技术原因而不能进行分类。

鉴别诊断

髓质增生（局灶性）[Hyperplasia, Medullary（Focal）]

不压迫或仅轻微压迫邻近组织；髓质结构仍保持，病灶切面面积小于正常髓质的 50%，无细胞异型性。

髓质增生（弥漫性）[Hyperplasia, Medullary（Diffuse）]

不压迫或轻微压迫周围组织，髓质结构保留，无细胞异型性。

恶性髓质肿瘤（Tumor, Medullary, Malignant）

侵袭性生长（突破被膜）或发生远处转移。

皮质腺瘤（Adenoma, Cortical）

通常可见脂滴，髓质细胞标志物的免疫组织化学反应呈阴性。

备注

肾上腺髓质分泌细胞呈嗜铬反应阳性，应用特殊染色（如酪氨酸羟化酶染色和嗜铬粒蛋白 A 染色），细胞着色明显。此外，向神经分化的细胞对多种抗体（如突触素和 NSE 的抗体），均呈阳性反应。

参考文献

参见 13、15、18、19、24、39、46 和 58。

恶性髓质肿瘤（*M*）
Tumor, Medullary, Malignant（*M*）

嗜铬细胞瘤型，复合型嗜铬细胞瘤型，神经节细胞瘤型，神经母细胞瘤型，未特定分类

组织发生

不同分化程度的肾上腺髓质细胞，主要分化为分泌性（嗜铬性）成分或神经性成分。

诊断特征

- 髓质结构丧失。
- 可见细胞异型性。
- 核分裂象可能较多。
- 侵袭性生长（突破肾上腺被膜）或者有远处转移。

嗜铬细胞瘤型

- 由嗜铬细胞组成，呈巢状、排状和条索状排列。
- 细胞体积大，细胞质丰富（"分泌"细胞）；或细胞体积小，呈嗜碱性，几乎无细胞质。
- 可见出血和坏死。
- 血管丰富，有时可见扩张的血管。

神经节细胞瘤型

- 肿瘤类似神经组织，含有大的、高分化的神经节细胞。

神经母细胞瘤型

- 细胞体积小且染色质呈深染。
- 细胞呈致密片状排列。
- 细胞偶尔形成菊形团。
- 可见类似中枢神经系统组织的纤维基质。
- 可见神经节细胞。

复合型嗜铬细胞瘤型

- 由类似分化为神经组织的区域（神经节细胞瘤型）和嗜铬细胞的区域（嗜铬细胞瘤型）混合组成或分别形成单独的区域。

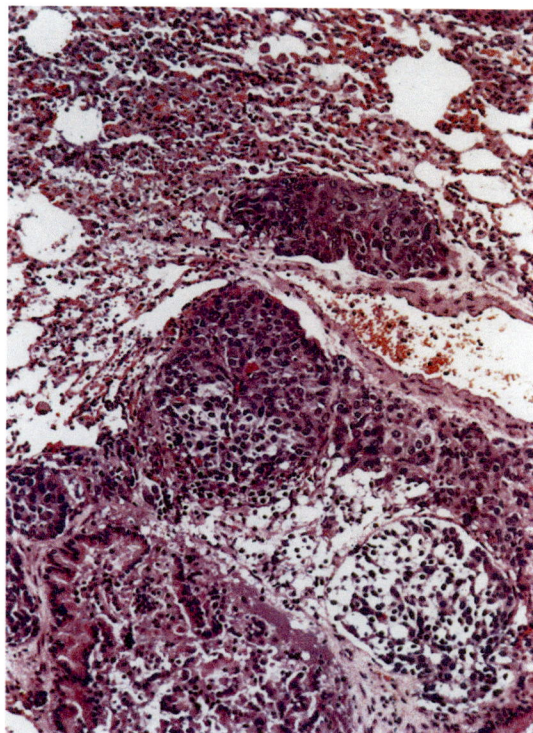

图 8-42 肾上腺恶性髓质肿瘤的肺转移。H&E 染色

- 小细胞可发生远处转移。

NOS（未特定分类）

- 由于缺乏典型的特征或存在技术原因而不能进行分类。

鉴别诊断

良性髓质肿瘤（*Tumor, Medullary, Benign*）
没有突破被膜的侵袭性生长及远处转移。

皮质癌（*Carcinoma, Cortical*）
通常可见脂滴，髓质细胞标志物的免疫组织化学反应呈阴性。

备注

肾上腺髓质分泌细胞呈嗜铬反应阳性，应用特殊染色（如酪氨酸羟化酶染色和嗜铬粒蛋白 A 染色），细胞着色明显。此外，向神经分化的细胞对多种抗体（如突触素和 NSE 的抗体），均呈阳性反应。对肾上腺髓质细胞系的研究（Tischler and De Lellis 1988）表明原始交感细胞可发育为神经元细胞或嗜铬细胞。当有明确的侵袭证据时才考虑为恶性指征。在肾上腺皮质内或"门部"区域出现小群的髓质细胞是正常的解剖学表现。只有肿瘤细胞侵袭管壁完整的血管和主动穿透血管壁，才视为是真正的血管侵袭。

肿瘤细胞在血管内皮下生长是肾上腺髓质肿瘤常见的显微镜下特征，不应将其误认为血管侵袭。

据报道，原发性肿瘤的大小与转移性的相关性最高（Frith and Ward 1988）。

自发性神经母细胞瘤罕见（仅有 1 例短篇报道，Maita et al. 1988）。Aguzzi 等（1990）报道携带连接有胸苷激酶启动子的多瘤病毒中间 -T 细胞抗原 cDNA 的转基因小鼠，生长到 2~3 月龄时，在多个器官（包括肾上腺）中发生神经母细胞瘤。这些肿瘤表达 *N-myc* 致癌基因并转移。

参考文献

参见 1、13、15、18、19、24、39、40、46 和 58。

胰岛细胞增生（*H*）
Hyperplasia, Islet Cell（*H*）

组织发生

朗格汉斯胰岛细胞。

诊断特征

- 影响多个胰岛。
- 胰岛体积增大。
- 不压迫邻近腺泡组织。
- 无包膜。
- 通常胰岛结构仍保持。
- 增生的胰岛可能比正常胰岛更圆。
- 增生的胰岛中可见中央囊腔。
- 细胞体积可轻微增大。

鉴别诊断

胰岛细胞腺瘤（*Adenoma, Islet Cell*）

压迫周围组织或形成包膜，或血管明显增多，或正常胰岛结构丧失（呈片状、巢状或带状异常生长），或通常为孤立性结节。

备注

特定的细胞类型可通过免疫组织化学（胰岛素、胰高血糖素、生长激素抑制素和胰多肽）染色来进行鉴别。

参考文献

参见 3、5，9、10、11、12、22、23、30、32、38、42、45 和 48。

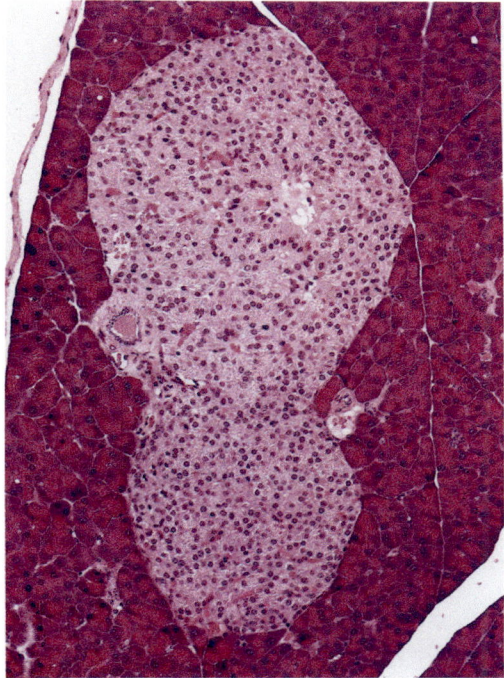

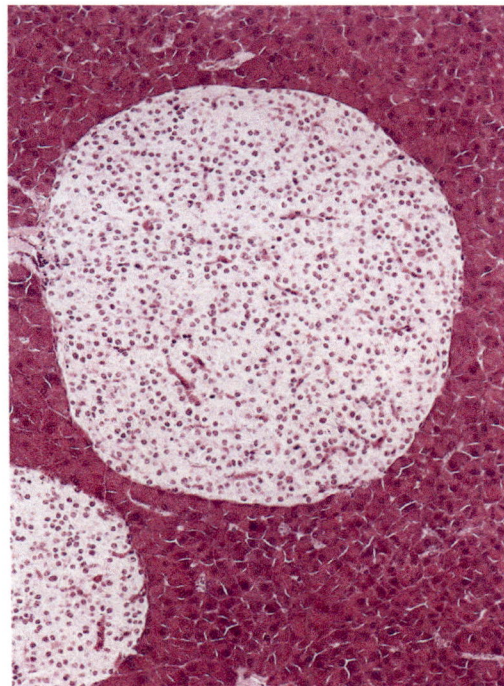

图 8-43（右上） 胰腺胰岛增生。H&E 染色
图 8-44（右下） 胰腺胰岛增生。H&E 染色

胰岛细胞腺瘤（B）
Adenoma, Islet Cell（B）

同义词：adenoma，endocrine pancreas；islet cell tumor，benign。

组织发生

朗格汉斯胰岛细胞。

诊断特征

- 通常影响 1 个胰岛，形成孤立、界限清楚的结节。
- 可压迫邻近腺泡组织。
- 可见部分包膜或完整包膜，或无包膜形成。
- 胰岛结构可能丧失。
- 沿着薄壁血管呈带状、条索状生长。
- 血管可能增多。
- 细胞可呈高分化或形状多样（纺锤形、卵圆形、梭形）、大小不一（增大或减小）。
- 细胞质可呈淡染、嗜酸性或嗜碱性。
- 可见核巨大。
- 核分裂象罕见。
- 未见肿瘤包膜内或包膜外生长，或远处转移。

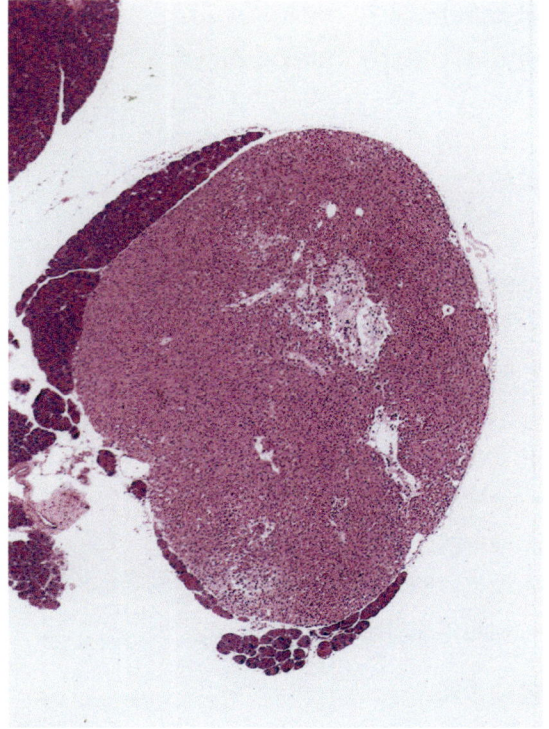

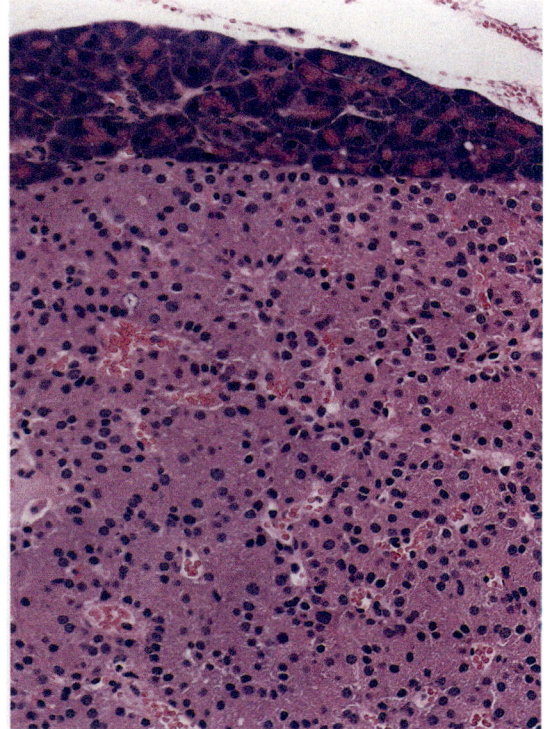

图 8-45（右上） 胰腺胰岛细胞腺瘤，界限清楚的孤立性结节。H&E 染色

图 8-46（右下） 胰腺胰岛细胞腺瘤。H&E 染色

鉴别诊断

胰岛细胞增生（*Hyperplasia, Islet Cell*）

无压迫或无包膜形成，无血管增多，正常胰岛结构仍保持，通常呈多灶性分布。

胰岛细胞癌（*Carcinoma, Islet Cell*）

局部侵袭，尤其是侵袭肿瘤边缘的血管，或发生远处转移。

备注

小鼠自发性胰岛细胞腺瘤罕见，大多数肿瘤能产生胰岛素但不引起低血糖。

参考文献

参见 3、5，9、10、11、12、22、23、30、32、38、42、45 和 48。

胰岛细胞癌（*M*）
Carcinoma, Islet Cell（*M*）

同义词：adenocarcinoma，endocrine pancreas；islet cell tumor，malignant。

组织发生
朗格汉斯胰岛细胞。

诊断特征
- 通常为巨大的甚至是肉眼可见的肿瘤。
- 可见纤维性包膜。
- 可呈片状、巢状或带状生长。
- 细胞差异大，从高分化至显著多形性和间变性。
- 细胞质呈淡染、嗜酸性。
- 细胞核可呈泡状。
- 核仁明显，可见多个核仁。
- 核分裂象可能较多。
- 可向肿瘤包膜内生长或突破包膜。存在局部侵袭（累及血管，特别是位于肿瘤边缘的血管）或发生远处转移（主要为肝转移）。

鉴别诊断
胰岛细胞腺瘤（*Adenoma, Islet Cell*）无侵袭及转移。

备注
免疫组织化学染色有助于对胰岛细胞来源的一些间变性癌的诊断。大多数胰岛细胞肿瘤能产生胰岛素但不引起低血糖。在所有品系的小鼠中，胰岛细胞癌罕见。

参考文献
参见 3、5、9、10、11、12、22、23、30、32、38、42、45 和 48。

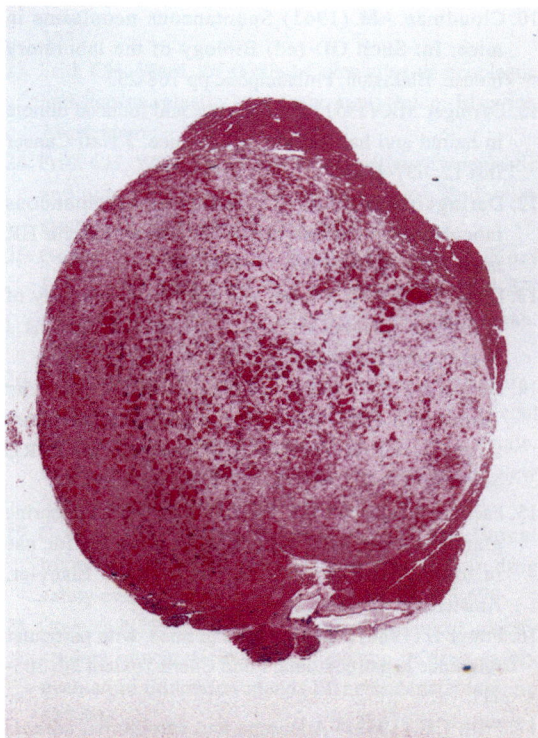

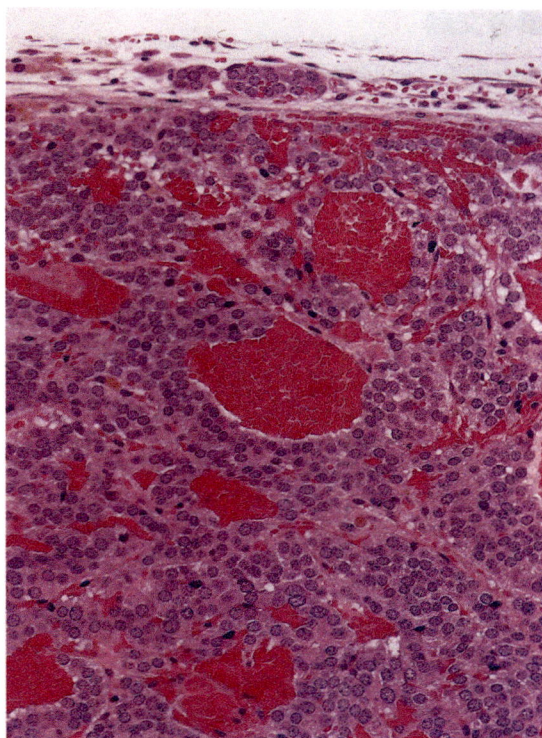

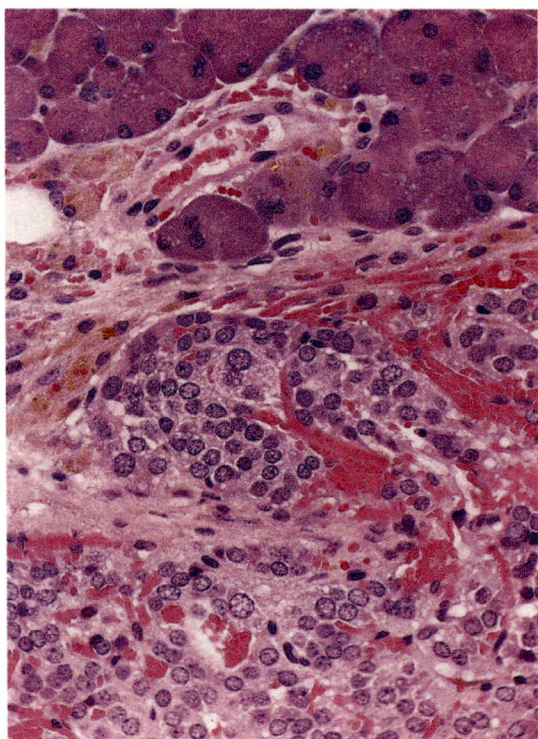

图 8-47（左上） 胰腺胰岛细胞癌，巨大的界限不清的结节。H&E 染色

图 8-48（右上） 胰岛细胞癌的高倍视野，可见非常丰富的血管和侵袭肿瘤边缘的血管。H&E 染色

图 8-49（左下） 胰岛细胞癌的高倍视野，可见肿瘤细胞侵袭纤维性包膜。H&E 染色

良性星形细胞瘤（B）
Astrocytoma, Benign（B）

同义词：glioma，astrocytic，benign。

组织发生

星形胶质细胞。

诊断特征

- 病变局限于中枢神经系统的一个较大区域。
- 边界是弥漫的。
- 病变形态单一。
- 细胞数量由中等到致密。
- 可出现血管周围袖套状细胞聚集。
- 无坏死和出血。
- 坏死灶周围无栅栏样排列的星形细胞。
- 细胞边界不清。
- 细胞可能表现出原浆型或纤维分化，细胞核明显，呈圆形或卵圆形。
- 细胞与细胞核的异型性和多形性不显著。
- 肿瘤区域内可存有神经元的细胞体。
- 可存在肥胖型星形细胞（反应性星形胶质细胞）。

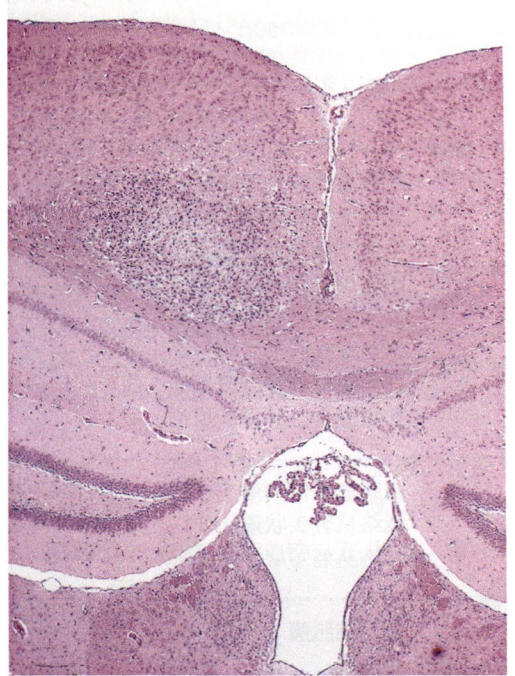

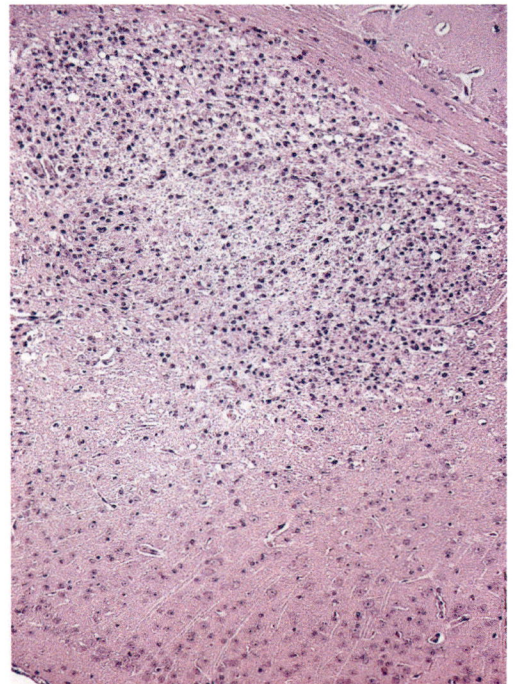

图 9-1（右上）　压后皮质良性星形细胞瘤。C57BL 小鼠。H&E 染色

图 9-2（右下）　良性星形细胞瘤由单一形态的星形肿瘤细胞组成，局限于脑的一个较大区域，边界不清。C57BL 小鼠。H&E 染色

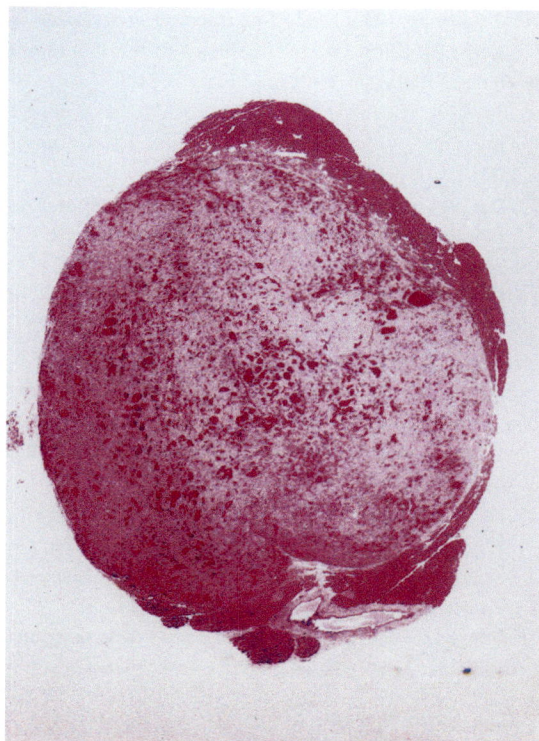

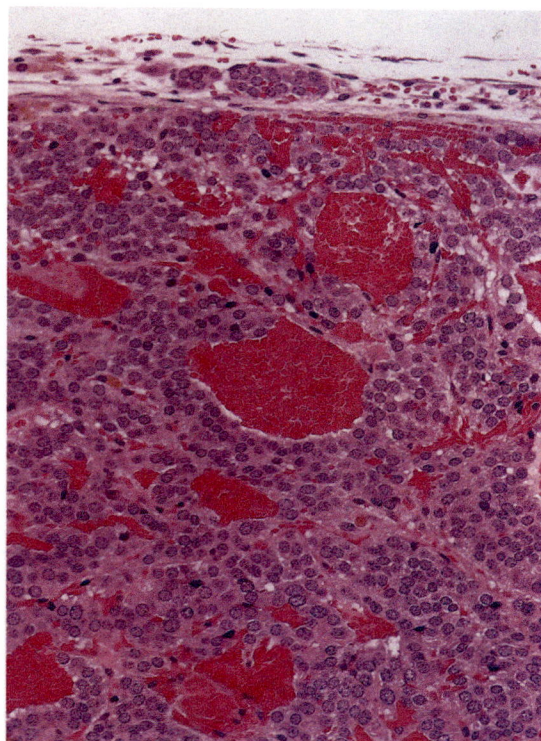

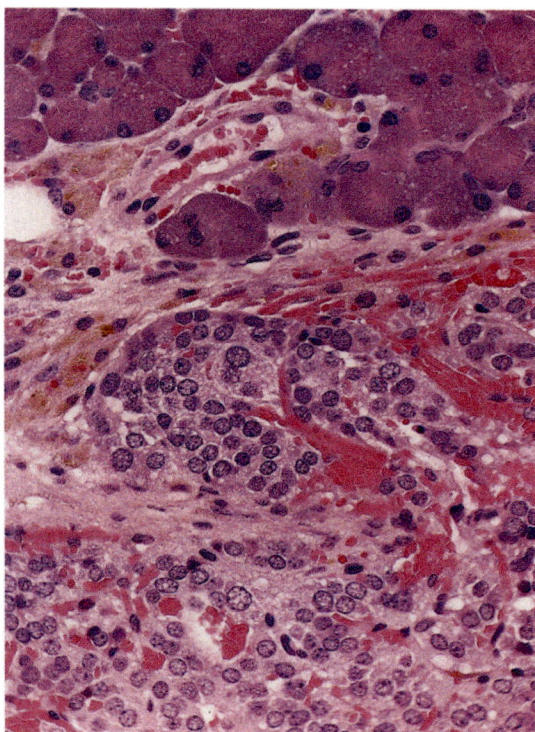

图 8-47（左上） 胰腺胰岛细胞癌，巨大的界限不清的结节。H&E 染色
图 8-48（右上） 胰岛细胞癌的高倍视野，可见非常丰富的血管和侵袭肿瘤边缘的血管。H&E 染色
图 8-49（左下） 胰岛细胞癌的高倍视野，可见肿瘤细胞侵袭纤维性包膜。H&E 染色

参考文献

1. Aguzzi A, Wagner EF, Williams RL, Courtneidge SA (1990) Sympathetic hyperplasia and neuroblastomas in transgenic mice expressing polyoma middle T antigen. New Bioi 2: 533-543

2. Anderson MP, Capen CC (1978) The endocrine system, pituitary. In: Benirschke K, Garner FM, Jones TC (eds) Pathology of laboratory animals, Vol. 1. Springer, Berlin Heidelberg New York Tokyo, pp 424-433

3. Belkin M (1942) The lack of influence of di (hydroxymethyl) peroxide on the incidence and growth of transplanted, induced and spontaneous mouse tumors.

4. Bomhard E (1993) Frequency of spontaneous tumours in NMRI mice in 21-month studies. Exp Toxic Pathol 45: 269-289

5. Boorman GA, Sills RC (1999) Exocrine and endocrine pancreas. In: Maronpot RR, Boorman GA, Gaul BW (eds) Pathology of the mouse. Reference and atlas. Cache River Press, Vienna, pp 185-205

6. Botts S, Capen CC, DeLellis RA, Deschl U, Hartig F, Karbe E, Konishi Y, Krinke GJ, Landes C, Mettler F, Rebel W, Riley MGI, Tuch K, Urwyler H (1994) 6. Endocrine System. In: Mohr U, Capen CC, Dungworth DL, Griesemer RA, Ito N, Turusov VS (eds) International classification of rodent tumours, Part I: The rat. IARC Scientific Publications No. 122, Lyon, pp 1-11

7. Botts S, Capen CC, DeLellis RA, Deschl U, Hartig F, Karbe E, Konishi Y, Krinke GJ, Landes C, Mettler F, Rebel W, Riley MGI, Tuch K, Urwyler H (1994) 6. Endocrine System. In: Mohr U, Capen CC, Dungworth DL, Griesemer RA, Ito N, Turusov VS (eds) International classification of rodent tumours, Part I: The rat. IARC Scientific Publications No. 122, Lyon, pp 12-14

8. Capen CC (1983) Functional and pathologic interrelationships of the pituitary gland and the hypothalamus. In: Jones TC, Mohr U, Hunt RD (eds) Monographs on pathology of laboratory animals. Endocrine system. Springer, Berlin Heidelberg New York Tokyo, pp 101-120

9. Cardesa A, Bullon-Ramirez A, Levitt MH (1979) Tumours of the pancreas In: Turusov VS (ed) Pathology of tumours in laboratory animals, vol II IARC Scientific Publications No. 23, Lyon, pp. 235-241

10. Cloudman AM (1941) Spontaneous neoplasms in mice. In: Snell GD (ed) Biology of the laboratory mouse. Blakiston, Philadelphia, pp 168-233

11. Deringer MK (1951) Spontaneous and induced tumors in haired and hairless strain HR mice. J Natl Cancer Inst 12: 437-445

12. Deringer MK (1956) The effect of subcutaneous inoculation of 4-0-tolylazo-o-toluidine in strain HR mice. J Natl Cancer Inst 17: 533-539

13. Dunn TB (1970) Normal and pathologic anatomy of the adrenal gland of the mouse, including neoplasms. J Natl Cancer Inst 44: 1323-1389

14. Dunn TB (1979) Tumors of the parathyroid gland. In: Turusov VS (ed) Pathology of tumours in laboratory animals, vol II. Tumours of the mouse. IARC Scientific Publications No. 23, Lyon, pp 469-474

15. Faccini JM, Abbott DP, Paulus GJJ (1990) Endocrine glands. Mouse histopathology. A glossary for use in toxicity and carcinogenicity studies. Elsevier, Amsterdam, pp 169-186

16. Fraser H (1986) Brain tumours in mice, with particular reference to astrocytoma. Food Chern Toxicol 24: 105-111

17. Frith CH (1983a) Adenoma and carcinoma, adrenal cortex, mouse. In: Jones TC, Mohr U, Hunt RD (eds) Monographs on pathology of laboratory animals. Endocrine system. Springer, Berlin Heidelberg New York Tokyo, pp 49-56

18. Frith CH (1983b) Pheochromocytoma, adrenal medulla, mouse. In: Jones TC, Mohr U, Hunt RD (eds) Monographs on pathology oflaboratory animals. Endocrine system. Springer, Berlin Heidelberg New York Tokyo, pp 27-30

19. Frith CH, Dunn TB (1994) Tumours of the adrenal gland. Pathology of tumours in laboratory animals, vol 2. Tumours of the mouse, 2nd edn. IARC Scientific Publications No. Ill, Lyon, pp 595-609

20. Frith CH, Heath JE (1983) Adenoma, thyroid, mouse. In: Jones TC, Mohr U, Hunt RD (eds) Monographs on pathology of laboratory animals. Endocrine system. Springer, Berlin Heidelberg New York Tokyo, pp 184-187

21. Frith CH, Heath JE (1984) Morphological classification and incidence of thyroid tumors in untreated aged mice. J Gerontol39: 7-10

22. Frith CH, Sheldon WD (1983) Hyperplasia, adenoma and carcinoma of pancreatic islets, mouse. In: Jones TC, Mohr U, Hunt RD (eds) Monographs on pathology of laboratory animals. Endocrine system. Springer, Berlin Heidelberg New York Tokyo, pp 297-

303

23. Frith CH, Ward JM (l988a) Color atlas of neoplastic and non-neoplastic lesions in aging mice. Elsevier, Amsterdam

24. Frith CH, Ward JM (1988b) Color atlas of neoplastic and non-neoplastic lesions in aging mice. Endocrine system. Elsevier, Amsterdam, pp 33-37

25. Goetz W, Theuring F, Schachenmayr W, Korf HW (1992) Midline brain tumors in MSV-SV 40-transgenic mice originate from the pineal organ. Acta Neuropathol (Berl)83:308-314

26. Goodman DG(1983)Subcapsular-cell hyperplasia,adrenal,mouse.In:Jones TC,Mohr U,Hunt RD(eds) Monographs on pathology of laboratory animals. Endocrine system.Springer,Berlin Heidelberg New York Tokyo, pp 66-68

27. Greaves P(1990a)Histopathology of preclinical toxicity studies:interpretation and relevance in drug safety evaluation.Elsevier,Amsterdam, pp 678-696

28. Greaves P(1990b)Histopathology of preclinical toxicity studies:interpretation and relevance in drug safety evaluation.Endocrine glands.Elsevier,Amsterdam, pp 677-755

29. Heider K(1986)Spontaneous craniopharyngioma in a mouse.Vet Pathol 23:522-523

30. Hueper WC(1936)Islet-cell adenoma in the pancreas of a mouse.Arch Pathol 22:220-221

31. Jokinen MR,Botts S(1994)Tumours of the thyroid gland.In:Turusov VS,Mohr U(eds)Pathology of tumours in laboratory animals,vol 2.Tumours of the mouse,2nd edn.IARC Scientific Publications No.111,Lyon,pp 565-594

32. Jones EE(1964)Spontaneous hyperplasia of the pancreatic islets associated with glucosuria in hybrid mice.In:Brolin SE(ed)The structure and metabolism of the pancreatic islets.Pergamon,New York,pp 189-191

33. Koestner A,Solleveld HA(1996)Tumors of the pineal gland,rat.In:Jones TC,Capen CC,Mohr U(eds) Monographs on pathology of laboratory animals. Endocrine system,2nd edn.Springer,Berlin Heidelberg New York Tokyo, pp 205-213

34. Korf HW,Goetz W,Herken R,Theuring E,Gruss P, Schachenmayr W(1990)S-antigen and rodopsin immunoreactions in midline brain neoplasms of transgenic mice:similarities to pineal cell tumors and certain medulloblastomas in man.J Neuropathol Exp Neurol 49:424-437

35. Kuchelmeister K,von Borcke IM,Klein H,Bergmann M,Gullotta F(1994)Pleomorphic pineocytoma with extensive neuronal differentiation: report of two cases.

Acta Neuropathol (Berl)88: 448-453

36. Lewis DJ,Cherry CP(1982)Parathyroid adenoma in mice:a report of two cases.J Comp Pathol 92:337-339

37. Liebelt AG(1994)Tumours of the pituitary gland. In:Turusov VS,Mohr U (eds)Pathology of tumours in laboratory animals,vol 2.Tumours of the mouse,2nd edn.IARC Scientific Publications No.111,Lyon, pp 527-563

38. Like AA,Steinke J,Jones EE,Cahill GF Jr(1965) Pancreatic studies in mice with spontaneous diabetes mellitus.Am J Pathol 46:621-644

39. Longeart L(1996)Adrenal medullary tumors, mouse. In:Jones TC,Capen CC,Mohr U (eds) Monographs on pathology of laboratory animals.Endocrine system,2nd edn.Springer,Berlin Heidelberg New York Tokyo, pp 421-427

40. Maita K,Hirano M,Harada T,Mitsumori K,Yoshida A,Takahashi K,Nakashima N,Kitazawa T, Enomoto A,Inui K,Shirasu Y(1988)Mortality, major cause of moribundity,and spontaneous tumors in CD-1 mice. Toxicol Pathol 16:340-349

41. Morton D,Tekeli S(1997)"Have you seen this?" Pituitary cysts in a mouse.Toxicol Pathol 25:333

42. Murphy ED(1966)Characteristic tumors In:Biology of the laboratory mouse,2nd edn. McGraw-Hill,New York,pp 521-567

43. Neve P,Wollman SH(1972)Fine structure of a fifth type of epithelial cell in the thyroid gland of the C3H mouse.Anat Rec 172:37-44

44. Rehm S,Rapp KG,Deerberg F(1985)Influence of food restriction and body fat on life span and tumour incidence in female outbred Han:NMRI mice and two sublines.Z Versuchstierkd 27: 240-283

45. Rowlatt UF(1967)Pancreatic neoplasms of rats and mice.In:Cotchin E,Roe FJC(eds)Pathology of laboratory rats and mice.Blackwell Scientific,Oxford, pp 85-103

46. Russfield AB(1967)Pathology of the endocrine glands,ovary and testis of rats and mice.In: Cotchin E,Roe FJC(eds)Pathology of laboratory rats and mice,Blackwell Scientific,Oxford, pp 391-467

47. Russfield AB(1982)Neoplasms of the endocrine system.In:Foster HL,Small JD,Fox JG (eds) American college of laboratory animal medicine series:The mouse in biomedical research,vol 4. Experimental biology and oncology.Academic Press,New York, pp 465-476

48. Sass B,Vernon ML,Peters RL,Kelloff GJ(1978) Mammary tumors,hepatocellular carcinomas, and pancreatic islet changes in C3H-Avy mice.J Natl

良性星形细胞瘤（*B*）
Astrocytoma, Benign（*B*）

同义词：glioma，astrocytic，benign。

组织发生

　　星形胶质细胞。

诊断特征

- 病变局限于中枢神经系统的一个较大区域。
- 边界是弥漫的。
- 病变形态单一。
- 细胞数量由中等到致密。
- 可出现血管周围袖套状细胞聚集。
- 无坏死和出血。
- 坏死灶周围无栅栏样排列的星形细胞。
- 细胞边界不清。
- 细胞可能表现出原浆型或纤维分化，细胞核明显，呈圆形或卵圆形。
- 细胞与细胞核的异型性和多形性不显著。
- 肿瘤区域内可存有神经元的细胞体。
- 可存在肥胖型星形细胞（反应性星形胶质细胞）。

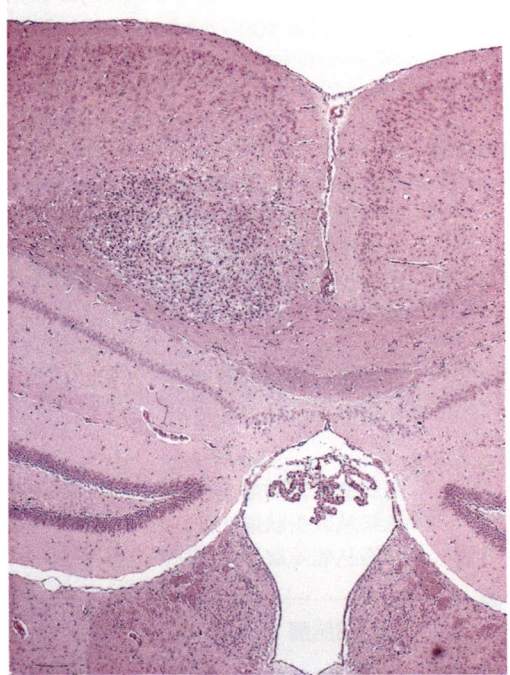

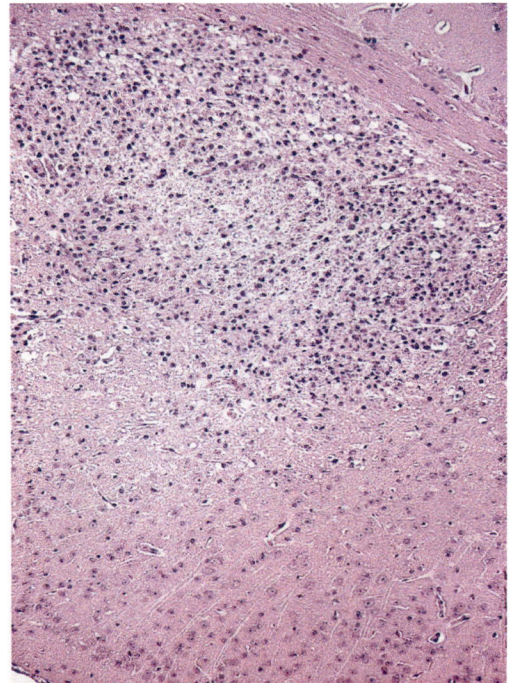

图 9-1（右上） 压后皮质良性星形细胞瘤。C57BL 小鼠。H&E 染色

图 9-2（右下） 良性星形细胞瘤由单一形态的星形肿瘤细胞组成，局限于脑的一个较大区域，边界不清。C57BL 小鼠。H&E 染色

鉴别诊断

恶性星形细胞瘤（*Astrocytoma, Malignant*）

蔓延至中枢神经系统多个区域，可能是多中心性的。

侵袭性生长到血管周围间隙或脑膜是其重要特征。

病变因其高度的细胞异型性、多形性、坏死以及出血而呈现多种形态的外观。

良性混合性神经胶质瘤（*Glioma, Mixed, Benign*）

星形细胞和少突胶质细胞混合性肿瘤，每种细胞至少占 20%。

星形细胞瘤或少突胶质细胞瘤分别包含 80% 以上的星形细胞或少突胶质细胞。

反应性胶质细胞增生（*Reactive Gliosis*）

区分弥漫性星形胶质瘤和反应性（继发性）胶质细胞增生可能很困难，特别是病变较小时。在排除反应性星形胶质细胞存在外，确认反应性胶质细胞增生的原因更有价值。

备注

人类星形细胞瘤通常对胶质纤维酸性蛋白（glial fibrillary acid protein，GFAP）呈阳性反应，尽管小鼠脑肿瘤性星形细胞有明显的纤维分化，但是大多显示缺乏反应性。已有报道显示小鼠的星形细胞瘤在前脑、中脑、后脑以及脊髓中发生。在 VM 和 BRVR 品系的小鼠中，星形细胞瘤主要是胶质来源的肿瘤。

WHO 对人类中枢神经系统肿瘤的国际分类使用 4 个级别区分肿瘤的恶性程度，级别 1 和级别 2（低级别）倾向"良性"肿瘤，级别 3 和级别 4（高级别）倾向恶性肿瘤。在这个分类中，诊断使用术语"良性星形细胞瘤"指低级别恶性肿瘤，不能用其预测小鼠星形细胞瘤的生物学行为。

参考文献

参见 3、7、8、9、10、13、14、15、16、17、23、25、27、31、32、33、34、35、38 和 39。

恶性星形细胞瘤（M）
Astrocytoma, Malignant（M）

同义词：glioma，astrocytic，malignant。

组织发生

星形胶质细胞。

诊断特征

- 病变蔓延至中枢神经系统的多个区域且可能有多个中心。
- 边界是弥漫的。
- 病变呈现多形性外观。
- 细胞数量多。
- 血管周围侵袭是其主要特征。
- 可出现大量坏死和出血。
- 可见栅栏样排列的星形细胞围绕在坏死灶的周围。
- 细胞边界不清。
- 细胞显示出原浆型分化和纤维分化，细胞核明显，呈圆形或卵圆形。
- 细胞与细胞核的异型性和多形性明显。
- 肿瘤区域内可出现神经元的细胞体。
- 可存在肥胖细胞型星形细胞（反应性星形胶质细胞）。
- 弥漫性浸润生长是其主要特征。
- 可侵袭脑膜、室管膜、脑室。

鉴别诊断

良性星形细胞瘤（*Astrocytoma, Benign*）

局限于中枢神经系统的单一区域。

病变因低度细胞异型性和多形性而呈现单一外观。

无坏死和出血。

恶性混合性神经胶质瘤（*Glioma, Mixed, Malignant*）

星形细胞和少突胶质细胞混合的肿瘤，每种细胞成分至少占 20%。

星形细胞瘤和少突胶质细胞瘤中星形细胞和少突胶质细胞需分别超过 80%。

备注

星形细胞瘤已经被报道可存在于前脑、中脑、后脑及脊髓中，是 VM 和 BRVR 品系小鼠胶质来源的主要肿瘤。

参考文献

参见 3、7、8、9、10、13、16、17、23、25、27、31、32、33、34、35、38 和 39。

图 9-3（左上） 恶性星形细胞瘤①。H&E 染色
图 9-4（右上） 恶性星形细胞瘤②。H&E 染色
图 9-5（左下） 恶性星形细胞瘤③。H&E 染色
图 9-6（右下） 恶性星形细胞瘤④。H&E 染色

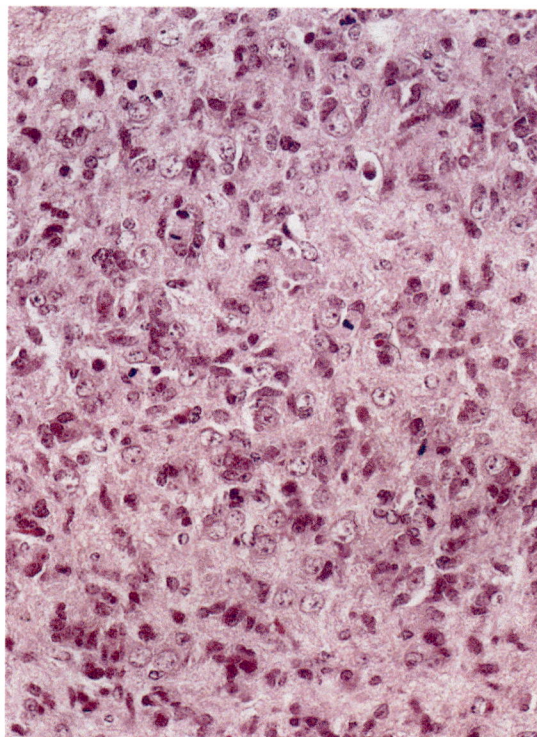
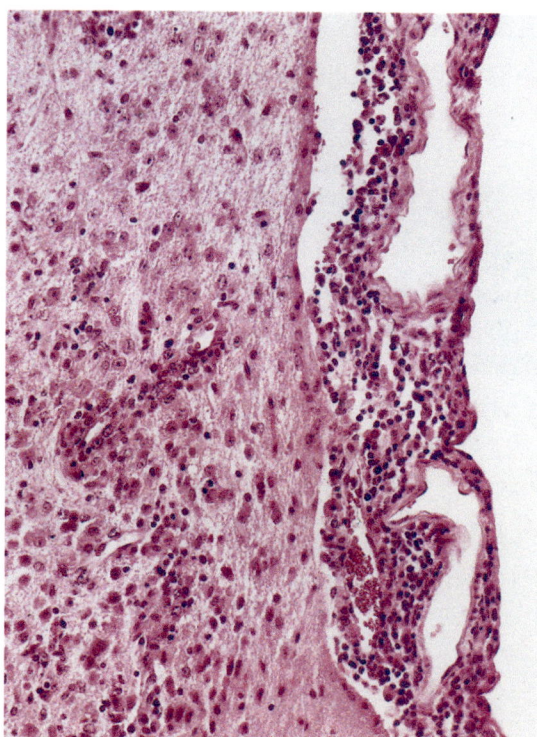
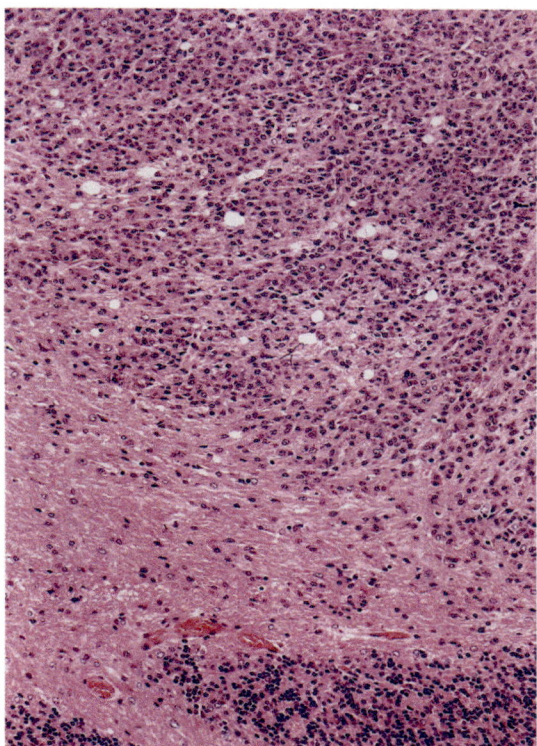
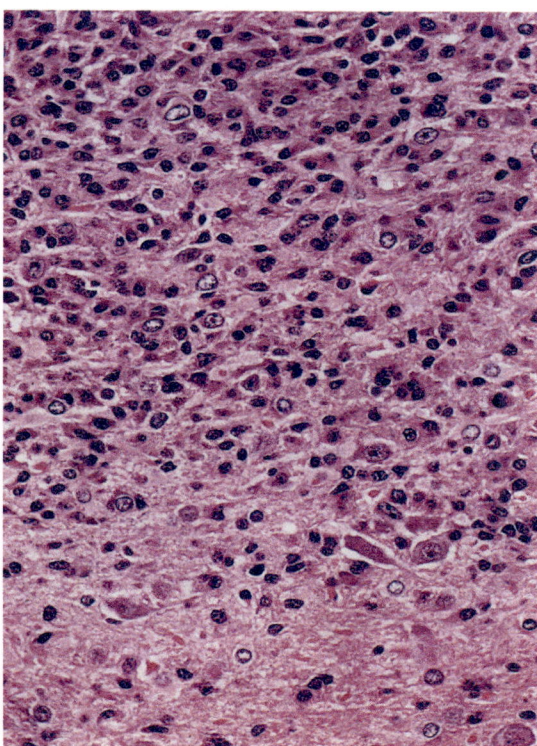

良性少突神经胶质瘤（*B*）
Oligodendroglioma, Benign（*B*）

同义词：glioma，oligodendrocytic，benign。

组织发生
少突胶质细胞。

诊断特征
- 病变界限清楚，局限于中枢神经系统中 1 个较大区域。
- 病变形态外观单一。
- 血管性结缔组织间隔常将成片的细胞分隔成若干小叶或间隔。
- 血管内皮增生是其主要特征。
- 可出现伴有囊性变和出血的坏死。
- 少突胶质细胞形态单一。
- 细胞边界清晰。
- 缺乏细胞质或细胞质呈空亮外观，特别在高分化病例中，细胞膜清晰。细胞外观呈"核周空晕"和蜂巢状形态。

鉴别诊断
恶性少突神经胶质瘤（*Oligodendroglioma, Malignant*）

蔓延到中枢神经系统多个区域。

病变由于细胞异型性、多形性、坏死灶与出血灶而呈现多种形态。

良性室管膜瘤（*Ependymoma, Benign*）

未见大量少突胶质细胞。

细胞呈多角形，排列成行或呈假菊形团样。

局限于脑室或脑室周围区域。

良性混合性神经胶质瘤（*Glioma, Mixed, Benign*）

星形细胞瘤和少突胶质细胞瘤中分别有超过 80% 的星形细胞和少突胶质细胞。两种成分分别占 20% 及以上时考虑为混合性神经胶质瘤。

备注
高分化少突胶质细胞瘤很容易识别，特征是明显的细胞膜和空亮的细胞质形成典型的蜂巢状结构。空亮外观通常认为是由自溶或固定程序引起的死后肿胀造成的。

发生在前脑 / 间脑中的少突胶质细胞瘤已有报道。在很多品系的小鼠中，少突胶质细胞瘤主要是由化学诱导、胶质来源的肿瘤，很少自然发生。在 BALB/c 小鼠中有自然发生的报道。WHO 人类中枢神经系统肿瘤国际分类将倾向"良性"的少突胶质细胞瘤归于级别 2（低级别），将恶性肿瘤归于级别 3（高级别）。在这个分类中，少突胶质细胞瘤的术语"良性"在诊断时被视为指示低级别恶性肿瘤，不能预测小鼠少突胶质细胞瘤的生物学行为。

参考文献
参见 3、5、6、7，10、11、13、14、16、17、21、23、25、27、28、31、33、35、36、37、38 和 39。

恶性少突神经胶质瘤（M）
Oligodendroglioma, Malignant（M）

同义词：glioma，oligodendrocytic，malignant。

组织发生

少突胶质细胞。

诊断特征

- 病变蔓延至中枢神经系统多个区域。
- 病变具有多形态外观。
- 少突胶质细胞呈条索状排列，但也可呈其他形态，如可存在排状或团状生长方式。
- 不典型的血管内皮增生，特别是在肿瘤周围，是该肿瘤的主要特征。
- 常见伴有囊性变和出血的坏死。
- 细胞异型性和多形性显著。
- 细胞边界清晰。
- 细胞质呈空亮外观。
- 细胞核呈圆形、位于中心、深染。

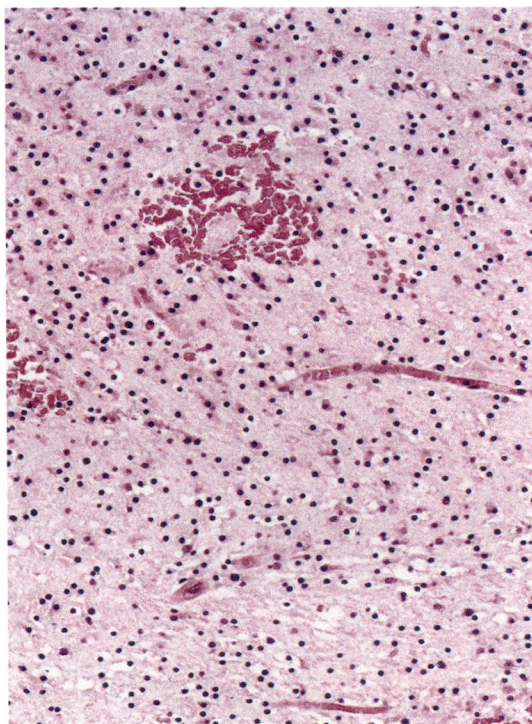

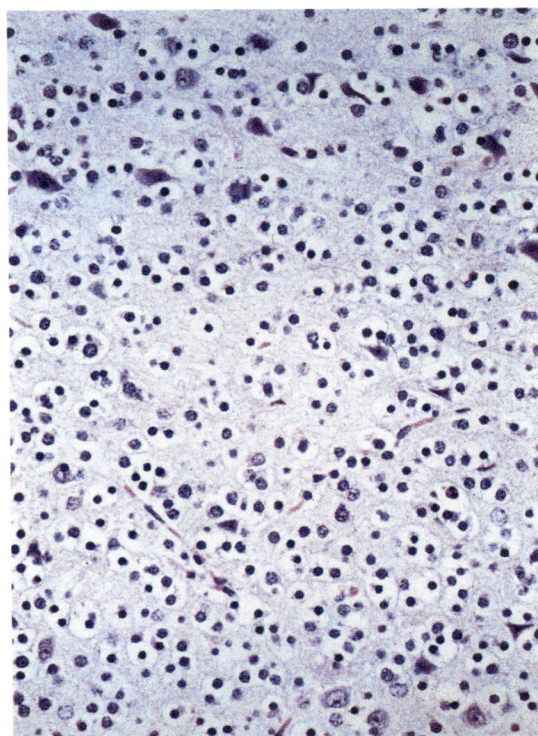

图9-7（右上） 大脑恶性少突神经胶质瘤。H&E染色
图9-8（右下） 大脑恶性少突神经胶质瘤通常由均一的细胞构成，细胞质呈空亮外观，细胞边界清晰，有圆形、小、位于中心的核。H&E染色

鉴别诊断

良性少突神经胶质瘤（*Oligodendroglioma, Benign*）

病变局限于中枢神经系统的 1 个区域。

病变形态单一，无细胞异型性或多形性。

恶性室管膜瘤（*Ependymoma, Malignant*）

未见大量少突胶质细胞，细胞呈多角形，细胞边界不清。

病变局限于脑室或脑室周围区域。

恶性混合性神经胶质瘤（*Glioma Mixed, Malignant*）

星形细胞瘤或少突胶质细胞瘤中分别有超过 80% 的星形细胞或少突胶质细胞。

病变中两种成分分别占 20% 及以上时考虑为混合性胶质瘤。

备注

相对大鼠的少突胶质细胞瘤，小鼠的少突胶质细胞瘤病变据报道在镜下更不易区分。然而，它们比星形细胞瘤表现出程度更低的弥漫性。此外，不典型的毛细血管内皮增生（花环），是大鼠少突胶质细胞瘤的显著特征，在小鼠中不明显。已有在大脑 / 间脑区发现少突胶质细胞瘤的报道。在很多品系的小鼠中，少突胶质细胞瘤主要是由化学诱导、胶质来源的肿瘤，很少自然发生，但在 BALB/c 小鼠中已有自发性病例的报道。

参考文献

参见 3、5，6、7、10、13、14、16、21、23、25、27、28、31、33、35、38 和 39。

良性室管膜瘤（B）
Ependymoma, Benign（B）

组织发生

衬覆于脑室、脑导水管及脊髓中央管的室管膜细胞。

诊断特征

- 位于脑室、脑导水管及脊髓中央管附近。
- 细胞呈多角形。
- 细胞边界不清。
- 细胞排列成行或呈菊形团状。
- 可形成假菊形团（细胞围绕血管排列）。
- 无细胞异型性和多形性。
- 无侵袭性生长。

鉴别诊断

恶性室管膜瘤（*Ependymoma, Malignant*）
侵袭性生长。
可见细胞异型性和多形性。

良性少突神经胶质瘤（*Oligodendroglioma, Benign*）
条索状细胞具有浓缩、圆形的细胞核和空亮的细胞质。

细胞边界清晰。
可发生在脑室外。

脉络丛乳头状瘤（*Papilloma, Choroid Plexus*）
乳头状纤维血管间质被覆单层立方形到柱状的非纤毛上皮细胞。
细胞排列成行或菊形团样生长不是其特征。

髓母细胞瘤（*Medulloblastoma*）
位于小脑，与脑室或脊髓中央管无关联。
细胞类型不同，细胞类似小脑皮质颗粒层神经元。

备注

小鼠室管膜瘤非常罕见，多由实验诱发。人类室管膜瘤可形成管腔菊形团，由纤毛细胞组成，而这一特点在小鼠中未见报道。

参考文献

参见 3、12、13、14、16、27、30、31、32、35 和 39。

恶性室管膜瘤（*M*）
Ependymoma, Malignant（*M*）

组织发生

衬覆于脑室、脑导水管和脊髓中央管的室管膜细胞。

诊断特征

- 位于脑室或脑导水管或脊髓中央管附近。
- 细胞呈多角形。
- 细胞边界不清。
- 细胞排列成行或呈菊形团状。
- 可形成假菊形团（细胞围绕血管排列）。
- 可见细胞异型性和多形性。
- 可出现坏死灶。
- 可存在多核巨细胞。
- 侵袭性生长是其主要特征。

鉴别诊断

良性室管膜瘤（*Ependymoma, Benign*）

无侵袭性生长。

无细胞异型性和多形性。

恶性少突神经胶质瘤（*Oligodendroglioma, Malignant*）

条索状细胞具有致密、圆形的细胞核和空亮的细胞质。

细胞边界清楚。

可发生在脑室外。

备注

小鼠室管膜瘤非常罕见，多由实验诱发。

参考文献

参见 3、12、13、16、20、21、22、30、31、32、35 和 39。

良性混合性神经胶质瘤（B）
Glioma, Mixed, Benign（B）

同义词：oligoastroglioma，benign。

组织发生

星形细胞和少突胶质细胞。

诊断特征

- 病变局限于中枢神经系统的 1 个较大区域。
- 少突胶质细胞和星形胶质细胞要么广泛混合，要么分别局限于主要由单一细胞类型组成的区域。
- 每种胶质细胞至少占肿瘤的 20%。
- 病变具有单（双）形态外观。
- 无细胞异型性和多形性。
- 无坏死灶。

鉴别诊断

恶性混合性神经胶质瘤（*Glioma, Mixed, Malignant*）

蔓延到中枢神经系统多个区域或可能是多中心性的。

广泛侵袭性生长。

病变由于细胞异型性、多形性、间变以及坏死和出血而表现出多种形态。

备注

对小鼠中的本病变描述基于为大鼠制订的标准。关于小鼠的少突星形胶质瘤的文献报道很少，1 例是自发性的，2 例是由 ENU 诱导的。对于混合性神经胶质瘤，虽然没有科学依据将两种细胞占比的标准设定为 20%，但一些病理学家正在使用这一规则，文献中也引用了这一规则。这似乎对诊断具有实用价值，并意味着被诊断为星形细胞瘤或少突胶质瘤的病变应由 80% 以上的此类肿瘤细胞组成。WHO人类中枢神经系统肿瘤国际分类采用 4 个级别区分肿瘤的恶性程度，1 级和 2 级（低级别）为良性肿瘤，3 级和 4 级（高级别）为恶性肿瘤。本分类中用于混合性神经胶质瘤的术语"良性"是用于诊断时指示低级别恶性肿瘤，不能预测混合性神经胶质瘤在小鼠中的生物学行为。

参考文献

参见 3、14、16、21、25、27、29、31、33、35 和 38。

恶性混合性神经胶质瘤（*M*）
Glioma, Mixed, Malignant（*M*）

同义词：oligoastroglioma，malignant；glioma，anaplastic；glioblastoma；glioblastoma multiforme。

组织发生
星形细胞和少突胶质细胞。

诊断特征
- 病变蔓延到中枢神经系统的多个区域。
- 少突胶质细胞和星形胶质细胞可广泛混合或分别局限于主要由单一细胞类型组成的区域。
- 每种胶质细胞至少占肿瘤的 20%。
- 病变形态多样。
- 细胞出现重度异型性和多形性。
- 多核巨细胞可能很多。
- 在整个肿瘤中，星形胶质细胞或少突胶质细胞分化可能不明显。
- 血管增生明显，血管可能被血栓阻塞，并可见出血。
- 可出现坏死灶。
- 可出现栅栏样排列的梭形细胞围绕在坏死区域周围。
- 可存在异常核分裂象。
- 呈弥漫性侵袭生长。

鉴别诊断
良性混合性神经胶质瘤（*Glioma, Mixed, Benign*）

局限于中枢神经系统的 1 个区域。

无侵袭性生长。

病变呈单（双）形态外观，很少有细胞异型性、多形性或间变。

无坏死和出血。

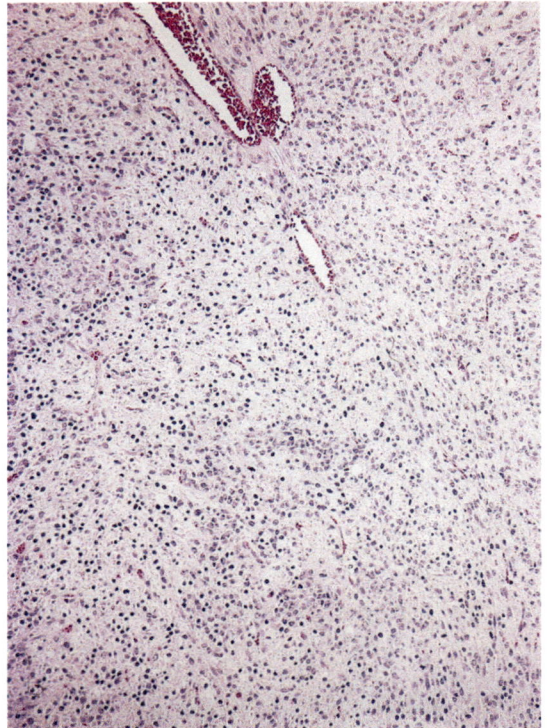

图 9-9 恶性混合性神经胶质细胞瘤，可见比例不等的星形胶质肿瘤细胞和少突胶质肿瘤细胞。B6C3F1 小鼠。H&E 染色

备注
"多形性胶质母细胞瘤"是小鼠胶质瘤中最常见的诱发性肿瘤。该病变的组织发生仍有争议。一些学者以为，这代表了高度恶性星形细胞瘤的继发性进展。

参考文献
参见 3、4、13、14、16、18、23、25、26、31、33、35 和 39。

脂肪瘤性错构瘤（*H*）
Hamartoma, Lipomatous（*H*）

同义词：lipoma，intracranial。

组织发生
脂肪细胞。

诊断特征
- 主要位于脑中线或脑室。
- 边界清晰。
- 包含单个或多个脂肪细胞簇。
- 可能与胼胝体发育不良及邻近血管和脑组织的侧向移位有关。
- 细胞是含有 1 个大脂肪滴的成熟脂肪细胞。

鉴别诊断
良性畸胎瘤或恶性畸胎瘤（*Teratoma, Benign or Teratoma, Malignant*）

不仅存在脂肪组织，还存在来自 3 个胚层的组织。

备注
这些病变是脑脊膜或脉络丛发育不良所致。因为这些病变既不会迅速生长，也不会发展为恶性肿瘤，而且它们与发育异常有关，所以"脂肪瘤性错构瘤"这个术语似乎比"脂肪瘤"更合适。

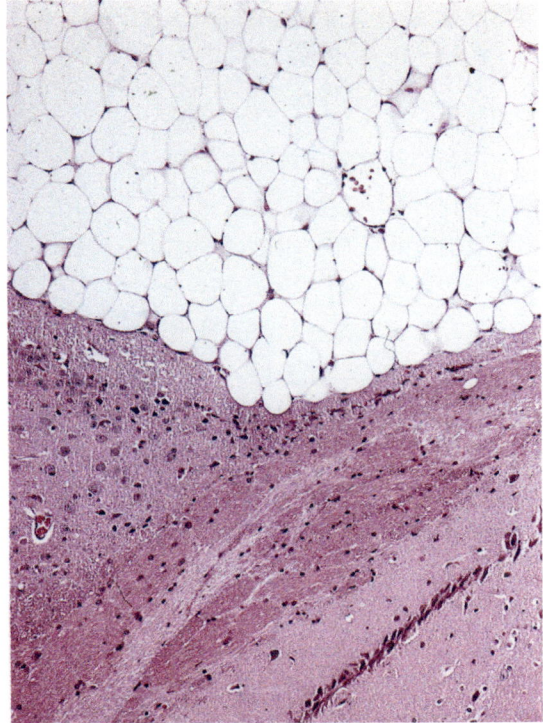

图 9-10　脑脂肪瘤性错构瘤由成熟的脂肪细胞组成。C57BL 小鼠。H&E 染色

参考文献
参见 1、2、16、17、24、27、31 和 35。

脉络丛乳头状瘤（*B*）
Papilloma, Choroid Plexus（*B*）

组织发生

脉络丛上皮细胞。

诊断特征

- 位于脉络丛解剖位置附近。
- 纤维血管基质为轴心，被覆单层上皮。
- 上皮细胞排列于分化良好的树枝状乳头突起。
- 无上皮细胞堆积。
- 细胞呈立方状至柱状，无纤毛。
- 细胞质丰富，呈嗜酸性。
- 细胞核呈圆形至椭圆形。

鉴别诊断

脉络丛癌（*Carcinoma, Choroid Plexus*）

侵袭性生长到邻近脑组织。

存在细胞异型性和多形性。

存在上皮细胞堆积。

良性室管膜瘤（*Ependymoma, Benign*）

室管膜瘤形成菊形团或成行生长。

乳头状纤维血管基质覆以单层立方形到柱状的无纤毛上皮，不是室管膜瘤的特征。

备注

小鼠自发性脉络丛肿瘤极为罕见。将致癌物放置在小鼠的脑室内后，这种肿瘤会被诱发。

参考文献

参见 3、10、16、25、27、31、33、35 和 38。

脉络丛癌（M）
Carcinoma, Choroid Plexus（M）

组织发生

　　脉络丛上皮细胞。

诊断特征

- 位于脉络丛解剖位置附近。
- 纤维血管基质为轴心，被覆多行（堆积）上皮细胞。
- 尽管可能存在一些分化良好的区域，但上皮细胞排列至乳头状突起并呈树枝状，总体上分化差。
- 上皮细胞堆积是一个特征。
- 出现细胞异型性和多形性。
- 侵袭邻近脑组织是其主要特征。

鉴别诊断

　　脉络丛乳头状瘤（*Ependymoma, Malignant*）
　　未侵袭邻近脑组织。
　　无细胞异型性和多形性。
　　无上皮细胞堆积。

　　恶性室管膜瘤（*Papilloma, Choroid Plexus*）
　　乳头状纤维血管基质覆以无纤毛上皮不是室管膜瘤的特征。

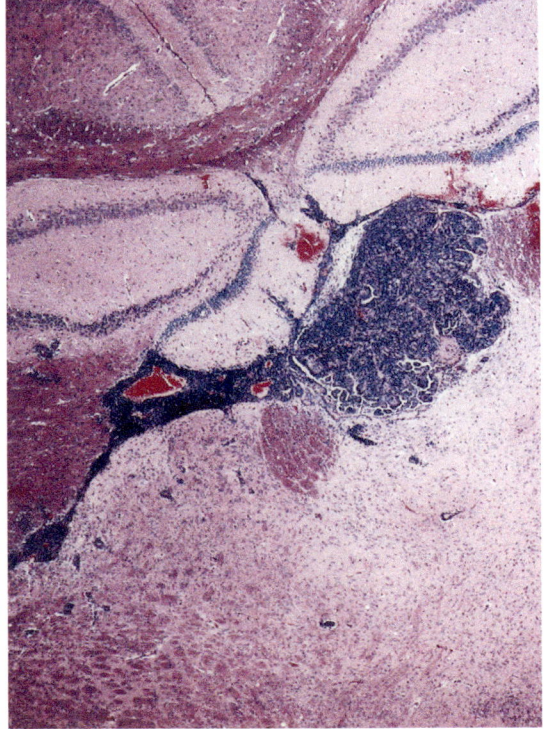

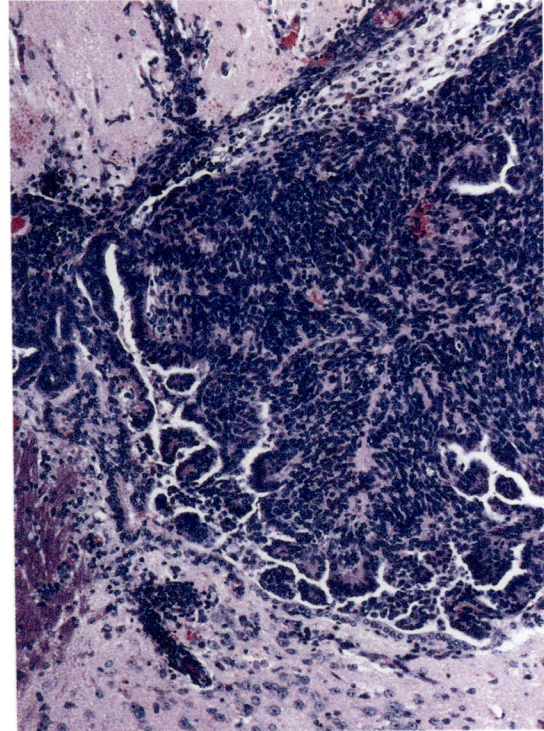

图 9-11（右上）　脉络丛癌位于第三脑室和侧脑室之间的门罗孔。H&E 染色
图 9-12（右下）　脉络丛癌，边缘有乳头状突起，中央为实性成片的间变细胞。H&E 染色

备注

小鼠自发性脉络丛肿瘤极为罕见。将致癌物放置在小鼠的脑室内后，这种肿瘤会被诱发。

参考文献

参见 3、10、14、16、25、31、35 和 39。

髓母细胞瘤（M）
Medulloblastoma（M）

组织发生

小脑原始神经外胚层细胞。

诊断特征

- 细胞数量多。
- 细胞倾向于在血管周围形成假菊形团。
- 细胞外观非常均匀。
- 细胞小，呈圆形到细长形，通常类似"胡萝卜状"。
- 细胞核呈圆形、深染，与小脑皮质颗粒层细胞的核类似。
- 可能发生神经元样细胞的分化。
- 异常核分裂象经常出现。
- 呈侵袭性生长，肿瘤取代小脑叶。

鉴别诊断

恶性室管膜瘤（*Ependymoma, Malignant*）

位于脑室或脑导水管或脊髓中央管附近的不同部位。

细胞呈多角形。

细胞排列成行和圆形。

恶性松果体瘤（*Pinealoma, Malignant*）

位于大脑背侧表面中线的不同位置。

备注

髓母细胞瘤在小鼠中是一种可被诱发的病变，通过将致癌性化合物直接植入小脑皮质的蚓部和侧叶，或使用乙基亚硝脲经胎盘在新生鼠中诱发。自发的髓母细胞瘤在小鼠中极为罕见。髓母细胞瘤局限于小脑。位于中枢神经系统其他部位的类似肿瘤通常被称为"PNET"（原始神经外胚层肿瘤）。

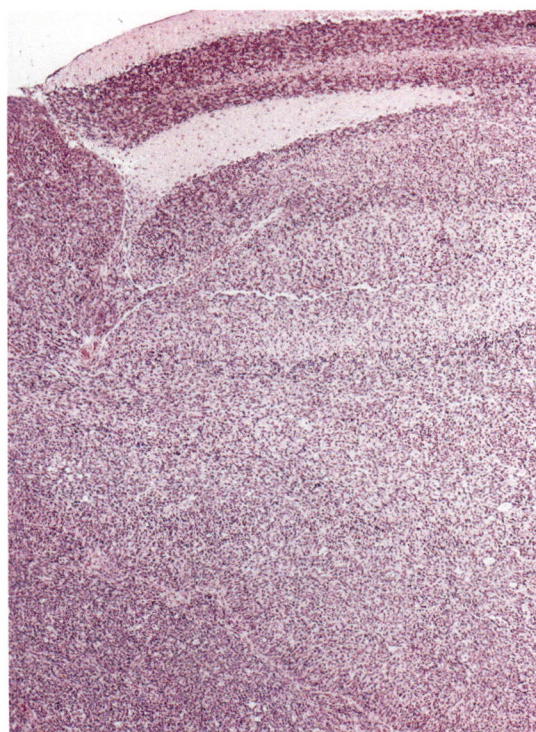

图 9-13　髓母细胞瘤，可见小脑皮质颗粒层向肿瘤过渡。B6C3F1 小鼠。H&E 染色

参考文献

参见 3、4、6、13、14、16、17、26、27、29、31、32、33、35、38 和 39。

良性脑膜瘤（*B*）
Meningioma, Benign（*B*）
纤维型

组织发生

脑膜细胞成分。

诊断特征

- 位于大脑、视神经或脊髓表面，表现为脑脊膜增厚，或位于脑室腔内。
- 边界清晰。
- 核分裂象罕见。
- 侵袭周围组织不是其特征，但可能出现膨胀性生长，压迫邻近脑组织。

纤维型

- 呈现疏松交织的束状规则排列。
- 某些区域可能存在不规则的栅栏样排列。
- 某些肿瘤可能存在明显的黏液瘤样外观。
- 细胞纤细、呈梭形。
- 细胞核小、呈深染。

鉴别诊断

恶性脑膜瘤（*Meningioma, Malignant*）
表现出侵袭性生长。
有细胞异型性和多形性。
核分裂象常见。
可能存在多核细胞。

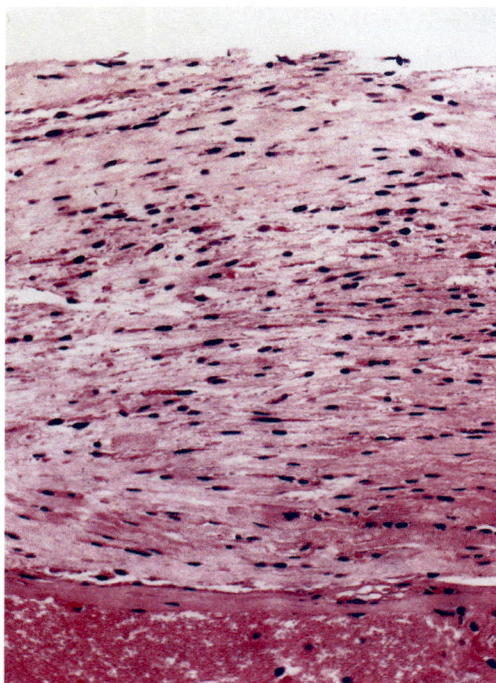

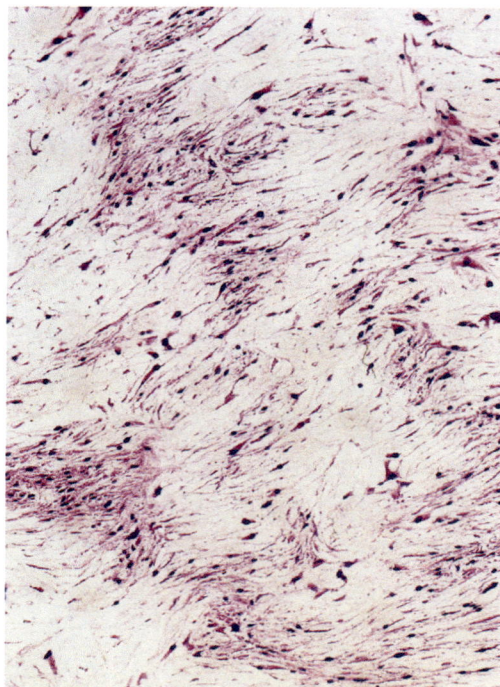

图 9-14（右上） 位于脑表面的良性脑膜瘤，表现为明显的脑膜增厚。B6C3F1 小鼠。H&E 染色
图 9-15（右下） 良性纤维脑膜瘤由规则的、疏松交织的纤细的梭形细胞束组成。B6C3F1 小鼠。H&E 染色

备注

虽然在人类和其他物种中，脑膜瘤有许多形态变异，但这在小鼠中尚不清楚，可能是因为已报道的病例相对较少。在大鼠中，颗粒细胞出现在一些合体细胞型脑膜瘤中。以颗粒细胞为主的肿瘤被归类为"颗粒细胞瘤"。在大鼠中仅发现了良性颗粒细胞瘤。因此，如果小鼠出现类似病例，则应将该病变分类为与其在大鼠中相似的类型。

参考文献

参见 3、7、10、14、16、25、27、31、33、35、36、37 和 38。

恶性脑膜瘤（*M*）
Meningioma, Malignant（*M*）

同义词：sarcoma，meningeal。

组织发生

　　脑膜细胞成分。

诊断特征

- 位于大脑、视神经或脊髓表面，脑脊膜增厚伴侵袭性生长，或在脑室腔中。
- 边界不清。
- 细胞数量通常较多。
- 细胞异型性和多形性是其特征。
- 可能存在多核细胞。
- 核分裂象众多。
- 侵袭神经实质和被覆的硬脑膜、颅骨和头皮是其主要特征，可能是广泛侵袭。
- 小血管外膜可能有广泛侵袭。

鉴别诊断

　　良性脑膜瘤（*Meningioma, Benign*）

　　呈膨胀性生长，压迫邻近脑组织，但无侵袭周围组织。

　　细胞形态均匀。

　　核分裂象不常见。

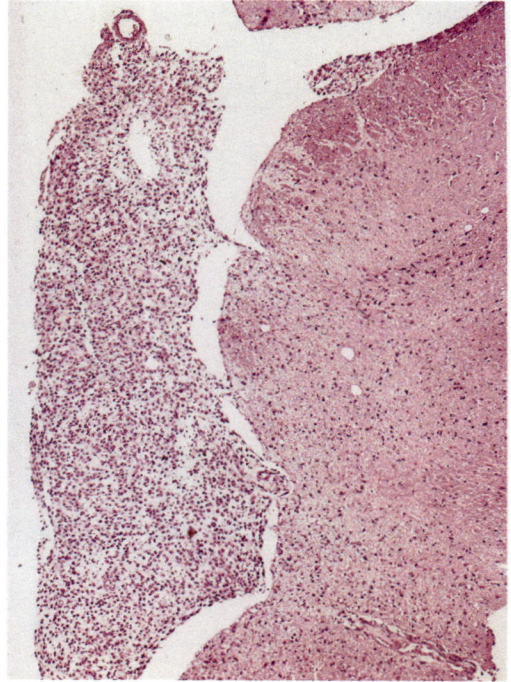

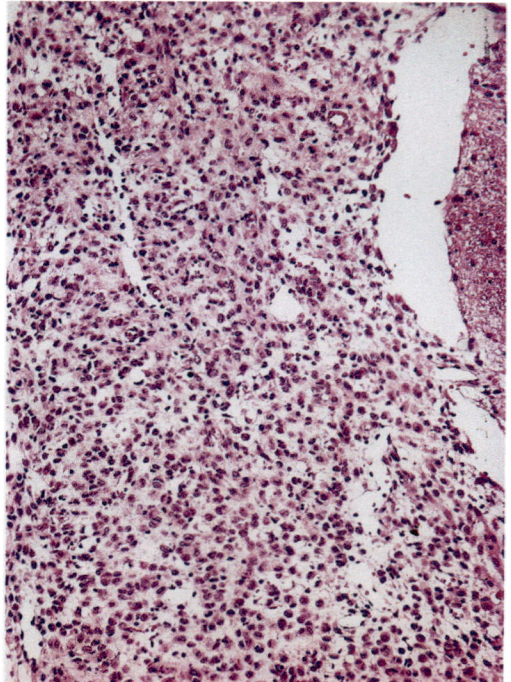

图 9-16（右上） 恶性脑膜瘤。细胞数量多，呈侵袭性生长，累及邻近脑组织中。H&E 染色

图 9-17（右下） 恶性脑膜瘤。可能存在小、圆形、深色的淋巴细胞样细胞和高有丝分裂活性。H&E 染色

组织细胞肉瘤（*Sarcoma, Histiocytic*）

存在高分化的组织细胞和多核巨细胞，有少量的成纤维细胞分化。

坏死区域周围可能出现假栅栏样结构。

备注

恶性脑膜瘤可通过在小鼠脑内（软脑膜）植入致癌性化学物质诱发。有关基于独特侵袭特征的自发性"恶性脑膜瘤"的描述非常罕见。

参考文献

参见 3、7、10、14、16、19、25、31、33、35、38 和 39。

参考文献

1. Adkison DL, Sundberg JP (1991) "Lipomatous" hamartomas and choristomas in inbred laboratory mice. Vet Pathol 28: 305-312

2. Budka H (1974) Intracranial lipomatous hamartomas (intracranial "lipomas"). A study of 13 cases including combinations with medulloblastoma, colloid and epidermoid cysts, angiomatosis and other malformations. Acta Neuropathol (Berl) 28: 205-222

3. Cardesa A, Carlton WW, Dungworth DL, Enomoto M, Halm S, Koestner A, Krinke GJ, Render JA, Rittinghausen S, Ruben Z, Solleveld H, Turusov VS, Weisse I, Yoshitomi K (1994) 7. Central nervous system, eye, heart, and mesothelium. In: Mohr U, Capen CC, Dungworth DL, Griesemer RA, Ito N, Turusov VS (eds) International classification of rodent tumours, Part I: The rat. IARC Scientific Publications No. 122, Lyon

4. Cloudman AM (1941) Spontaneous neoplasms in mice. In: Snell GD (ed) Biology of the laboratory mouse. Blakiston, Philadelphia, pp 168-233

5. Cottier H, LuginbUhl H (1961) Oligodendrogliom des Gro β hirns bei einer wei βen Maus. Acta Neuropathol (Berl) 1: 198-200

6. Denlinger RH, Koestner A, Wechsler W (1974) Induction of neurogenic tumors in C3HeB-FeJ mice by nitrosourea derivatives: observations by light microscopy, tissue culture, and electron microscopy. Int J Cancer 13: 559-571

7. Faccini JM, Abbott DP, Paulus GJJ (1990) Mouse histopathology. XI. Nervous system and special sense organs. Elsevier, Amsterdam, pp 187-210

8. Fraser H (1971) Astrocytomas in an inbred mouse strain. J Pathol 103: 266-270

9. Fraser H (1986) Brain tumours in mice, with particular reference to astrocytoma. Food Chern Toxico l24: 105-111

10. Frith CH, Ward JM (1988) Color atlas of neoplastic and non-neoplastic lesions in aging mice. Central nervous system. Elsevier, Amsterdam, pp 93-99

11. Haseman JK, Elwell MR, Hailey JR (1999) Neoplasm incidences in B6C3F1 mice: NTP historical data. In: Maronpot RR, Boorman GA, Gaul BW (eds) Pathology of the mouse. Reference and atlas. Cache River Press, Vienna, pp 679-689

12. Horn HA, Stewart HL (1953) A review of some spontaneous tumors in noninbred mice. J Natl Cancer Inst 13:591-603

13. Jortner BS, Percy DH (1978) The nervous system. In: Benirschke K, Garner FM, Jones TC (eds) Pathology of laboratory animals, vol 1. Springer, Berlin Heidelberg New York Tokyo, pp 320-421

14. Kleihues P, Cavenee WK (1997) Pathology and genetics of tumours of the nervous system. IARC,Lyon

15. Krinke GJ (1997) Critical remarks on the international WHO classification of rodent central nervous system (CNS) tumours. Physiol Res 46: 89-91

16. Krinke GJ, Kaufmann W (1996) Neoplasms of the central nervous system. In: Mohr U, Dungworth DL, Capen CC, Carlton WW, Sundberg JP, Ward JM (eds) Pathobiology of the aging mouse, vol 2. ILSI Press, Washington, DC, pp 69-81

17. Krinke GJ, Kaufmann W, Mahrous AT, Schaetti P (2000) Morphologic characterization of spontaneous nervous system tumors in mice and rats. Toxicol Pathol 28: 178-192

18. LuginbUhl H (1964) A comparative study of neoplasms of the central nervous system in animals. Acta Neurochir (Wien) (Suppl) 10: 30-42

19. Maita K, Hirano M, Harada T, Mitsumori K, Yoshida A, Takahashi K, Nakashima N, Kitazawa T, Enomoto A, Inui K, Shirasu Y (1988) Mortality, major cause of moribundity, and spontaneous tumors in CD-1 mice. Toxicol Pathol 16: 340-349

20. Mandybur TI, Alvira MM (1982) Ultrastructural findings in so-called ependymal rat tumors induced by transplacental administration of ethylnitrosourea (ENU). Acta Neuropathol (Berl) 57: 51-58

21. Mennel HD (1988) GeschwUlste des zentralen und peripheren Nervensystems. III. A.tiologische Konzepte, Neuroonkologie und allgemeine Kanzerologie. 4. Experimentelle Hirntumoren. In: Doerr W, Seifert G, Uehlinger E (eds) SpezieUe pathologische Anatomie. Mennel HD, Solcher H (eds) Pathologie des Nervensystems III, EntzUndliche Erkrankungen und GeschwUlste. Springer, Berlin Heidelberg New York London Paris Tokyo, pp 258-272

22. Mennel HD, Simon H (1985) Morphology of early stages of ENU-induced brain tumors in rats. Exp Pathol 28: 207-214

23. Morgan KT,Alison RH (1988) Gliomas,mouse. In: Jones TC, Mohr U, Hunt RD (eds) Monographs on pathology of laboratory animals. Nervous system. Springer, Berlin Heidelberg New York Tokyo, pp 123-130

24. Morgan KT, Sheldon WG (1988) Lipoma, brain, mouse. In: Jones TC, Mohr U, Hunt RD (eds)

Monographs on pathology of laboratory animals. Nervous system. Springer, Berlin Heidelberg New York Tokyo, pp 130-134

25. Morgan KT, Frith CH, Swenberg JA, McGrath JT, Zulch KJ, Crowder DM (1984) A morphologic classification of brain tumors found in several strains of mice. J Natl Cancer Inst 72: 151-160

26. Peters RL, Rabstein LS, Spahn GJ, Madison RM, Huebner RJ (1972) Incidence of spontaneous neoplasms in breeding and retired breeder BALB-cCr mice throughout the natural life span. Int J Cancer 10: 273-282

27. Radovsky A, Mahler JF (1999) Nervous system. In: Maronpot RR, Boorman GA, Gaul BW (eds) Pathology of the mouse. Reference and atlas. Cache River Press, Vienna, pp 445-470

28. Rubinstein LJ (1972) Tumors of the central nervous system. In: Atlas of tumor pathology. Armed Forces Institute of Pathology, Washington DC, pp 86-87

29. Searle CE, Jones EL (1972) Tumours of the nervous system in mice treated neonatally with Nethyl-N-nitrosourea. Nature 240: 559-560

30. Slye M, Holmes HF, Wells HG (1931) Intracranial neoplasms in lower animals. Studies in the incidence and inheritability of spontaneous tumors in mice. Am J Cancer 15: 1387-1400

31. Solleveld HA, Bigner DD, Averill DR Jr, Bigner SH, Boorman GA, Burger PC, Gillepsie Y, Hubbard GB, Laerum OD, McComb RD, McGrath JT, Morgan KT, Peters A, Rubinstein LJ, Schoenberg BS, Schold SC, Swenberg JA, Thompson MB, Vandevelde M, Vinores SA (1986) Brain tumors in man and animals: reports of a workshop. Environ Health Perspect 68: 155-173

32. Squire RA, Goodman DG, Valerio MG, Fredrickson T, Strandberg JD, Levitt MH, Lingeman CH, Harshberger JC, Dawe CJ (1978) Tumors. In: Benirschke K, Garner FM, Jones TC (eds) Pathology of laboratory animals, vol II. Springer, Berlin Heidelberg New York Tokyo, pp 1235-1242

33. Swenberg JA (1982) Neoplasms of the nervous system. In: Foster HL, Small JD, Fox JG (eds) The mouse in biomedical research, vol IV. Experimental biology and oncology. Academic Press, San Diego, pp 529-537

34. Vandenberg SR (1992) Current diagnostic concepts of astrocytic tumors. J Neuropathol Exp Neurol 51: 644-657

35. Walker VE, Morgan KT, Zimmerman HM, Innes JRM (1994) Tumours of the central and peripheral nervous system. In: Turusov VS, Mohr U (eds) Pathology of tumours in laboratory animals, vol 2. Tumours of the mouse, 2nd edn. IARC Scientific Publications No. lll, Lyon, pp 731-776

36. Ward JM, Rice JM (1982) Naturally occurring and chemically induced brain tumors of rats and mice in carcinogenesis bioassays. Ann N Y Acad Sci 381: 304-319

37. Ward JM, Goodman DG, Squire RA, Chu KC, Linhart MS (1979) Neoplastic and nonneoplastic lesions in aging (C57BL/6 N x C3H/HeN)Fl (B6C3F1) mice. J Natl Cancer Inst 63: 849-854

38. Wechsler W, Rice JM, Vesselinovitch SD (1979) Transplacental and neonatal induction of neurogenic tumors in mice: comparison with related species and with human pediatric neoplasms. Natl Cancer Inst Monogr 51: 219-226

39. Zimmerman HM, Innes JRM (1979) Tumours of the central and peripheral nervous system. In: Turusov VS (ed) Pathology of tumours in laboratory animals, vol II. Tumours of the mouse. IARC Scientific Publications No. 23, Lyon, pp 629-654

（马梦歌、周颖颖、吴国峰　译，
宁钧宇、万美铄、邢俏、孙洪赞、张云　审校）

345

第十章　眼球和哈氏腺

G. Krinke[1] , A. Fix[2] , M. Jacobs[3] , J. Render , I. Weisse (†)

[1] 主席；[2] 共同主席；[3] 初稿。

恶性葡萄膜黑色素瘤（*M*）
Melanoma, Uveal, Malignant（*M*）

同义词：melanoma，intraocular，malignant；melanocytic tumor，malignant。

组织发生
神经外胚层起源，来自葡萄膜黑素细胞。

诊断特征
- 通常发生于单侧的脉络膜或虹膜上。
- 细胞为梭形、上皮样，或为两者的混合。
- 细胞边界不清。
- 胞质中含有数量不等的黑色素颗粒。
- 梭形细胞的细胞核细长。
- 上皮样细胞的细胞核大，呈卵圆形或多形性。
- 核仁可能比较清晰。
- 可见核分裂象。
- 可能侵犯邻近组织。

鉴别诊断
葡萄膜平滑肌瘤或恶性眼内神经鞘瘤或良性黑色素瘤（痣样型）［*Uveal Leiomyoma or Schwannoma, Intraocular, Malignant or Melanoma, Benign（Nevoid Type）*］

小鼠中未见上述这些肿瘤的报道。鉴别诊断可能需要应用电子显微镜或免疫组织化学染色。

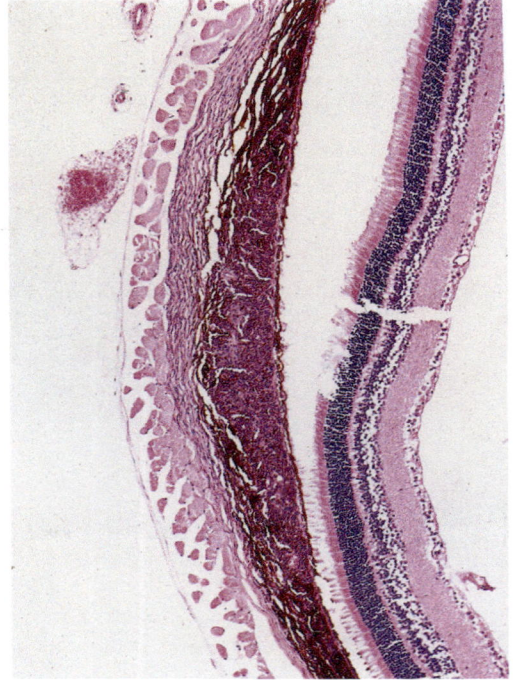

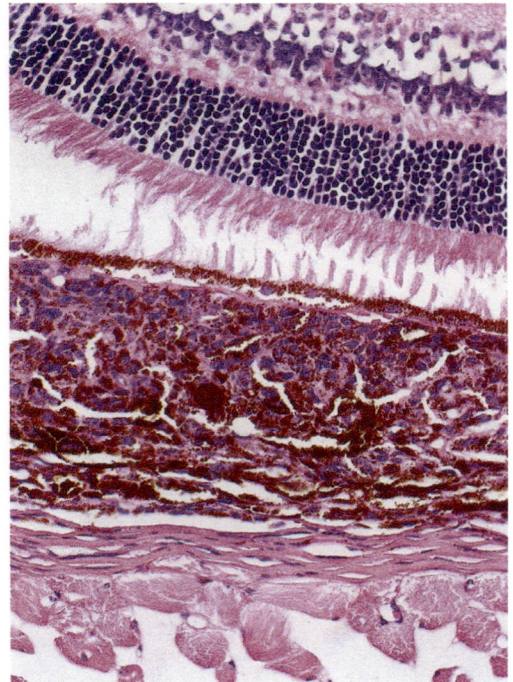

图 10-1（右上） 脉络膜恶性葡萄膜黑色素瘤。B6C3F1 小鼠，雌性。H&E 染色
图 10-2（右下） 脉络膜恶性葡萄膜黑色素瘤。B6C3F1 小鼠，雌性。H&E 染色

备注

在有色素小鼠中，自发性恶性眼内黑色素瘤极为罕见。至今为止，白化小鼠中未曾有过恶性无色素黑色素瘤报道。良性黑色素瘤在白化小鼠和有色素小鼠中均未曾有报道。在大鼠中，葡萄膜黑色素瘤的诊断借助于免疫组织化学染色，肿瘤细胞免疫组织化学染色 S-100 蛋白和波形蛋白中间丝呈阳性，而细胞角蛋白、结蛋白和胶质纤维酸性蛋白（GFAP）呈阴性。电镜超微照片显示椭圆前黑素体（Ⅱ期黑素体）可以证明是大鼠无色素葡萄膜黑色素瘤细胞。主要需要与恶性神经鞘瘤进行鉴别诊断，恶性神经鞘瘤中也可以呈 S-100 蛋白阳性，电镜下检查似乎是区分这两种肿瘤的最佳诊断方法。尤其是恶性神经鞘瘤的"黑色素变体"可能含有黑素体，扭曲的、中等粗细的细胞质突起紧邻连续的基底膜是恶性神经鞘瘤的诊断特征。

参考文献

参见 12、17、18、26 和 59。

增生（H）
Hyperplasia（H）

组织发生

哈氏腺腺泡上皮。

诊断特征

- 单侧或双侧细胞增生呈局灶性或多灶性。
- 对周围实质无明显的压迫。
- 腺体结构保持。
- 腺泡形态不变，但腺泡上排列的细胞数量增多。
- 单层上皮细胞。
- 上皮细胞可突入腺泡腔，但未见腺泡细胞堆积。
- 细胞与正常腺体细胞的形态接近，未见异型性。
- 有不同程度的细胞肥大，可伴有增生。

鉴别诊断

腺瘤（Adenoma）

肿瘤内无成形的腺体结构。

可见挤压邻近腺体组织。

细胞质改变伴有核质比增加（腺泡腺瘤）。

备注

小鼠中偶见单侧或双侧局灶性哈氏腺增生。

大鼠哈氏腺增生与腺炎、腺体萎缩和导管的鳞状上皮化生有关。增生可能是一种继发于多种因素（包括病毒性泪腺炎和眼眶外伤性、

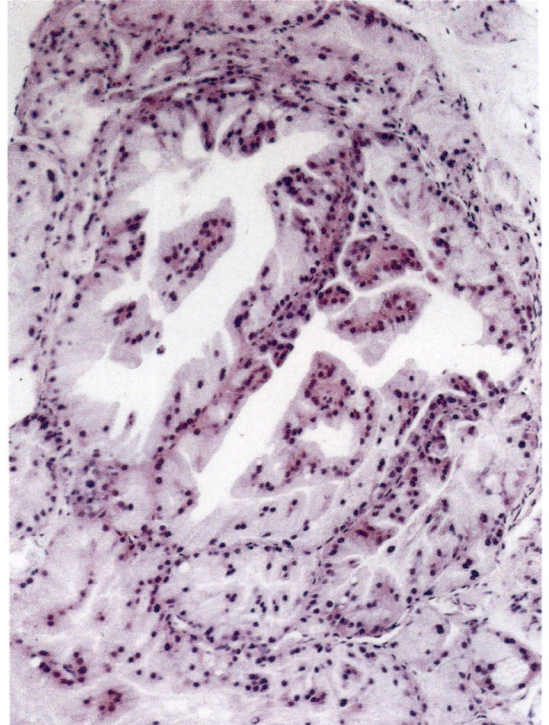

图 10-3 哈氏腺增生。H&E 染色

出血性等腺体损伤）的再生性反应。在大鼠和小鼠中可见不伴泪腺炎的原发性哈氏腺增生。

参考文献

参见 3、4、13 和 27。

腺瘤（*B*）
Adenoma（*B*）
乳头状，囊性，囊性乳头状，腺泡型

组织发生

哈氏腺腺泡上皮。

诊断特征

- 通常仅限于孤立区域。
- 边界清楚。
- 可见压迫周围腺体。
- 可见包膜，尤其是在较大的肿瘤中。
- 肿瘤中无成形腺体结构（腺泡型除外）。
- 单层上皮细胞。
- 腺泡被覆的细胞数量增多。
- 可见细胞聚集，成簇的上皮细胞可能突入腺泡腔，突起于原排列的细胞表面。
- 细胞质保持正常的泡沫样外观。
- 细胞核大小均匀（腺泡型除外）。
- 核分裂象罕见（腺泡型除外）。

乳头状

- 多分支乳头状突起，具有纤维血管间质。
- 可见1层或偶见多层上皮细胞仍附着在基底膜上。

囊性

- 多个扩张的囊腔内衬上皮细胞。
- 可能存在乳头状突起，但不明显。
- 大的肿瘤几乎都有明显包膜。

囊性乳头状

- 由乳头状区域和囊性区域共同组成。
- 囊性区域除了细胞碎片和残存的乳头状突起，其余为空腔。
- 被覆的上皮细胞扁平。

腺泡型

- 尽管上皮细胞明显增生，但其生长形态与腺泡腺样结构类似。
- 可无包膜和压迫。
- 乳头状突起不明显。
- 有的细胞可见细胞质内有单个大的空泡。
- 细胞质呈嗜酸性、均质，无泡沫样外观。
- 与其他类型腺瘤相比，核质比增加。
- 与其他类型腺瘤相比，细胞多形性和核分裂象多见。

鉴别诊断

增生（Hyperplasia）

正常结构保留，对邻近腺体组织无压迫。

腺癌（Adenocarcinoma）

高分化：局部侵袭，或细胞异型性显著，或可发生转移。

低分化（未分化）：实性生长形态，或局部侵袭或转移。

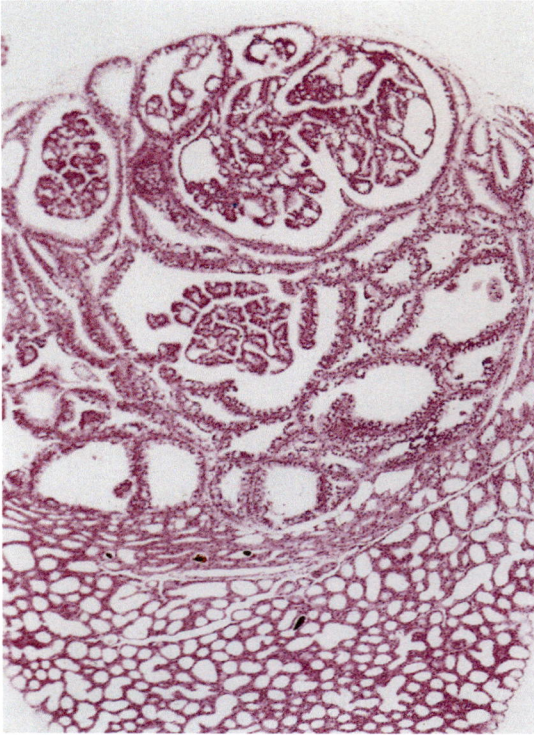

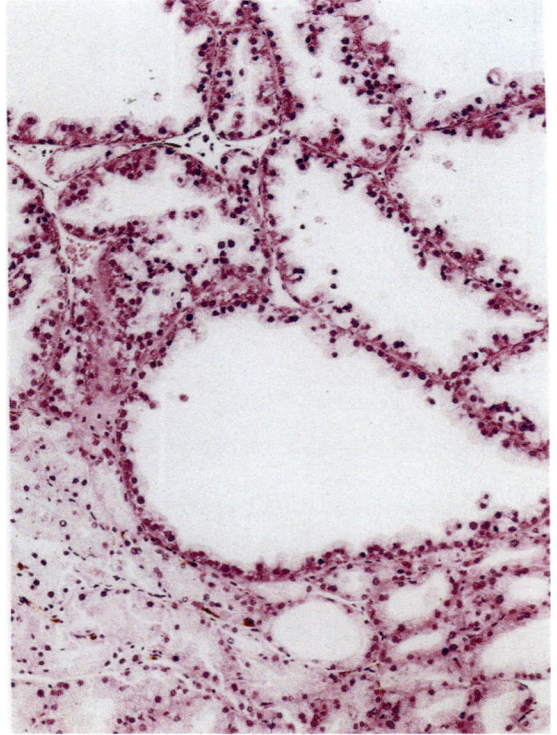

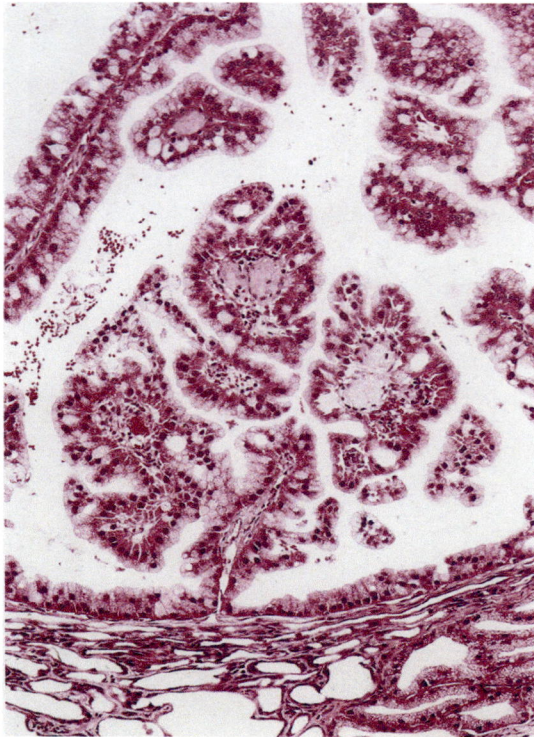

图 10-4（左上） 哈氏腺囊性乳头状腺瘤。H&E 染色
图 10-5（右上） 哈氏腺囊性腺瘤。H&E 染色
图 10-6（左下） 哈氏腺乳头状腺瘤。H&E 染色

备注

与大鼠中此类肿瘤相比，小鼠中自发性哈氏腺腺瘤常见于老龄白化小鼠和有色素小鼠。发生率有品系差异，明显的性别差异也有报道。文献中自发性腺瘤的发生率为 0.5% ~ 14.9%（表 10-1）

NTP 最近报道的 B6C3F1 小鼠 2 年饲喂和吸入性研究（59）中，哈氏腺自发性腺瘤雄性发生率空白组为 4.7%、"室控组"为 5.4%，两组的发生率最高可达 18%；雌性累计发生率空白组为 3.3%、"室控组"为 3.1%，雌性空白组发生率最高可达 10%、"室控组"最高可达 16%。

哈氏腺肿瘤发生率升高见于经伽马射线放射后的 RFM/Un 小鼠、X 射线照射后的 C57BL/6xC3HF1 小鼠以及经裂变中子照射后的 B6C3F1 小鼠。数据表明，中子照射可诱发 RF 小鼠的哈氏腺肿瘤。给予联苯胺二盐酸盐（benzidine dihydrochloride）、氮芥一氧化二氮（nitrogen mustard nitrous oxide）、氨基甲酸酯（urethane）、乙基亚硝基脲（ethylnitrosourea）、1,3 丁二烯、乙烯硫脲（ethylenethiourea）与硝酸钠和 1,2,3 三氯丙烷也可导致哈氏腺肿瘤发生率升高。用联苯胺二盐酸盐诱导 C57BL/6JxC3HeB/FeFl（B6C3Fl）小鼠哈氏腺囊性腺瘤的效果取决于给药途径和试验设计。7 日龄 ddI 小鼠连续 4 周皮下注射氮芥一氧化二氮，在生命终点时可见诱发性哈氏腺肿瘤。类似的报道也见于氨基甲酸酯（urethane）。此外，氨基甲酸酯诱导哈氏腺肿瘤见于不同试验设计和给药方式的 CTM、BRA/2eB、MRC 和 C57BLxC3HF1 小鼠。B6C3Fl 和 C3AFl 小鼠单次腹腔注射乙基亚硝基脲可发生哈氏腺腺瘤和腺癌。B6C3F1 小鼠的肿瘤发生率为 27%，C3AF1 小鼠的肿瘤发生率为 12%；然而，对照组的发生率也高达 5%。一项为期 2 年、吸入给予 1,3 丁二烯的试验显示哈氏腺腺瘤的发生率呈剂量相关性增长。每周 1 次、连续 10 周经口联合给予乙烯硫脲和硝酸钠，恢复 18 个月显示哈氏腺腺瘤的发生率呈剂量依赖性增加。经口给予三氯丙烷 2 年会增加 B6C3F1 小鼠哈氏腺腺瘤的发生率。与自发性肿瘤相比，诱发性肿瘤发生得更早、生长得更快并且恶性者更常见。

表 10-1　各品系小鼠自发性哈氏腺腺瘤的累计发生率

品系	发生率（%）	
	雄性	雌性
BALB7c	9.2	14.3
C57BL/6	3.4	4.9
C3Hf/He	1.7	14.9
NMRI	6.0	2.7
CD-1	2.9	1.7
Athymic nude	1.8	1.8
SWR/J	4.4	—
SENCAR	—	5.1
B6C3F1	6.5	6.5

参考文献

参见 1、2、3、4、5、6、7、8、9、10、11、14、15、16、19、20、21、22、23、24、25、27、28、29、30、31、32、33、34、35、36、38、39、40、41、42、43、44、45、46、47、48、49、50、51、52、53、54、55、56、57 和 58。

腺癌（*M*）
Adenocarcinoma（*M*）

组织发生

哈氏腺腺泡上皮。

诊断特征

- 边界不清。
- 肿瘤内无腺体结构。
- 上皮厚度多于 1 层。
- 显著特征为脱离基底膜及细胞堆积。
- 常见的生长形态为髓样（实性）。
- 细胞小而圆。
- 核质比增加。
- 细胞质和细胞核呈多形性。
- 可出现巨细胞。
- 细胞有或没有泡沫样细胞质。
- 可出现坏死灶。
- 部分细胞可含有大的嗜酸性细胞质内包涵体。
- 细胞分化不一，从高分化到未分化。
- 核分裂象可能较多。
- 可局部侵入眼眶和眼眶周围组织。
- 可能出现转移。

鉴别诊断

腺瘤（*Adenoma*）

界限清晰，核分裂象罕见，细胞质仍保持其正常的泡沫样外观，但腺泡腺瘤的细胞质可能发生改变。

备注

在老龄白化小鼠和有色素小鼠中，自发性哈氏腺腺癌比自发性哈氏腺腺瘤更少见。有报道其发生率有品系和明显的性别差异。腺癌的发生率在 Charles River CD-1 小鼠中为 0.2%~0.3%，在 NMRI 小鼠中为 0~4%，在雄性 C3Hf/He 小鼠中为 3.6%，在雄性 SWR/J 小鼠中为 1.5%。可在肺、局部淋巴结、胸腺或肝中出现转移。

图 10-7（左上） 哈氏腺腺癌仍表现为腺泡形态，伴有核质比增加及多层细胞。NMRI 小鼠，雌性。H&E 染色 ▶

图 10-8（右上） 哈氏腺腺癌仍表现为腺泡形态，伴有核质比增加，多层排列的细胞内有大量核分裂象。NMRI 小鼠，雄性。H&E 染色

图 10-9（左下） 哈氏腺腺癌。H&E 染色

图 10-10（右下） 哈氏腺腺癌肺转移，病变呈腺泡形态且转移处病变细胞的细胞质呈泡沫样外观。NMRI 小鼠，雄性。H&E 染色

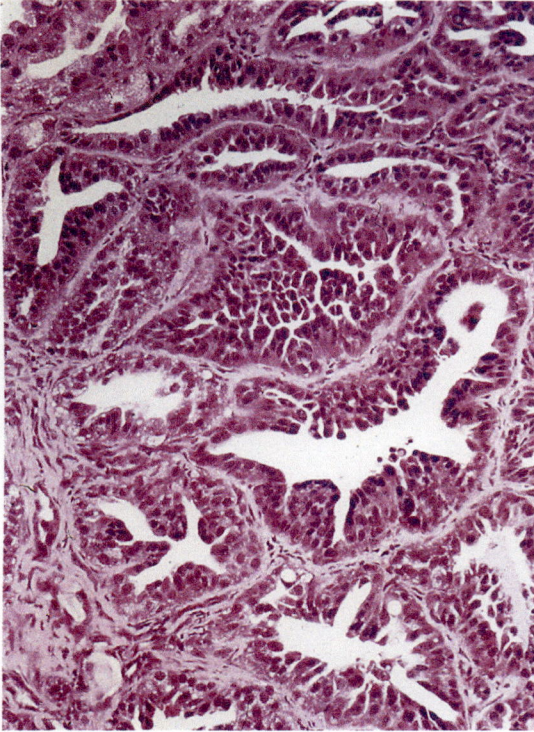
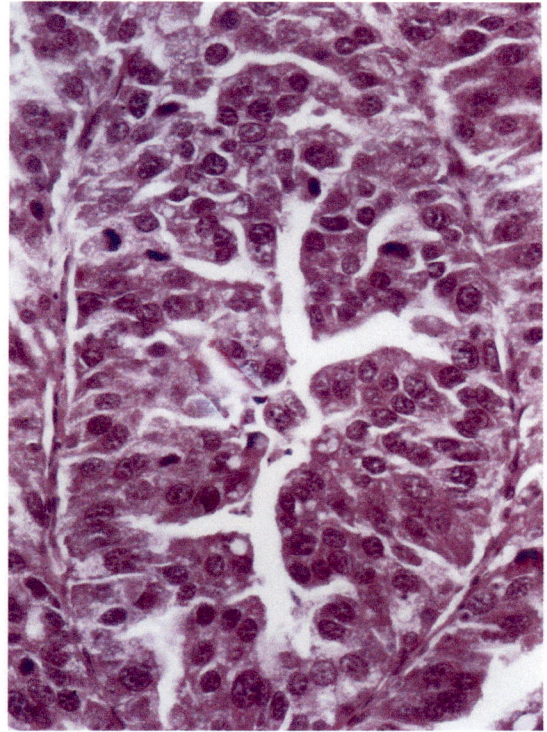
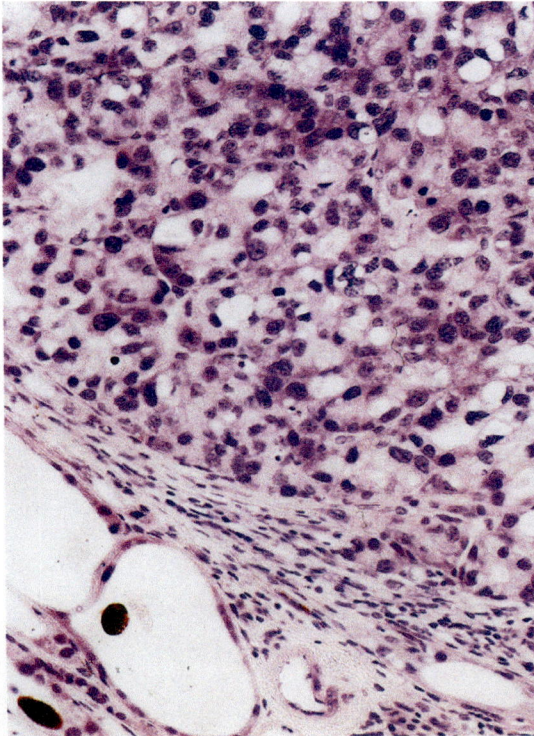
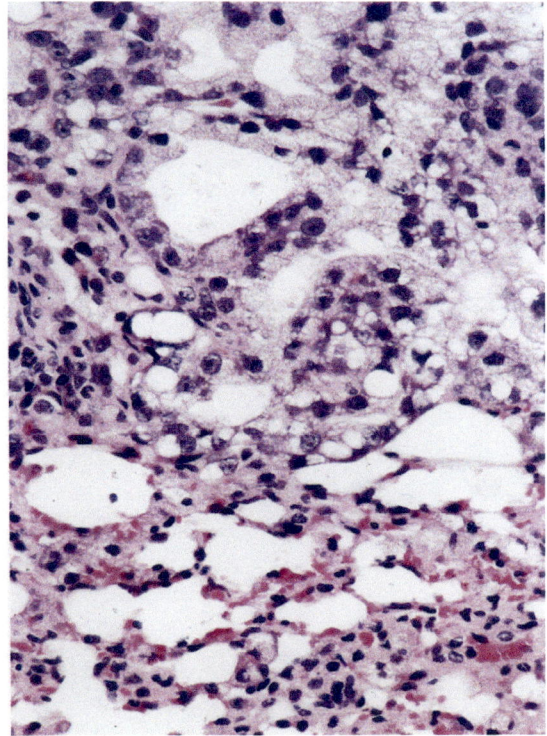

NTP 最近报道的 B6C3F1 小鼠 2 年饲喂和吸入性研究（59）中，自发性哈氏腺腺癌的雄性累计发生率空白组为 0.7%、室控组为 0.5%，雄性空白组的发生率最高可达 4%、室控组的发生率最高可达 6%；雌性累计发生率空白组为 0.7%、"室控组"为 0.8%，雌性空白组及室控组的最高发生率均可达 4%。

参考文献

参见 1、2、3、4、5、6、7、8、9、10、11、14、15、16、20、21、22、23、25、27、29、30、35、36、37、38、39、40、41、42、43、44、45、49、50、51、52、53 和 57。

参考文献

1. Bomhard E (1993) Frequency of spontaneous tumours in NMRI mice in 21-month studies. Exp Toxic Pathol 45: 269-289

2. Bomhard E, Mohr U (1989) Spontaneous tumors in NMRI mice from carcinogenicity studies. Exp Pathol 36: 129-145

3. Botts S, Jokinen M, Gaillard ET, Elwell MR, Mann PC (1999) Salivary, Harderian and lacrimal glands. In: Maronpot RR, Boorman GA, Gaul BW (eds) Pathology of the mouse. Reference and atlas. Cache River Press, Vienna, pp 49-79

4. Cardesa A, Carlton WW, Dungworth DL, Enomoto M, Halm S, Koestner A, Krinke GJ, Render JA, Rittinghausen S, Ruben Z, Solleveld H, Turusov VS, Weisse I, Yoshitomi K (1994) 7. Central nervous system, eye, heart, and mesothelium. In: Mohr U, Capen CC, Dungworth DL, Griesemer RA, Ito N, Turusov VS (eds) International classification of rodent tumours, Part I: The rat. IARC Scientific Publications No. 122, Lyon

5. Carlton WW, Render JA (1991) Adenoma and adenocarcinoma, Harderian gland, mouse, rat, hamster. In: Jones TC, Mohr U, Hunt RD (eds) Monographs on pathology of laboratory animals. Eye and ear. Springer, Berlin Heidelberg New York Tokyo, pp 133-137

6. Chandra M, Frith CH (1992a) Spontaneous neoplasms in aged CD-1 mice. Toxicol Lett 61: 67-74

7. Chandra M, Frith CH (1992b) Spontaneous neoplasms in B6C3F1 mice. Toxicol Lett 60: 91-98

8. Della Porta G, Capitano J, Montipo W, Parmi L (1963) Studio sull' azione cancerogena dell'uretano nel topo. Tumori 49: 413-428

9. Deringer MK (1959) Occurrence of tumors, particularly mammary tumors, in agent-free strain C3HeB mice. J Natl Cancer Inst 22: 995-1002

10. Deringer MK (1962) Development of tumors, especially mammary tumors, in agent-free strain DBA/2eB mice. J Natl Cancer Inst 28: 203-210

11. Deringer MK (1965) Response of strain DBA-2eBDe mice to treatment with urethan. J Natl Cancer Inst 34: 841-847

12. Ernst H, Rittinghausen S, Mohr U (1991) Melanoma of the eye, mouse. In: Jones TC, Mohr U, Hunt RD (eds) Monographs on pathology of laboratory animals. Eye and ear. Springer, Berlin Heidelberg New York Tokyo, pp 44-47

13. Faccini JM, Abbott DP, Paulus GJJ (1990) Harderian gland, ear. Mouse histopathology. A glossary for use in toxicity and carcinogenicity studies. Elsevier, Amsterdam, pp 213-219

14. Frith CH, Ward JM (1988) Color atlas of neoplastic and non-neoplastic lesions in aging mice. Elsevier, Amsterdam

15. Frith CH, Littlefield NA, Umholtz R (1981) Incidence of pulmonary metastases for various neoplasms in BALB/cStCrlfC3H/Nctr female mice fed N-2-fluorenylacetamide. J Natl Cancer Inst 66:703-712

16. Frith CH, Highman B, Burger G, Sheldon WD (1983) Spontaneous lesions in virgin and retired breeder BALB/c and C57BLl6 mice. Lab Anim Sci 33: 273-286

17. Geiss V, Yoshitomi K (1999) Eyes. In: Maronpot RR, Boorman GA, Gaul BW (eds) Pathology of the mouse. Reference and atlas. Cache River Press, Vienna, pp 471-489

18. Ghadially FN (1985) Diagnostic electron microscopy of tumours, Butterworth, London

19. Grahn D, Lombard LS, Carnes BA (1992) The comparative tumorigenic effects of fission neutrons and cobalt-60 gamma rays in the B6C3F1 mouse. Radiat Res 129: 19-36

20. Haseman JK, Elwell MR, Hailey JR (1999) Neoplasm incidences in B6C3F1 mice: NTP historical data. In: Maronpot RR, Boorman GA, Gaul BW (eds) Pathology of the mouse. Reference and atlas. Cache River Press, Vienna, pp 679-689

21. Holland JM, Fry RJM (1982) Neoplasms of the integumentary system and Harderian gland. In: Foster HL, Small JD, Fox JG (eds) The mouse in biomedical research, vol IV. Academic Press, New York, pp 513-528

22. Holland JM, Mitchell TJ, Gipson LC, Whitaker MS (1978) Survival and cause of death in aging germfree athymic nude and normal inbred C3HflHe mice. J Natl Cancer Inst 61: 1357-1361

23. Ihara M, Tajima M, Yam ate J, Shibuya K (1994) Morphology of spontaneous Harderian gland tumors in aged B6C3F1 mice. J Vet Med Sci 56: 775-778

24. Irwin RD, Haseman JK, Eustis SL (1995) 1,2,3-Trichloropropane: a multisite carcinogen in rats and mice. Fundam Appl Toxicol 25: 241-252

25. Kircher CH (1978) Comparative pathology of ocular tumors. In: Benirschke K, Garner FM, Jones TC (eds) Pathology of laboratory animals, vol 1. Springer, Berlin, pp 647-662

26. Kleihues P, Cavenee WK (1997) Pathology and

genetics of tumours of the nervous system. IARC,Lyon

27. Krinke GJ, Schaetti PR, Krinke AL (1996) Nonneoplastic and neoplastic changes in the Harderian and lacrimal glands. In: Mohr U, Dungworth DL, Capen CC, Carlton WW, Sundberg JP, Ward JM (eds) Pathobiology of the aging mouse, vol 2. ILSI Press, Washington, DC, pp 139-152

28. Lohrke H, Hesse B, Goerttler K (1984) Spontaneous tumors and lifespan of female NMRI mice of the outbred stock Sut:NMRT during a lifetime study.J Cancer Res Clin Oncol 108: 192-196

29. Majeed SK,Gopinath C(1990)Harderian gland tumours in mice.Arzneimittelforschung 40: 1265-1267

30. Matsuyama M,Suzuki H,Nakamura T(1969) Carcinogenesis in dd-I mice injected during suckling period with urethane,nitrogen mustard N-oxide,and nitroso-urethane.Br J Cancer 23:167-171

31. Matthews HB,Eustis SL,Haseman J(1993)Toxicity and carcinogenicity of chronic exposure to tris(2-chloroethyl)phosphate.Fundam Appl Toxicol 20:477-485

32. Melnick RL,Huff J,Chou BJ,Miller RA(1990) Carcinogenicity of 1,3-butadiene in C57BL/6 x C3H F¹mice at low exposure concentrations. Cancer Res 50:6592-6599

33. Melnick RL,Sills RC,Roycroft JH,Chou BJ,Ragan HA,Miller RA(1994)Isoprene,an endogenous hydrocarbon and industrial chemical,induces multiple organ neoplasia in rodents after 26 weeks of inhalation exposure.Cancer Res 54: 5333-5339

34. Percy DH,Jonas AM(1971)Incidence of spontaneous tumors in CD(R)-1 HaM-ICR mice.J Natl Cancer Inst 46:1045-1065

35. Rabstein LS,Peters RL,Spahn GJ(1973)Spontaneous tumors and pathologic lesions in SWR-J mice.J Natl Cancer Inst 50:751-758

36. Sheldon W(1994)Tumours of the Harderian gland. In:Turusov VS,Mohr U(eds)Pathology of tumours in laboratory animals,vol 2.Tumours of the mouse,2nd edn.IARC Scientific Publications No.111,Lyon,pp 101-113

37. Sheldon WG,Greenman DL(1980)Spontaneous lesions in control BALB/C female mice.J Environ Pathol Toxicol 3:155-167

38. Sheldon WG,Curtis M,Kodell RL,Weed L(1983) Primary harderian gland neoplasms in mice.J Natl Cancer Inst 71:61-68

39. Sher SP(1982)Tumors in control hamsters,rats, and mice:literature tabulation.Crit Rev Toxicol 10:49-79

40. Squire RA,Goodman DG,Valerio MG,Fredrickson

T,Strandberg JD,Levitt MH,Lingeman CH, Harshbarger JC,Dawe CJ(1978)Tumors.In:Benirschke K,Garner FM,Jones TC(eds)Pathology of laboratory animals,vol II.Springer,Berlin Heidelberg New York Tokyo,pp 1242-1245

41. Tannenbaum A,Silverstone H(1958)Urethan (ethyl carbamate)as a multipotential carcinogen.Cancer Res 18:1225-1231

42. Tucker MJ(1979)Tumours of the Harderian gland. In:Turusov VS(ed)Pathology of tumours in laboratory animals,vol II.Tumours of the mouse.IARC Scientific Publications No.23,Lyon,pp 135-146

43. Ullrich RL,Storer JB(1979a)Influence of gamma irradiation on the development of neoplastic disease in mice.II.Solid tumors.Radiat Res 80: 317-324

44. Ullrich RL,Storer JB(1979b)Infuence of gamma irradiation on the development of neoplastic disease in mice.III.Dose-rate effects.Radiat Res 80:325-342

45. Upton AC,Furth J,Christenberry KW(1954) Late effects of thermal neutron irradiation in mice.Cancer Res 14:682-690

46. Vesselinovitch SD,Mihailovich N(1967)The neonatal and infant age periods as biologic factors which modify multicarcinogenesis by urethan.Cancer Res 27:1422-1429

47. Vesselinovitch SD,Mihailovich N(1968)The development of neurogenic neoplasms,embryonal kidney tumors,harderian gland adenomas,anitschkow cell sarcomas of the heart,and other neoplasms in urethan-treated newborn rats. Cancer Res 28:888-897

48. Vesselinovitch SD,Mihailovich N,Rao KVN,Itze L(1971a)Perinatal carcinogenesis by urethan. Cancer Res 31:2143-2147

49. Vesselinovitch SD,Simmons EL,Mihailovich N, Rao KVN,Lombard LS(1971b)The effect of age, fractionation,and dose on radiation carcinogenesis in various tissues of mice.Cancer Res 31: 2133-2142

50. Vesselinovitch SD,Rao KVN,Mihailovich N, Rice JM,Lombard LS(1974)Development of broad spectrum of tumors by ethylnitrosourea in mice and the modifying role of age,sex,and strain.Cancer Res 34:2530-2538

51. Vesselinovitch SD,Rao KVN,Mihailovich N (1975) Factors modulating benzidine carcinogenicity bioassay.Cancer Res 35:2814-2819

52. Vesselinovitch SD,Itze L,Mihailovich N,Rao KVN(1980)Modifying role of partial hepatectomy and gonadectomy in ethylnitrosourea-in-duced hepatocarcinogenesis.Cancer Res 40: 1538-1542

53. Ward JM(1983)Background data and variations in

tumor rates of control rats and mice.Prog Exp Tumor Res 26:241-258

54. Ward JM,Goodman DG,Squire RA,Chu KC, Linhart MS (1979)Neoplastic and nonneoplastic lesions in aging(C57BL/6 NxC3H/HeN)F1(B6C3F1)mice.J Natl Cancer Inst 63:849-854

55. Ward JM,Quander R,Devor D,Wenk ML,Spangler EF(1986)Pathology of aging female SENCAR mice used as controls in skin two-stage carcinogenesis studies.Environ Health Perspect 68:81-89

56. Watanabe H, Okamoto T, Yamada K, Ando Y, Ito A, Hoshi M, Sawada S (1993) Effects of dose rate and energy level on fission neutron (252Cf) tumorigenesis in B6C3F1 mice. J Radiat Res (Tokyo) 34: 235-239

57. Weisse I, Koellmer H, Tilov T, Stoetzer H (1975) Spontantumoren bei einem NMRI/Mäuse-Auszuchtstamm. Z Versuchstierkd 17: 91-98

58. Yoshida A, Harada T, Maita K (1993) Tumor induction by concurrent oral administration of ethylenethiourea and sodium nitrite in mice. Toxicol Pathol 21: 303-310

59. Yoshitomi K, Boorman GA (1991) Spontaneous amelanotic melanomas of the uveal tract in F344 rats. Vet Pathol 28: 403-409

（陆姮磊、谭荣荣、罗传真　译，

马祎迪、张婷、陆姮磊　审校）

359

第十一章　软组织和骨骼肌

H. Ernst [3] , W.W. Car1ton[1] , C. Courtney , M. R'inlkle[3] , P. Greaves[2]
K.R. Isaacs , G. Krinke , Y. Konishi , G.M. Mesfin , G. Sandusky

---

[1] 主席；[2] 共同主席；[3] 初稿。

血管瘤样增生（*H*）
Hyperplasia, Angiomatous（*H*）

同义词：hyperplasia，capillary；hyperplasia，endothelial。

组织发生

血管或淋巴管的内皮细胞。

诊断特征

- 无压迫或仅轻微压迫周围组织；脏器的正常结构保持。
- 可见毛细血管大小的血管增生和（囊性）扩张。
- 血管腔增宽，内衬 1 层似乎正常的内皮细胞或细胞核饱满、大且圆的内皮细胞。

鉴别诊断

血管扩张（Angiectasis）

血管数量未增加，结构正常，内衬分化好的内皮细胞。

血管瘤（Hemangioma）

通常压迫周围组织，体积更大，且可见内皮细胞的细胞学形态轻度异常，如肥大。

备注

血管瘤样增生作为 B6C3F1 雌性小鼠的一种低发生率自发性病变已有报道。其他已发表的案例包括长期吸入 1, 3– 丁二烯（1, 3 butadiene）可诱发 B6C3F1 小鼠心脏内皮细胞增生。

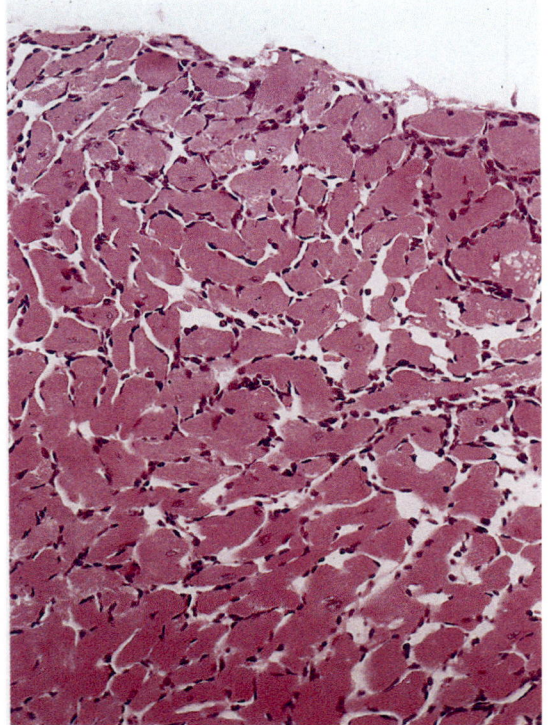

图 11-1 心脏，血管瘤样增生。心肌纤维间血管腔增宽，内衬单层明显的内皮细胞。B6C3F1 小鼠，雌性。H&E 染色（图片得到 H. Iwata and Y. Nomura 授权）

参考文献

参见 6、19 和 36。

血管瘤（*B*）
Hemangioma（*B*）
毛细血管型，海绵型

同义词：hemangioendothelioma，benign。

组织发生

  血管内皮细胞（多中心发生）。

诊断特征

- 常见对周围组织的中度压迫。
- 肿瘤少见有包膜。
- 被覆明显的单层内皮细胞，核深染。
- 可见局灶性血栓形成（卵巢、子宫）。
- 罕见核分裂象。
- 无法明确区分毛细血管型和海绵型。

毛细血管型（*Capillary type*）

- 毛细血管大小的血管组成血管网。
- 血管间的组织可能无细胞成分，呈胶原性。
- 基底膜上或内的网状纤维增粗。

海绵型（*Cavernous type*）

- 血管腔大。
- 纤维性（胶原的）支持基质厚度不等。
- 在海绵状区域内散在分布着含铁血黄素巨噬细胞。

图 11-2（右上） 皮肤海绵型血管瘤，由被纤维小梁分割、充满血液的大血管道组成。CD-1 小鼠，雄性，处理后，39 周龄。H&E 染色

图 11-3（右下） 子宫血管瘤，主要是毛细血管型，表现为局灶性大的血栓形成。NMRI 小鼠，76 周龄。H&E 染色

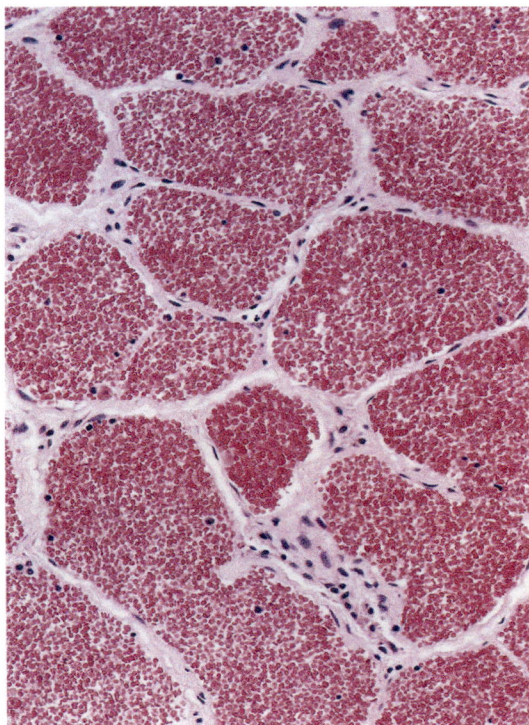

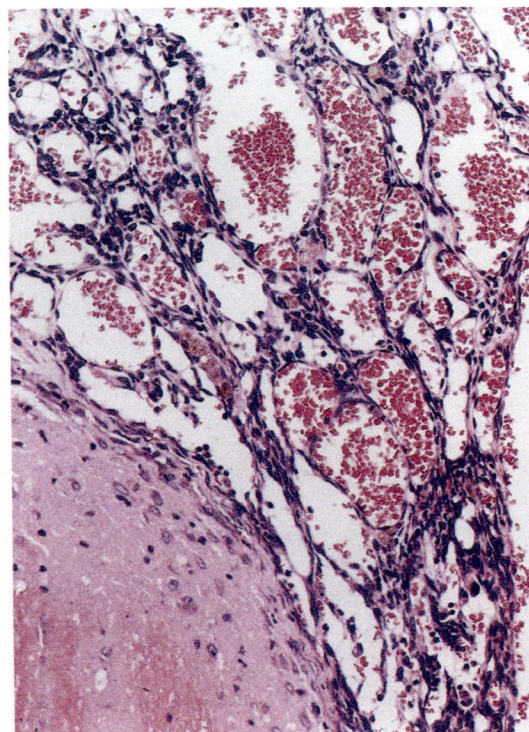

鉴别诊断

血管扩张（Angiectasis）

血管数量不增多，结构正常且内皮细胞分化好。

血管瘤样增生（Hyperplasia, Angiomatous）

增生的血管数量增多，内衬外观正常至饱满的内皮，对周围组织没有或仅有轻微压迫。

血管肉瘤（Hemangiosarcoma）

表现出细胞学和组织学恶性特征，如细胞多形性、有丝分裂活性增加、多层化、组织侵袭或转移。

备注

血管瘤可在任何组织内发生，但最常见于肝、子宫、皮肤、脾和骨髓，生长形态可为多中心性。卵巢的血管扩张和血管瘤并不总能明确区分，尤其是局灶性血栓形成在两者中均可见时。

B6C3F1小鼠子宫很少出现血管瘤，在超过2500例该品系小鼠中未见报道。据报道，CD-1小鼠的血管瘤总发生率为0.5%~4%，而子宫血管瘤的发生率为1%~2%。在一些肝血管瘤案例中（海绵型），难以区分血管肿瘤与反应性血管扩张。

可用Ⅳ型胶原蛋白抗体和第Ⅷ因子相关抗原的抗体作为免疫标志物识别分化良好的肿瘤。

参考文献

参见4、10、12、13、16、21、25、30、37、46和47。

血管肉瘤（M）
Hemangiosarcoma（M）

同义词：hemangioendothelioma，malignant。

组织发生

    多能间充质干细胞、血管内皮细胞。

诊断特征

- 不典型内皮细胞既能形成血管道（毛细血管型至海绵型），也能形成由不同发育程度的纤维血管基质为轴心的实性细胞肿块。
- 肿瘤细胞形态上可呈圆形、多角形和极度不规则形，但通常为梭形。
- 肿瘤细胞具有单个核或多个形状不规则、不同大小的核。这些核通常体积大且分叶，具有大量染色质。
- 核分裂象很多且常奇形怪状。
- 常见局部侵袭和转移。

鉴别诊断

血管瘤（Hemangioma）

    通常没有或仅有少量核分裂象。无侵袭和转移。单层内皮细胞且细胞核近乎正常或细胞核有轻度染色质增多、核巨大。

肉芽组织（Granulation Tissue）

    新形成的血管垂直于成纤维细胞、胶原纤维束且向表面排列，无肿瘤的细胞学和组织学特征。

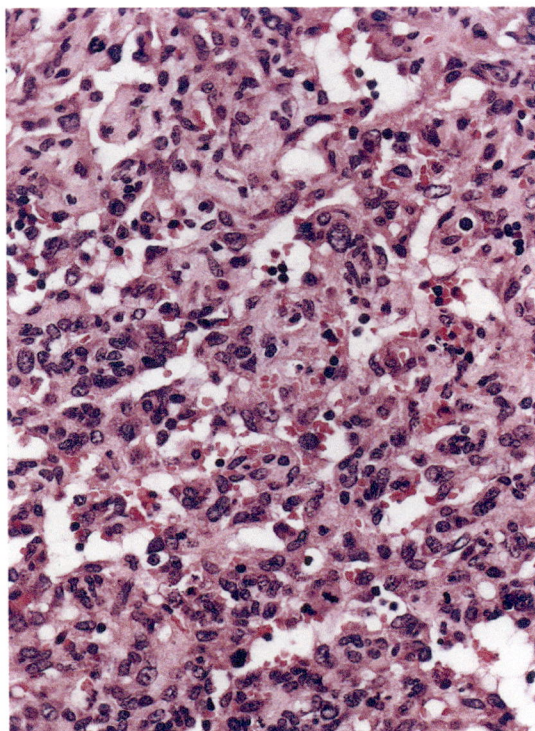

图 11-4　血管肉瘤脾转移。血管管腔不规则，内衬多形性的肿瘤内皮细胞。CBA/J 小鼠，雄性，72 周龄。H&E 染色

纤维肉瘤（Fibrosarcoma）

    肿瘤缺乏明显的血管结构和明显的内皮细胞层，由具有核多形性的梭形细胞组成。

备注

肿瘤外周有广泛反应性出血区域，该区域通常缺乏肿瘤细胞。除非切片切到肿瘤肿块的中心，否则该病变的肿瘤特点可能被忽视。血管肉瘤最常见于皮肤、脾、肝和骨髓。在肝内，肿瘤由细长、扁平、梭形或多面形的内皮细胞组成，内衬于血管裂隙和血管腔，有时呈实性片状。肿瘤细胞可包绕肝细胞，被包绕的肝细胞通常比远离肿瘤的肝细胞大。肿瘤呈局部侵袭，也能转移至其他脏器，尤其是转移到肺。很难确定发生于多脏器的血管肉瘤是多中心的还是转移性的。卵巢血管肉瘤常侵犯卵巢被膜和卵巢囊，偶见转移到肺。

Ⅳ型胶原蛋白抗体和第Ⅷ因子相关抗原的抗体可作为有用的免疫标志物来识别分化良好的肿瘤。

参考文献

参见 4、10、12、13、14、16、21、25、27、30、32、34、36、37、46 和 47。

脂肪瘤（*B*）
Lipoma（*B*）
血管脂肪瘤型，冬眠瘤型

组织发生

成脂肪细胞、脂肪细胞（正常脂肪细胞）；褐色脂肪的成脂肪细胞或脂肪细胞。

诊断特征

- 结节状、边界清晰的肿瘤。如有蒂，则可见红褐色变色和中央坏死。
- 偶尔压迫周围组织。
- 肿瘤细胞被纤维组织分隔成若干小叶。
- 典型已分化的脂肪细胞有单一、大而明显的细胞质空泡，伴有核偏位。

血管脂肪瘤型（*Angiolipomatous Type*）

- 肿瘤内血管增生区域明显。

冬眠瘤型（*Hibernomatous Type*）

- 由圆形、卵圆形或多角形细胞形成区域或小叶，其细胞质空泡化程度不等，中心有致密的细胞核。

鉴别诊断

脂肪坏死或肉芽肿性脂肪组织炎（*Fat Necrosis; Granulomatous Steatitis*）

由于脂肪瘤内常见坏死性改变，因此难以将脂肪坏死或脂肪肉芽肿性炎症与脂肪瘤区分开来。尽管如此，鉴别诊断应基于缺乏明确的肿瘤标准。

脂肪肉瘤（*Liposarcoma*）

具有细胞学和组织学恶性特征，如细胞多形性、有丝分裂活性增强、组织侵袭或发生转移。

备注

皮下脂肪瘤是一种在小鼠中非常罕见的肿瘤。小鼠脑部脂肪瘤有时发生率更高。在脑内的脂肪瘤样改变更多为脂肪错构瘤而非脂肪瘤。颅内脂肪瘤通常见于侧脑室脉络丛间质。

参考文献

参见 10、12、16、26、27 和 30。

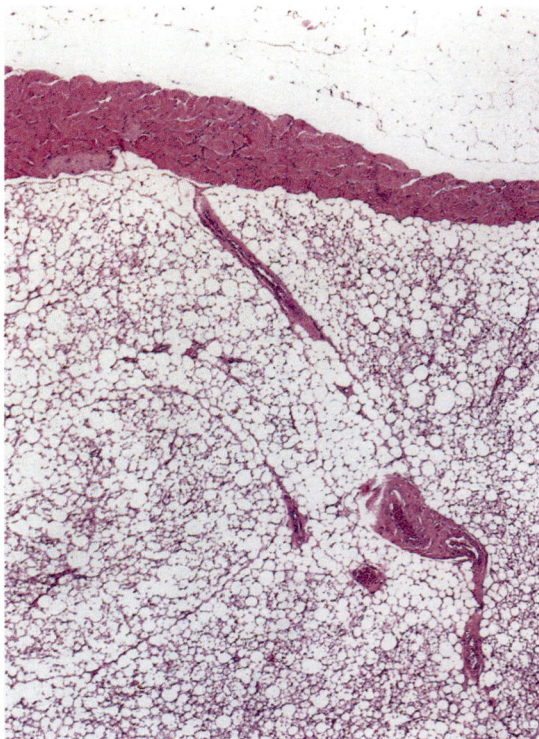

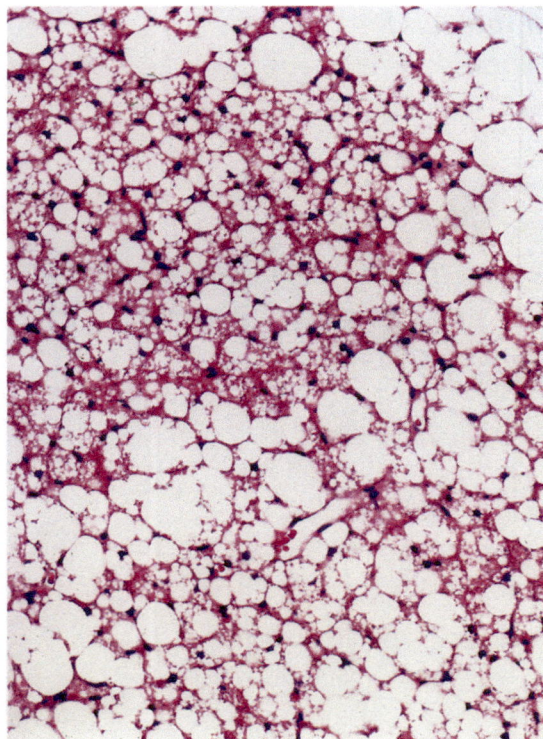

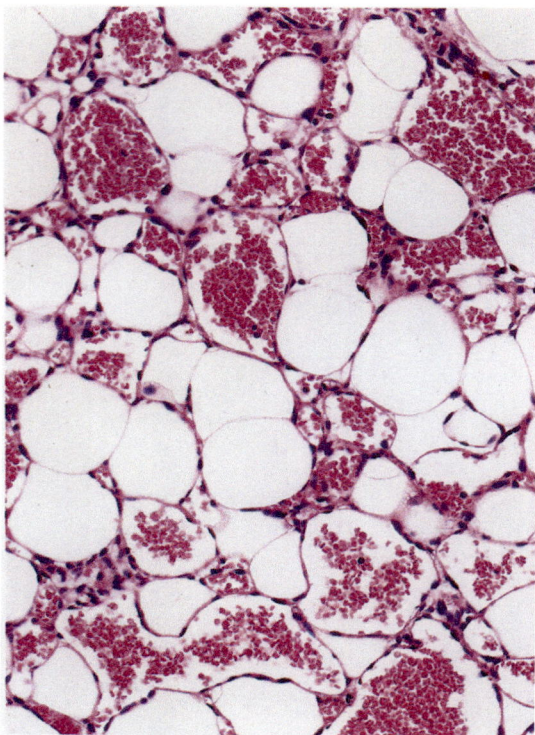

图 11-5（左上） 皮肤脂肪瘤。上方的肌肉层由于肿瘤压迫而轻度扭曲。CD-1 小鼠，雄性，85 周龄。H&E 染色（已获 S.R. Frame 授权）

图 11-6（右上） 皮肤脂肪瘤，由高分化的细胞组成，细胞具有单个或多个脂肪空泡。CD-1 小鼠，雄性，85 周龄。H&E 染色（已获 S.R. Frame 授权）

图 11-7（左下） 皮肤血管脂肪瘤型脂肪瘤。脂肪瘤内具有大量充满血液的血管。NMRI 小鼠，雌性，69 周龄。H&E 染色

脂肪肉瘤（M）
Liposarcoma（M）
多形型，冬眠瘤型

组织发生

多能间充质干细胞、成脂肪细胞、脂肪细胞。

诊断特征

- 细胞呈圆形至椭圆形，核大，位于细胞中央或呈偏位，细胞质多含空泡。
- 显著特征为具有大小不等的脂质空泡。
- 有丝分裂活性高。
- 其他类型的细胞也可存在，包括"棕色"脂肪细胞、泡沫细胞、巨细胞、黏液样细胞、成纤维细胞样细胞和星形细胞。
- 常见周围组织浸润和远处转移。
- 基质内黏液样改变明显。
- 快速生长的脂肪肉瘤常伴有坏死灶。

多形型（Pleomorphic Type）
- 本亚型由不同发育阶段的成脂肪细胞组成。
- 脂肪染色对证实未分化肿瘤的脂质有帮助。

冬眠瘤型（Hibernomatous Type）
- 多形性细胞形成区域或小叶，细胞质内有单个或多个空泡，细胞核的大小和形状不一，核偏位。

鉴别诊断

脂肪瘤（Lipoma）

没有恶性的细胞学特征（细胞多形性、有丝分裂活性增强）和组织学特征（组织侵袭或转移）。

纤维肉瘤（黏液瘤型）[Fibrosarcoma（Myxomatous Type）]

这些肿瘤的成脂肪细胞和脂肪细胞的脂肪染色呈阴性，由成束或呈片状排列的多形性梭形细胞组成。

组织细胞瘤，纤维性，恶性（多形型）[Histiocytoma, Fibrous, Malignant（Pleomorphic Type）]

在网状蛋白染色的切片中，可见网状纤维包绕肿瘤细胞簇，而不像在脂肪肉瘤中包绕单个肿瘤细胞。

肉芽肿性脂肪组织炎（Steatitis, Granulomatous）

无肿瘤组织学特征的脂质沉积性巨噬细胞常伴有其他炎性细胞浸润。

备注

小鼠脂肪肉瘤是罕见的肿瘤。该类型肿瘤在皮下组织和肠系膜中已有报道。

参考文献

参见 10、16、30 和 37。

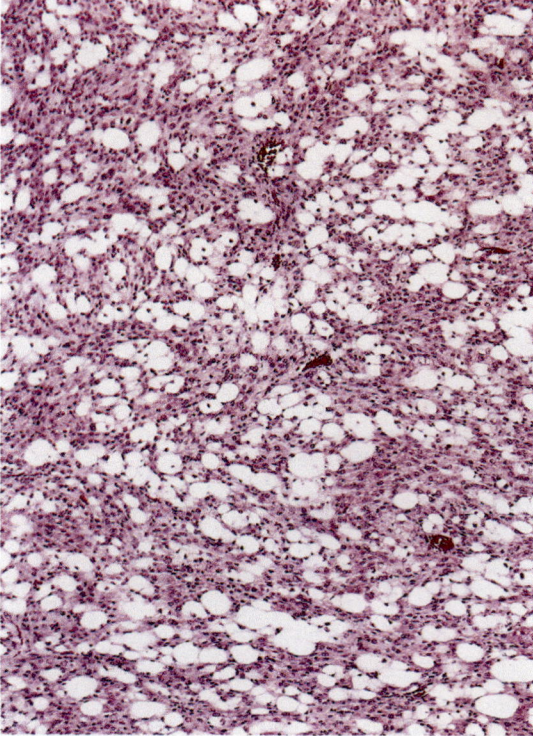

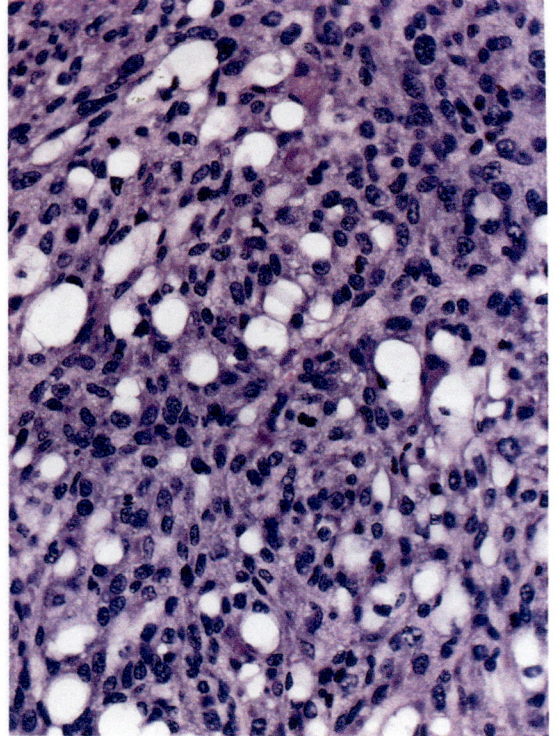

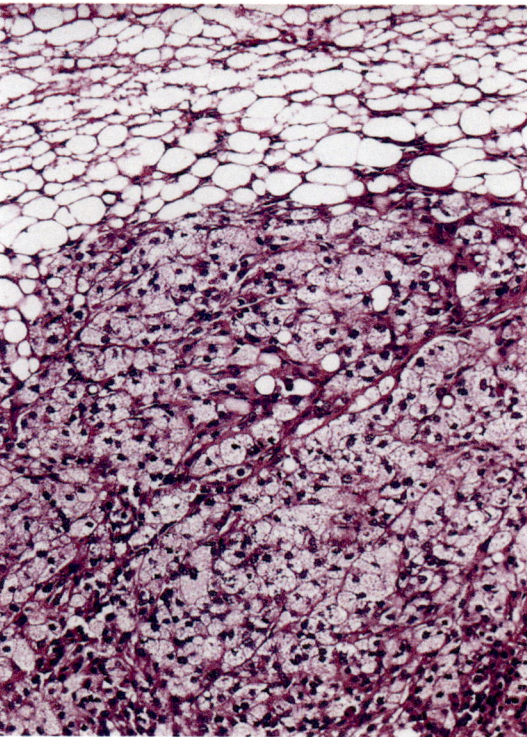

图 11-8（左上） 皮肤脂肪肉瘤，由不同发育阶段的成脂肪细胞组成。B6C3F1 小鼠，雌性。Masson 染色

图 11-9（右上） 皮肤脂肪肉瘤。肿瘤性成脂肪细胞呈多形性，并表现出不同程度的细胞质空泡化。NMRI 小鼠，雌性，97 周龄。H&E 染色

图 11-10（左下） 肠系膜脂肪肉瘤，冬眠瘤型。肿瘤部分由含有多个细胞质空泡和核位于中央的棕色脂肪细胞组成。NMRI 小鼠，雌性，103 周龄。H&E 染色

纤维瘤（B）
Fibroma（B）
黏液瘤样型

组织发生

成纤维细胞、纤维细胞。

诊断特征

- 肿瘤细胞数量可为少至中等，压迫邻近组织。

- 主要成分是交织成束的、高分化的成纤维细胞。

- 细胞呈纺锤形，核细长、呈锥形、染色质丰富或呈空泡状，核仁有 1 个或多个。

- 成熟胶原纤维交织成带。

- 核分裂象罕见。

黏液瘤样型（*Myxomatous Type*）

- 肿瘤有黏液瘤样的区域和星形细胞。

鉴别诊断

反应性纤维化或瘢痕（*Reactive Fibrosis or Scars*）

这类病变不具有肿瘤的特征，可与创伤、溃疡或炎症病变相关。

良性纤维组织细胞瘤（*Histiocytoma, Fibrous, Benign*）

这类肿瘤通常比纤维瘤有更高的细胞密度，由更圆的肿瘤细胞构成典型的席纹状或车轮状结构。

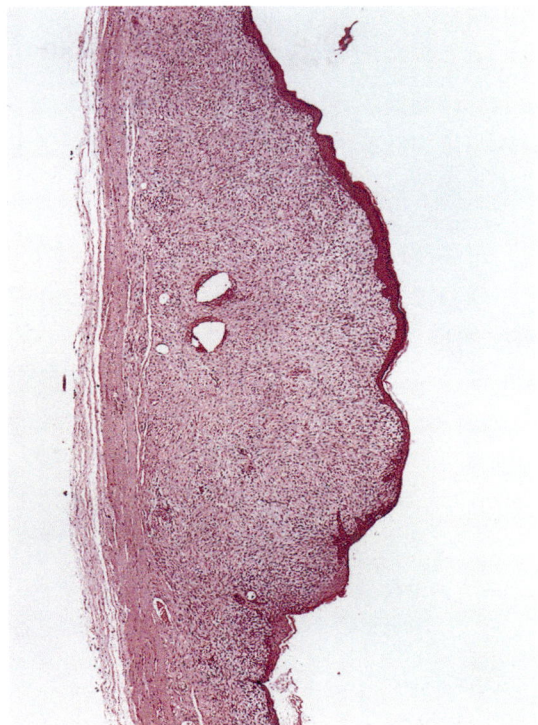

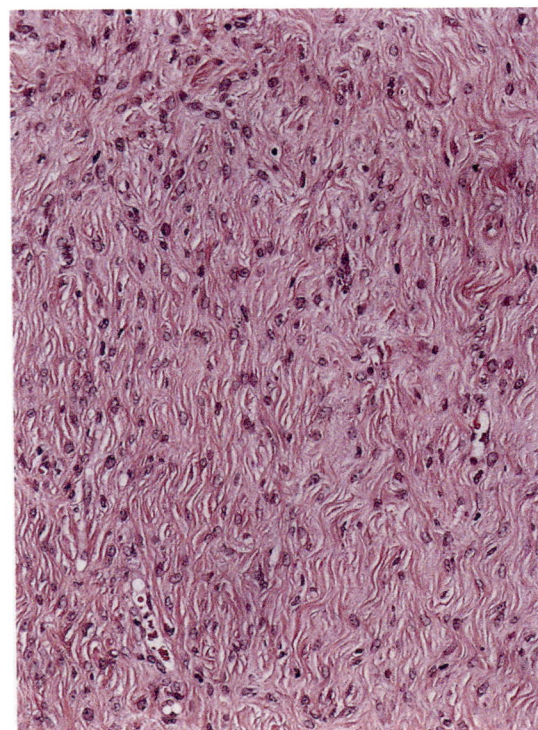

图 11-11（右上） 皮肤纤维瘤，在真皮内呈结节状生长。B6C3F1 小鼠，雄性，93 周龄。H&E 染色

图 11-12（右下） 皮肤纤维瘤。肿瘤细胞数量中等，胶原纤维束致密。B6C3F1 小鼠，雄性，93 周龄。H&E 染色

平滑肌瘤（Leiomyoma）

肿瘤细胞的核呈圆柱形、两端钝圆或呈雪茄状。结缔组织特殊染色可区分富含胶原的纤维瘤与缺乏胶原的平滑肌瘤，后者通常对结蛋白和平滑肌肌动蛋白呈免疫反应阳性。

良性神经鞘瘤（Schwannoma, Benign）

通常 S-100 蛋白免疫反应为阳性。由不同比例的含维罗凯小体（Verocay 小体）的 Antoni A 型组织或有囊腔的 Antoni B 型组织组成；细胞有典型的波浪状、弯曲或逗号状的细胞核。

纤维肉瘤（Fibrosarcoma）

存在恶性的细胞学和组织学特征，如细胞多形性、有丝分裂活性增强、组织侵袭或转移。

备注

在小鼠中纤维瘤是罕见的肿瘤，已有在真皮层和皮下组织中发生的报道，也可发生于其他部位。

参考文献

参见 2、3、16 和 30。

纤维肉瘤（M）
Fibrosarcoma（M）
黏液瘤样型

组织发生

　　多能间充质干细胞、成纤维细胞、纤维细胞。

诊断特征

- 多形性的梭形细胞，常呈现典型的"人"字形排列或形成交织的束。
- 根据分化程度，不同数量的胶原束散布于紧密排列的细胞带之间。
- 核分裂象多。
- 可见出血区域和坏死区域。
- 广泛的局部侵袭，而转移性扩散相对出现较晚且罕见。
- 可见到化生的软骨和骨。

黏液瘤样型（*Myxomatous Type*）

- 肿瘤有较大的伴有星形细胞的黏液瘤样区域。

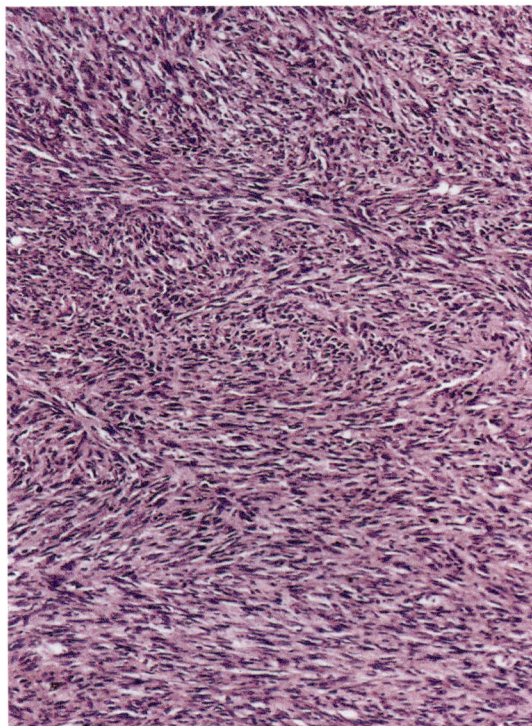

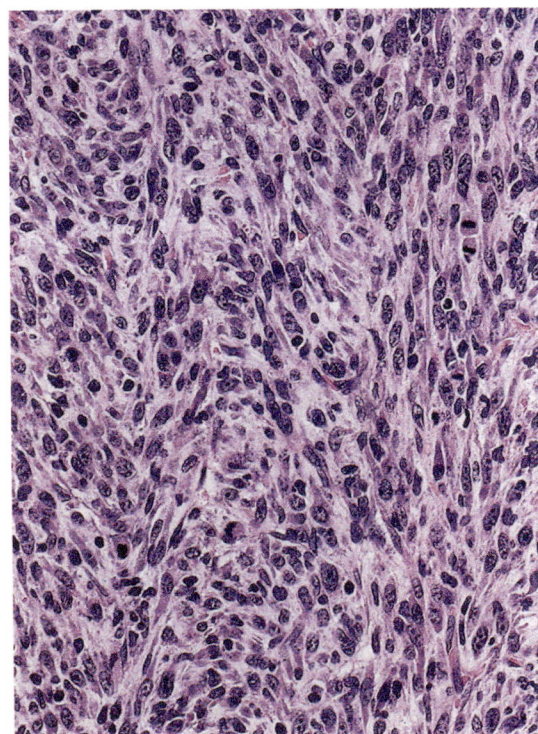

图 11-13（右上） 皮肤纤维肉瘤，由梭形的肿瘤细胞交织成束。NMRI 小鼠，雌性，76 周龄。H&E 染色
图 11-14（右下） 皮肤纤维肉瘤。成纤维细胞样肿瘤细胞成束排列，呈"人"字形。CBA/J 小鼠，雄性，88 周龄。H&E 染色

鉴别诊断

纤维瘤（Fibroma）

无恶性的细胞学和组织学特征，如细胞多形性、有丝分裂活性增强、组织侵袭或转移。

血管肉瘤（Hemangiosarcoma）

特征为有丰富的血管腔，内衬明显的具有多形性的内皮细胞。

恶性纤维组织细胞瘤（MFH）[Histiocytoma, Fibrous, Malignant（MFH）]

MFH 的肿瘤细胞呈特征性的席纹状或车轮状排列。MFH 的细胞多形性比低分化纤维肉瘤的更加明显。MFH 中存在如组织蛋白酶 B、α1- 抗胰蛋白酶（alpha-1-antitrypsin，AT）和 α1- 抗胰凝乳蛋白酶（alpha-1-antichymotrypsin，ACT）等组织细胞标志物。

平滑肌肉瘤（Leiomyosarcoma）

细胞有更明显的细胞质，在 H&E 染色切片上，细胞质着色从粉色到深红色不等。细胞核通常位于中央、两端钝圆或呈"雪茄状"。

平滑肌肉瘤通常对结蛋白和平滑肌肌动蛋白呈免疫反应阳性。

恶性神经鞘瘤（Schwannoma, Malignant）

通常对 S-100 蛋白呈免疫反应阳性。由不同比例的含维罗凯小体（Verocay 小体）的 Antoni A 型组织和有囊腔的 Antoni B 型组织构成；细胞核呈典型的波浪状、弯曲或呈逗号状。

备注

一些学者扩展了纤维肉瘤的组织学特征，将具有多形性细胞、多核细胞、巨细胞和"带状细胞"的肿瘤囊括其中。然而，这些多形性的肿瘤很可能代表了更原始的表型，被广泛认为是恶性纤维组织细胞瘤，特别是在人类病理学中。据报道，微芯片皮下植入可诱发小鼠纤维肉瘤。

参考文献

参见 1、2、3、10、16、24、30、37 和 44。

良性纤维组织细胞瘤（*B*）
Histiocytoma, Fibrous, Benign（*B*）

组织发生

多能间充质干细胞。

诊断特征

- 肿瘤细胞呈典型的席纹状或车轮状排列。
- 产生大量短而细的胶原束。
- 主要由高分化的成纤维样细胞构成，但也含有组织细胞群。
- 几乎无核多形性和有丝分裂活性。
- 偶见吞噬现象。
- 肿瘤内可见散在分布的炎性细胞。

鉴别诊断

纤维瘤（*Fibroma*）

该类肿瘤不存在肿瘤细胞的席纹状或车轮状排列，细胞密度较低，且未见组织细胞样肿瘤细胞。

良性神经鞘瘤（*Schwannoma, Benign*）

由不同比例的含维罗凯小体（Verocay 小体）的 Antoni A 型组织或有囊腔的 Antoni B 型组织构成；细胞核呈典型的波浪形、弯曲或呈逗号状，S-100 蛋白呈免疫反应阳性。

恶性纤维组织细胞瘤（*纤维型*）[*Histiocytoma, Fibrous, Malignant*（*Fibrous Type*）]

具有恶性的细胞学和组织学特征，如细胞具有多形性、有丝分裂活性增强、组织侵袭或转移。

备注

这些肿瘤在大部分小鼠品系中罕见。

参考文献

参见 9、10 和 30。

恶性纤维组织细胞瘤（M）
Histiocytoma, Fibrous, Malignant（M）
纤维型，多形型

组织发生

多能间充质干细胞。

诊断特征

纤维型（Fibrous type）

- 主要由呈席纹状或车轮状排列的成纤维性梭形细胞组成。
- 产生大量胶原。
- 可见界限清楚的坏死灶和炎性细胞。
- 可见浸润性生长，转移不常见。
- 有丝分裂指数高，细胞核呈多形性。

多形型（Pleomorphic type）

- 主要由圆形的组织细胞样细胞构成。
- 可见大量奇形怪状、多核的肿瘤巨细胞。
- 可见多形性的成纤维细胞样细胞、黄色瘤细胞和未分化的细胞。
- 可见局灶胶原产生。
- 可见坏死灶。
- 可见浸润性生长和转移。
- 有丝分裂活性不一。
- 也可能存在黏液瘤样和血管外皮细胞瘤样区域。

鉴别诊断

纤维型恶性纤维组织细胞瘤或良性纤维组织细胞瘤（Fibrous Type of MFH; Histiocytoma, Fibrous, Benign）

无恶性的细胞学和组织学特征，如细胞多形性、有丝分裂活性增加、组织侵袭或转移。

多形型恶性纤维组织细胞瘤或纤维肉瘤（低分化）[Pleomorphic Type of MFH; Fibrosarcoma（Poorly Differentiated）]

细胞多形性较不明显，这些肿瘤中通常不存在组织蛋白酶 B、α1- 抗胰蛋白酶和 α1- 抗胰凝乳蛋白酶等组织细胞标志物。

组织细胞肉瘤（Sarcoma, Histiocytic）

这类肿瘤由高分化的组织细胞和多核巨细胞组成，几乎没有成纤维细胞分化；坏死区域围以假栅栏状排列的肿瘤细胞。

横纹肌肉瘤（Rhabdomyosarcoma）

这类肿瘤由典型的带有横纹、细胞质丰富、嗜酸性的，以及对结蛋白、肌动蛋白、肌红蛋白和肌球蛋白呈免疫反应阳性的多形带状或梭形细胞组成。

备注

恶性纤维组织细胞瘤在大多数品系小鼠中是一种罕见的肿瘤，小鼠的发生率低于大鼠的。胶原产生和吞噬作用反映了这类肿瘤是具有成纤维细胞和组织细胞分化的间充质肿瘤。在同一肿瘤中既可见纤维性区域，也可见多形性区域。

参考文献

参见 9、10、16、25、30 和 43。

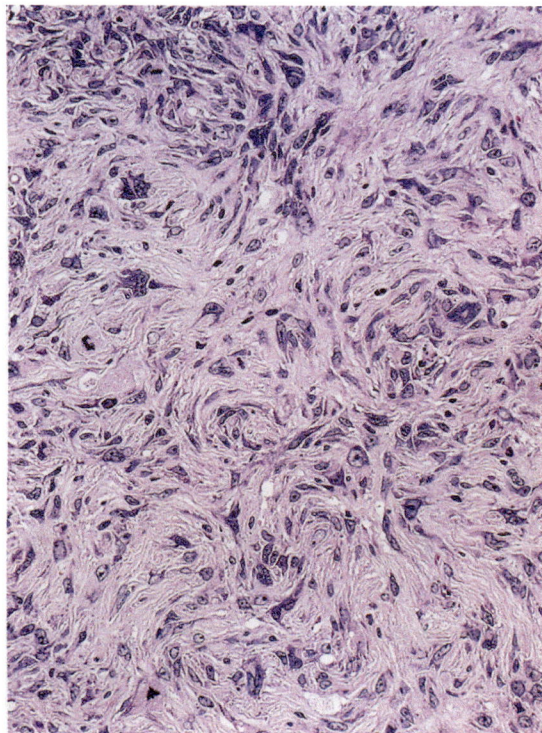

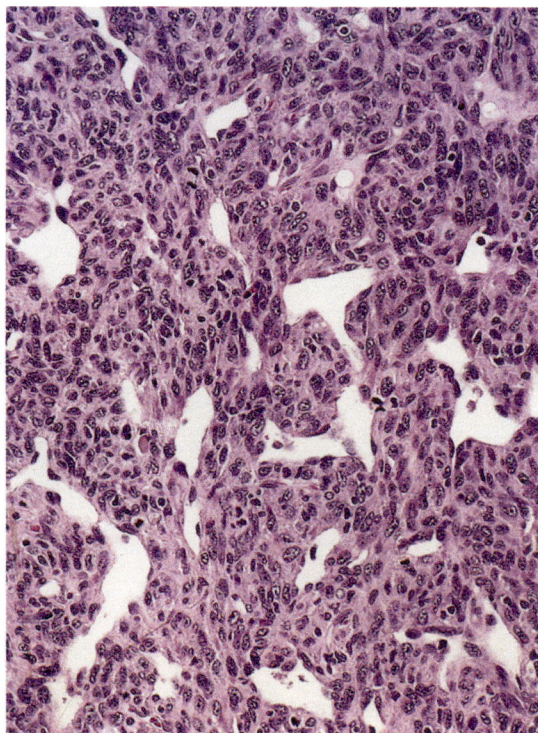

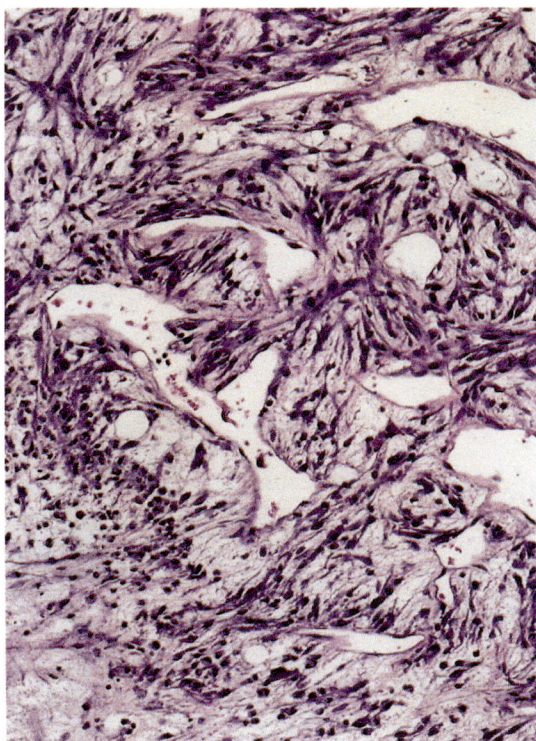

图 11-15（左上） 皮肤纤维型 / 多形型恶性纤维组织细胞瘤。肿瘤由形成旋涡的成纤维细胞和多形性组织细胞样细胞组成，并具有丰富的胶原基质。CD-1 小鼠，雄性，处理后，76 周龄。H&E 染色

图 11-16（右上） 皮肤恶性纤维组织细胞瘤，显示有血管外皮细胞瘤样分化区域。CBA/J 小鼠，雌性，83 周龄。H&E 染色

图 11-17（左下） 皮肤恶性纤维组织细胞瘤。肿瘤含有黏液瘤样改变和变性的区域。B6C3F1 小鼠。H&E 染色

良性神经鞘瘤（B）
Schwannoma, Benign（B）

同义词：neurilemmoma，benign；neurinoma，benign。

组织发生

　　施万细胞，被认为是具有兼性间充质特征的神经外胚层细胞。

诊断特征

- 膨胀性、压迫性病变，具有明显的来自神经束膜的包膜。
- 无轴突的施万细胞细长，细胞界限不清，细胞核呈栅栏状排列（Antoni A 型）。
- 两个相邻的细胞核形成的栅栏和介于中间的细胞质共同形成一个维罗凯（Verocay）小体。
- 肿瘤的部分区域细胞较为稀疏，基质透亮（Antoni B 型）。
- 通过对 S-100 蛋白呈免疫反应阳性和电镜下存在基板来支持神经鞘瘤的诊断。

鉴别诊断

纤维瘤（Fibroma）

　　由产生胶原的肿瘤性成纤维细胞交织成束而构成的良性肿瘤，对 S-100 蛋白呈免疫反应阴性。

平滑肌瘤（Leiomyoma）

　　由细胞核两端钝圆的、嗜酸性的梭形细胞构成的良性肿瘤，结蛋白和平滑肌肌动蛋白免疫染色呈阳性。平滑肌瘤中的细胞束通常相互垂直排列。

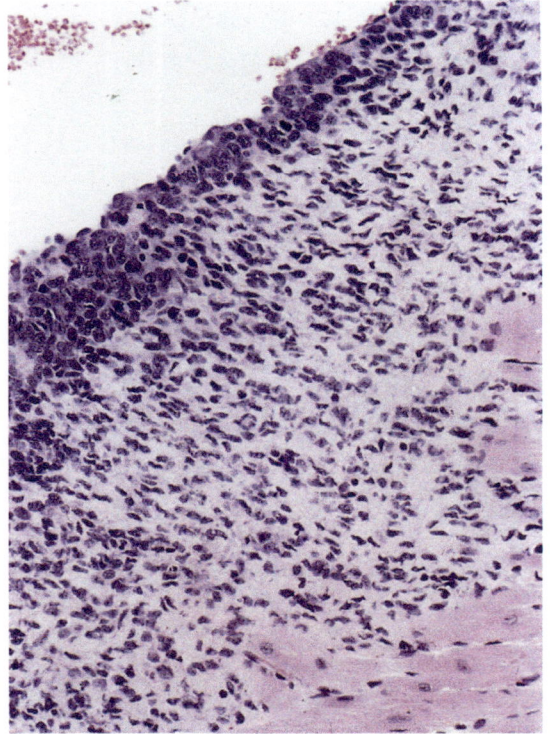

图 11-18　心脏良性神经鞘瘤，沿左心室心内膜生长。CD-1 小鼠，H&E 染色

恶性神经鞘瘤（Schwannoma, Malignant）

　　存在细胞异型性、侵袭性生长或远处转移。

备注

　　自发发生的神经鞘瘤在大多数品系的小鼠中罕见。

参考文献

　　参见 41 和 45。

恶性神经鞘瘤（*M*）
Schwannoma, Malignant（*M*）

同义词：neurilemmoma，malignant；neurinoma，malignant。

组织发生

施万细胞，被认为是具有兼性间充质特征的神经外胚层细胞。

诊断特征

- 肿瘤细胞细长、交织成束排列（Antoni A 型），或在透亮的基质内更松散地排列（Antoni B 型）。
- Antoni A 型和 Antoni B 型的特征不总是明显。
- 肿瘤可有被覆上皮样立方形细胞的囊腔，腔内含有蛋白样液体和血细胞。
- 通过对 S-100 蛋白呈免疫反应阳性和电镜下存在基板来支持神经鞘瘤的诊断。
- 恶性特征为细胞异型性或核分裂象异型性、侵袭性生长或远处转移。

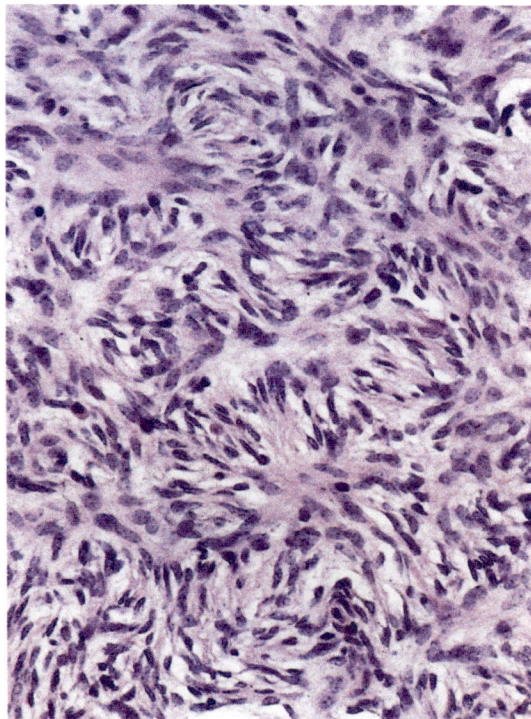

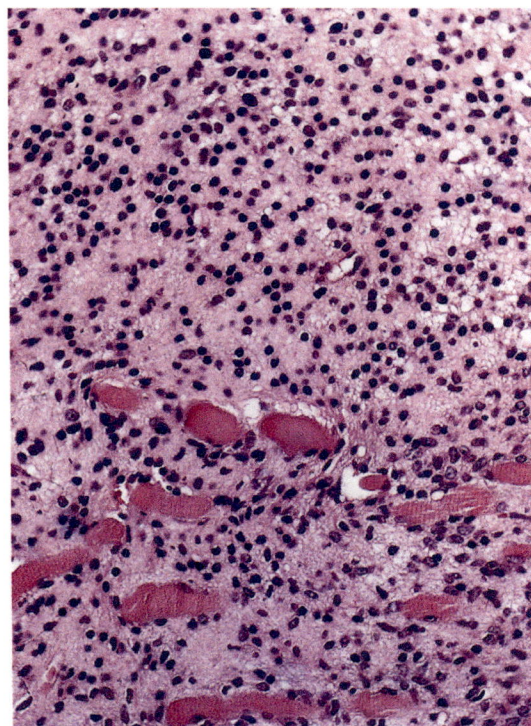

图 11-19（右上） 子宫恶性神经鞘瘤。细长的肿瘤细胞排列成短束，并倾向形成核栅栏（Antoni A 型）。B6C3F1 小鼠。H&E 染色

图 11-20（右下） 皮肤恶性神经鞘瘤。水肿的基质内疏松排列着核小的肿瘤细胞（Antoni B 型）。NMRI 雄性小鼠。H&E 染色

鉴别诊断

纤维肉瘤（*Fibrosarcoma*）

由产生胶原的肿瘤性成纤维细胞构成的恶性肿瘤，对 S-100 蛋白呈免疫反应阴性；无基板。

平滑肌肉瘤（*Leiomyosarcoma*）

由嗜酸性、梭形、核两端钝圆的细胞构成的恶性肿瘤，对结蛋白和平滑肌肌动蛋白呈免疫反应阳性，对 S-100 蛋白呈免疫反应阴性。

良性神经鞘瘤（*Schwannoma, Benign*）

无细胞异型性、侵袭性生长或远处转移。

备注

这些肿瘤在大多数品系的小鼠中罕见，但 NHO 品系除外，有报道其恶性神经鞘瘤的发生率为 8.1%。该类肿瘤在该品系小鼠的子宫、附睾、脊神经或颅神经中均有发现。

参考文献

参见 22、30、38、41 和 45。

平滑肌瘤（*B*）
Leiomyoma（*B*）

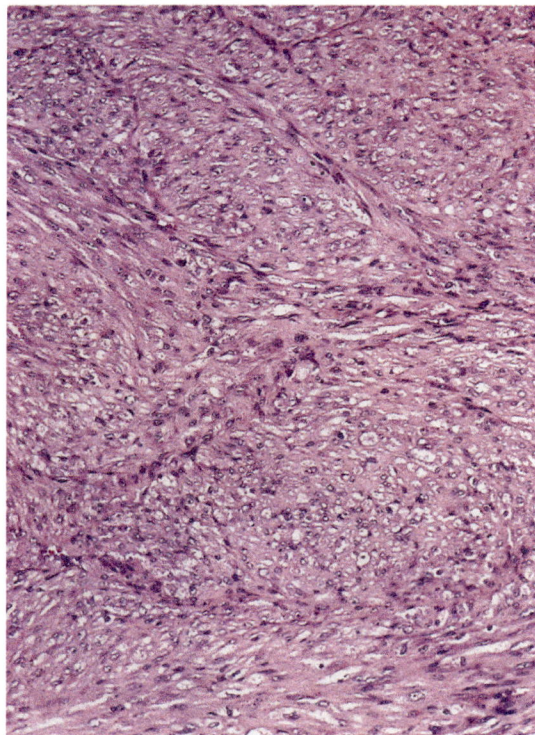

组织发生

平滑肌细胞。

诊断特征

- 界限清楚的结节性肿瘤。
- 均一的、类似正常平滑肌细胞的梭形细胞交织成束或形成旋涡。
- 常见特征性的纵横交错的束状结构。
- 肿瘤内含有数量不等的血管和纤维组织。
- 肿瘤细胞含丰富的嗜酸性细胞质，细胞界限清晰，细胞核呈圆柱形、两端钝圆或呈雪茄形。
- 肿瘤细胞中常见核周空隙。
- 磷钨酸 – 苏木精（phosphotungstic acid-hematoxylin, PTAH）染色可显示细胞质中的纵向肌原纤维。
- 轻微的核多形性和核分裂象。

图 11-21 子宫平滑肌瘤，由交织的细长形肿瘤细胞束组成，细胞质呈嗜酸性，核周间隙明显。NMRI 小鼠，108 周龄。H&E 染色

鉴别诊断

纤维瘤（*Fibroma*）

纤维瘤含有显著数量的胶原组织，可通过特殊染色证实，如 Van Gieson 染色或 Masson 三色染色；细胞无纵向肌原纤维。

良性神经鞘瘤（*Schwannoma, Benign*）

通常对 S-100 蛋白免疫反应呈阳性。可见不同比例含维罗凯小体（Verocay 小体）的 Antoni A 型组织和含囊腔的 Antoni B 型组织；细胞有典型的波纹状、弯曲的或逗号形细胞核。

平滑肌肉瘤（*Leiomyosarcoma*）

边界不清的侵袭性肿瘤，由梭形细胞束交织而成，具有显著的核多形性和有丝分裂活性。

备注

大多数平滑肌瘤在应用免疫组织化学染色作为辅助诊断时，结蛋白和平滑肌肌动蛋白呈阳性。平滑肌瘤在小鼠中不常见，已报道过病例的大多数都发生在子宫。

参考文献

参见 7、10、12、16、28 和 30。

平滑肌肉瘤（*M*）
Leiomyosarcoma（*M*）

组织发生

多能间充质干细胞、平滑肌细胞。

诊断特征

- 边界不清的侵袭性肿瘤，由核呈卵圆形且两端较钝的嗜酸性细长的梭形细胞交织成束。
- 一些肿瘤中可见高度的有丝分裂活性和明显的核多形性，核呈深染。
- 可见双核到多核的奇形怪状的多边形细胞以及空泡化细胞。
- 使用 PTAH 染色可显示细胞质中的纵向肌原纤维。
- 肿瘤细胞常有核周间隙。
- 存在不同程度的血管化。
- 丰富的网状纤维与肿瘤细胞平行分布。
- 常见坏死性或囊性变化、矿化和远处转移。

鉴别诊断

平滑肌瘤（*Leiomyoma*）

特征是边界清楚、呈结节状外观，几乎无细胞多形性，有丝分裂指数低。

纤维肉瘤（*Fibrosarcoma*）

产生的胶原纤维数量更多；结蛋白免疫染色呈阴性。

恶性纤维组织细胞瘤（*Histiocytoma, Fibrous, Malignant*）

肿瘤细胞呈席纹状或车轮状排列；结蛋白免疫染色呈阴性；组织细胞标志物免疫反应呈阳性，如组织蛋白酶 B、α1- 抗胰蛋白酶和 α1- 抗胰凝乳蛋白酶。

恶性神经鞘瘤（*Schwannoma, Malignant*）

通常对 S-100 蛋白呈免疫反应阳性。可见不同比例的含维罗凯小体（Verocay 小体）的 Antoni A 型组织和含囊腔的 Antoni B 型组织；细胞有典型的波纹状、弯曲的或逗号形细胞核。

横纹肌肉瘤（*Rhabdomyosarcoma*）

可检测到细胞内横纹；肿瘤细胞更具多形性，包括带状细胞和球拍状细胞。

备注

大多数平滑肌肉瘤在应用免疫组织化学染色辅助诊断时，可见结蛋白和平滑肌肌动蛋白呈阳性。平滑肌肉瘤在小鼠中罕见，通常发生在子宫，但膀胱和肠道也有发生。

参考文献

参见 7、8、10、12、16、20、28 和 30。

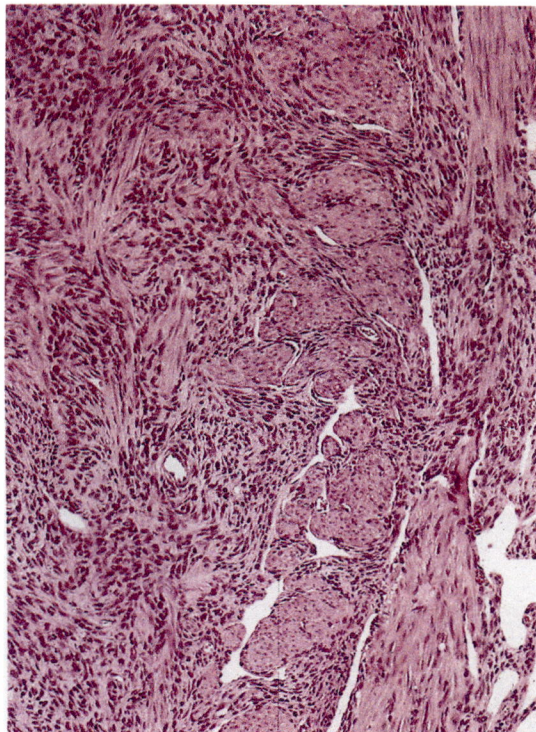

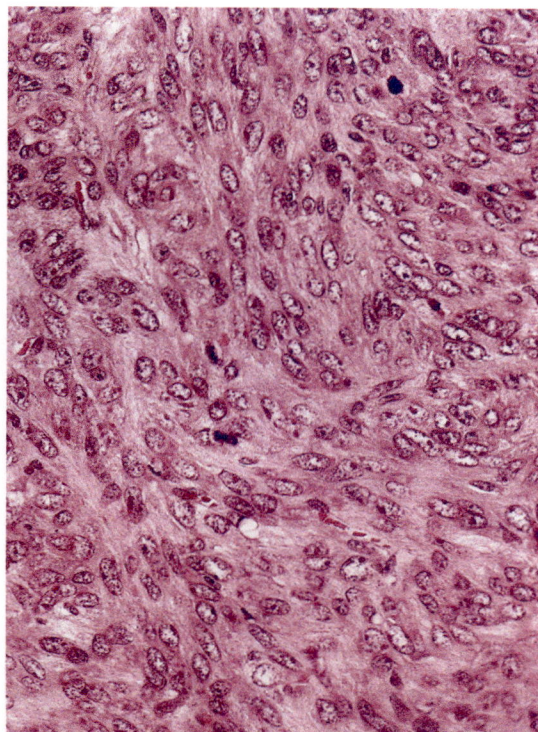

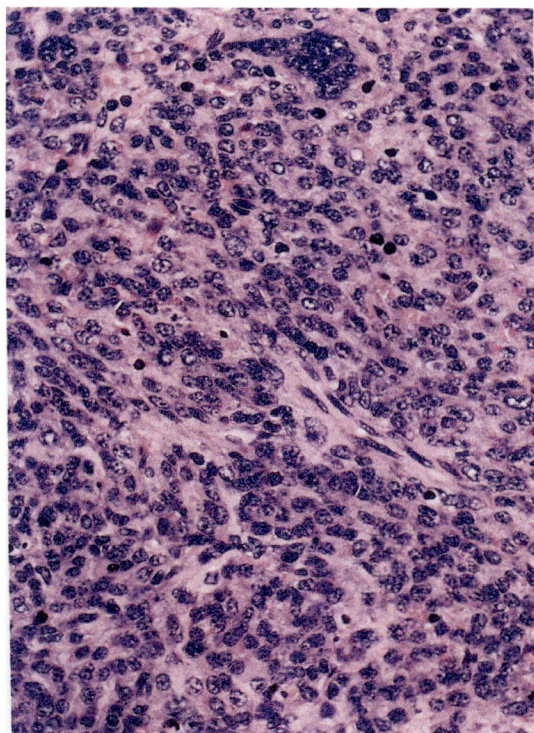

图11-22（左上） 子宫平滑肌肉瘤浸润子宫肌层。NMRI 小鼠，98 周龄。H&E 染色

图11-23（左上） 子宫平滑肌肉瘤。可见细长的嗜酸性细胞束，细胞核大、两端较钝。B6C3F1 小鼠，79 周龄。H&E 染色

图11-24（左下） 子宫平滑肌肉瘤。为低分化肿瘤，具有核多形性，有丝分裂率高，偶见多核细胞。B6C3F1 小鼠。H&E 染色

未特定分类肉瘤（M）
Sarcoma, NOS（M）

同义词：sarcoma，undifferentiated。

组织发生
多能间充质干细胞。

诊断特征
- 肿瘤由成片的未分化的圆形到梭形的多形性或间变性细胞组成。
- 不能通过光镜下的细胞学特征将其确诊为其他类别的间充质肿瘤。
- 某些NOS（未特定分类）肉瘤可充分通过电镜特征和特异性免疫组织化学标志物明确其特定的诊断类别。
- 某些NOS（未特定分类）肉瘤没有显著的超微结构或免疫组织化学特征。

鉴别诊断
脂肪肉瘤（多形型）［*Liposarcoma（Pleomorphic Type）*］

多形性细胞，其中一些细胞的细胞质呈空泡化，脂质脂肪染色呈阳性。

纤维肉瘤（*Fibrosarcoma*）

多形性梭形细胞，交错成束，产生数量不等的胶原。

平滑肌肉瘤（*Leiomyosarcoma*）

由梭形嗜酸性细胞交织成束构成，细胞核由两端较钝到呈卵圆形，结蛋白免疫反应呈阳性。

恶性神经鞘瘤（*Schwannoma, Malignant*）

由数量不等的细长细胞或疏松排列的细胞交织成束构成，基质透明，有囊腔；S-100蛋白免疫反应呈阳性。

横纹肌肉瘤（*Rhabdomyosarcoma*）

多形性梭形细胞、巨细胞和带状细胞由交错排列到平行成束，部分细胞有横纹，肌红蛋白免疫反应呈阳性。

备注
植入转发器（作为动物号识别）在p53$^{+/-}$转基因小鼠中可引发高发生率（10%）的未分类肉瘤，而在CD-1和B6C3F1小鼠中仅引发非肿瘤性的改变。

参考文献
参见1和30。

横纹肌肉瘤（M）
Rhabdomyosarcoma（M）

组织发生

多能间充质干细胞；横纹肌细胞。

诊断特征

- 高度多形性肿瘤，由交错、缠结到平行的成肌细胞样细胞束组成。
- 含不同比例的大的多形性带状细胞、梭形细胞、多核巨细胞或具有 1~2 个偏心核的圆形细胞。
- 肿瘤细胞典型地具有中等到大量的颗粒状或丝状嗜酸性细胞质，在 PTAH 染色切片中可见明显的横纹，PAS 染色可见呈阳性的糖原包涵体。
- 有丝分裂活性高，存在大量异常核分裂象。
- 常见坏死区域和出血区域。
- 常见浸润性生长和远处转移。

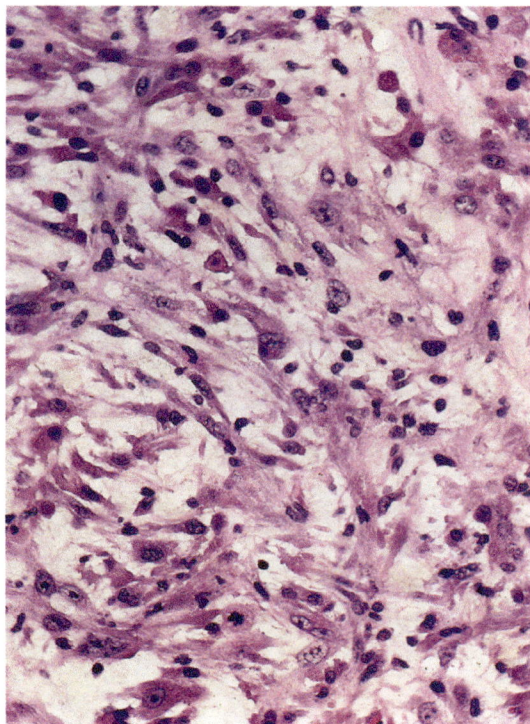

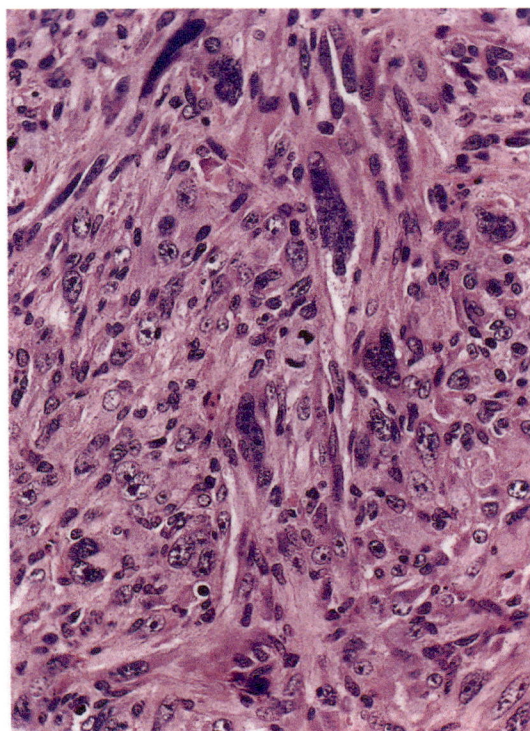

图 11-25（右上） 骨骼肌横纹肌肉瘤，由成肌细胞样细胞组成，呈现黏液样外观。NMRI 雄性小鼠，77周龄。H&E 染色

图 11-26（右下） 骨骼肌横纹肌肉瘤。由高度多形性细胞组成的低分化肿瘤，具有丰富的颗粒状嗜酸性细胞质。CBA/J 雄性小鼠，70 周龄。H&E 染色

鉴别诊断

恶性纤维组织细胞瘤（*Histiocytoma, Fibrous, Malignant*）

不可见细胞内横纹；对肌红蛋白、肌球蛋白及结蛋白无阳性免疫反应。

平滑肌肉瘤（*Leiomyosarcoma*）

不可见细胞内横纹，细长的梭形肿瘤细胞多形性程度较低。通常对结蛋白和平滑肌肌动蛋白呈阳性免疫反应。

备注

这是一种罕见的小鼠自发性肿瘤，与在心脏中相比，更常见发生于骨骼肌中。可通过接触各种病毒、金属和化学致癌物进行试验性诱发。PTAH 染色可用于识别细胞内横纹。电镜照片见到 Z 线可进一步确诊。肌红蛋白是横纹肌肉瘤的特异性标志物。

参考文献

参见 5、11、12、15、16、17、18、23、24、29、31、33、35、37、39、40 和 42。

参考文献

1. Blanchard KT, Barthel C, French JE, Holden HE, Moretz R, Pack FD, Tennant RW, Stoll RE (1999) Transponder-induced sarcoma in the heterozygous p53$^{+/-}$ mouse. Toxicol Pathol 27: 519-527

2. Bogovski P (1979) Tumours of the skin. In: Turusov VS (ed) Pathology of tumours in laboratory animals, vol II, Tumours of the mouse. IARC Scientific Publications No. 23, Lyon, pp 1-41

3. Boorman GA, Eustis SL, Elwell MR (1989) Fibrosarcoma, dermis and subcutis, mouse. In: Jones TC, Mohr U, Hunt RD (eds) Monographs on pathology of laboratory animals. Integument and mammary glands. Springer, Berlin Heidelberg New York Tokyo,pp 95-100

4. Booth q, Sundberg JP (1996) Hemangiomas and hemangiosarcomas. In: Mohr U, Dungworth DL, Capen CC, Carlton WW, Sundberg JP, Ward JM (eds) Pathobiology of the aging mouse, vol 1. Cardiovascular system. ILSI Press, Washington DC, pp 393-401

5. Carlton WW, Engelhardt JA (1991) Rhabdomyosarcoma, mouse and hamster. In: Jones TC, Mohr U, Hunt RD (eds) Monographs on pathology of laboratory animals. Cardiovascular and musculoskeletal systems. Springer, Berlin Heidelberg New York Tokyo, pp 135-140

6. Carlton WW, Ernst H, Faccini JM, Greaves P, Krinke GJ, Long PH, Maekawa A, Newsholme SJ, Weisse G (1992) 2. Soft tissue and musculoskeletal system. In: Mohr U, Capen CC, Dungworth DL, Griesemer RA, Ito N, TurusovVS (eds) International classification of rodent tumours, Part I: The rat. IARC Scientific Publications No. 122, Lyon

7. Chandra M, Frith CH (1991) Spontaneously occurring leiomyosarcomas of the mouse urinary bladder. Toxicol Pathol 19: 164-167

8. Dawson pJ, Brooks RE, Fieldsteel AH (1974) Unusual occurrence of endometrial sarcomas in hybrid mice. J Natl Cancer Inst 52: 207-214

9. Enzinger FM, Weiss SW (1988) Soft tissue tumors, 2nd edn. Mosby, St Louis, pp 223-300

10. Faccini JM, Abbott DP, Paulus GJJ (1990) Mouse histopathology. A glossary for use in toxicity and carcinogenicity studies. Elsevier, Amsterdam

11. Freeman AI, Johnson WW (1968) A comparative study of childhood rhabdomyosarcoma and virus- induced rhabdomyosarcoma in mice. Cancer Res 28: 1490-1500

12. Frith CH, Ward JM (1988) Color atlas of neoplastic and non-neoplastic lesions in aging mice. Elsevier, Amsterdam

13. Frith CH, Wiley L (1982) Spontaneous hepatocellular neoplasms and hepatic hemangiosarcomas in several strains of mice. Lab Anim Sci 32: 157-162

14. Giddens WE, Renne RA (1985) Haemangiosarcoma, nasal cavity, mouse. In: Jones TC, Mohr U, Hunt RD (eds) Monographs on pathology of laboratory animals. Respiratory systems. Springer, Berlin Heidelberg New York Tokyo, pp 72-74

15. Gregson RL (1984) A metastasizing cardiac rhabdomyosarcoma in a CD 1 strain mouse. J Comp Pathol 94: 477-480

16. Heider K, Eustis SL (1994) Tumours of the soft tissues. In: TurusovVS, Mohr U (eds) Pathology of tumours in laboratory animals, vol 2. Tumours of the mouse, 2nd edn. IARC Scientific Publications No. Ill, Lyon, pp 611-649

17. Hoch-Ligeti C, Stewart HL (1984) Cardiac tumors of mice. J Natl Cancer Inst 72: 1449-1456

18. Hoch-Ligeti C, Restrepo C, Stewart HL (1986) Comparative pathology of cardiac neoplasms in humans and in laboratory rodents: a review. J Natl Cancer Inst 76: 127-142

19. Iwata H, Nomura Y, Enomoto M (1994) Spontaneous hemangioendothelial cell hyperplasia of the heart in B6C3Fl fem" ie mice. Toxicol Pathol 22:423-429

20. Jacobs JB, Cohen SM, Arai M, Friedell GH, Bulay O, Urman HK (1976) Chemically induced smooth muscle tumors of the mouse urinary bladder. Cancer Res 36: 2396-2398

21. Jones G, Butler WH (1975) Morphology and spontaneous neoplasia. In: Butler WM, Newberne PM (eds) Mouse hepatic neoplasia. Elsevier, Amsterdam, pp 9,21-59

22. Krinke G (1996) Nonneoplastic and neoplastic changes in the peripheral nervous system. In: Mohr U, Dungworth DL, Capen CC, Carlton WW, Sundberg JP, Ward JM (eds) Pathobiology of the aging mouse, vol 2. Nervous system. ILSI Press, Washington DC, pp 83-93

23. Leininger JR (1999) Skeletal muscle. In: Maronpot RR, Boorman GA, Gaul BW (eds) Pathology of the mouse. Reference and atlas. Cache River Press, Vienna, pp 637-643

24. Lombard LS (1982) Neoplasms of musculoskeletal system. In: Foster HL, Small JD, Fox JG (eds) The mouse in biomedical research, vol IV. Experimental biology and oncology. Academic Press, San Diego, pp

501-511

25. Maita K, Hirano M, Harada T, Mitsumori K, Yoshida A, Takahashi K, Nakashima N, Kitazawa T, Enomoto A, Inui K, Shirasu Y (1988) Mortality, major cause of moribundity, and spontaneous tumors in CD-l mice. Toxicol Pathol 16: 340-349

26. Morgan KT, Sheldon WG (1988) Lipoma, brain, mouse. In: Jones TC, Mohr U, Hunt RD (eds) Monographs on pathology of laboratory animals. Nervous system. Springer, Berlin Heidelberg New York Tokyo, pp 130-134

27. Morgan KT, Frith CH, Swenberg JA, McGrath JT, Zulch KJ, Crowder DM (1984) A morphologic classification of brain tumors found in several strains of mice. J Natl Cancer Inst 72: 151-160

28. Munoz N, Dunn TB, Turusov VS (1979) Tumours of the vagina and uterus. In: TurusovVS (ed) Pathology of tumours in laboratory animals, vol II. Tumours of the mouse. IARC Scientific Publications No. 23, Lyon, pp 359-383

29. Nettleship A (1943) Study of a spontaneous mouse rhabdomyosarcoma. J Natl Cancer Inst 3: 563-568

30. Peckham JC, Heider K (1999) Skin and subcutis. In: Maronpot RR, Boorman GA, Gaul BW (eds) Pathology of the mouse. Reference and atlas. Cache River Press, Vienna, pp 555-612

31. Perk K, Moloney JB (1966) Pathogenesis of a virus-induced rhabdomyosarcoma in mice. J Natl Cancer Inst 37: 581-599

32. Pozharisski KM, TurusovVS (1991) Angiosarcoma of the renal capsule, mouse. In: Jones TC, Mohr U, Hunt RD (eds) Monographs on pathology of laboratory animals. Cardiovascular and musculoskeletal systems. Springer, Berlin Heidelberg New York Tokyo, pp 91-97

33. Reznik M, Nameroff MA, Hansen JL (1970) Ultrastructure of a transplantable murine rhabdomyosarcoma. Cancer Res 30: 601-610

34. Sakamoto M, Takayama S, Hosoda Y (1989) Hemangioendothelial sarcoma in brown adipose tissue of mouse induced by carcinogenic heterocyclic amine, Glu-P-l. Toxicol Pathol 17: 754-758

35. Saxen EA (1953) On the factor of age in the production of subcutaneous sarcomas in mice by 20-methylcholanthrene. J Natl Cancer Inst 14: 547-569

36. Solleveld HA, Miller RA, Banas DA, Boorman GA (1988) Primary cardiac hemangiosarcomas induced by 1,3-butadiene in B6C3Fl hybrid mice. Toxicol Pathol16: 46-52

37. Stewart HL (1979) Tumours of the soft tissues. 388 In: Turusov VS (ed) Pathology of tumours in laboratory animals, vol II. Tumours of the mouse. IARC Scientific Publications No. 23, Lyon, pp 487-526

38. Stewart HL, Deringer MK, Dunn TB, Snell KC (1974) Malignant schwannomas of nerve roots, uterus, and epididymis in mice. J Natl Cancer Inst 53: 1749-1758

39. Sundberg JP, Adkison DL, Bedigian HG (1991) Skeletal muscle rhabdomyosarcomas in inbred laboratory mice. Vet Pathol 28: 200-206

40. Sundberg JP, Prattis S, Dudley M (1996) Skeletal muscle rhabdomyosarcomas in inbred laboratory mice. In: Mohr U, Dungworth DL, Capen CC, Carlton WW, Sundberg JP, Ward JM (eds) Pathobiology of the aging mouse, vol 2. Musculoskeletal system. ILSI Press, Washington DC, pp 415-423

41. Swenberg JA (1982) Neoplasms of the nervous system. In: Foster HL, Small JD, Fox JG (eds) The mouse in biomedical research, vol IV. Experimental biology and oncology. Academic Press, San Diego, pp 529-537

42. Szepsenwol J, Boschetti NV (1975) Primary and secondary heart tumors in mice maintained on various diets. Oncology 32: 58-72

43. Takahashi K, Maita K, Shirasu Y (1990) Eosinophilic globule cells in mouse MFH-like sarcomas. Light and electron microscopic studies. Virchows Arch B 59: 367-376

44. Tillmann T, Kamino K, Dasenbrock C, Ernst H, Kohler M, Morawietz G, Campo E, Cardesa A, Tomatis L, Mohr U (1997) Subcutaneous soft tissue tumours at the site of implanted microchips in mice. Exp Toxicol Pathol49: 197-200

45. Walker VE, Morgan KT, Zimmerman HM, Innes JRM (1994) Tumours of the central and peripheral nervous system. In: Turusov VS, Mohr U (eds) Pathology of tumours in laboratory animals' vol 2. Tumours of the mouse, 2nd edn. IARC Scientific Publications No. Ⅲ, Lyon, pp 731-776

46. Ward JM, Goodman DG, Squire RA, Chu KC, Linhart MS (1979) Neoplastic and nonneoplastic lesions in aging (C57BLl6 N x C3HlHeN)Fl (B6C3F1) mice. J Natl Cancer Inst 63: 849-854

47. Yamate J, Tajima M, Ihara M, Shibuya K, Kudow S (1988) Spontaneous vascular endothelial cell tumors in aged B6C3Fl mice. Jpn J Vet Sci 50: 453-461

（谭荣荣、崔子月、修晓宇、黄洛伊、

王书扬、朱怀森、罗传真　译，

马祎迪、田旭、张婷、陆姮磊　审校）

第十二章　骨骼系统、牙齿

H. Ernst[3] , P.H. Long[1] , P.F. Wadsworth , J.R. Leininger[2] , S. Reiland , Y.Konishi

---

1 主席；2 共同主席；3 初稿。

良性骨瘤（B）
Osteoma（B）

同义词：cancellous osteoma；compact osteoma；juxta cortical（parosteal）osteoma；medullary osteoma（enostosis）；spongious；osteoma；trabecular osteoma。

组织发生

成骨细胞、骨细胞。

诊断特征

- 好发生于皮质骨的骨膜表面。
- 呈膨胀性生长形态，与周围组织界限分明。
- 由编织结构为主特致密的骨组成。
- 多数骨陷窝缺乏细胞。
- 缺乏像骨纤维瘤那样的梭形细胞基质。
- 光滑的轮廓伴有不活跃或活跃的成骨细胞。
- 可能存在黄骨髓或红骨髓。

鉴别诊断

骨性外生骨疣或反应性骨（Bony Exostosis; Reactive Bone）

可仅通过无肿瘤特征来鉴别。

骨纤维瘤（Osteofibroma）

骨小梁之间存在梭形细胞。

骨肉瘤（Osteosarcoma）

组织分化程度低（不成熟骨或不典型骨）、有恶性肿瘤的细胞学特征。

备注

自发性骨瘤在大多数品系的小鼠中是罕见的。它们最常发生在颅骨，似乎在雌性中比在雄性中更常见。该病变受雌性性激素的影响已被证实。可通过几种病毒在小鼠中诱导产生。

参考文献

参见 2、7、14、17、19、24、25 和 40。

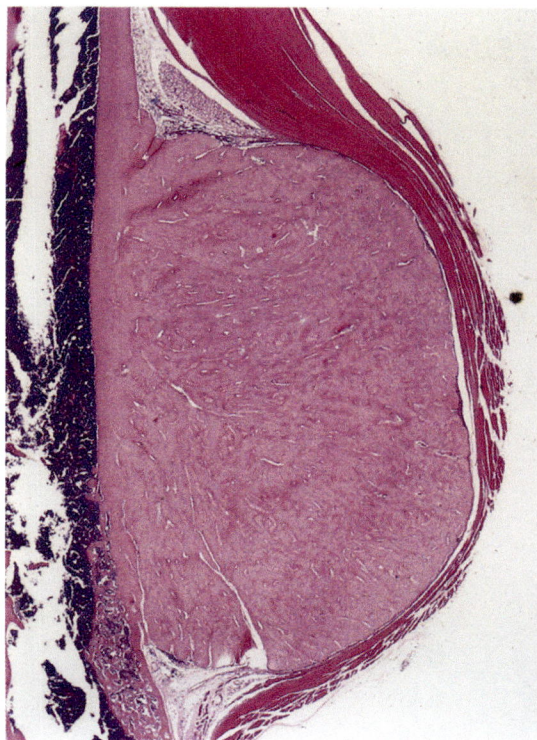

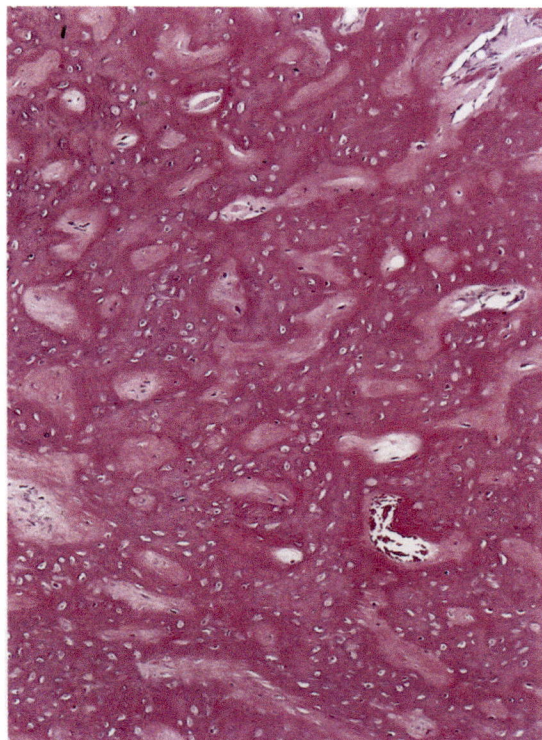

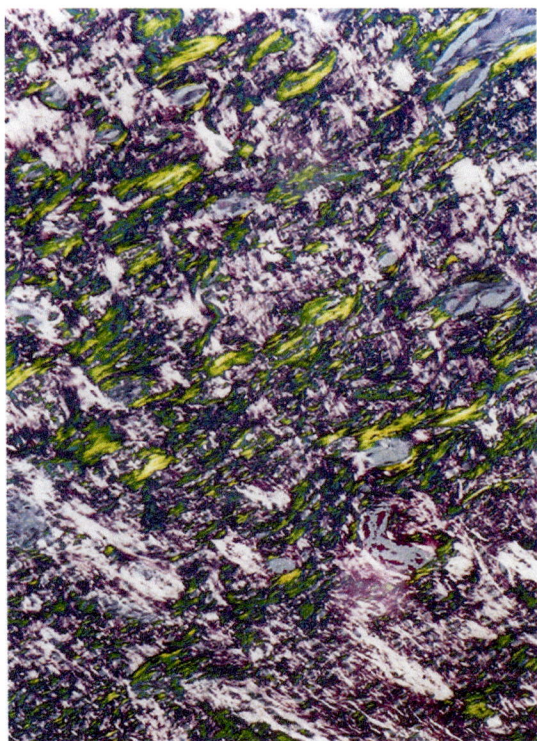

图 12-1（左上） 颅骨骨瘤。可见轮廓光滑、呈膨胀性生长的密质骨肿块。B6C3F1 小鼠。H&E 染色

图 12-2（右上） 颅骨骨瘤。可见致密且细胞稀疏的编织骨。B6C3F1 小鼠。H&E 染色

图 12-3（左下） 颅骨骨瘤。表现为典型、不规则、纵横交错类型的编织骨。B6C3F1 小鼠。偏振光显微镜，Masson 三色染色

骨肉瘤（*M*）
Osteosarcoma（*M*）

同义词：osteogenic sarcoma。

组织发生

多能间充质干细胞、成骨细胞、骨细胞。

诊断特征

- 发生于骨的高度侵袭性和破坏性肿瘤。
- 常见转移，主要转移到肝、脾和肺。
- 肿瘤性类骨质形成是骨肉瘤的一个主要特征。
- 形成的骨通常是未成熟的编织骨。
- 肿瘤内可观察到部分较新生的骨向陈旧的骨渐进成熟。
- 骨髓腔内可能有造血组织和破骨细胞。
- 正常的骨溶解可能与肿瘤性成骨同时发生。
- 胶原、软骨和黏液基质病灶可出现在同一肿瘤的不同区域。
- 增生的细胞可呈多形性、梭形或具有多个核。
- 可能存在广泛的坏死灶和出血灶。

- 核分裂象多少不一。
- 亚分类，根据肿瘤的形态学特征，可选择使用下列一个或多个修饰词。
    - 骨质硬化型（骨瘤样，但肿瘤周围有多形性和浸润性细胞）。
    - 成骨细胞型（高度分化，含不同数量的类骨质和骨）。
    - 成纤维细胞型（含大的嗜碱性梭形细胞和数量不等的类骨质）。
    - 破骨细胞型（主要含破骨样巨细胞）。
    - 成软骨细胞型（伴有未成熟的软骨和骨区域）。
    - 血管型（存在充满血液的大血窦）。
    - 间变性（组织分化程度很低）。
    - 混合性（混合有至少 2 种组织学类型）。

图 12-8~12-10 见 394 页。

图 12-4（左上） 硬化型骨肉瘤，颅骨。肿瘤主要由肿瘤性类骨质或骨组成。C57BL 小鼠。H&E 染色
图 12-5（右上） 成骨细胞型骨肉瘤，椎骨。肿瘤主要由肿瘤性成骨细胞组成。C57BL 小鼠。H&E 染色
图 12-6（左下） 成骨细胞型骨肉瘤，肝转移。C57BL 小鼠。H&E 染色
图 12-7（右下） 成纤维细胞型骨肉瘤，股骨。小块的类骨质被细长的肿瘤细胞包围，类似纤维肉瘤形态。C57BL 小鼠。H&E 染色

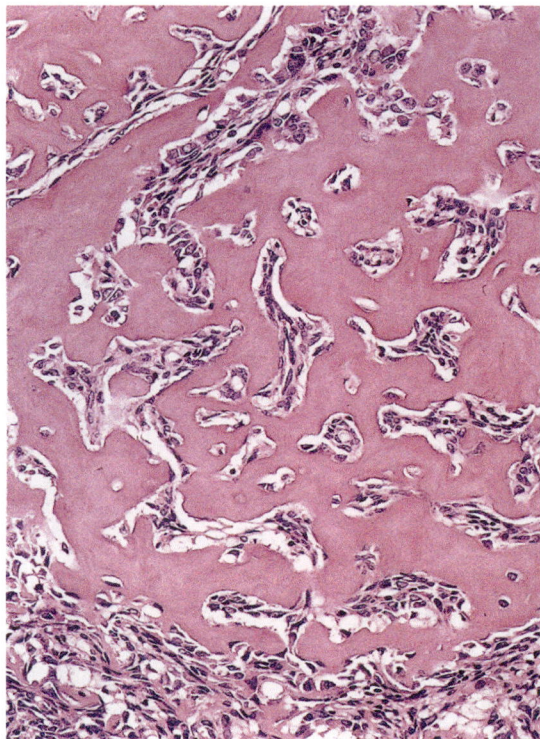

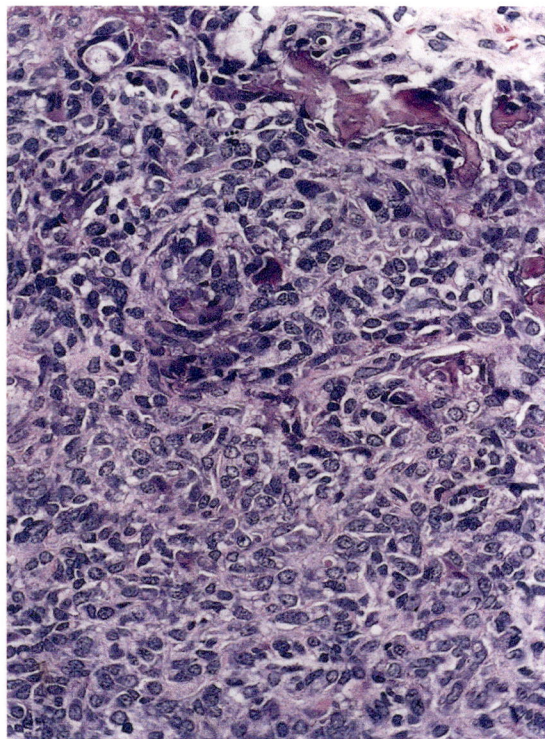

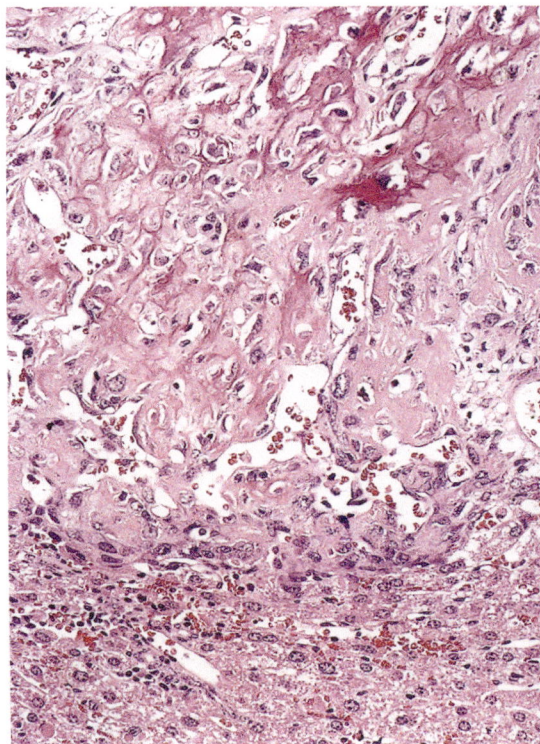

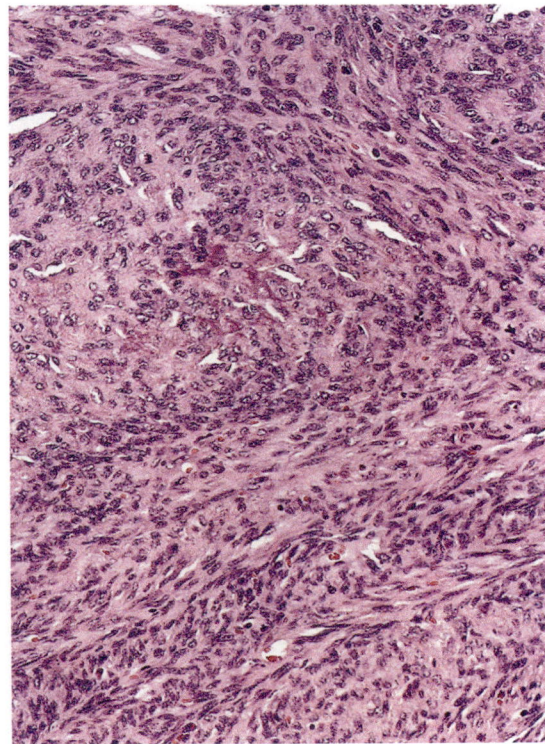

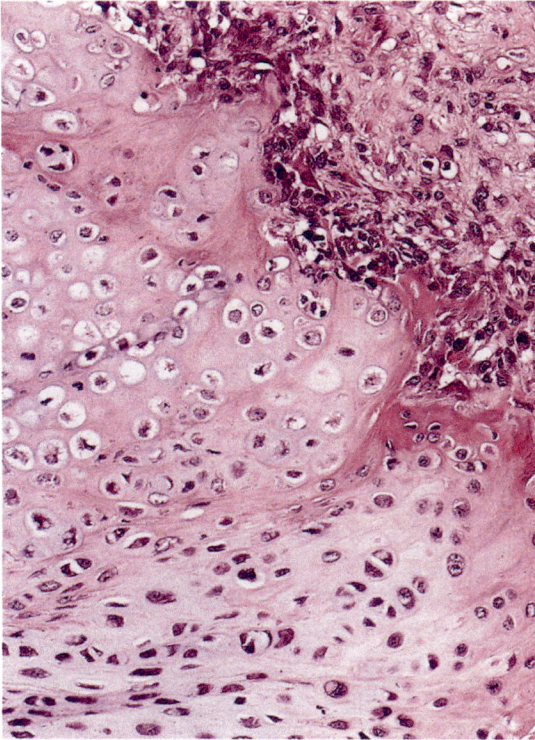

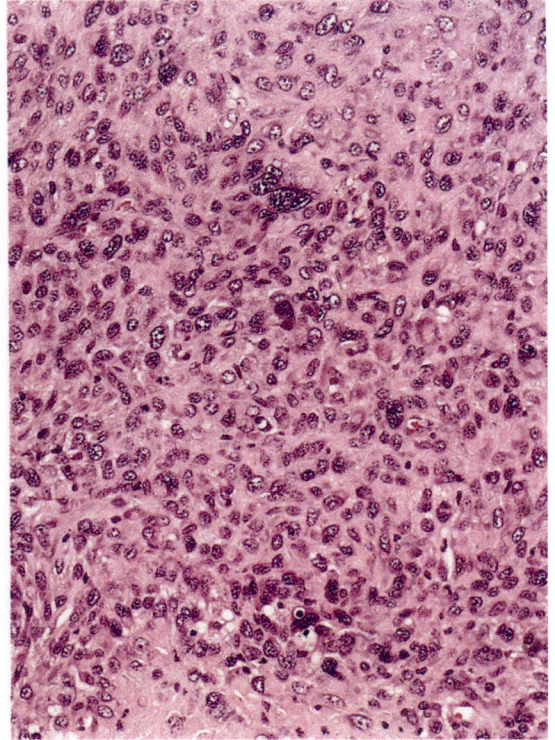

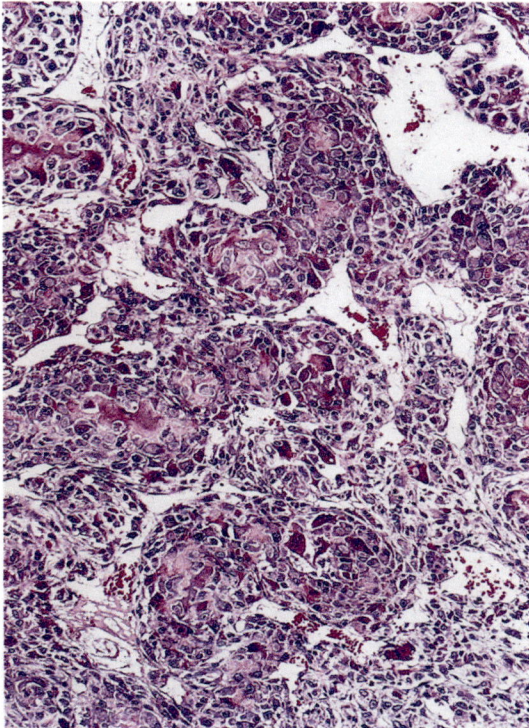

图 12-8（左上） 成软骨细胞型骨肉瘤，椎骨。由软骨样和骨样肿瘤组织组成。C57BL 小鼠。H&E 染色

图 12-9（右上） 间变性骨肉瘤，椎骨。肿瘤主要由多形性细胞组成，仅有少量类骨质形成。C57BL 小鼠。H&E 染色

图 12-10（左下） 血管型骨肉瘤，椎骨。肿瘤组织含有大的、充满血液的分支状血管腔。p53 杂合子小鼠，雄性，32 周龄。H&E 染色

鉴别诊断

骨瘤（Osteoma）

边界清晰的致密性骨肿瘤，由致密的编织骨构成，缺乏提示为恶性肿瘤的多形性、侵袭性生长的指征。

骨纤维瘤（Osteofibroma）

骨小梁之间有高分化的梭形细胞，缺乏恶性肿瘤的细胞学特征。

软骨肉瘤或血管肉瘤或纤维肉瘤（Chondrosarcoma or Hemangiosarcoma or Fibrosarcoma）

肿瘤细胞不形成类骨质。

备注

大多数骨肉瘤起源于干骺端。肿瘤的组织学分化程度或肿瘤大小与转移概率之间无明显相关性。尾椎的肿瘤转移发生率最高。

骨肉瘤的亚分类是可行的，但在风险评估中不需要。

参考文献

参见 1、2、3、6、7、9、10、11、19、23、25、28、38 和 39。

骨纤维瘤（*B*）
Osteofibroma（*B*）

同义词：osteoblastoma。

组织发生

多能间充质干细胞、成骨细胞。

诊断特征

- 呈膨胀性生长，好发于脊柱。
- X 线片上看起来像骨肉瘤。
- 可能起源于骨髓腔（而不是骨膜表面）。
- 由被梭形细胞间质分隔的成熟骨小梁组成。
- 典型表现为在分散的细胞密集区伴有特征性的类骨质骨针。
- 可同时存在活跃的成骨细胞和破骨细胞。
- 可出现造血骨髓。
- 基质细胞不具有高度多形性，不侵袭周围组织。

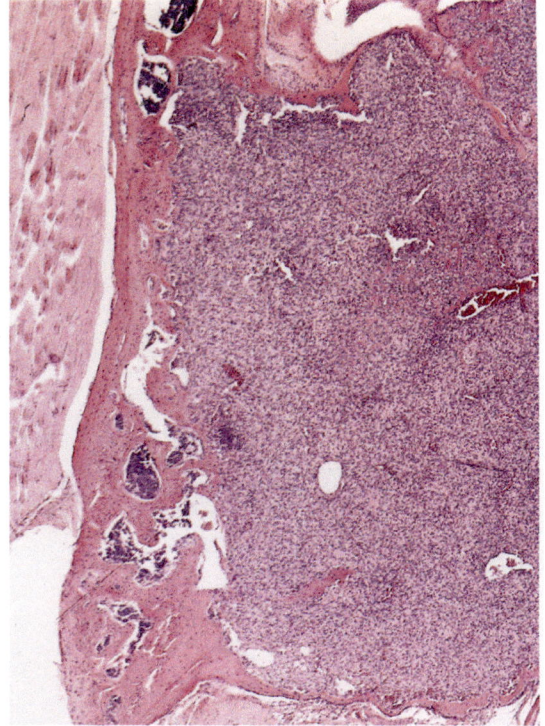

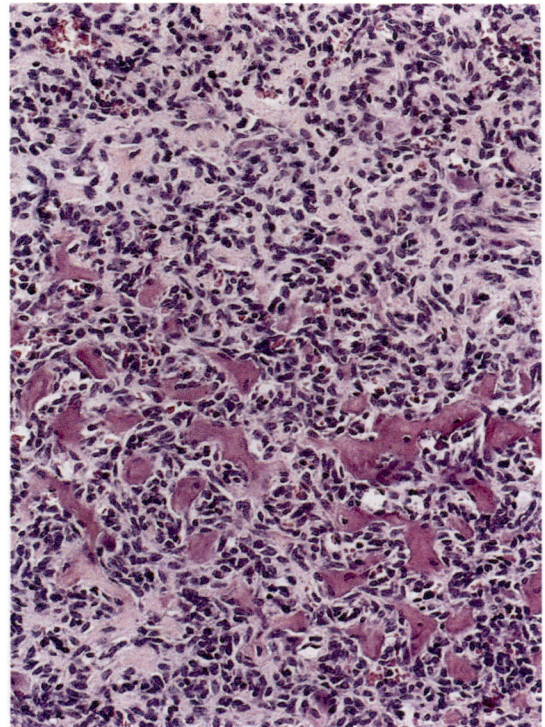

图 12-11（右上） 椎骨骨纤维瘤。NMRI 小鼠，雌性，处理后，101 周龄。H&E 染色（由 A. Luz 提供）
图 12-12（右下） 椎骨骨纤维瘤。肿瘤由包围着薄的类骨质骨针的梭形细胞组成。NMRI 小鼠，雌性，处理后，101 周龄。H&E 染色（由 A. Luz 提供）

鉴别诊断

骨性外生骨疣或反应性骨（*Bony Exostosis; Reactive Bone*）

通过无肿瘤特征来鉴别。

纤维骨性病变（*Fibro-Osseous Lesion*）

以纤维血管性基质、成骨细胞和破骨细胞增生为特征。骨的扩散吸收侵蚀到髓腔中心，加速骨更新，随后形成骨。

骨瘤（*Osteoma*）

缺乏梭形细胞基质。

骨化性纤维瘤（*Ossifying Fibroma*）

梭形细胞成分更突出，骨小梁呈字母样轮廓。

骨肉瘤（*Osteosarcoma*）

组织分化程度低（未成熟骨或不典型骨）、浸润性生长，存在恶性肿瘤的细胞学特征。

备注

骨纤维瘤仅在给予放射性核素的小鼠中有报道。可能发展为骨肉瘤。由于其好发于脊柱，可能导致瘫痪。

参考文献

参见 6、13、19、22 和 25。

骨化性纤维瘤（*B*）
Ossifying Fibroma（*B*）

同义词：cementifying fibroma。

组织发生

多能间充质干细胞、成骨细胞（成牙骨质细胞）。

诊断特征

- 肿瘤仅发生于颌骨，界限清楚。
- 外观提示为纤维瘤，其中骨/牙骨质由纤维结缔组织成分的骨化生形成。
- 增生成分由类似成纤维细胞的梭形细胞组成，这些细胞转化为立方形成骨细胞/成牙骨质细胞，并形成多个圆形的牙骨质小体样结构或边界蓝染的牙骨质样小梁。
- 细胞突起垂直于硬组织表面。
- 骨针几乎完全由编织骨组成。
- 骨针常表现为字母"C"和"Y"形。
- 通常通过新形成的皮质骨薄外壳与周围组织分离。
- 核分裂象较少。

鉴别诊断

纤维骨性病变（Fibro-Osseous Lesion）
可通过多样化的细胞群和无肿瘤特征进行鉴别。

骨瘤（Osteoma）
缺乏梭形细胞基质。

骨纤维瘤（Osteofibroma）
肿瘤中梭形细胞和纤维组织较少，缺乏字母形状的骨小梁。

骨肉瘤（Osteosarcoma）
组织分化程度低（不成熟骨或不典型骨），呈浸润性生长，存在恶性肿瘤的细胞学特征。

备注

自发性骨化性纤维瘤在小鼠中罕见，发生于颌骨。在这个位置，它们通常围绕着切牙，含有牙骨质，认为起源于牙周膜。

参考文献

参见 7、20、21 和 25。

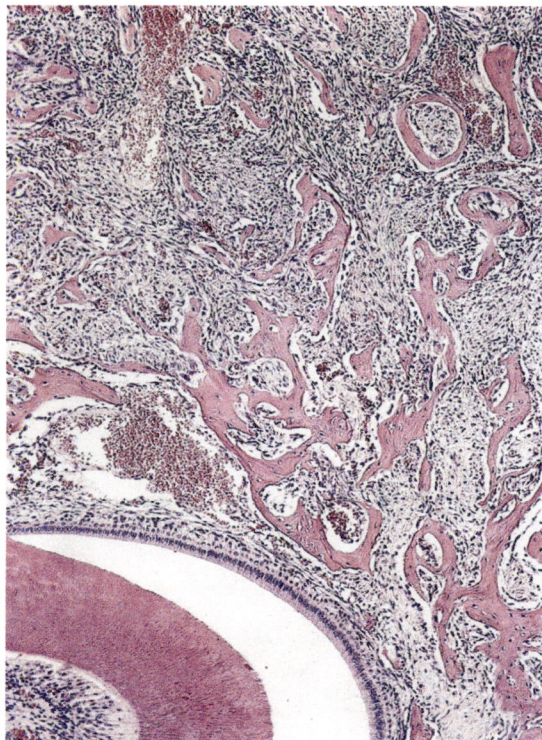

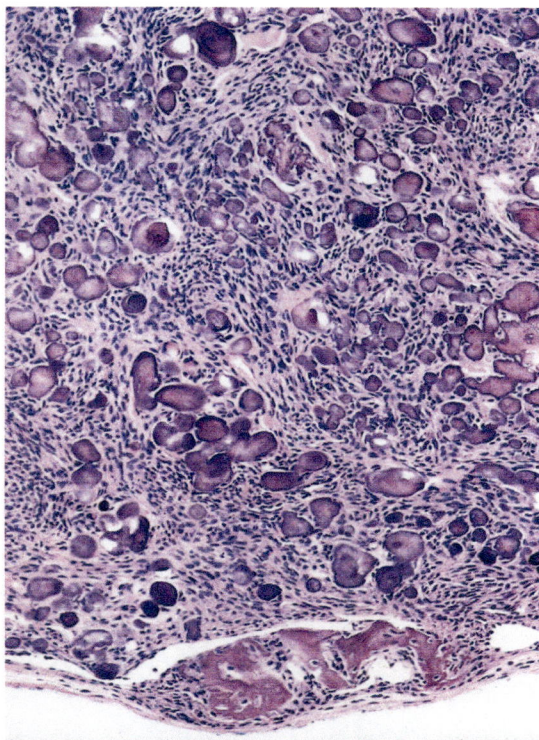

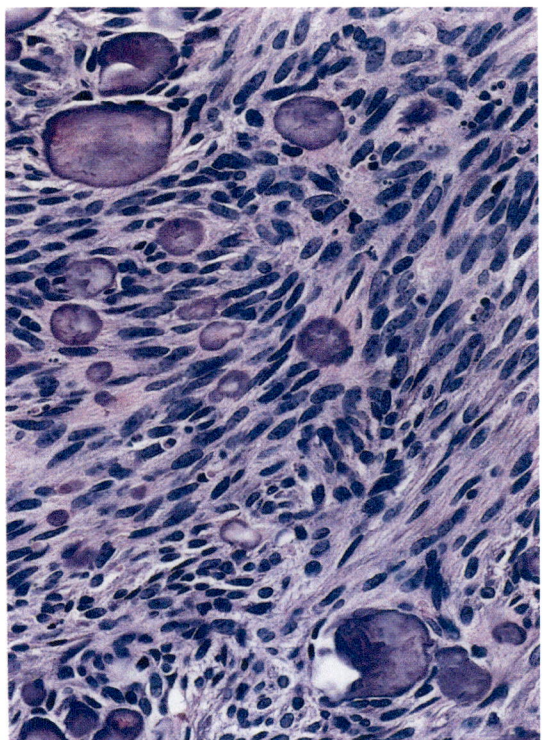

图 12-13（左上） 骨化性纤维瘤，下颌，由字母样骨针和梭形细胞组成。NMRI 小鼠，雌性，处理后，101 周龄。H&E 染色（由 A.Luz 提供）

图 12-14（右上） 牙骨质化纤维瘤，上颌，侵蚀上颌骨。NMRI 小鼠，雌性。H&E 染色

图 12-15（左下） 牙骨质化纤维瘤，上颌。肿瘤由成纤维细胞样梭形细胞和在细胞间基质中形成的牙骨质小体组成。NMRI 小鼠，雌性。H&E 染色

软骨瘤（*B*）
Chondroma（*B*）

组织发生

成软骨细胞、软骨细胞。

诊断特征

- 由透明软骨小叶组成的界限清楚的膨胀性生长的肿瘤。
- 高分化的软骨细胞分别排列于陷窝内。
- 细胞和细胞核无多形性。
- 基质内可有骨化生区域。

鉴别诊断

软骨肉瘤（*Chondrosarcoma*）

除了浸润性生长或转移，还可见到具有多形性、双核或多核的软骨细胞。

备注

软骨瘤在小鼠中极为罕见。

参考文献

参见 19、25、35 和 39。

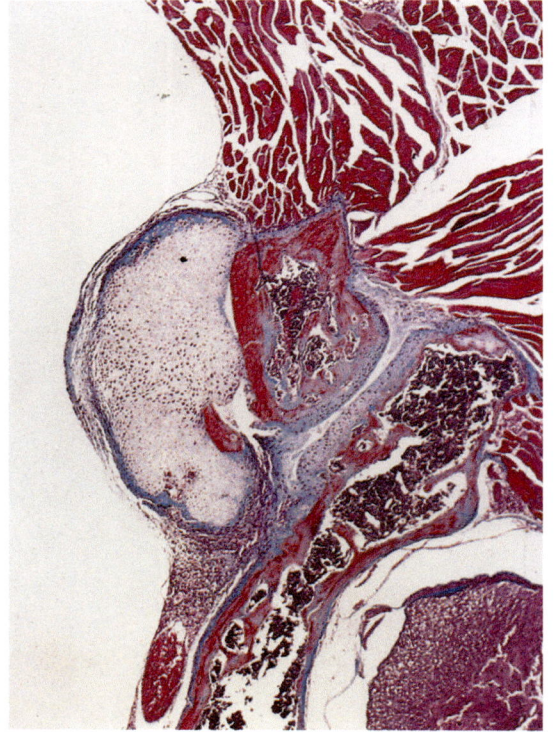

图 12-16 椎骨软骨瘤。由成熟的透明软骨组成的膨胀性生长的肿瘤。B6C3F1 小鼠。Masson 三色染色

软骨肉瘤（M）
Chondrosarcoma（M）

组织发生

　　多能间充质干细胞、成软骨细胞、软骨细胞。

诊断特征

- 含有大量细胞的分叶状肿瘤，很少向周围组织侵袭。
- 高分化肿瘤具有大的、嗜碱性软骨细胞，特点是核大、核仁明显，软骨细胞分别列于陷窝内，被透明基质包围。
- 偶见具有多形性、双核或多核巨软骨细胞。
- 核分裂象罕见。
- 低分化软骨肉瘤含有梭形细胞，与胚胎型成软骨细胞相似。
- 无骨或肿瘤性类骨质形成，但有时可见丰富的钙化灶、广泛坏死和囊肿形成。

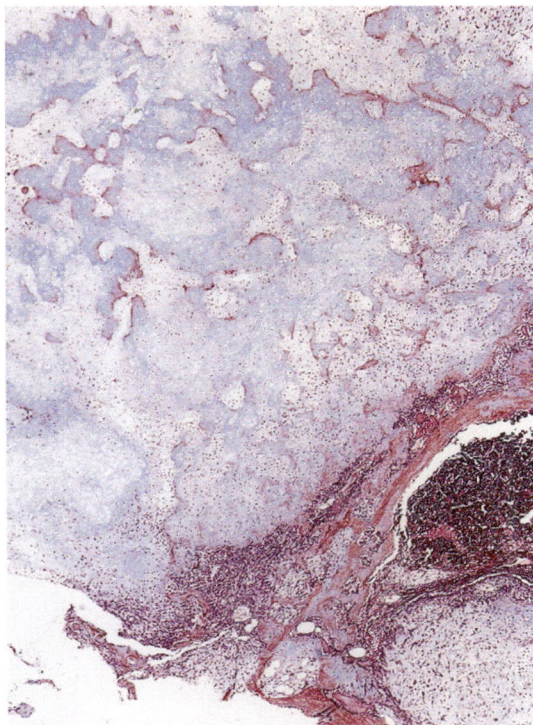

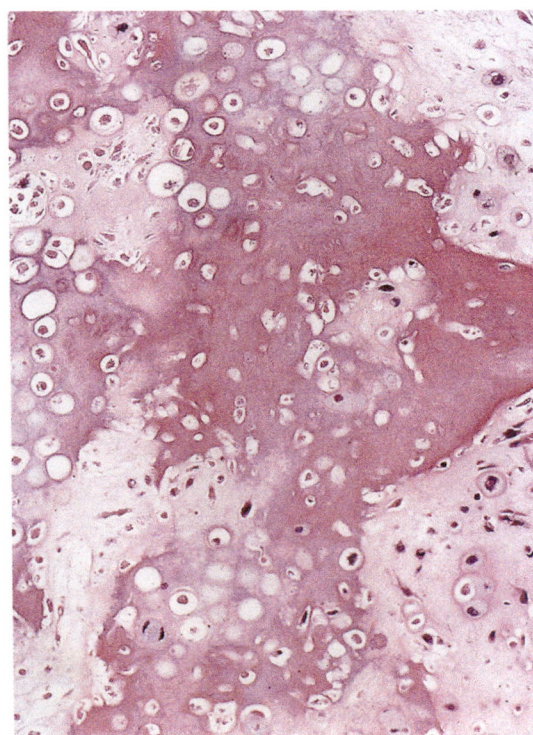

图 12-17（右上） 椎骨软骨肉瘤。软骨样基质中可见不规则的矿化区域。B6C3F1 小鼠。Masson 三色染色
图 12-18（右下） 椎骨软骨肉瘤。部分坏死的肿瘤组织含有大小不等的陷窝和多形性肿瘤细胞。B6C3F1 小鼠。H&E 染色

鉴别诊断

骨肉瘤（*Osteosarcoma*）

虽然可能存在软骨肉瘤样区域，但肿瘤中类骨质或骨的产生是骨肉瘤诊断的必要条件。

软骨瘤（*Chondroma*）

无恶性肿瘤的细胞学和组织学特征，高分化肿瘤。

备注

软骨肉瘤在小鼠中极为罕见。它们也可发生于第三眼睑、外耳和喉的骨外软骨。

参考文献

参见 10、19、25、35 和 39。

滑膜肉瘤（*M*）
Sarcoma, Synovial（*M*）

组织发生

多能间充质干细胞。

诊断特征

- 与腱鞘、滑囊和关节囊密切相连。
- 破坏并侵袭关节结构和邻近骨骼。
- 细胞质边界不清晰、小而均一的细胞形成疏松排列的小叶状或指状突起。
- 双相型肿瘤具有纤维肉瘤样和上皮样成分，可形成假腺腔并可见 PAS 染色呈阳性的物质。
- 单相型肿瘤中也可见类似纤维肉瘤的梭形细胞。
- 偶见多核巨细胞。

鉴别诊断

纤维肉瘤或恶性纤维组织细胞瘤（Fibrosarcoma; Histiocytoma, Fibrous, Malignant）

通常与关节不密切相连，无双相型。

骨肉瘤（Osteosarcoma）

肿瘤类骨质或骨的产生是骨肉瘤诊断的必要条件。

备注

滑膜肉瘤在小鼠中极为罕见，可通过皮下注射大麻素（cannabinoid）诱导发生。

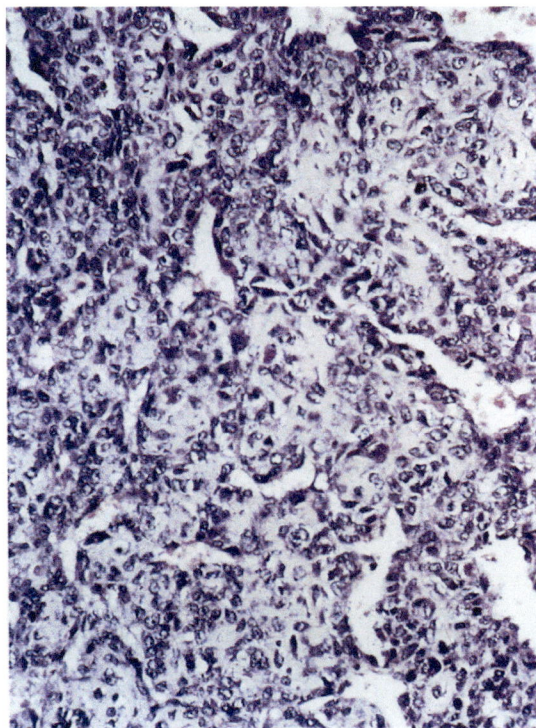

图 12-19　滑膜肉瘤主要由饱满的卵圆形细胞或多面体（上皮样）细胞构成的分支带组成。H&E 染色

参考文献

参见 19、25、29、34 和 36。

成釉细胞瘤（*B*）
Ameloblastoma（*B*）
棘皮瘤型

同义词：adamantinoma。

组织发生

  含牙囊肿的上皮；牙板和釉质器官的残余物；口腔黏膜的基底细胞层。

诊断特征

- 通常为呈向心性生长的大肿瘤，具有局部侵袭性和破坏性，但不发生转移。
- 由嵌入胶原基质中的上皮细胞岛（滤泡型）、巢或网状链（丛状型）组成。
- 上皮由类似内釉上皮的外层高柱状细胞和类似星状网状的疏松排列的中心细胞组成。
- 上皮岛可为实性（实体型），或表现为由星形细胞退行性改变导致的囊肿形成（囊型）。
- 基质可呈局灶性玻璃样变，但不产生牙齿硬组织（牙釉质、牙本质或牙骨质）。

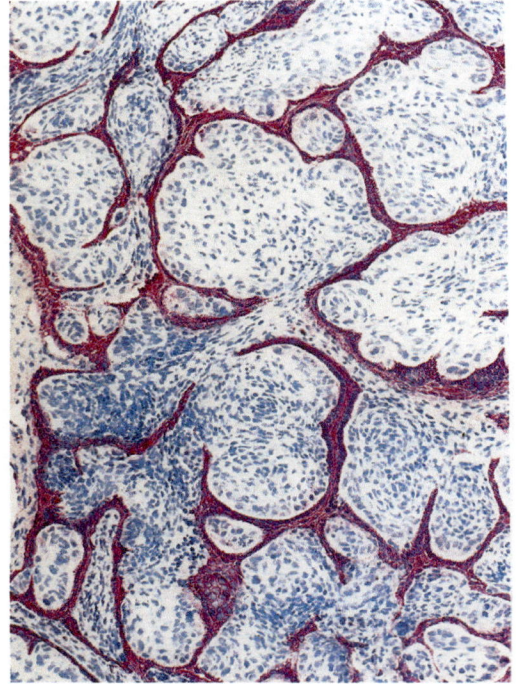

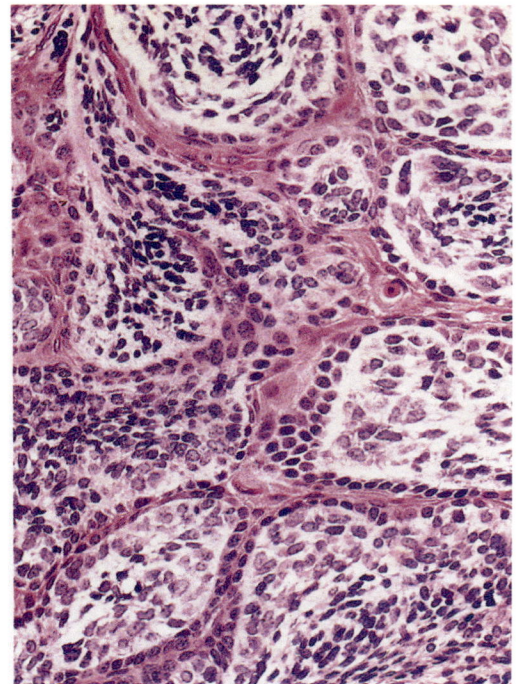

图 12-20（右上） 成釉细胞瘤，上颌。v-Ha-ras 小鼠，雄性，38 周龄。可见嵌入间充质基质的肿瘤性上皮网状索（丛状型）。广谱细胞角蛋白免疫染色呈阳性
图 12-21（右下） 成釉细胞瘤，上颌。上皮带之间是星状网样细胞，部分表现为鳞状化生。v-Ha-ras 小鼠，雄性，38 周龄。H&E 染色

棘皮瘤型（*Acanthomatous*）

- 星状网的上皮细胞可发生鳞状上皮化生。

鉴别诊断

成釉细胞纤维牙瘤（*Fibro-Odontoma, Ameloblastic*）

少量非侵袭性牙源性上皮；可见形成牙齿硬组织。

成釉细胞牙瘤（*Odontoma, Ameloblastic*）

除了成釉细胞（成釉细胞瘤样）上皮增生，还可见牙齿硬组织形成。

牙瘤（*复合性或混合性*）[（*Odontoma*）（*Complex or Compound*）]

几乎完全由牙齿硬组织组成，没有或仅有少量与硬组织相关的成釉细胞上皮。

牙源性纤维瘤（*Fibroma, Odontogenic*）

主要由牙髓样间充质组成，不明显的其余部分由非肿瘤性牙源性上皮构成。

备注

自发性成釉细胞瘤在小鼠中极为罕见。然而，多瘤病毒和局部给予 3- 甲基胆蒽（3-methylcholanthrene）可诱导小鼠发生成釉细胞瘤样肿瘤（成釉细胞癌、成釉细胞瘤）。

参考文献

参见 4、14、15、16、20、32、33、37 和 42。

成釉细胞牙瘤（B）
Odontoma, Ameloblastic（B）

同义词：odontoameloblastoma。

组织发生

牙胚的上皮细胞（成釉细胞）和外胚层间充质细胞（成牙本质细胞、成牙骨质细胞）。

诊断特征

- 通常为边界清楚、呈向心性生长的肿瘤。
- 可见从原始牙蕾到有成熟牙齿结构的不同程度的形态学分化。
- 所有牙齿组织都可见成釉质细胞上皮、星形网状样细胞、牙釉质基质、牙釉质、牙本质、成牙本质细胞、牙骨质、成牙骨质细胞及牙髓组织。
- 增生的成釉细胞（成釉细胞瘤样）上皮位于肿瘤周边，不含或含有少量牙齿硬组织。
- 牙齿硬组织的形成发生在肿瘤的中心区域内。
- 还可能观察到退行性角化的（"鬼影细胞"）和钙化的牙源性上皮。
- 角蛋白碎片聚集会导致肿瘤组织内形成反应性多核巨细胞。
- 成釉细胞牙瘤通常表现出局部侵犯（侵袭性和破坏性），但无转移。

鉴别诊断

成釉细胞瘤（Ameloblastoma）

成釉细胞瘤不产生牙齿硬组织。

成釉细胞纤维牙瘤（Fibro-Odontoma, Ameloblastic）

主要由类似牙乳头的中胚层组织组成。

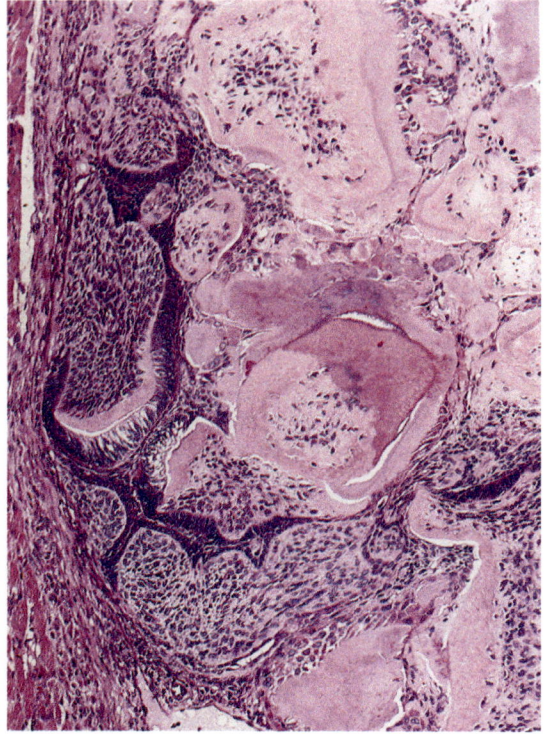

图 12-22 成釉细胞牙瘤，上颌。位于肿瘤硬组织成分外周的成釉细胞瘤样上皮具有很强的增生性并表现出侵袭。v-Ha-ras 小鼠，雌性，64 周龄。H&E 染色

牙瘤（复合性或混合性）[Odontoma（Complex or Compound）]

大部分肿瘤组织由已分化、矿化的牙齿硬组织组成。

牙源性纤维瘤（Fibroma, Odontogenic）

由牙髓样间充质组成，未形成牙釉质和牙本质。

牙发育不良（Dental Dysplasia）

通常累及切牙，与创伤和（或）炎症有关，主要由牙本质样物质组成，但也可含有其他牙源性组织。

备注

自发性的成釉质细胞牙瘤在小鼠中罕见。在携带白蛋白 -myc 和白蛋白 -ras 的转基因小鼠中也可观察到类似的牙源性肿瘤。

参考文献

参见 12、20 和 41。

成釉细胞纤维牙瘤（B）
Fibro-Odontoma, Ameloblastic（B）

组织发生

    牙胚的上皮细胞（成釉细胞）和外胚层间充质细胞（成牙本质细胞、成牙骨质细胞）。

诊断特征

- 界限清楚，呈向心性生长。
- 主要由类似牙乳头中可见的呈片状和束状排列的纺锤形、角形或多边形的细胞构成。
- 牙源性上皮细胞索嵌入细胞致密的肿物内，主要排列成 2 层，2 层间无星形细胞。
- 可见类似（发育不良）牙本质和牙釉质的界限分明的钙化组织区域。

鉴别诊断

    成釉细胞瘤（*Ameloblastoma*）

    成釉细胞瘤不产生牙齿硬组织。

    成釉细胞牙瘤（*Odontoma, Ameloblastic*）

    在肿瘤周围有增生的成釉细胞上皮（成釉细胞瘤样），通常表现出侵袭性行为，并包含大量的牙齿硬组织。

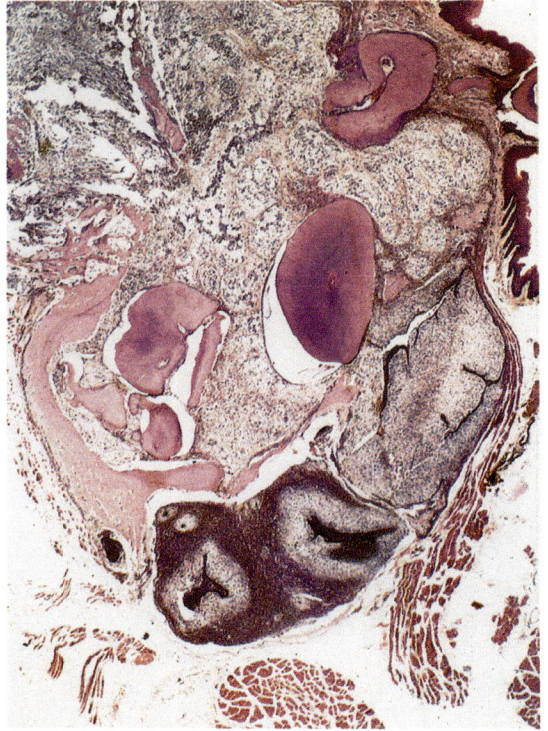

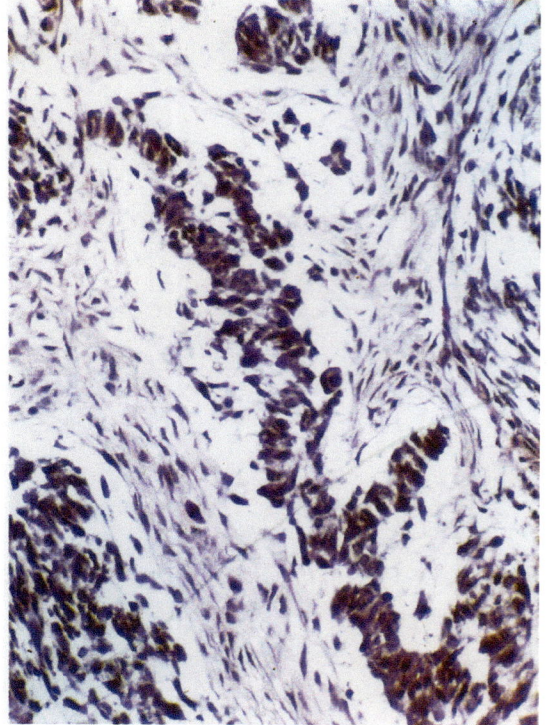

图 12-23（右上） 成釉细胞纤维牙瘤，下颌。肿瘤由牙齿硬组织和牙源性上皮细胞索组成。CD-1 小鼠，雌性，73 周龄。H&E 染色（由 A. Nyska 提供）

图 12-24（右下） 成釉细胞纤维牙瘤，下颌。上皮细胞索由 2 层细胞组成，2 层间无星形细胞。CD-1 小鼠，雌性，73 周龄。H&E 染色（由 A. Nyska 提供）

牙瘤（复合性或混合性）［*Odontoma (Complex or Compound)*］

大部分肿瘤组织由分化、矿化的牙齿硬组织构成。

牙源性纤维瘤（*Fibroma, Odontogenic*）

由牙髓样间充质组成；不形成牙釉质和牙本质。

牙发育不良（*Dental Dysplasia*）

通常累及切牙，与创伤和（或）炎症有关，主要由牙本质样物质构成，但也可能含有其他牙源性组织。

参考文献

参见 20 和 27。

牙瘤（*B*）
Odontoma（*B*）
复合性，混合性

组织发生

牙胚的上皮细胞（成釉细胞）和外胚层间充质细胞（成牙本质细胞、成牙骨质细胞）。

诊断特征

复合性

- 牙齿组织表现出特征性的低分化形态，与正常牙齿几乎无相似之处。
- 所有牙齿硬组织如牙釉质、牙本质和牙骨质以及成牙本质细胞、成牙骨质细胞和牙髓间充质细胞均存在。
- 缺乏与牙齿硬组织无关的明显的成釉细胞（成釉细胞瘤样）上皮区域。
- 大多与牙齿未萌出有关。

混合性

- 牙齿组织表现出与正常牙齿相似的高分化形态及组织分化。
- 病灶通常较小且界限清楚。

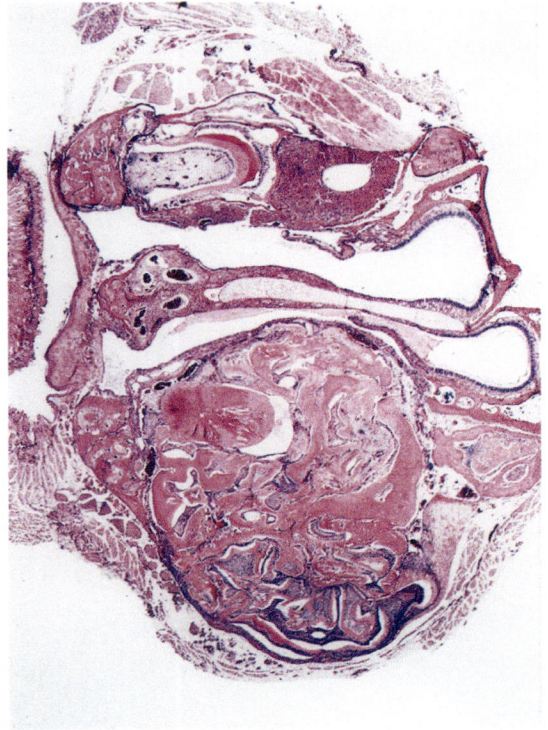

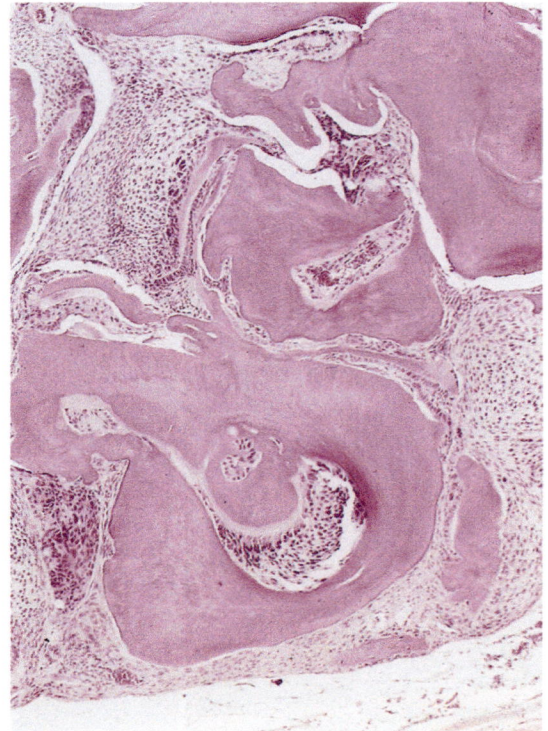

图 12-25（右上） 牙瘤，复合性，上颌。结节性肿瘤主要由排列不规则的牙齿硬组织组成。NMRI 小鼠，雌性，78 周龄。H&E 染色（由 A. Luz 提供）

图 12-26（右下） 牙瘤，复合性，上颌。与正常牙齿几乎无相似之处，牙本质结构嵌入牙髓样间充质。CD-1 小鼠，雄性，103 周龄。H&E 染色

- 所有牙齿硬组织如牙釉质、牙本质和牙骨质以及成牙本质细胞、成牙骨质细胞和牙髓间充质细胞均存在。
- 缺乏明显的成釉细胞（成釉细胞瘤样）上皮区域，与牙齿硬组织无关。
- 大多与牙齿未萌出有关。

鉴别诊断

成釉细胞瘤（*Ameloblastoma*）

成釉细胞瘤不产生牙齿硬组织。放射性 X 线片（如有）显示放射性可透性病变。

成釉细胞牙瘤（*Odontoma, Ameloblastic*）

在肿瘤周围有增生的成釉细胞上皮（成釉细胞瘤样），通常表现出侵袭性，并与牙齿硬组织无关。

成釉细胞纤维牙瘤（*Fibro-Odontoma, Ameloblastic*）

主要由类似牙乳头的中胚层组织构成。

牙源性纤维瘤（*Fibroma, Odontogenic*）

由牙囊样间充质组成；不形成牙釉质和牙本质。

牙齿发育不良（*Dental Dysplasia*）

通常累及切牙，与创伤和（或）炎症有关，主要由牙本质样的物质组成，但也可能含有其他牙源性组织。

备注

复合性及混合性牙瘤被认为是畸形（错构瘤），而非真正的肿瘤。牙瘤被视为牙齿的一种发育阶段，在硬组织形成后不久，成釉细胞上皮发生变性。Nozue 和 Kayano（1978）以及 Goessner 和 Luz（1994）所描述的牙源性肿瘤被认为是牙瘤而不是牙本质瘤。

当牙骨质样骨性物质存在时，颌骨牙瘤可被诊断为牙骨质瘤。如果牙骨质样结构被含有成牙骨质细胞的纤维组织包绕，这类肿瘤可被诊断为成牙骨质细胞瘤。

参考文献

参见 5、8、12、14、18、20、26、30 和 31。

牙源性纤维瘤（B）
Fibroma, Odontogenic（B）

组织发生

　　牙周韧带、发育中牙器官，牙乳头或牙囊的间充质细胞。

诊断特征

- 界限清楚、呈膨胀性生长的肿瘤，通常与持续萌出的切牙牙髓相关。
- 主要由原始形态的牙囊样间充质细胞旋涡组成，被胶原形成的明显区域分隔开。
- 表现为牙上皮残留的非增生性、小且多为未分化的上皮细胞索和细胞岛、分散在整个肿瘤中。
- 在间充质组织中也可观察到圆形或不规则的类牙骨质样物质病灶形成。

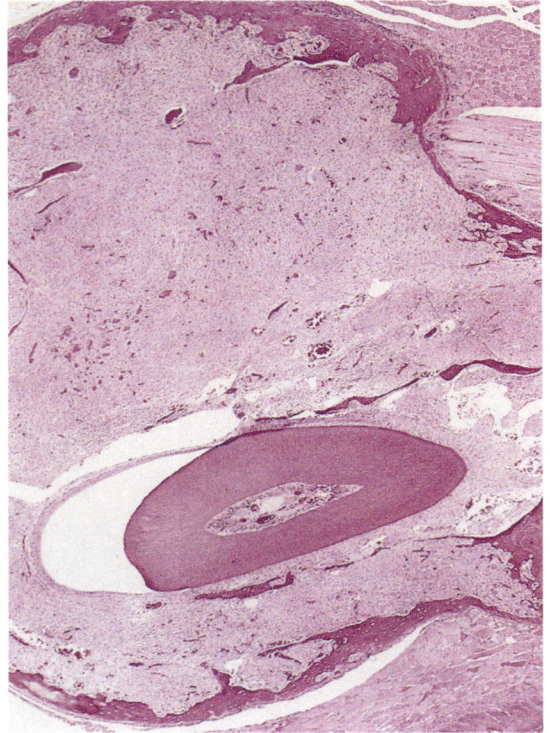

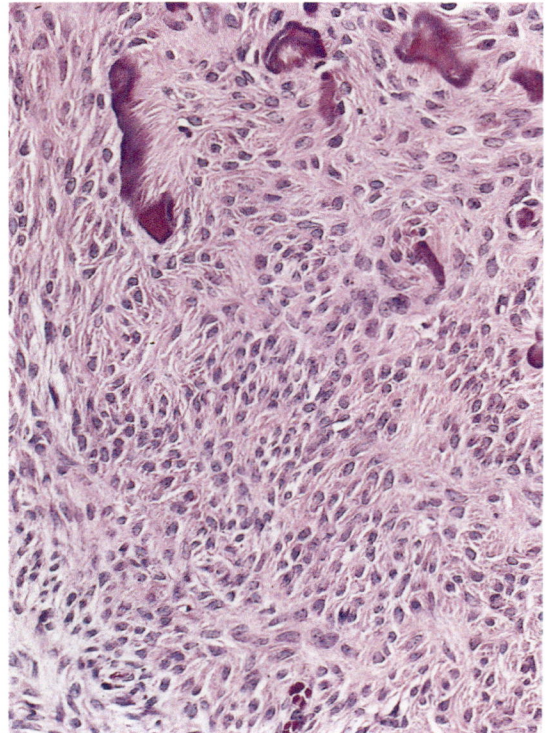

图 12-27（右上） 牙源性纤维瘤，下颌。与切牙相关并由牙髓样间充质组成的膨胀性肿瘤。CD-1 小鼠，雌性，88 周龄。H&E 染色

图 12-28（右下） 牙源性纤维瘤，下颌。胶原化的间充质内形成局灶性的牙骨质样物质。CD-1 小鼠，雌性，88 周龄。H&E 染色

鉴别诊断

成釉细胞瘤（Ameloblastoma）

肿瘤性和增生性的牙源性上皮细胞呈立方形至柱状，并包绕形成星状网。

成釉细胞牙瘤（Odontoma, Ameloblastic）

除了成釉细胞（成釉细胞瘤样）上皮增生，还可见牙齿硬组织形成。

成釉细胞纤维牙瘤（Fibro-Odontoma, Ameloblastic）

可见形成牙本质和牙釉质。

牙瘤（复合性或混合性）〔Odontoma（Complex or Compound）〕

两种病变均含有分化、矿化的牙齿样牙齿硬组织。

参考文献

参见 14 和 20。

参考文献

1. Albassam MA, Courtney CL (1996) Nonneoplastic and neoplastic lesions of the bone. In: Mohr U, Dungworth DL, Capen CC, Carlton WW, Sundberg JP, Ward JM (eds) Pathobiology of the aging mouse, vol 2. Musculoskeletal system. ILSI Press, Washington DC, pp 425-437

2. Charles RT, TurusovVS (1974) Bone tumours in CF-1 mice. Lab Anim 8: 137-144

3. Cockmann-Thomas RA, Dunn DG, Innskeep W II, Mondy WL, Swearengen JR (1994) Spontaneous osteosarcoma in a C57BLl6 J mouse. Lab Anim Sci 44: 531-533

4. Dawe CJ, Law LW, Dunn TB (1959) Studies of parotid-tumor agent in cultures of leukemic tissues of mice. J Natl Cancer Inst 23: 717-798

5. Dayan D, Waner T, Harmelin A, Nyska A (1994) Bilateral complex odontoma in a Swiss (CD-I) male mouse. Lab Anim 28: 90-92

6. EULEP Committee on Pathology (1991) Bone tumors in mice and rats. European Late Effects Project Group, Gesellschaft fuer Strahlen- und Umweltforschung, Neuherberg (EULEP pathologyatlas)

7. Faccini JM, Abbott DP, Paulus GJJ (1990) Mouse histopathology. A glossary for use in toxicity and carcinogenicity studies. Elsevier, Amsterdam 8. Finkel MP, Lombard LS, Staffeldt EF, Duffy PH (1979) Odontomas in Peromyscus leucopus. J Natl Cancer Inst 63: 407-411

9. Franks LM, Rowlatt C, Chesterman FC (1973) Naturally occurring bone tumors in C57BL-Lcrf mice. J Natl Cancer Inst 50: 431-438

10. Frith CH, Ward JM (1988) Color atlas of neoplastic and non-neoplastic lesions in aging mice. Elsevier, Amsterdam

11. Frith CH, Johnson BP, Highman B (1982) Osteosarcomas in BALB/c female mice. Lab Anim Sci 32: 60-63

12. Gibson CW, Lally E, Herold RC, Decker S, Brinster RL, Sandgren EP (1992) Odontogenic tumors in mice carrying albumin-myc and albumin-ras transgenes. CalcifTissue Int 51: 162-167

13. Goessner W (1986) Pathology of radiation-induced bone tumors. Leuk Res 10: 897-904

14. Goessner W, Luz A (1994) Tumours of the jaws. In: Turusov VS, Mohr U (eds) Pathology of tumours in laboratory animals, vol 2. Tumours of the mouse, 2nd edn. IARC Scientific Publications No. 111, Lyon, pp 141-165

15. Goliard RP, Slavkin HC, Snead ML (1992) Polyoma virus-induced murine odontogenic tumors. Oral Surg Oral Med Oral Pathol 74: 761-767

16. Greene GW, Collins DA, Bernier JL (1960) Response of embryonal odontogenic epithelium in the lower incisor of the mouse to 3-methylcholanthrene. Arch Oral Bioi 1: 325-332

17. Hoger H, Gialamas J, Jelinek F (I994) Multiple osteomas in mice. Vet Pathol 31: 429-434

18. Humphreys ER, Robins MW, Stones VA (1985) Age-related and 224Ra-induced abnormalities in the teeth of male mice. Arch Oral BioI 30: 55-64

19. Long PH, Leininger JR (1999a) Bones, joints, and synovia. In: Maronpot RR, Boorman GA, Gaul BW (eds) Pathology of the mouse. Reference and atlas. Cache River Press, Vienna, pp 645-678

20. Long PH, Leininger JR (I999b) Teeth. In: Maronpot RR, Boorman GA, Gaul BW (eds) Pathology of the mouse. Reference and atlas. Cache River Press, Vienna, pp 13-28

21. Luz A, Goessner W, Murray AB (1991a) Ossifying fibroma, mouse. In: Jones TC, Mohr U, Hunt RD (eds) Monographs on pathology of laboratory animals. Cardiovascular and musculoskeletal systems. Springer, Berlin Heidelberg New York Tokyo, pp 228-232

22. Luz A, Goessner W, Murray AB (1991b) Osteofibroma, mouse. In: Jones TC, Mohr U, Hunt RD (eds) Monographs on pathology of laboratory animals. Cardiovascular and musculoskeletal systems. Springer, Berlin Heidelberg New York Tokyo, pp 224-228

23. Luz A, Goessner W, Murray AB (1991c) Osteosarcoma, spontaneous and radiation-induced, mouse. In: Jones TC, Mohr U, Hunt RD (eds) Monographs on pathology of laboratory animals. Cardiovascular and musculoskeletal systems. Springer, Berlin Heidelberg New York Tokyo, pp 202-213

24. Luz A, Murray AB, Schmidt J (I991d) Osteoma, spontaneous and virus-induced, mouse. In: Jones TC, Mohr U, Hunt RD (eds) Monographs on pathology of laboratory animals. Cardiovascular and musculoskeletal systems. Springer, Berlin Heidelberg New York Tokyo, pp 182-190

25. Nilsson A, Stanton MF (1994) Tumours of the bone. In: Turusov VS, Mohr U (eds) Pathology of tumours in laboratory animals, vol 2. Tumours of the mouse, 2nd edn. IARC Scientific Publications No. 111, Lyon, pp 681-729

26. Nozue T, Kayano T (1978) Effects of mitomycin C in postnatal tooth development in mice with special

reference to neural crest cells. Acta Anat 100:85-94

27. Nyska A, Waner T, Tal H, Dayan D (1991) Spontaneous ameloblastic fibro-odontoma in a female mouse. J Oral Pathol Med 20: 250-252

28. Pybus FC, Miller EW (1938) Spontaneous bone tumours of mice. Am J Cancer 33: 98-111

29. Rabstein LS,Peters RL(1973)Tumors of the kidneys,synovia,exocrine pancreas and nasal cavity in BALB-cf-Cd mice.I Natl Cancer Inst 51: 999-1006

30. Robins MW,Rowlatt C(1971)Dental abnormalities in aged mice.Gerontologia 17:261-272

31. Sokoloff L,ZipkinI(1967)Odontogenic hamartomas in an inbred strain of mouse (STR-1 N). Proc Soc Exp Biol Med 124:147-149

32. Stanley HR,Dawe CJ,Law LW(1964)Oral tumors induced by polyoma virus in mice.Oral Surg 17:547-558

33. Stanley HR,Baer PN,Kilham L(1965)Oral tissue alterations in mice inoculated with the Rowe substrain of polyoma virus.Periodontics 3: 178-183

34. Stanton MF(1979)Tumours of the bone.In:Turusov VS(ed)Pathology of tumours in laboratory animals,vol II.Tumours of the mouse.IARC Scientific Publications No.23,Lyon,pp 577-609

35. Stewart HL(1979)Tumours of the soft tissues. In:Turusov VS(ed)Pathology of tumours in laboratory animals,vol I.Tumours of the mouse.IARC Scientific Publications No.23,Ly- on,pp 487-526

36. Szepsenwol J,Fletcher J,Casales EA,Murison GL (1985)Experimentally produced synovial sarcoma in mice.Oncology 42:61-67

37. Van Riissel TG,Mühlbock O(1955)Intramandibular tumors in mice.I Natl Cancer Inst 16: 659-689

38. Wadsworth PF(1989)Tumours of the bone in C57BL/10J mice.Lab Anim 23:324-327

39. Wadsworth PF(1996)Classification of bone neoplasms and presentation of data on the incidences and types in C57BL/10 J mice.In:Mohr U,Dungworth DL,Capen CC,Carlton WW, Sundberg JP,Ward JM(eds)Pathobiology of the aging mouse,vol 2.Musculoskeletal system.ILSI Press,Washington DC,pp 439-443

40. Wilson JT,Hauser RE,Ryffel B(1985)Osteomas in OF-1 mice:no alteration in biologic behavior during long-term treatment with cyclosporine.J Natl Cancer Inst 75:897-903

41. Wright JT,Hansen L,Mahler J,Szczesniak C,Spalding JW(1995)Odontogenic tumours in the v-Ha-ras (TG. AC)transgenic mouse.Arch Oral Biol 40:631-638

42. Zegarelli EV(1944)Adamantoblastomas in the Slye stock of mice.Am J Pathol 20:23-87

（杜牧、郭宏年、郭慧　译，

王鹏丽、田旭、李子荷、杜牧　审校）

第十三章 造血系统

C.H. Frith[2], J.M. Ward[2], J.H. Harleman[3], P.C. Stromberg[1], S. Halm, T. Inoue, J.A. Wright

---

[1] 主席；[2] 共同主席；[3] 初稿。

恶性淋巴瘤（M）
Lymphoma, Malignant（M）
小淋巴细胞性，淋巴母细胞性，多形性 /
滤泡性，浆细胞性，免疫母细胞性，边缘
区，未特定分类（NOS）

同义词：lymphosarcoma；malignant lymphoma；
lymphoma。

组织发生
淋巴细胞或其前体细胞。

小淋巴细胞性：来源于 B 细胞或 T 细胞。

淋巴母细胞性：来源于 B 细胞或 T 细胞，通常来源于胸腺中的 T 细胞。

多形性：来源于 B 细胞，但可能与辅助性 CD4$^+$ T 细胞混合出现。

浆细胞性：来源于免疫母细胞。

诊断特征
小淋巴细胞性
- 受累器官失去原有结构。
- 细胞均一、无粘连。
- 未见易染体巨噬细胞。
- 细胞为小至中等大小、高分化淋巴细胞。
- 细胞与正常循环中的小淋巴细胞几乎无差别。
- 细胞质边缘狭窄。
- 小细胞的核染色质致密、呈块状。
- 可存在一些稍大的细胞，具有稍大的不规则核，类似小的裂开的滤泡中心细胞。
- 核分裂象罕见。

淋巴母细胞性
- 细胞不粘连，但形成均质的片状结构。
- 常见星空样外观，伴有易染体巨噬细胞和凋亡。
- 细胞为中等大小的淋巴母细胞。
- 细胞质的量中等，呈嗜碱性，可能出现空泡化。

- 核质比高。
- 核呈圆形。
- 中央核仁突出。
- 核分裂象多见。
- 可呈白血病性并侵袭中枢神经系统。
- 具有侵袭性，弥漫性侵袭至肝、肾和卵巢并沿肺内血管树侵袭，类似免疫母细胞性淋巴瘤，而多形性淋巴瘤很少侵袭。

多形性 / 滤泡性
- 起源病灶是单中心或多中心的。
- 生长形态为弥漫性或滤泡性。尤其是在脾中，可能累及 1 个或多个滤泡，形成结节样外观。
- 病变细胞为中等至大的细胞。
- 细胞群由多种类型的细胞组成，包括小淋巴细胞、小和大的滤泡中心细胞（中心细胞和中心母细胞）、巨噬细胞和免疫母细胞，因此病变表现出不同程度的多形性。
- 在每个淋巴瘤，甚至有时在每个不同的解剖部位，每种细胞的比例不同。
- 核仁明显。
- 可存在多核细胞。

浆细胞性
- 细胞为成熟的浆细胞或为明显浆细胞样分化的细胞。
- 细胞核为圆形，呈车轮状。
- 细胞质呈嗜碱性和嗜派洛宁性，并可见小的核周晕（高尔基体）。
- 核分裂象罕见。
- 石蜡切片免疫组织化学染色中，细胞质免疫球蛋白呈阳性。

免疫母细胞性

- 细胞不粘连，呈单一形态。
- 细胞大。
- 细胞质明显呈双嗜性，免疫球蛋白染色呈阳性。
- 细胞核大而呈空泡化，有一个大的中央核仁。
- 可能存在浆细胞样细胞和浆细胞。
- 核分裂象多见。
- 在大多数小鼠品系中罕见。
- 器官受累模式表现为侵袭性的，弥漫性侵袭肝、肾和卵巢并沿着肺内血管树侵袭，类似多形性淋巴瘤，而免疫母细胞性淋巴瘤更具侵袭性。

边缘区

- 在一些小鼠品系中局限于脾淋巴瘤的早期病变。
- 非常均一、中等大小的细胞群对红髓的弥漫性侵袭导致边缘区变宽。
- 随着边缘区增宽并开始融合，可发展为具有空泡核的较大细胞。
- 在晚期病例中，动脉周围淋巴鞘（periarteriolar lymphoid sheath，PALS）受到挤压，仅由小淋巴细胞组成，红髓消失。

未特定分类（NOS）

如果存在自溶、固定不良等情况而无法进一步分类，则可使用术语 NOS。

鉴别诊断

淋巴细胞增生（Lymphoid Hyperplasia）

在淋巴组织的正常结构中伴随出现反应性病变，并可见导致这些反应性病变的原因（如炎症等）。

组织细胞肉瘤（Sarcoma, Histiocytic）

细胞质丰富并呈嗜酸性，结构可能是纤维性的，有时可见异物多核巨细胞。

解剖位置分布不同，常原发于腹膜后、肠系膜淋巴结、子宫或肝内。

很少按照常见的淋巴模式分布。

备注

恶性淋巴瘤通常为全身性肿瘤，在大多数情况下累及多个部位。在发生扩散之前，它们可能起源于单一部位。在某些情况下会遇见单一部位的病变，其中在肠系膜淋巴结和脾发生的多形性淋巴瘤最常见。如果存在导致结构发生改变的严重侵袭，则可诊断为单一部位病变，此种情况下炎症不应出现。"多形性"一词最适合描述 H&E 染色下的细胞形态，用于此类肿瘤的其他术语还包括滤泡中心细胞淋巴瘤和滤泡性淋巴瘤。

当根据外周血涂片判断存在明显的白血病时，可以选择性地使用限定词"白血病性"，但这仅是实性淋巴瘤的一个阶段，而不是原发性白血病。

在大多数常见小鼠品系中，造血组织肿瘤的发病率相对较高。滤泡中心性淋巴瘤是大多数小鼠品系中最常见的淋巴瘤类型，而浆细胞性淋巴瘤在大多数小鼠品系中是罕见的肿瘤（在 NZB 小鼠中比在其他品系中更常见，在 BALB/c 小鼠中可诱导）。

多种化学物质、病毒和辐射也可诱发恶性淋巴瘤。这些处理可诱发特定亚型的淋巴瘤，例如原发于胸腺的淋巴母细胞性淋巴瘤。老龄小鼠自发性造血细胞肿瘤发生率高，其原因不明。这类肿瘤可能是由内源性鼠类白血病病毒引起的。

在一些品系的小鼠中，脾内淋巴瘤的早期病变可以区分，特征为边缘区增宽、弥漫性侵袭红髓。在这些情况下，随着边缘区增宽并开始融合，初始非常均一的中等大小的细胞可发展为具有空泡核的较大细胞。在晚期病例中，PALS 受到挤压，仅由小淋巴细胞组成，红髓消失。这种病变在某些分类中被称为边缘区淋巴瘤。

在福尔马林固定的组织的 H&E 染色切片的常规研究中，小鼠这些肿瘤的特征和分类仅基于形态学标准，因为特异性免疫和细胞化学标志物方法一般不适用于常规研究中使用的含有甲醛的固定剂，但是，有些方法确实适用于福尔马林固定的组织（如 B220，一种 B 细胞标志物），可进一步用免疫表型表征

小鼠恶性淋巴瘤。以上形态学分类可通过采用 T/B 细胞标志物的免疫表型进一步细分。泛 T 细胞标志物（pan-T-cell marker, CD3）可用于 Bouins、B-5、Zenkers 或多聚甲醛固定的组织。

参考文献

参见 1、4、6、8、9、10、11、16、18、19、21、24、25、28、36、37 和 40。

图 13-1（左上） 淋巴结淋巴细胞（小淋巴细胞）性淋巴瘤。H&E 染色
图 13-2（右上） 胸腺淋巴母细胞性淋巴瘤。H&E 染色
图 13-3（左下） 淋巴母细胞性淋巴瘤。上图为 H&E 染色，下图为 CD3 免疫组织化学染色，组织经 Bouins 液固定
图 13-4（右下） 淋巴母细胞性淋巴瘤，血涂片。瑞氏－吉姆萨（Wright-Giemsa）染色

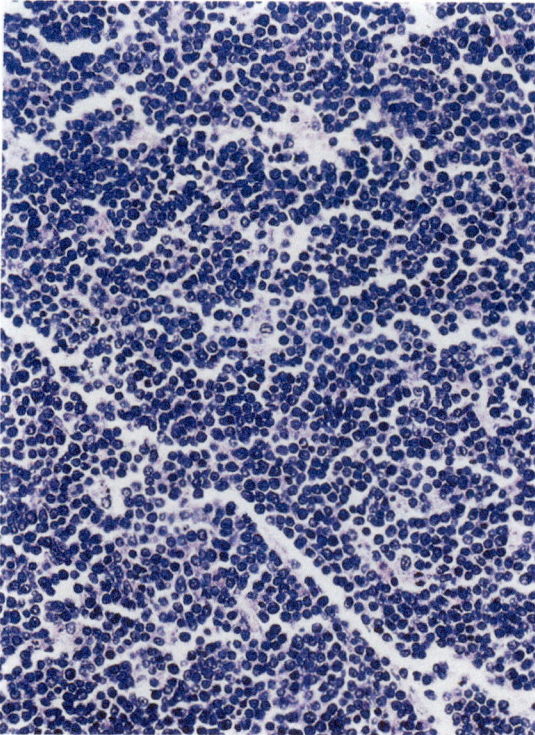

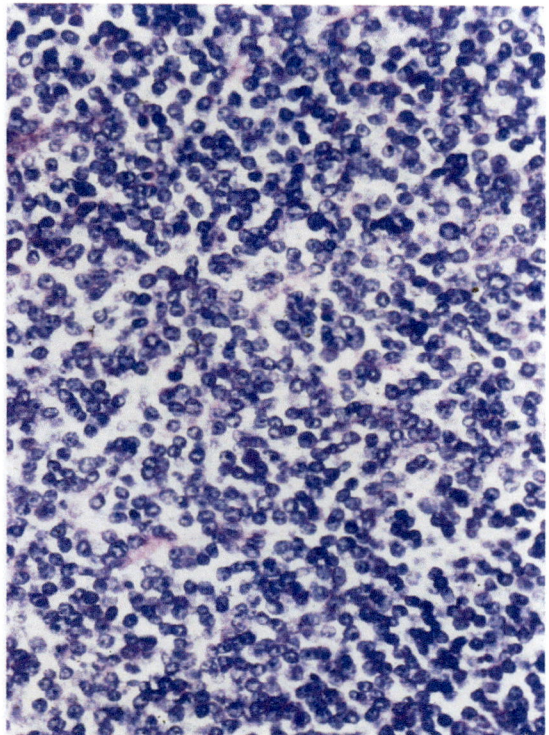

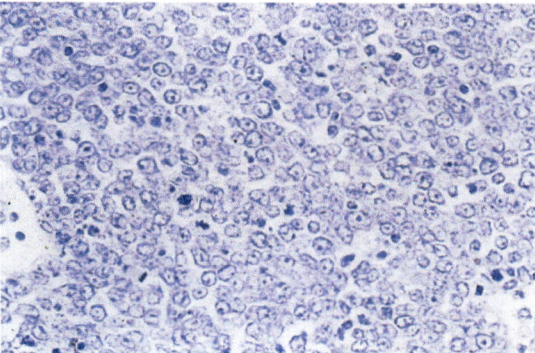

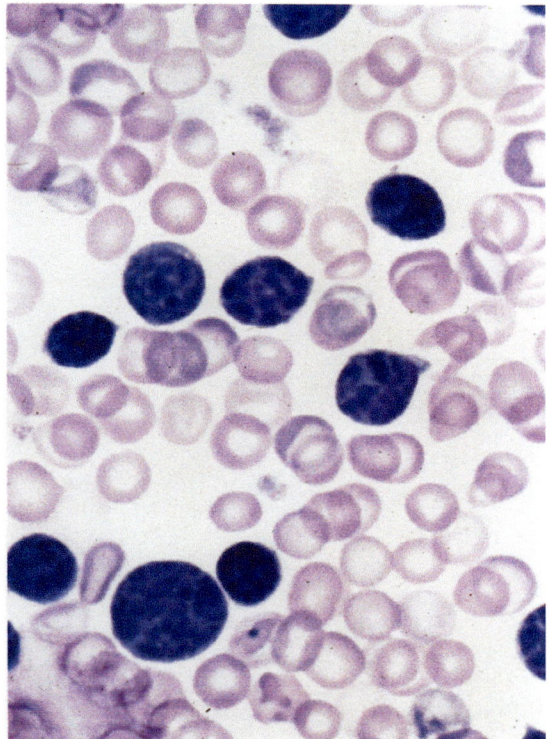

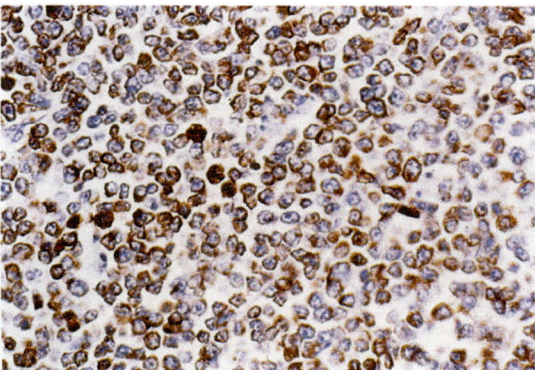

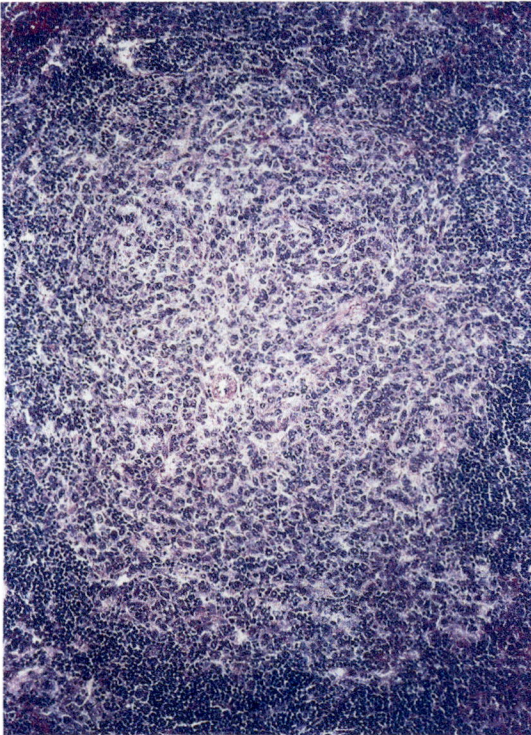

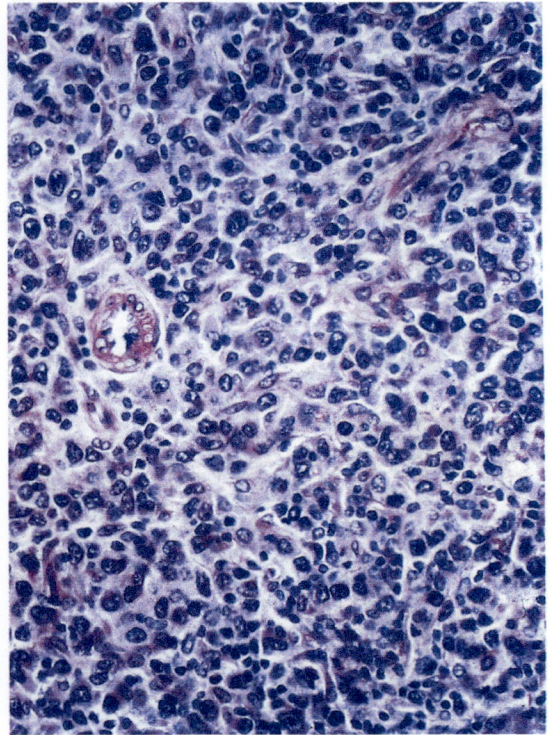

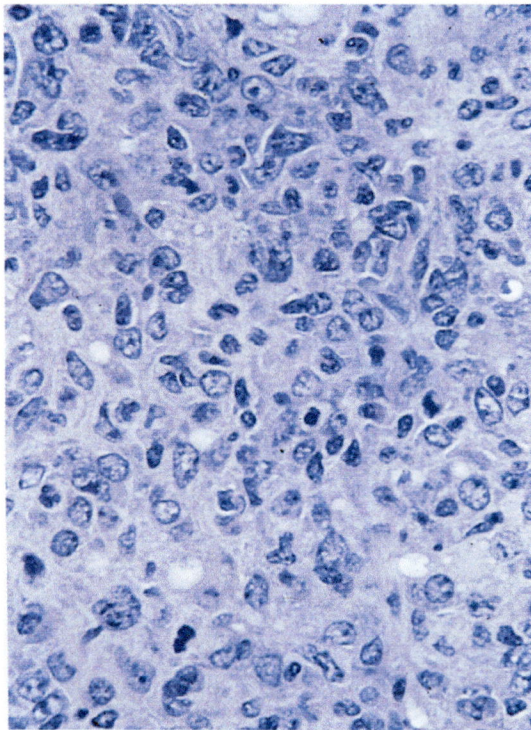

图 13-5（左上） 脾早期多形性（滤泡中心细胞）淋巴瘤。H&E 染色

图 13-6（右上） 脾早期多形性（滤泡中心细胞）淋巴瘤，高倍视野。H&E 染色

图 13-7（左下） 脾多形性（滤泡中心细胞）淋巴瘤。H&E 染色

图 13-8（左上） 脾多形性（滤泡中心细胞）淋巴瘤。IgG 免疫组织化学染色 ▶

图 13-9（右上） 淋巴结浆细胞性淋巴瘤。H&E 染色

图 13-10（左下） 淋巴结免疫母细胞性淋巴瘤。H&E 染色

图 13-11（右下） 肝多形性淋巴瘤。p53 野生型小鼠，雄性，84 周龄。H&E 染色

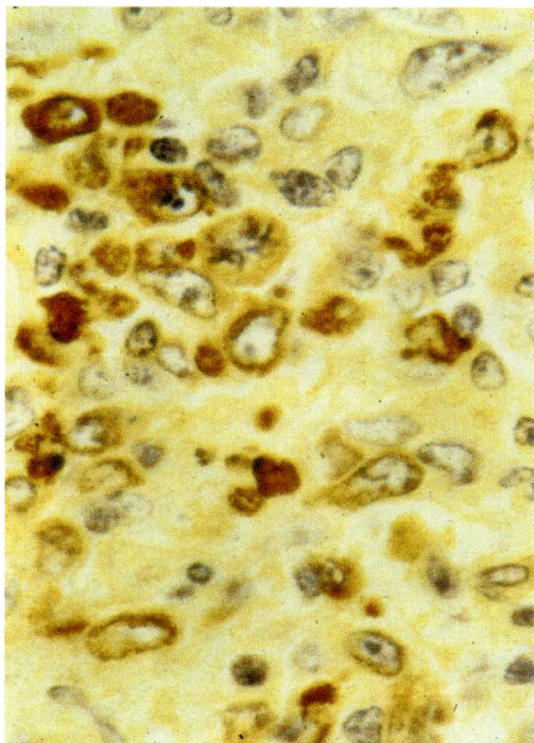

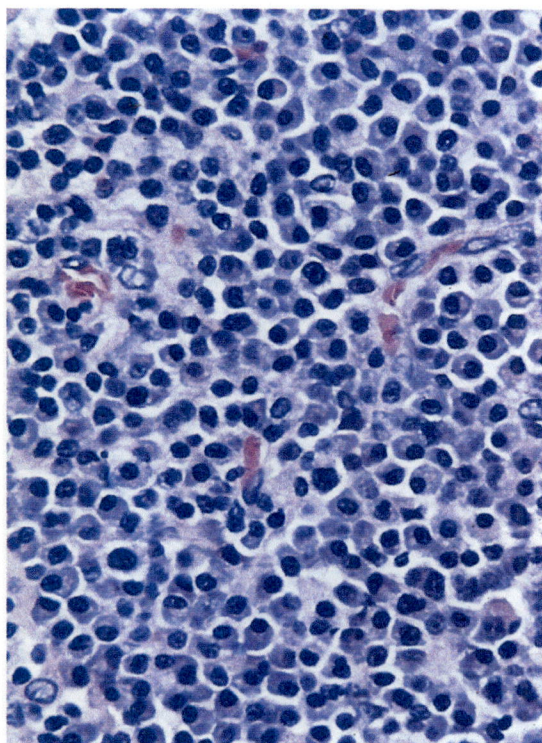

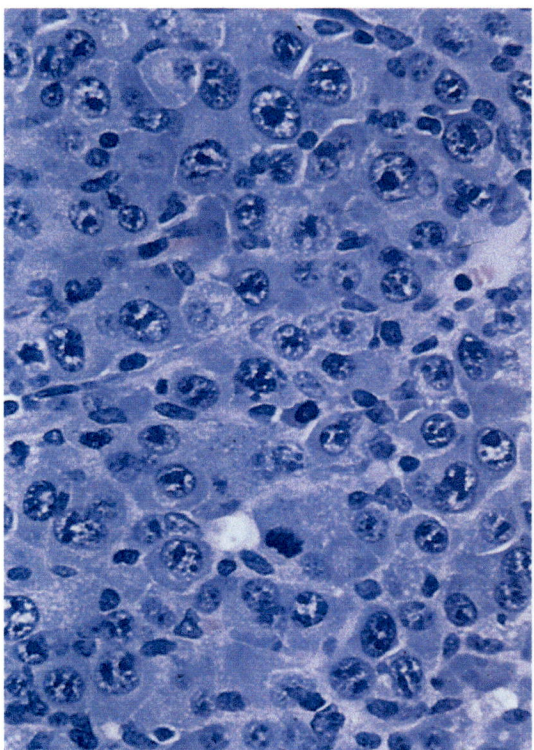

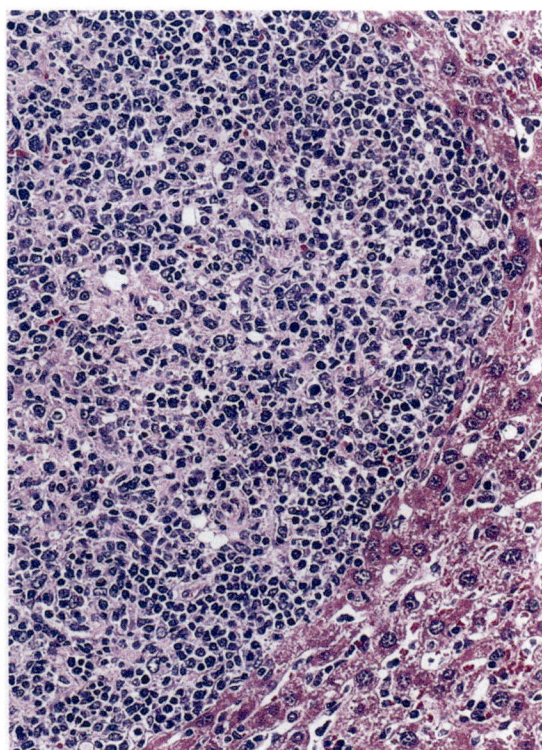

粒细胞白血病（*M*）
Leukemia, Granulocytic（*M*）
嗜碱性，嗜酸性，嗜中性，未特定分类
（NOS）

同义词：chloroleukemia；granulocytic leukemia；leukemia, myeloid；myeloid leukemia；myeloblastic leukemia。

组织发生
由脾或骨髓中的髓系细胞发育而来。

诊断特征
- 发生在脾的红髓，倾向扩散至肝。
- 主要累及脾，其次累及肝，受累时两者均可见体积变大，并可见特征性暗红色。
- 白血病常见，但也可形成组织肿块。
- 在肝中侵袭的主要部位是门管区，常有高分化的细胞。
- 可见不同程度的细胞成熟和分化。
- 细胞分化可能从不成熟（低分化）到成熟不等，细胞数量为从母细胞到分叶核中性粒细胞多少不等。
- 嗜天青颗粒通常存在于原始粒细胞中，但在H&E 染色切片上不可见。
- 细胞核有明显的核仁。
- 细胞溶酶体标志物、过氧化物酶、氯乙酸盐和粒细胞抗原标志物均呈阳性。
- 大体检查中，受累器官表现出特征性暗红色（受侵袭组织大体检查呈浅绿色）。

嗜碱性、嗜酸性、嗜中性
- 根据次级颗粒的着色特征，不同修饰词指示不同系细胞。

未特定分类（NOS）
- 当无需或无法进行鉴别时使用术语 NOS。

鉴别诊断
髓外造血（*Extramedullary Hematopoiesis*）
嗜中性粒细胞分化、巨核细胞增多和红细胞生成通常伴随脾反应，淋巴结罕见受累。

沿着解剖边界发生，不表现出侵袭性。

红系细胞造血灶通常是炎症反应的一部分（例如，化脓性细菌感染、慢性溃疡性乳腺肿瘤、反复失血、坏死性肿瘤和红细胞破坏增加）。

髓外造血可发生于多个器官，包括淋巴结髓索。

备注
髓外造血和粒细胞白血病的鉴别诊断是非常困难的。

迄今最常见的形式是中性粒细胞性粒细胞白血病。在大多数品系的老龄小鼠中，该肿瘤自发发生率低，但可由辐射、化学物质和病毒诱发。在小鼠中未见嗜酸性粒细胞和嗜碱性粒细胞白血病的报道。

参考文献
参见 1、4、16、18、20、31、35 和 39。

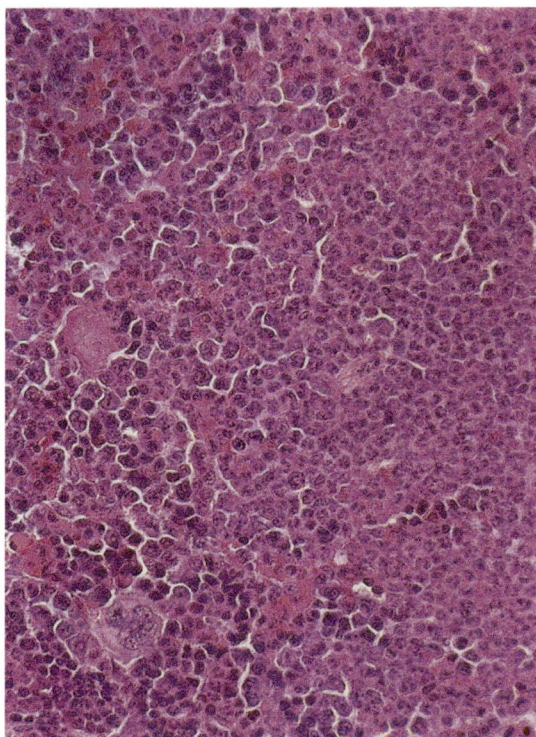

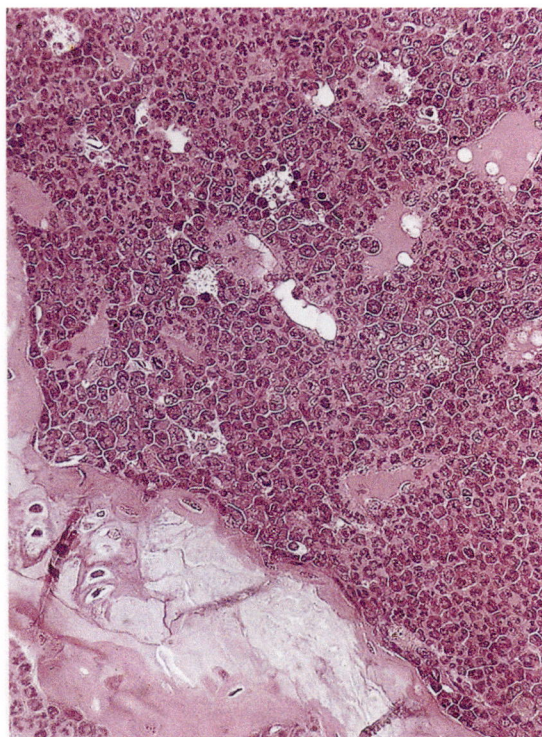

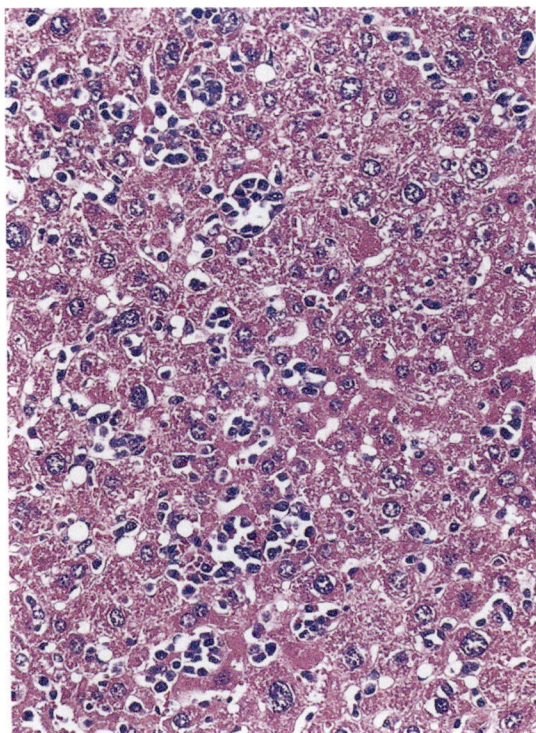

图 13-12（左上） 粒细胞白血病，脾。B6C3F1 小鼠，雄性，95 周龄。H&E 染色（由山本信治博士提供）

图 13-13（右上） 粒细胞白血病，骨髓。B6C3F1 小鼠，雄性，95 周龄。H&E 染色（由山本信治博士提供）

图 13-14（左下） 粒细胞白血病，肝。H&E 染色

红细胞白血病（*M*）
Leukemia, Erythroid（*M*）

同义词：erythroid leukemia；erythroleukemia；erythroblastic leukemia。

组织发生

由脾中的红系细胞发育而来。

诊断特征

* 发生于脾的红髓，倾向扩散至肝窦。
* 脾白髓受压萎缩。
* 不累及淋巴结，可能出现严重的脾大和肝大。
* 伴有成红细胞和晚幼红细胞的白血病。
* 成红细胞过度增生。
* 增大的脾可能有许多被膜下血肿。

鉴别诊断

恶性淋巴瘤（*Lymphoma, Malignant*）

未见红系分化，肝中存在非窦内形式的侵袭，可见成红细胞和容易区分的晚幼红细胞混合的细胞形态，未分化的病变只能通过免疫组化染色进行鉴别。

髓外造血（*Extramedullary Hematopoiesis, EMH*）

存在刺激性反应，如炎症；也可混有多个细胞系。

备注

严重的髓外造血累及肝和脾，可能与红细胞白血病难以区分。

如果红细胞白血病的细胞分化停滞在红系分化非常早期的阶段，诊断可能很困难。在这种情况下，通常只能通过识别正常红细胞生成过程中表达抗原的特异性抗体（如碳酸酐酶、血红蛋白）才能做出明确的诊断。

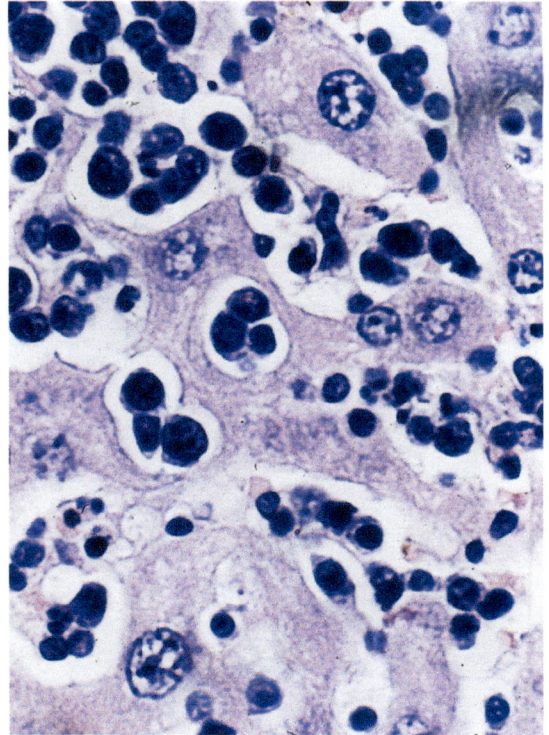

图 13-15　红细胞白血病，肝。H&E 染色

推荐使用红细胞糖蛋白特异性抗体来鉴别红系细胞。用联苯胺（p-diaminobiphenyl）染色未成熟的红系细胞。据报道，红细胞白血病在小鼠中是一种罕见的自发性病变，可由小鼠白血病病毒（MuLV）诱发。其中一种小鼠白血病病毒是诱发 Friend 白血病的 Friend 病毒。红细胞白血病在 C3H/He 小鼠以及 RF 小鼠中也可通过全身辐射诱发。

参考文献

参见 1、5、17、20、22、24、30 和 39。

巨核细胞白血病（M）
Leukemia, Megakaryocytic（M）

同义词：megakaryoblastic leukemia；megakar-yocytic myelosis。

组织发生

由脾和骨髓中的巨核系细胞发育而来。

诊断特征

- 发生于脾脏的红髓，见于包括骨髓、脾、肝和肾在内的造血组织中。
- 淋巴结很少直接受累，但巨核细胞可存在于髓窦中。
- 大的单核性细胞显著增多，包括散在的巨核细胞。

鉴别诊断

髓外造血（Extramedullary Hematopoiesis）

红髓中的炎症反应通常伴随成熟的巨核细胞增多，但未见原始巨核细胞。血小板糖蛋白Lib/ Ⅲa抗体可用于新鲜组织的染色。在大多数情况下，乙酰胆碱酯酶染色也呈阳性。

备注

仅见由重组逆转录病毒（如 MuLV）引起本病变的报道。

参考文献

参见 6 和 7。

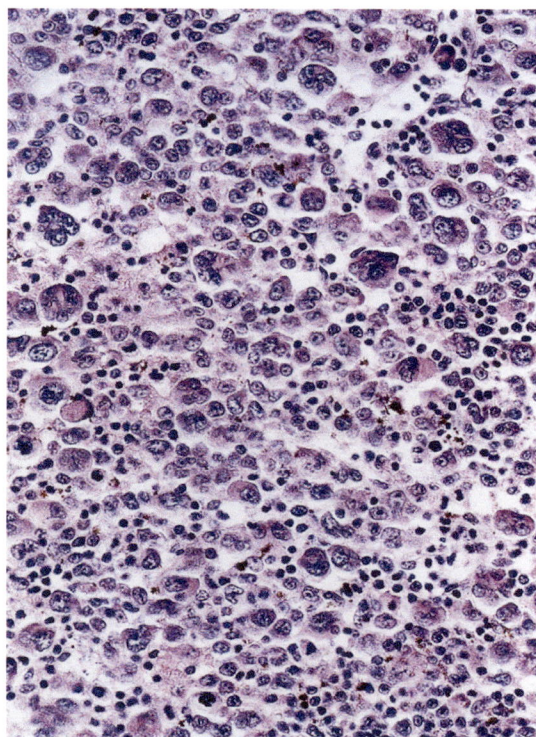

图 13-16 脾巨核细胞白血病。H&E 染色

恶性肥大细胞瘤（M）
Tumor, Mast Cell, Malignant（M）

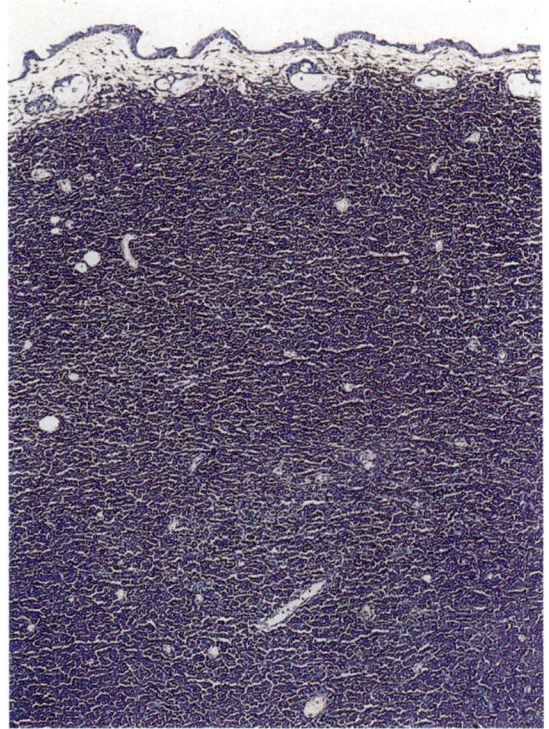

同义词：malignant mast cell tumor；malignant mastocytoma；mast cell tumor，malignant；mastocytoma，malignant。

组织发生

　　由外周血肥大细胞或存在于造血组织和（或）结缔组织中的肥大细胞及其前体细胞发育而来。

诊断特征

- 由广泛分布于淋巴器官和其他器官中的小结节组成。
- 虽然肥大细胞白血病已有报道，但未见向外周血中侵袭。
- 主要由高分化的肥大细胞组成，吉姆萨、甲苯胺蓝或其他异染性的染色可显示特征性的异染颗粒。
- 细胞核均一，大而圆。
- 细胞质丰富，呈颗粒状，略呈嗜碱性。
- H&E 染色时通常不可见异染颗粒。
- 可见局部侵袭性生长。

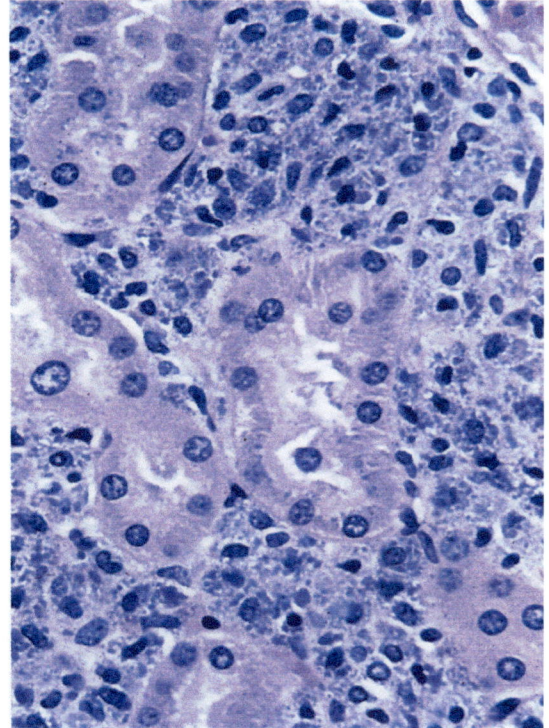

图 13-17（右上）　皮肤 / 皮下恶性肥大细胞瘤。甲苯胺蓝染色

图 13-18（右下）　肾恶性肥大细胞瘤。H&E 染色

鉴别诊断

组织细胞肉瘤（*Sarcoma, Histiocytic*）

细胞核较不规则，细胞质呈嗜酸性，异染性染色（吉姆萨染色和甲苯胺蓝染色）未显示

细胞质中存在异染颗粒。

参考文献

参见 2、3、15、16、18 和 29。

组织细胞肉瘤（M）
Sarcoma, Histiocytic（M）

组织发生
单核吞噬系统的细胞。

诊断特征
- 最常见于雄性小鼠的肝与雌性小鼠的肝和子宫。
- 细胞群均一。
- 可见特征性表现：细胞呈栅栏样排列围绕着坏死区域。
- 常存在多核巨细胞。
- 可见吞噬现象。
- 可类似子宫恶性神经鞘瘤。
- 细胞呈圆形或椭圆形。
- 细胞质丰富，呈嗜酸性。
- 细胞核呈多形性，细长或呈折叠状。
- 核分裂象可能多见。
- 常见转移和扩散至浆膜表面及血管腔内。
- 常见肺血管内转移。

鉴别诊断
恶性淋巴瘤（多形性）［*Lymphoma, Malignant（Pleomorphic）*］

不存在巨细胞，嗜酸性细胞质不丰富。

恶性神经鞘瘤（子宫）［*Schwannoma, Malignant（Uterus）*］

不存在巨细胞，嗜酸性细胞质不丰富，S-100 蛋白免疫反应呈阳性。

恶性肥大细胞瘤（Tumor, Mast Cell, Malignant）

细胞核均一。

细胞质呈颗粒状，略呈嗜碱性。

异染性染色（吉姆萨染色和甲苯胺蓝染色）显示细胞质中有异染颗粒。

备注
溶菌酶和MAC-2是小鼠组织细胞肉瘤稳定的特异性标志物。组织细胞肉瘤可通过淋巴管扩散，但更常见血行扩散。

参考文献
参见 1、12、13、14、16、26、27、34 和 38。

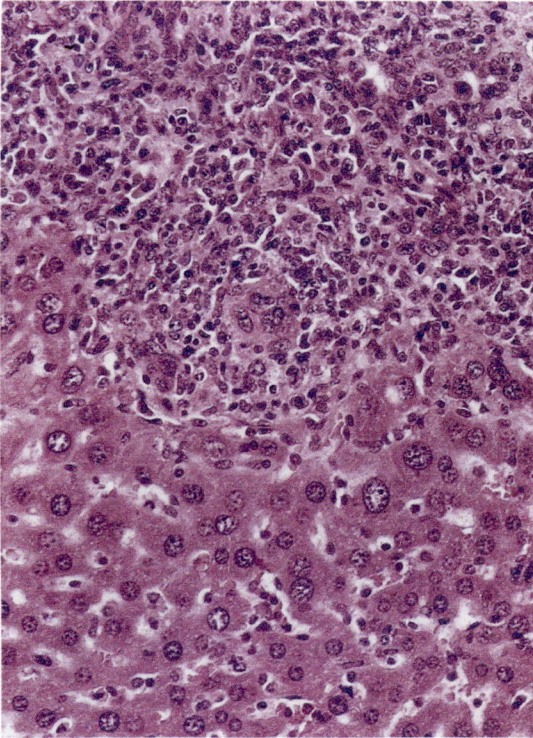

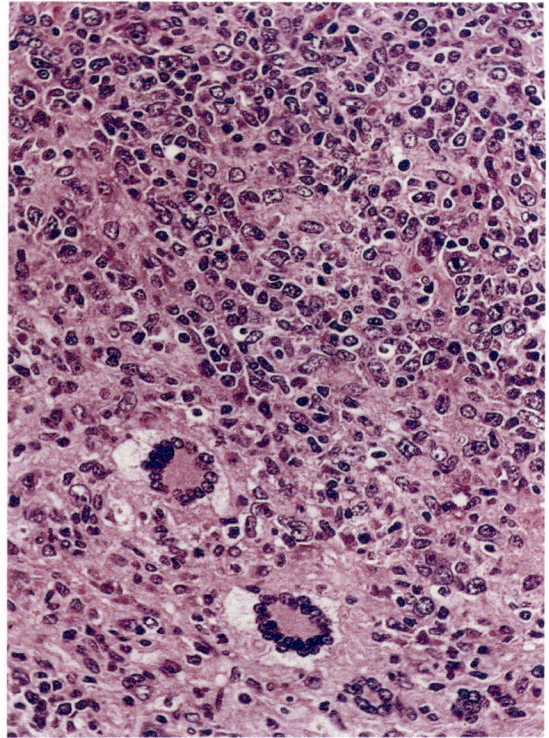

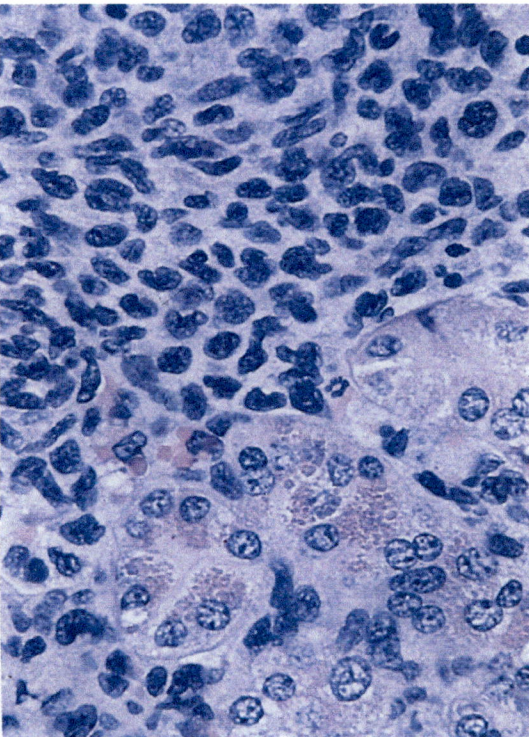

图 13-19（左上） 肝组织细胞肉瘤。H&E 染色

图 13-20（右上） 皮肤 / 皮下组织细胞肉瘤。H&E 染色

图 13-21（左下） 唾液腺组织细胞肉瘤。H&E 染色

淋巴细胞增生（*H*）
Hyperplasia, Lymphoid（*H*）

组织发生

  胸腺中的淋巴细胞成分。

诊断特征

- 可单侧发生。
- 髓质被体积小、大多均一的淋巴细胞浸润，或淋巴细胞形成类似生发中心的滤泡样小结节。
- 皮质通常表现出斑块状萎缩改变。
- 上皮增生和淋巴细胞增生可同时存在。

鉴别诊断

  恶性淋巴瘤（*Lymphoma, Malignant*）

  发生于单叶皮质的局灶性病变，通常为淋巴母细胞性淋巴瘤；或可见双叶和纵隔淋巴结的弥漫性浸润；常侵袭纵隔脂肪或整个造血系统和其他部位的器官。

备注

  通常见于一些品系中月龄较大的小鼠（3~6 月龄或更大），更多见于雌性动物。

参考文献

  参见 4、13、14 和 16。

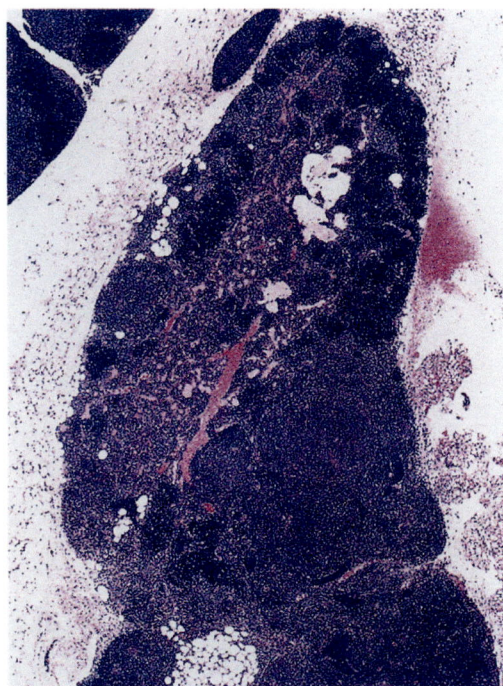

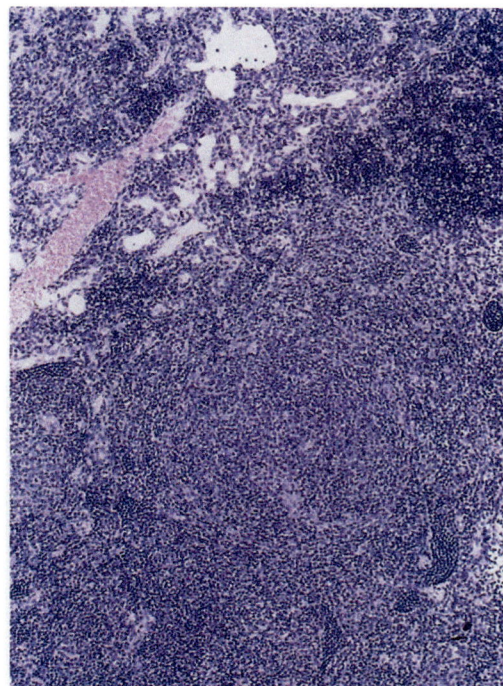

图 13-22（右上）胸腺淋巴细胞增生。H&E 染色
图 13-23（右下）胸腺淋巴细胞增生。H&E 染色

上皮增生（*H*）
Hyperplasia, Epithelial（*H*）

同义词：hyperplasia，epithelial tubules and cords。

组织发生

胸腺上皮成分，很可能来源于后鳃体残留。

诊断特征

- 上皮细胞排列成小管和索。
- 部分小管呈囊状，充满明显的嗜酸性胶质物。
- 小管和索可分布于胸腺小叶结构之间和小叶结构内，并且在局部区域内明显增生和形成囊肿。
- 囊性结构内壁含一些分泌性杯状细胞。
- 细胞为立方形或柱状，偶尔可见纤毛。
- 上皮增生和淋巴细胞增生可同时存在。

鉴别诊断

良性胸腺瘤（Thymoma, Benign）
位于胸腺小叶中央的小管和上皮索呈实性生长，无充满嗜酸性胶质的囊肿形成区域。

恶性胸腺瘤（Thymoma, Malignant）
对邻近组织有明显侵袭。

备注

上皮增生可作为年龄相关的病变，在某些品系中的发生率相对较高。据报道，上皮增生在雌性小鼠中比在雄性小鼠中更多见且分泌活性更高。

参考文献

参见 4、13、14 和 16。

良性胸腺瘤（*B*）
Thymoma, Benign（*B*）
上皮型

同义词：benign thymoma。

组织发生

胸腺上皮成分。

诊断特征

- 孤立分布。
- 可能包膜完整。
- 主要与胸腺上皮细胞有关，常混合有淋巴细胞。
- 小管和上皮索呈实性生长，位于胸腺小叶中央。
- 可见不同程度的分化，从具有髓质分化的正常胸腺结构为主，到没有髓质分化的上皮细胞和淋巴细胞混合存在。
- 淋巴细胞和上皮细胞的相对比例可因病例和病灶而异。
- 可见超出胸腺组织的轻微局部侵袭。

上皮型

- 病变内 80% 以上成分是胸腺上皮细胞。

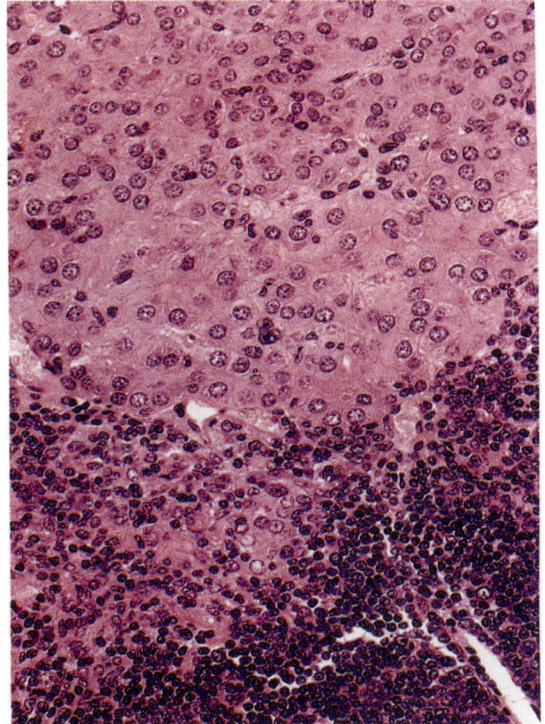

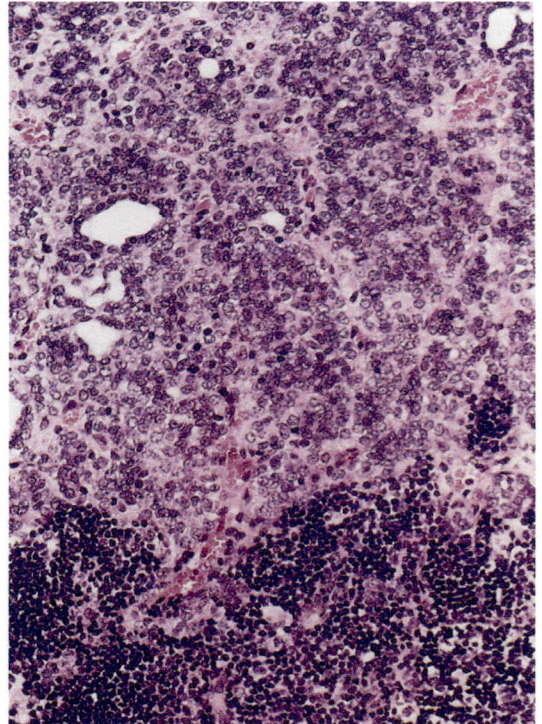

图 13-24（右上） 胸腺，良性胸腺瘤。H&E 染色
图 13-25（右下） 胸腺，良性胸腺瘤。H&E 染色

鉴别诊断

上皮小管和索增生（Hyperplasia, Epithelial Tubules and Cords）

在胸腺小叶结构间及小叶内均有生长，并存在充满嗜酸性胶质的囊肿形成区域。

恶性胸腺瘤（Thymoma, Malignant）
存在对邻近组织的明显侵袭。

恶性淋巴瘤（Lymphoma, Malignant）
无上皮成分。

淋巴细胞增生（Hyperplasia, Lymphoid）
无上皮成分。

备注

胸腺瘤是小鼠相对罕见的肿瘤。术语"胸腺瘤"仅在肿瘤具有上皮成分时使用，通常与淋巴细胞成分一同出现。

参考文献

参见 4、13 和 16。

恶性胸腺瘤（*M*）
Thymoma, Malignant（*M*）
上皮型

同义词：malignant thymoma。

组织发生
胸腺上皮成分。

诊断特征
- 原发于胸腺上皮细胞。
- 可见不同程度的分化，从无髓质分化的上皮细胞和淋巴细胞混合存在，到仅由上皮细胞组成的病变。
- 上皮细胞占比高，常见鳞状分化。
- 可见超出胸腺组织的明显的局部侵袭。

上皮型
- 病变 80% 以上的成分是胸腺上皮细胞。

鉴别诊断
上皮小管或索增生 / 良性胸腺瘤（Hyperplasia, Epithelial Tubules or Cords/ Thymoma, Benign）

未见对邻近组织的明显侵袭。

鳞状细胞瘤（Carcinoma, Squamous Cell）

缺乏淋巴细胞成分，依据解剖位置进行诊断。胸腺瘤一定发生于胸腔。

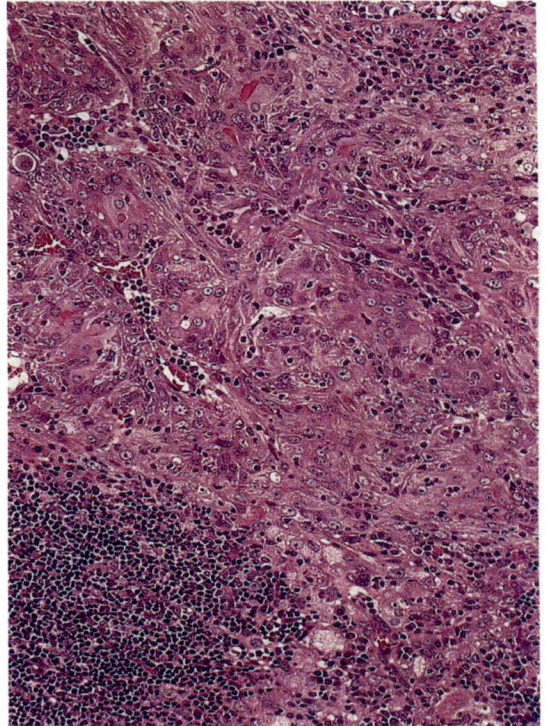

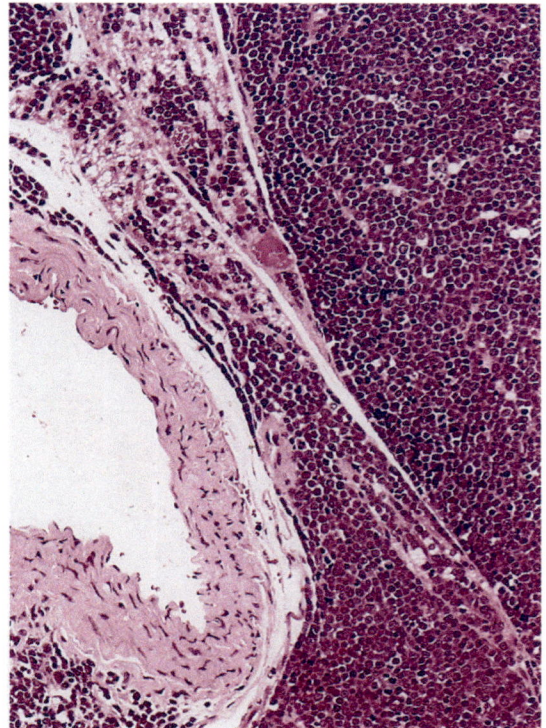

图 13-26（右上） 胸腺，恶性胸腺瘤。B6C3F1 小鼠，雌性，95 周龄。H&E 染色（由山本真司博士提供）

图 13-27（右下） 胸腺，恶性胸腺瘤。H&E 染色

恶性淋巴瘤（Lymphoma, Malignant）

无上皮成分。

备注

胸腺瘤是小鼠相对罕见的肿瘤。术语"胸腺瘤"仅在肿瘤有上皮成分时使用。

参考文献

参见 4、13 和 16。

淋巴细胞增生（*H*）
Hyperplasia, Lymphoid（*H*）

组织发生

　　脾白髓，由外套层（B 细胞）包绕的动脉周围淋巴鞘（PALS）和边缘区构成，每个区域都可发生增生。

诊断特征

- 病变局限于原发器官，累及多个滤泡。
- 是对炎症、肿瘤等刺激的反应。

鉴别诊断

　　恶性淋巴瘤（*Lymphoma, Malignant*）

　　无炎症、肿瘤等刺激，起源于单个滤泡，或累及多个器官（如造血系统的其他器官，肝通常受恶性细胞侵袭）。

备注

　　脾淋巴细胞增生与早期多形性淋巴瘤的鉴别较为困难。

参考文献

　　参见 13、14、16、33 和 35。

髓外造血（*H*）
Extramedullary Hematopoiesis（*H*）

组织发生

　　脾红髓。

诊断特征

- 小鼠脾的正常改变，程度不同。
- 对炎症、贫血、免疫刺激、细胞因子效应、血小板减少症或某些肿瘤等刺激（反应性造血）的反应。
- 以下细胞受累及增多：
    - 红细胞和白细胞（髓外造血）——肝和肾肿瘤。
    - 红细胞（红细胞生成）——贫血。
    - 白细胞（粒细胞生成）——炎症。
    - 浆细胞（浆细胞增多）——免疫反应或慢性炎症。
    - 巨核细胞（巨核细胞增多）——炎症。
- 在每种情况下，细胞增生都会导致红髓内造血成分向成熟形式分化。
- 在这样的反应阶段，脾的重量可增大至 0.5 g。
- 大体上，白髓没有形成斑点状，脾对称性体积增大，呈暗红色且质地坚实。

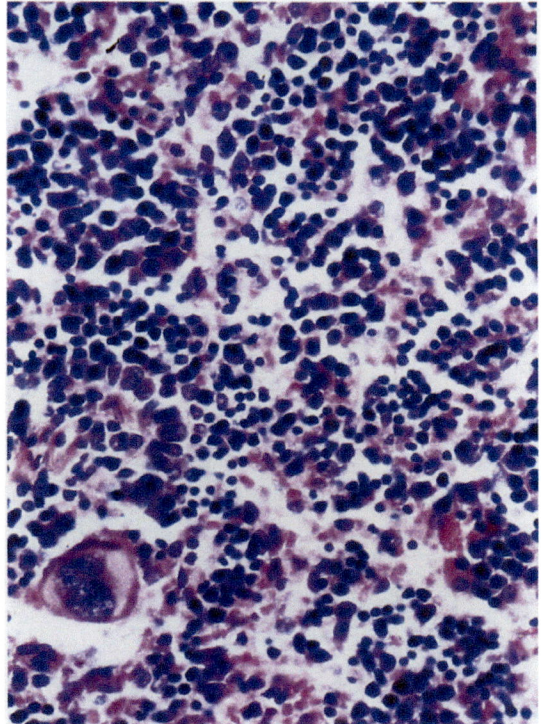

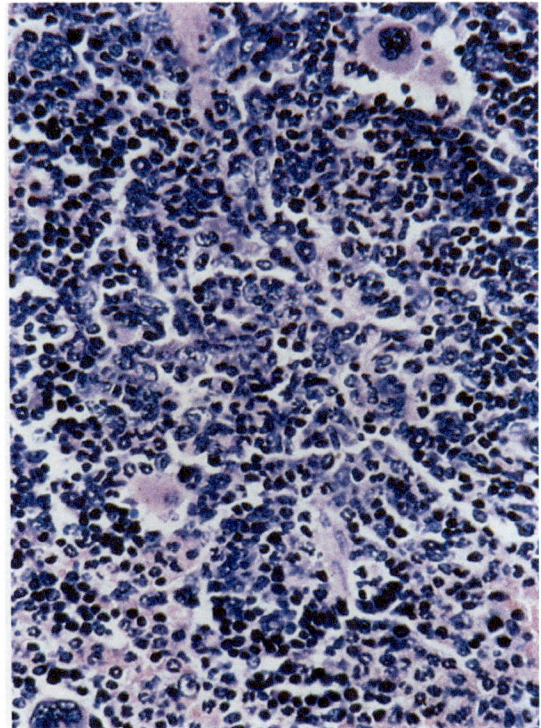

图 13-28（右上） 脾红髓的髓外造血（红细胞生成）。H&E 染色

图 13-29（右下） 脾红髓的髓外造血（粒细胞生成）。H&E 染色

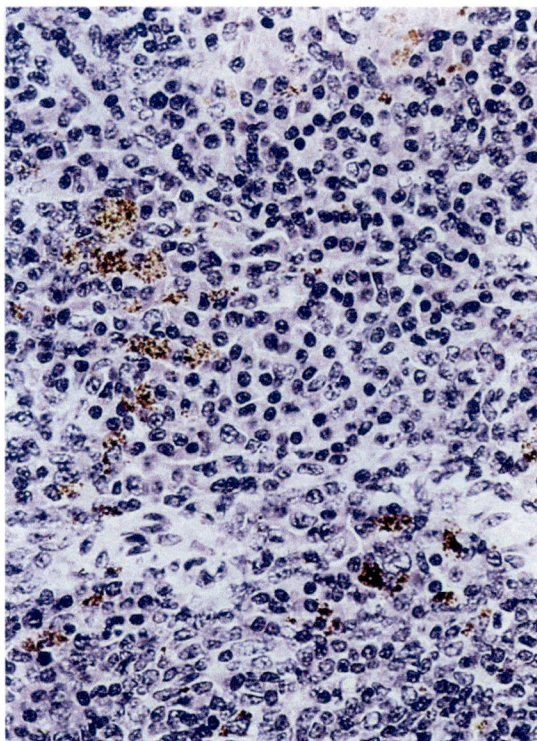

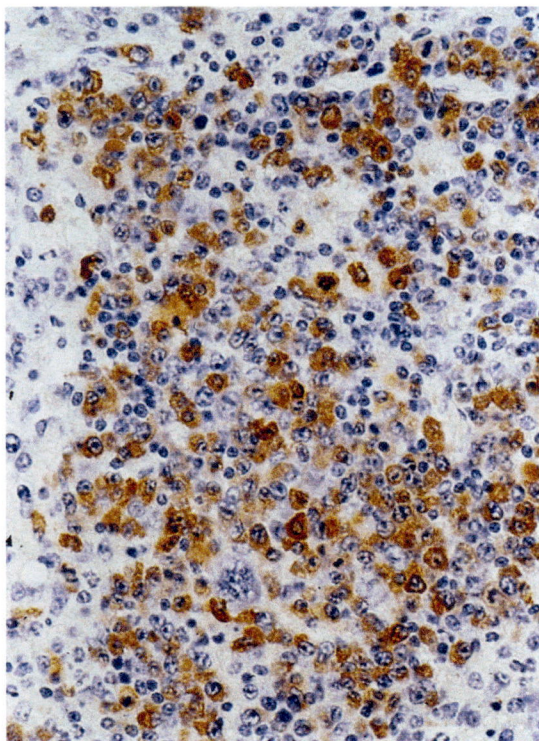

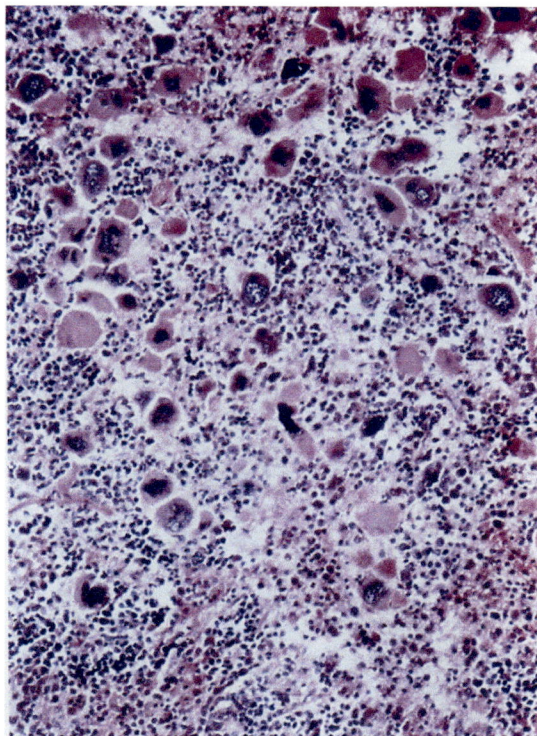

图 13-30（左上） 脾浆细胞增多。H&E 染色
图 13-31（右上） 脾浆细胞增多。IgG 免疫组织化学染色
图 13-32（左下） 脾红髓巨核细胞增多。H&E 染色

鉴别诊断

粒细胞白血病或红细胞白血病（*Leukemia, Granulocytic; Leukemia, Erythroid*）

白血病仅累及单一细胞系，母细胞占比高。

备注

一定程度的髓外造血在小鼠中是正常的改变。髓外造血增加是对刺激的反应。这种增生沿着正常的解剖边界，均匀地分布于整个红髓中，并且在大多数情况下具有混合性的特征。

参考文献

参见 13、14、16、33 和 35。

淋巴细胞增生（*H*）
Hyperplasia, Lymphoid（*H*）

组织发生

淋巴细胞。

诊断特征

- 病变可能存在于皮质或髓质。
- 淋巴结结构完整。
- 在对抗原的正常反应过程中，皮质中逐渐形成由未成熟的 B 淋巴细胞构成的增生性生发中心。
- 副皮质区增生中可含有淋巴细胞和交错的树突状细胞。
- 可见充满核碎片的免疫母细胞和巨噬细胞。
- 小淋巴细胞与浆细胞及免疫母细胞混合存在。
- 在早期转移性胸腺 T 细胞淋巴瘤和其他淋巴瘤或白血病中，可见副皮质区被侵袭。
- 白髓（皮质）B 细胞区的 B 细胞增生（滤泡增生）可存在于对抗原的急性和慢性免疫反应或由某些化学物质的给药诱发。
- 生发中心增大。
- 可见核分裂象。

鉴别诊断

恶性淋巴瘤（*Lymphoma, Malignant*）

轮廓不清晰，无刺激现象，细胞群均一，累及多个器官，被膜可被穿透且在周围脂肪中可见成串的细胞。

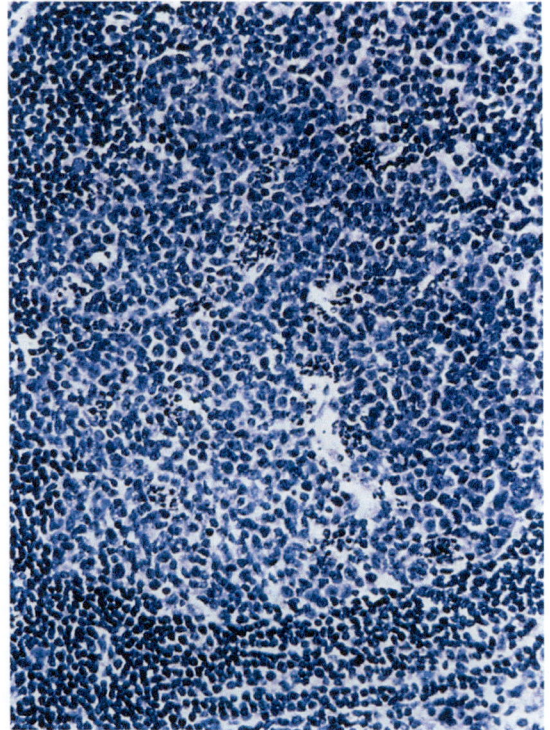

图 13-33 淋巴结淋巴细胞增生。H&E 染色

备注

淋巴滤泡或生发中心不同程度上明显可见，其程度部分取决于淋巴结切面、动物年龄及其健康状况。

参考文献

参见 13、14、16、32 和 35。

髓外造血（H）
Extramedullary Hematopoiesis（H）

组织发生

红细胞系和粒细胞系细胞。

诊断特征

- 局限于单个淋巴结。
- 轮廓清晰。
- 细胞是混合性的。
- 主要见于髓索。
- 可见红系细胞、粒系细胞和巨核细胞。
- 细胞通常呈现不同的发育阶段。
- 髓外造血通常是对炎症、肿瘤等刺激的反应，细胞是混合性的，而白血病细胞群是均一的。

鉴别诊断

粒细胞白血病（*Leukemia, Granulocytic*）

细胞不成熟，无刺激现象，累及多个器官，被膜可被穿透且在周围脂肪中可见成串的细胞，淋巴结的正常结构被破坏。

备注

髓外造血通常在肠系膜淋巴结中表现最为明显。

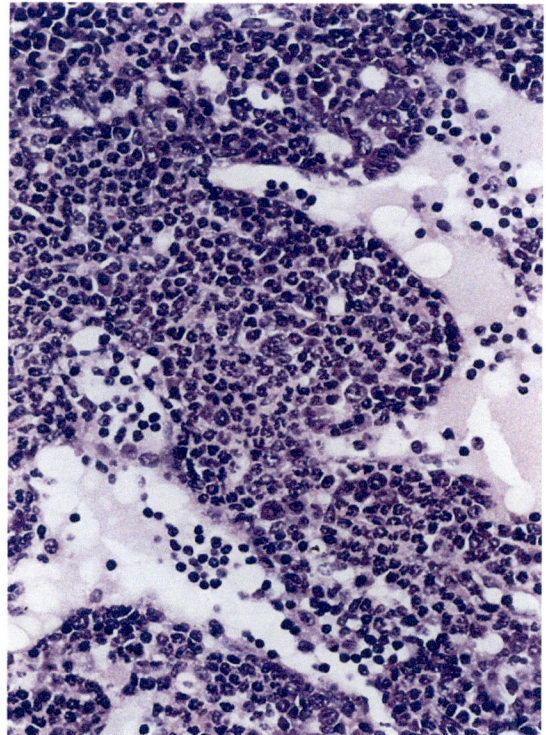

图 13-34　淋巴结髓外造血。H&E 染色

参考文献

参见 13、14、16、32 和 35。

浆细胞增多（*H*）
Plasmacytosis（*H*）

组织发生

　　浆细胞。

诊断特征

- 常见于颌下淋巴结，很少见于肠系膜淋巴结。
- 通常存在于引流组织的淋巴结，并伴有传染性病原体引起的病变和肿瘤。
- 局限于单一器官。
- 浆细胞主要位于髓索。
- 一些细胞可能含有拉塞尔（Russell）小体。
- 细胞是成熟的。
- 细胞质呈紫色至强嗜酸性，且存在核周晕（高尔基体）。
- 细胞核偏心分布，核染色质呈车轮状。
- 无核分裂象。
- 浆细胞增多通常是对炎症刺激的反应。
- 受累淋巴结质地坚实，可增大至正常大小的5倍。
- 可见细胞浸润到邻近组织。

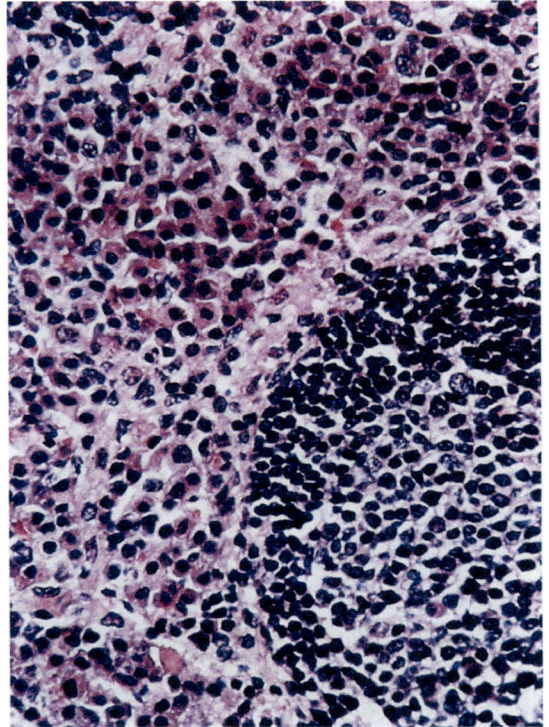

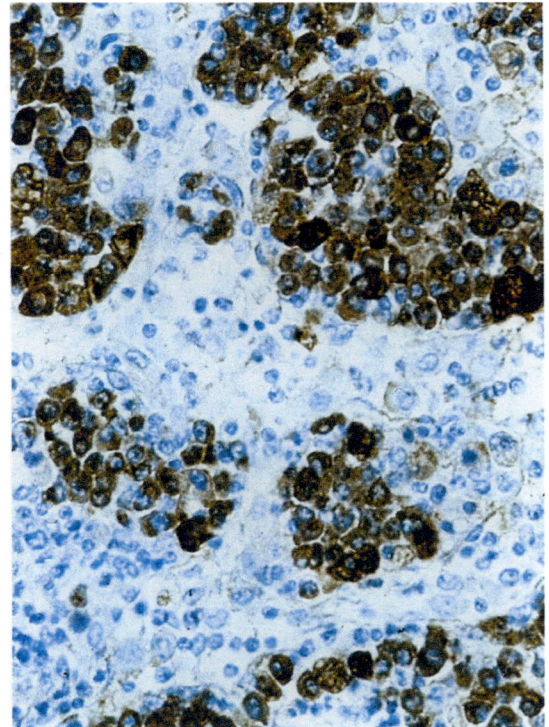

图 13-35（右上）　淋巴结浆细胞增多。H&E 染色
图 13-36（右下）　淋巴结浆细胞增多。IgG 免疫组织化学染色

鉴别诊断

恶性淋巴瘤（浆细胞性）［*Lymphoma, Malignant（Plasmacytic）*］

细胞不成熟，可见核分裂象，无刺激现象，累及多个器官，被膜可被穿透且在周围脂肪中可见成串的细胞。

参考文献

参见 13、14、16、32 和 35。

肥大细胞增多（*H*）
Mastocytosis（*H*）

组织发生

肥大细胞。

诊断特征

- 累及多个器官。
- 特定器官中的肥大细胞数量增加，增加程度可因动物品系而异。
- 细胞以单个松散的形式存在。
- 细胞是成熟的。
- 细胞质中颗粒明显。
- 无核分裂象。
- 病因和发病机制常不清楚。

鉴别诊断

恶性肥大细胞瘤或良性肥大细胞瘤（*Tumor, Mast Cell, Malignant*；*Tumor, Mast Cell, Benign*）

细胞不成熟，细胞质中颗粒不明显，颗粒需要异染性染色显现，细胞聚集成群，被膜可被穿透，且在周围脂肪中可见成串的细胞。

参考文献

参见 13、14、16、32 和 35。

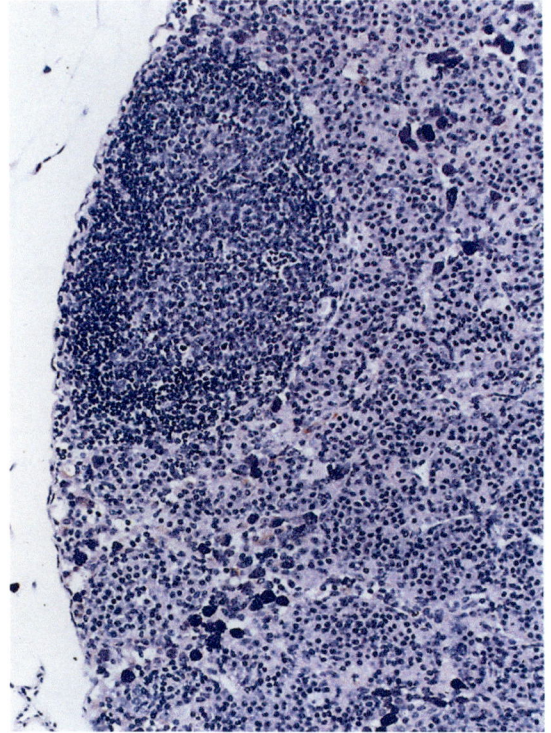

图 13-37 淋巴结肥大细胞增多。浆细胞增多也很明显。H&E 染色

窦组织细胞增生（*H*）
Sinus Histiocytosis（*H*）

组织发生

组织细胞。

诊断特征

- 常见于引流炎症病变的淋巴结中。
- 组织细胞存在于窦中。
- 细胞质具有明显的嗜酸性外观，可含有含铁血黄素和其他被吞噬的物质。
- 类似正常的组织细胞。
- 细胞不粘连。
- 未见核分裂象。
- 在组织细胞增多改变中，组织细胞常含有色素或吞噬红细胞。
- 通常是对炎症、异物碎片等刺激的反应。

鉴别诊断

组织细胞肉瘤（*Sarcoma, Histiocytic*）

细胞大，可见核分裂象，细胞常粘连，无刺激现象，累及多个器官，未见细胞内色素或吞噬红细胞。

参考文献

参见 13、14、16、32 和 35。

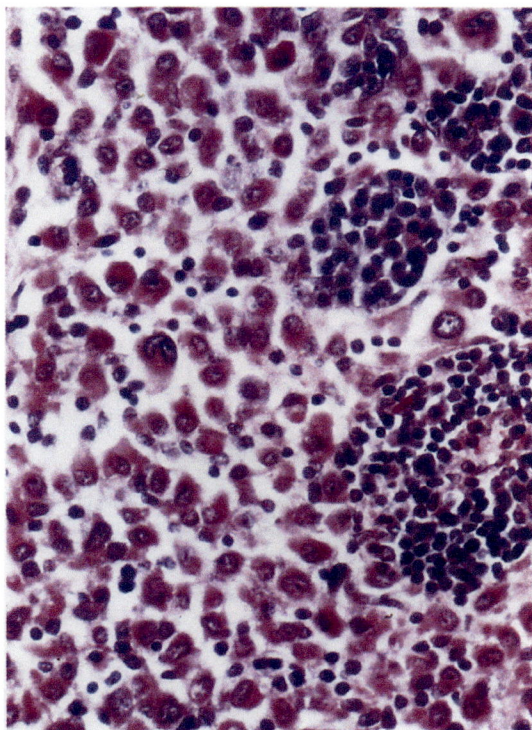

图 13-38　淋巴结窦组织细胞增生。H&E 染色

增生（*H*）
Hyperplasia（*H*）

组织发生

可能累及红细胞系、粒细胞系（髓系）或巨核细胞。

诊断特征

- 以粒细胞系为主，但由于某一特定细胞类型的造血活性发生变化，可能累及红系细胞和粒系细胞以及出现巨核细胞增多。
- 变化通常是对刺激的反应，在脾中通常也存在类似的变化。

参考文献

参见 13、14 和 16。

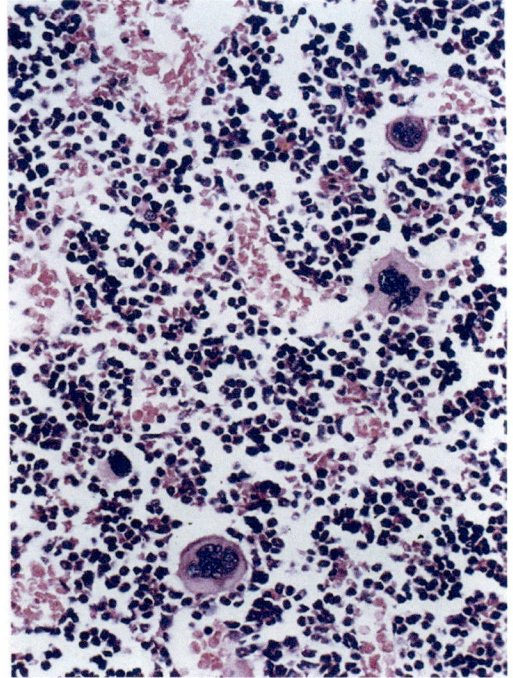

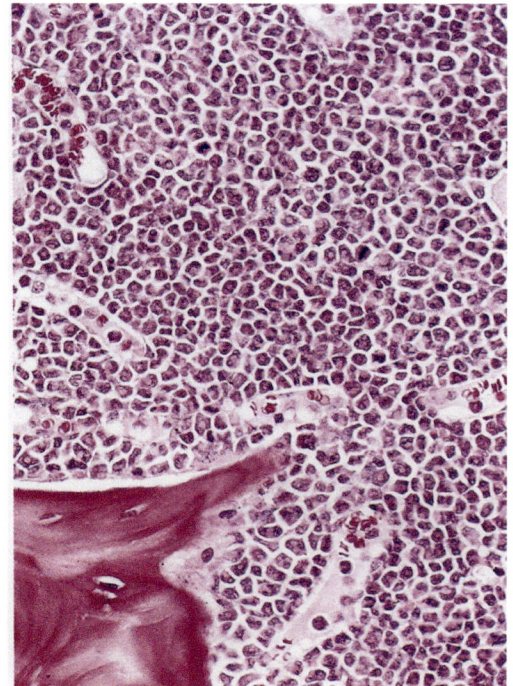

图 13-39（右上） 正常骨髓。H&E 染色
图 13-40（右下） 骨髓粒系细胞增生。H&E 染色

骨髓增生异常造血障碍（*H*）
Myelodysplastic Hematopoietic Disorder（*H*）

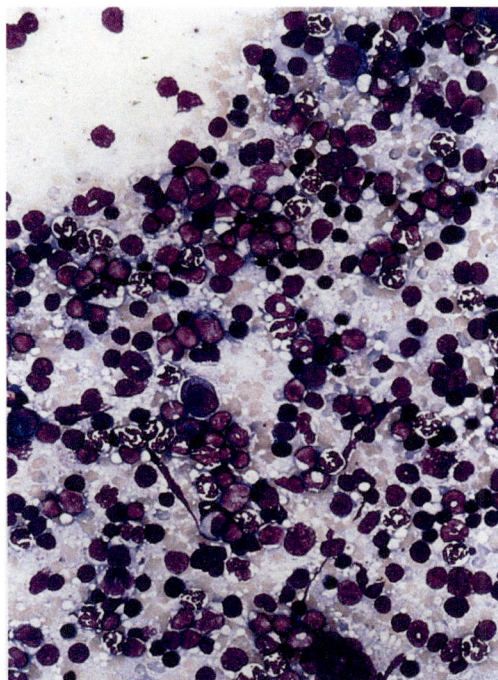

组织发生

造血细胞。

诊断特征

- 分叶过多的粒细胞增多，以及不规则形母细胞增多。
- 红细胞生成障碍伴胞质核内陷，可见含有不规则铁蛋白沉积物的巨型线粒体。
- 巨核细胞核质不成比例发育或原巨核细胞内出现不规则大核。
- 脾和骨髓中均出现大量细胞凋亡。

备注

某些骨髓增生异常综合征被认为是受体疾病。携带人 GM 受体的转基因小鼠与人类的表型相似。AZT 处理的 CBA 小鼠表现出骨髓增生异常性造血。

这种病变尚无作为小鼠自发性病变的报道，被纳入这一分类是因为它很可能类似人类的一种瘤前病变。

同义词是骨髓增生异常、难治性贫血和红细胞生成异常。

参考文献

参见 20 和 23。

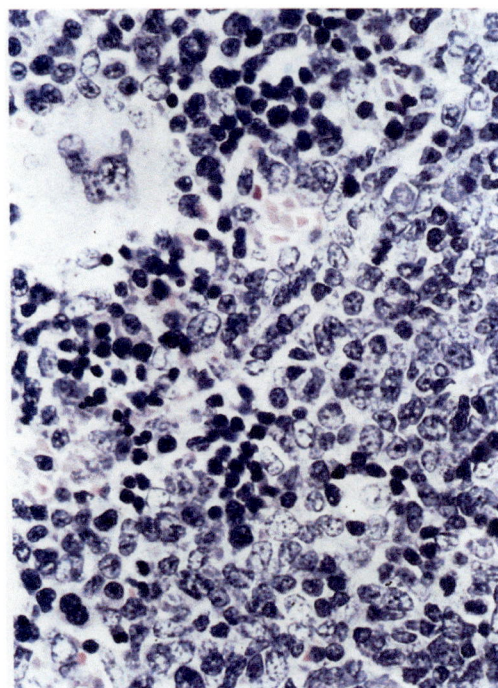

图 13-41（右上） 脾涂片显示髓系细胞数量增多，伴分叶过多以及不典型的大单核性细胞增多
图 13-42（右下） 脾显示骨髓增生异常的造血障碍。H&E 染色

参考文献

1. Della Porta G, Chieco-Bianchi L, Penelli N (1979) Tumors of the hematopoietic system. In: Turusov VS (ed) Pathology of tumors in laboratory animals, vol Ⅱ. Tumors of the mouse. IARC Scientific Publications No. 23, Lyon, pp 527-576

2. Deringer MK, Dunn TB (1947) Mast cell neoplasia in mice. J Natl Cancer Inst 7: 289-298

3. Dunn TB (1969) Mast cell neoplasia in mice. Natl Cancer Inst Monogr 32: 285-287

4. Faccini JM, Abbott DP, Paulus GJJ (1990) Mouse histopathology. A glossary for use in toxicity and carcinogenicity studies. Elsevier, Amsterdam, pp 18-47

5. Fredrickson TN (1990a) Erythroleukemia, mouse. In: Jones TC, Ward JM, Mohr U, Hunt RD (eds) Monographs on pathology of laboratory animals. Hemopoietic system. Springer, Berlin Heidelberg New York Tokyo, pp 205-211

6. Fredrickson TN (1990b) Megakaryocytic leukemia, mouse. In: Jones TC, Ward JM, Mohr U, Hunt RD (eds) Monographs on pathology of laboratory animals. Hemopoietic system. Springer, Berlin Heidelberg New York Tokyo, pp 51-54

7. Fredrickson TN, Langdon WY, Hoffman PM, Hartley JW, Morse HC Ⅲ (1984a) Histologic and cell surface antigen studies of hematopoietic tumors induced by Cas-Br-M murine leukemia virus. J Natl Cancer Inst 72: 447-454

8. Fredrickson TN, Morse HC Ⅲ, Rowe WP (1984b) Spontaneous tumors of NFS mice con genic for ecotropic murine leukemia virus induction loci. J Natl Cancer Inst 73: 521-524

9. Fredrickson TN, Morse HC III, Yetter RA, Rowe WP, Hartley JW, Pattengale PK (1985) Multiparameter analyses of spontaneous nonthymic lymphomas occurring in NFS/N mice congenic for ecotropic murine leukemia viruses. Am J Patholl 21: 349-360

10. Fredrickson TN, Tang Y, Chattopadhyay SK, Morse HC Ⅲ, Hartley JW (1993) Retrovirus-induced lymphoproliferation as a model for developing diagnostic criteria for malignant lymphoma in mice. Toxicol Pathol 21: 219-228

11. Fredrickson TN, Lennert K, Chattopadhyay SK, Morse HC 3rd, Hartley JW (1999) Splenic marginal zone lymphomas of mice. Am J Pathol 154: 805-812

12. Frith CH (1990) Histiocytic sarcoma, mouse. In: 450 Jones TC, Ward JM, Mohr U, Hunt RD (eds) Monographs on pathology of laboratory animals. Hemopoietic system. Springer, Berlin Heidelberg New York Tokyo, pp 58-65

13. Frith CH, Ward JM (1988) Color atlas of neoplastic and non-neoplastic lesions in aging mice. Elsevier, Amsterdam, pp 77-86

14. Frith CH, Wiley LD (1981) Morphologic classification and correlation of incidence of hyperplastic and neoplastic hematopoietic lesions in mice with age. J Gerontol 36: 534-545

15. Frith CH, Sprowls RW, Breeden CR (1976) Mast cell neoplasia in mice. Lab Anim Sci 26: 478-481

16. Frith CH, Pattengale PK, Ward JM (1985) A color atlas of hematopoietic pathology of mice. Toxicology Pathology Associates, Little Rock Arkansas, p 12

17. Frith CH, McConnell RF, Johnson AN (1990) Erythroleukemia in a mouse. Lab Anim Sci 40: 418-419

18. Frith CH, Ward JM, Chandra M (1993) The morphology, immunohistochemistry, and incidence of hematopoietic neoplasms in mice and rats. Toxicol Pathol 21: 206-218

19. Frith CH, Ward JM, Frederickson T, Harleman JH (1996) Neoplastic lesions of the hematopoietic system. In: Mohr U, Dungworth DL, Capen CC, Carlton WW, Sundberg JP, Ward JM (eds) Pathobiology of the aging mouse, vol 1. ILSI Press, Washington, DC, pp 219-235

20. Furuta Y, Aizawa S, Suda Y, Ikawa Y, Nishikawa S, Hayashi S, Hirabayashi Y, Inoue T (1993) MDS like experimental myelodysplasia: multilineage abnormal hematopoiesis in transgenic mice harboring the SV 40 large T antigen under an immunoglobulin enhancer. Exp Hematol 21: 806-815

21. Harleman JH, Schuurman HJ, Kuper CF (1994) Carcinogenesis of the hematopoietic system. In: Waalkes MP, Ward JM (eds) Carcinogenesis. Raven Press, New York, pp 403-428

22. Hirabayashi Y, Inoue T, Yoshida K, Sasaki H, Kubo S, Kanisawa M, Seki M (1991) Murine acute leukemia cell line with megakaryocytic differentiation(MK-8057) induced by wholebody irradiation in C3H/He mice: cytological properties and kinetics of its leukemic stem cells. lnt J Cell Cloning 9: 24-42

23. Inoue T, Hirabayashi Y, Mitsui H, Furata Y, Suda Y, Aizawa S, Ikawa Y (1994) Experimental model for MDS-like myelodysplasia in transgenic mice harboring the SV 40 large-T antigen under an immunoglobulin enhancer. Leukemia 8: 202-205

24. Pattengale PK (1990) Classification of mouse lymphoid cell neoplasms. In: Jones TC, Ward JM, Mohr U, Hunt RD (eds) Monographs on pathology of laboratory animals. Hemopoietic system. Springer, Berlin Heidelberg New York Tokyo, pp 157-143

25. Pattengale PK (1994) Tumours of the lymphohaematopoietic system. Pathology of tumours in laboratory animals, vol 2. Tumours of the mouse, 2nd edn. IARC Scientific Publications No. 111, Lyon, pp 651-670

26. Pattengale PK, Frith CH (1983) Immunomorphologic classification of spontaneous lymphoid cell neoplasms occurring in female BALB/c mice. J Natl Cancer Inst 70: 169-179

27. Pattengale PK, Frith CH (1986) Contributions of recent research to the classification of spontaneous lymphoid cell neoplasms in mice. Crit Rev Toxicol 16: 185-212

28. Pattengale PK, Taylor CR (1983) Experimental models of lymphoproliferative disease. The mouse as a model for human non-Hodgkin's lymphomas and related leukemias. Am J Pathol 113: 237-265

29. Rehm S, Ward JM, Devor DE, Kovatch RM (1990) Mast cell neoplasm, mouse. In: Jones TC, Ward JM, Mohr U, Hunt RD (eds) Monographs on pathology of laboratory animals. Hematopoietic system. Springer, Berlin Heidelberg New York Tokyo, pp 201-204

30. Scolnick EM (1982) Hyperplastic and neoplastic erythroproliferative diseases induced by oncogenic murine retroviruses. Biochim Biophys Acta 651: 273-283

31. Seki M, Inoue T (1990) Granulocytic leukemia, mouse. In: Jones TC, Ward JM, Mohr U, Hunt RD (eds) Monographs on pathology oflaboratory animals. Hemopoietic system. Springer, Berlin Heidelberg New York Tokyo, pp 46-50

32. Ward JM (1990a) Classification of reactive lesions of lymph nodes. In: Jones TC, Ward JM, Mohr U, Hunt RD (eds) Monographs on pathology of laboratory animals. Hemopoietic system. Springer, Berlin Heidelberg New York Tokyo, pp 155-161

REFERENCES

33. Ward JM (1990b) Classification of reactive lesions, spleen. In: Jones TC, Ward JM, Mohr U, Hunt RD (eds) Monographs on pathology of laboratory animals. Hemopoietic system. Springer, Berlin Heidelberg New York Tokyo, pp 220-226

34. Ward JM, Sheldon W (1993) Expression of mononuclear phagocyte antigens in histiocytic sarcoma of mice. Vet Pathol 30: 560-565

35. Ward JM, Uno H, Frith CH (1993) Immunohistochemistry and morphology of reactive lesions in lymph nodes and spleen from rats and mice. Toxicol Pathol 21: 199-205

36. Ward JM, Mann PC, Morishima H, Frith CH (1999a) Thymus, spleen, and lymph nodes. In: Maronpot RR, Boorman GA, Gaul BW (eds) Pathology of the mouse. Reference and atlas. Cache River Press, Vienna, pp 333-360

37. Ward JM, Tadesse-Heath L, Perkins SN, Chattopadhyay SK, Hursting SD, Morse HC 3rd (1999b) Splenic marginal zone B-cell and thymic T-cell lymphomas in p53-deficient mice. Lab Invest 79: 3-14

38. Wogan GN (1983) Tumors of the mouse hematopoietic system: their diagnosis and interpretation in safety evaluation tests. Crit Rev Toxicol 13: 161-181

39. Yoshida K, Nemoto K, Nishimura M, Hayata I, Inoue T, Seki M (1986) Nature of leukemic stem cells in murine myelogenous leukemia. Int J Cell Cloning 4: 91-102

40. Yumoto T, Yoshida Y, Yoshida H, Ando K, Matsui K (1980) Prelymphomatous and lymphomatous changes in splenomegaly of New Zealand black mice. Acta Pathol Jpn 30:171

（田永章、刘笑、宋妃灵　译，
尹纪业、张婷、王鹏丽、李子荷　审校）

索引

（方琪尧　译，万美铄、孔庆喜、张婷　审校）